普通高等教育“十二五”规划教材

染整新技术

主　编　李美真
副主编　姚金波　崔淑玲

科学出版社
北　京

内 容 简 介

本书在参阅国内外纺织类重要期刊、专著及教材的基础上，归纳整理了本学科最新的学术研究成果，比较全面系统地介绍了近年来染整领域的高新技术，如生物技术、高能物理技术、微胶囊技术、无水染色及少水染色技术、纳米技术、功能染整、稀土染整等，阐述了这些新技术的基本理论、应用方法、研究现状和发展前景。

本书可作为纺织科学与工程学科的研究生和本科生教材，对于本领域的科研工作者、工程技术人员也有很好的参考价值。

图书在版编目 CIP 数据

染整新技术 / 李美真主编. —北京：科学出版社，2013

（普通高等教育"十二五"规划教材）

ISBN 978-7-03-036517-0

Ⅰ.①染… Ⅱ.①李… Ⅲ.①染整-高等学校-教材 Ⅳ.①TS19

中国版本图书馆 CIP 数据核字(2013)第 012681 号

责任编辑：贾　超 / 责任校对：宋玲玲

责任印制：吴兆东 / 封面设计：迷底书装

科 学 出 版 社 出版

北京东黄城根北街 16 号

邮政编码：100717

http://www.sciencep.com

北京九州迅驰传媒文化有限公司 印刷

科学出版社发行　各地新华书店经销

*

2013 年 2 月第 一 版　开本：B5（720×1000）

2022 年 7 月第八次印刷　印张：22 1/2

字数：436 000

定价：68.00 元

（如有印装质量问题，我社负责调换）

前　言

染整工程包括染色与整理，着重对纺织品进行染色、深加工和精加工，它直接关系到服用面料和各种装备用面料的性能，是纺织品加工不可或缺的重要加工过程。

近年来，随着国内外市场竞争日趋激烈和科学技术迅猛发展，人们对纺织品提出的要求越来越高，已转向服用高档化、功能特色化。因此，对纺织品质量有重要影响的染整加工技术水平也在快速发展。同时，随着人们环保意识的提高和对健康的重视，对改革传统的、能耗较高和污染较严重的染整加工也提出了迫切的要求，并形成了“清洁”加工和生产“绿色”纺织产品的概念。

为适应这种需要，近年来染整工程领域新的研究课题、新型染整技术和高新科技成果层出不穷。对此，我们深入分析并整理编辑了这些课题与研究成果，构成了本书的核心内容。本书共十章。第一章、第二章、第五章由内蒙古工业大学的李美真编写；第三章、第四章由内蒙古工业大学的麻文效编写；第七章、第八章及第九章第一节由内蒙古工业大学的陈香云编写；第六章、第十章由内蒙古工业大学的解芳编写；第九章的第二节至第八节由天津工业大学的牛家嵘编写。全书由李美真统稿并担任主编，由姚金波、崔淑玲担任副主编，他们对全稿进行了认真细致的审校和整理。在此向所有支持本书编写工作的同行表示衷心的感谢！

高新技术内容宽广，涉及的领域较多。高新技术在染整中的应用还处在研究开发阶段或不够成熟，所以收集资料也不尽全面，有待继续完善。敬请同行专家和读者批评指正。

编　者

2013年1月

目　　录

第一章 生态纺织品和纺织品生态技术

第一节 生态纺织品的基本概念与标准

纺织品的安全、无毒和环保性能越来越被高度关注，这就是纺织品的“环保”或“绿色”问题。绿色纺织品，即生态纺织品，是起源于20世纪60年代“绿色运动”的重要内容之一，其初衷是为了保护生态环境和人体健康。但是，随着国际贸易竞争的日益激烈，越来越多的国家尤其是发达国家凭借自身的技术优势，频繁使用“绿色”的概念阻止纺织品的进口，最终实现保护本国纺织工业的目的。因此，贸易与环境这两个原本在世界贸易史上不相干的问题被一条“绿色”的纽带连在了一起，由“绿色”概念引发的妨碍国际贸易的“绿色壁垒”已成为不能回避的现实问题，是国际贸易中非关税贸易壁垒的一种重要形式。

目前，与“绿色壁垒”相关的问题主要有食品中的农药残留量、陶瓷产品的含铅量、皮革的五氯苯酚(PCP)残留量、烟草中有机氯含量、机电产品及玩具的安全性指标、汽油的含铅量指标、汽车尾气排放标准、包装物的可回收性指标、纺织品有害物的相关指标、保护臭氧层的受控物质等。其内容广泛，且具有动态性。

在纺织领域，目前最严格的是欧洲联盟(简称欧盟)出台的《欧盟生态标签》，其中对纺织品作了明确的技术标准规范，它要求构成纺织品生命周期的每一环节(从原料生产、纺织染整及服装加工、产品的应用)都需要通过有关检测和认证。对不符合规定者，欧盟各成员国均可采取禁止、限制进口等种种限制和惩罚性措施。尽管该标签标准是自愿性的，但是欧盟各成员国都可能会借用这个标准来构筑纺织品的“绿色壁垒”。生态纺织品是未来纺织业的主流方向，因此对纺织品加工领域提出了两个要求，即纺织品自身的环保性和加工技术的生态性。

一、生态纺织品标准

目前，针对纺织品的生态问题，人们按照纺织品的生命周期，将纺织品生态研究分为三个方面：

1) 纺织品生产生态学。关注生产过程对环境生态的影响，研究环境友好型纺织品生产过程与工艺，不污染空气和水体，噪声控制在规定范围内。

2) 纺织品处理生态学。关注纺织品的废弃处理过程，包括废弃纺织品的组成、生物可降解性和对环境的影响；废弃纺织品无污染处理方法；废弃纺织品的回收利用途径和方法。

3）纺织品消费生态学。关注纺织品在消费过程中对人体或环境可能产生的危害，包括对纺织品中有害物质判定、限量标准以及检测方法等。

纺织品的消费过程与消费者的健康密切相关，因此人们更关心纺织品的安全性、生态性及纺织品的消费生态学研究。由此给出的生态纺织品的定义是：采用对环境无害或少害的原料和生产过程所生产的对人体健康无害的纺织品（GB/T18885—2009）。

基于对消费生态学的研究，在1992年，由15个国家组成的国际生态纺织品研究和测试协会制定了《生态纺织品标准100》（Oeko-Tex Standard 100）。自颁布之日起，该标准就成为国际上判定纺织品生态标准的基准，也是全球第一个关于生态纺织品的标准。该标准规定了生态纺织品应达到的通用及特别技术条件（指标），适用于纺织品、皮革制品以及生产阶段的产品（包括纺织品及非纺织品的附件），但该标准只针对最终产品对人体的安全性，不涉及生态环境保护。

Oeko-Tex Standard 100重点对有害物质做出了明确的限定或限量。所谓的有害物质是指存在于纺织品或附件中并超过最大限量，或者在通常或规定的使用条件下会释放出并超过最大限量，根据现有科学知识水平的推断，会损害人类健康的物质。随着科学认知水平和医学水平的不断提高，有害物质的种类将不断扩大，这也表明了标准的动态性。

Oeko-Tex Standard 100将纺织品分为四类(四个级别)：3岁以下婴儿用纺织品(第一级别)、直接接触皮肤类纺织品(第二级别)、不直接接触皮肤类纺织品(第三级别)和家饰材料类纺织品(第四级别)。不同类别的纺织品，其技术要求不同。

Oeko-Tex Standard 100是目前全球纺织行业公认的权威生态纺织品标准，通过该标准认证的产品有“信心纺织品”或“可信任纺织品”的美称。欧洲及美洲的一些发达国家（地区）的许多大型采购商都将Oeko-Tex Standard 100作为产品采购的技术依据。目前，全世界有近80个国家(地区)的8000多家制造商严格按照Oeko-Tex Standard 100进行生产管理和质量控制，按照纺织品的类别及用途，全球共有62 000种纺织品获得了相应的证书。Oeko-Tex Standard 100的中、英文标志签分别如图1-1所示。

我国政府对“生态标签”产品及环境保护工作也十分重视，采取多项措施积极推进生态纺织品发展。包括：对绿色纺织品的广泛宣传，从纤维生产者到消费者都要熟悉绿色纺织品的含义及意义；贯彻我国绿色纺织品的标准，即GB/T 18885—2009《生态纺织品技术要求》及实施方案；鼓励和支持纺织品清洁生产的

图 1-1　Oeko-Tex Standard 100 的中、英文标志

研究与应用，特别是污染严重的印染企业和化纤企业，使生产过程少产生废弃物，减少对环境的污染；大力开发绿色纺织纤维及产品，如聚乳酸纤维等。

GB/T18885—2009 与 Oeko-Tex Standard 100 (2008 版)基本相同。随着科技水平及危害性认知水平的提高，标准也在不断地修订，其技术参数将逐年提高。同时，以 GB/T 18885—2009 标准为基础，中国质量认证中心设定了我国生态纺织品的标志(图 1-2)。

图 1-2　生态纺织品标志

二、与纺织品相关的生态问题

与纺织品相关的生态问题有很多，涉及原材料、生产环节和成品等方面。

(一) 纺织纤维的生产方面

天然纤维方面的问题，主要是利用再生资源进行循环生产，对环境不产生毁灭性破坏，但要注意杀虫剂等。化学纤维方面的问题主要是利用石油、煤炭这些不可再生资源。化纤生产过程中废气、废水排放很难达到有关法规的要求。

(二) 纺织加工方面

除上浆外，纺纱、织造对环境影响不大，但噪声、短纤维、尘埃等会导致职业病的发生。

(三) 染整加工方面

染整加工是纺织品生产过程中生态问题最多的环节，主要表现在水污染、大气污染和产品污染三个方面。

1. 水污染

染整加工过程使用大量的水作为加工介质，含有染料、助剂和其他化学成分的废水被排放到河、湖、海或者就地渗入地下，造成自然界水源的污染。棉布染整加工所产生的废水情况如表 1-1 所示。

表 1-1　棉布染整加工所产生的废水情况

污染物来源	主要污染物	耗水量/(L/kg)	BOD	COD
退浆	酸、碱、酶等退浆剂和淀粉、PVA、聚丙烯酸衍生物等浆料	20	高	高
煮练	碱、精练剂、油蜡、果胶物质、棉籽壳等	4	很高	很高
漂白	双氧水、次氯酸钠、亚氯酸钠等漂白剂和稳定剂等	180	较低	较低
丝光	烧碱	7	低	低
染色	染料、染色助剂等	30	较低	很高
印花	各种棉用染料、印花糊料、印花助剂等	25	较高	较高
水洗	各种棉用染料、助剂等	110	较低	较低
整理	各种树脂、甲醛、功能整理剂等	5	高	高

在纺织品的染整加工过程中，除形成大量的废水之外，某些特定的污染源也会带来生态问题，主要包括：

1) 六价铬。羊毛铬媒染色中使用的铬离子毒性高，会造成皮肤和黏膜的损害，出现接触性皮炎、湿疹和溃疡，对呼吸道也有刺激作用，可引起鼻炎、咽炎及支气管炎等。此外，还会出现多发性黏膜溃疡、咽部糜烂、齿龈炎、中毒性肝病、肾炎、贫血和眼结膜炎等。

2) 可分解芳香胺。用偶氮染料染色的服装与人体皮肤长期接触后，可能被皮肤吸收，并在体内扩散、代谢过程中，通过还原反应形成致癌的芳香胺化合物，该化合物经过一系列活化作用使人体细胞的 DNA 结构与功能发生变化，引起人体病变和诱发癌症。在其他动物体内也会发生类似的变化。

3) 酸碱性。纺织品在染色、整理等加工过程中要用到各种的染料与助剂，其自身有一定的酸碱性，或者是需要在一定的酸性或碱性条件下使用，尽管后道工序中进行热水洗、酸洗或碱洗，但是一部分的酸或碱仍可能残留在纤维内部，使纺织品呈现不同程度的酸碱性。人体的皮肤表面呈弱酸性，以保证常驻菌的平衡，防止致病菌的侵入，因此，酸性或碱性过强都可能危及人体的健康，还会刺激皮肤发生一些过敏反应。

后整理过程中的主要问题是：

1) 阻燃剂。常用的是含溴和含氯阻燃剂，长期接触这些高毒性的阻燃剂会导致免疫系统恶化、生殖系统障碍、甲状腺功能不足、记忆力衰退和关节强直等。

2）含氯的有机载体。载体染色工艺是涤纶纤维纯纺及混纺产品常用的染色工艺，在染色过程中加入载体，可使纤维结构膨化，从而有利于染料的渗透。某些廉价的含氯芳香族化合物，如三氯苯、二氯甲苯是高效的染色载体，这些化合物会影响人的中枢神经系统、引起皮肤过敏并刺激黏膜，对人体有潜在的致畸性和致癌性。

3）含氯酚。五氯苯酚是纺织品、皮革制品、木材、织造浆料和印花色浆采用的传统的防霉防腐剂，属强毒性物质，对人体具有致畸性和致癌性，其化学稳定性很高，自然降解过程漫长，会对环境造成持久的损害，且在燃烧时会释放出高污染的二噁英类化合物。四氯苯酚是五氯苯酚合成过程中的副产物，对人体和环境同样有害。

4）游离甲醛。甲醛是一种毒性物质，它可与生物体内的蛋白质结合而改变蛋白质结构并将其凝固。甲醛作为纤维素树脂整理的常用交联剂，广泛应用于纯纺或混纺产品中，赋予纺织品防缩、抗皱、免烫和易去污等功能。含甲醛的纺织品在穿着或使用过程中，部分未交联的或水解产生的游离甲醛会释放出来，对人体健康造成危害。

2. 大气污染

染整加工过程中由于使用了大量的会释放异味的物质，影响了生产车间的环境。此外，生产车间中蒸汽、热空气的泄漏和释放也影响着车间环境。目前，最严重的是涂层、印花加工过程中所释放出的污染物质。

3. 产品污染

由于某些生产企业一味地追求低成本或者技术力量薄弱，使用了一些含有毒物质的染料、助剂和其他化学品，这些物质的残留造成了成品污染，给消费者的健康带来了威胁。对此，Oeko-Tex Standard 100 规定了这些有毒物质在纺织品上的最大允许残留量。

生态染整工程不仅要生产出合格的生态纺织品，而且生产过程也必须是无污染或少污染。也就是说将来的纺织品染整工程必须解决以上关于水、大气和产品等三个方面的污染问题。只有这样，纺织工业才能可持续地发展。

目前研究与开发成功（实现产业化）或接近成功（实验室成果）的纺织品生态染整加工技术主要有：①高效短流程前处理技术，可以达到节水、节能和减少污水排放以及提高生产效率的目的。②生物酶前处理技术，代替或部分代替传统的前处理加工技术，节水、节能和减少污水的排放，提高纺织品的质量和增加附加值。③高效短流程染色技术，采用特殊的助剂，使一种染料能够同时染两种或两种以上的纤维，达到节水、节能、减少污水排放及提高生产效率的目的。④提高染料的利用率技术，主要是对染色工艺进行改进，或者是对纤维进行改性，使染色过程能够得到高的染料利用率，从而达到减轻后道工序污水处理负担的目的。⑤非水染色技术，主要是对超临界CO_2流体染色技术进行研究与开发，其特点是染色过程中不使用水，无污染，时间短，残留染料可以回收利用，低能耗。

（四）服装制造过程

服装制造过程面临的生态问题也有很多，主要是面料上有毒有害物质残留、辅料的选择（如黏合剂、黏合衬）和空气中的微细纤维漂浮物。

（五）消费过程

消费过程面临的生态问题主要包括两个方面：一是纺织品上所含的有害物质对消费者可能造成的危害；二是消费者将纺织品废弃后对环境造成的污染。

三、纺织品上的有害物质

（一）有害物质的来源

以纯棉服装的加工工序为例，有害物质来源如下：

棉花种植√→ 采摘→ 轧棉 → 开清棉→ 梳棉 →并条 →成纱→ 络筒→ 整理（卷纬）→ 浆纱√ →穿经→ 织造→烧毛→ 退浆√→ 煮练√ →漂白√→丝光√→染色√→ 印花√→ 整理√→ 裁剪 → 缝制 →水洗√→整烫→成品

上述工艺流程中，画“√”的工序，经常会涉及有害物质。①浆纱：淀粉浆料中加防腐剂，如甲醛、苯酚、萘酚。有的企业在淀粉浆中添加了聚乙烯醇（PVA），该物质很难降解。②退浆和煮练：使用浓度很高的NaOH，产生污染严重的废水。③漂白：采用含氯氧化剂，对人体有害，排放在江河中对环境有害。④丝光：采用浓碱液进行加工并用含氯氧化剂，若不漂白，则不用。⑤染色与印花：大量合成染料和助剂的使用对人体和环境均造成危害。⑥整理：使用各种各样的整理剂，如甲醛、阻燃剂、抗微生物整理剂、涂层剂等，对人体和环境造成危害。⑦纯棉服装的水洗：若使用有害助剂，将产生危害。

（二）有害物质的种类

纺织品上的有害物质主要有以下几大类。

1）致癌物质与过敏物质。作为染料中间体的芳胺，已被列为可疑致癌物，其中联苯胺的乙萘胺已被确认是对人类最具烈性的致癌物（表1-2～表1-4）。

表 1-2　由偶氮结构还原降解产生致癌芳香胺的染料品种

染料	具体品种
酸性染料	弱酸性红 G、酸性大红 GR、酸性红 GG、酸性红 3B
直接染料	直接黄 GR、直接大红 AB、直接红 F、直接枣红 GB、直接紫 N、直接紫 R、直接紫 RB、直接紫 B、直接紫 BB、直接湖蓝 5B、直接湖蓝 6B、直接蓝 2B、直接墨绿 B、直接灰 D、直接黄棕 D3G、直接深棕 M、直接黑 BN、直接耐晒橙 T4RLL、直接耐晒蓝 4GL、直接耐晒蓝 F3R、直接耐晒绿 BLL、直接耐晒蓝 BRL、直接耐晒棕 RTL、直接铜盐蓝 2R、直接铜盐蓝 BR、直接铜盐棕 5RLL、直接铜盐黑 RL
活性染料	活性深蓝 KD-7G
分散染料	分散橙 R-GFL、分散黄 S-3GL、分散草绿 S-2GL

表 1-3　受致癌芳香胺中间体污染的染料品种

染料	具体品种
酸性染料	弱酸性大红 FG、弱酸性黑 BR、弱酸性酱红 5BL 酸性枣红、弱酸性深蓝 GR、弱酸性深蓝 5R、弱酸性绿 GS
直接染料	直接耐晒红 4BL、直接耐晒蓝 RGL、直接耐晒蓝 B2RL、直接耐晒蓝 G、
活性染料	活性黄 X-R、活性黄 K-R、活性红 K-2BP
分散染料	分散黄 RGFL、分散草绿 GL、分散红 H-2GL、分散黄 H-3R、分散灰 N、分散深蓝 H-GRN、分散橙 H-GG、分散黑 3L、分散灰 H-2BR、分散橙 SE-B、分散黑 4L、分散深棕 H-2GR、分散草绿 G、分散重氮黑 GNN

表 1-4　其他禁用染料

染料	具体品种
酸性染料	弱酸性艳蓝 RAW、强酸性金黄 G
直接染料	直接黑 EX、直接黑 BN、直接黑 RN、直接耐晒黑 G、直接 2V-25、直接黑 TBRN
分散染料	分散红玉 S-2GFL、分散黑 S-3BL

2）环境荷尔蒙(环境激素)，又称为内分泌干扰素。主要指含卤整理剂，主要是有机氯(多有苯环结构，有脂溶性)与 AOX 值，要求污水中 AOX≤0.5mol/L。

3）其他有害物质，如增塑剂、杀虫剂、重金属、部分整理剂和助剂、有机挥发物等。

综上所述，生态纺织品应具备以下三个特点。

1）从原料的获取到成品对人体是安全的，即有害物质含量控制在规定标准范围内。

2）生产过程对环境友好。

3）废弃后易于回收或可被微生物分解，对环境无污染。

未来纺织品市场的竞争不再局限于传统意义上的质量价格方面的竞争，也包括环保水平的竞争。生态纺织品将代表纺织业未来发展及消费时尚的方向，是纺织业最具发展前景的主流产品。

第二节　生态纺织品加工技术

生态保护是一个永久的话题，关系到人类的可持续发展。近年来，以生物技术、高能物理加工技术等生态型加工技术为代表的新型加工技术手段，为纺织工业带来了一场新的绿色革命，这不仅改变了传统加工方式，提高了生产效率，而且可以实现新的产品风格。

一、生物技术对染整工程的影响

生物技术的核心是基因工程，当今对基因组的研究将以难以想像的方式改变着世界，21世纪将是生物技术的世纪。生物技术也将对纺织原料、印染生产、废弃处理等过程产生重要的影响，对环境污染能减少到最低程度，对环境更友好。其作用可归纳为：可以开发生产新型绿色生态纺织纤维原料；可以改造传统纺织生产工艺，减少污染；可以生物降解或回收废弃的纺织品。

（一）转基因技术的应用

转基因棉花。把其他生命体的基因移植到棉花的脱氧核糖核酸（DNA）中去，使其具有某些新的生物特性，如抗病毒、抗虫害、产生色彩等。

我国已开发种植抗虫害的转基因生态棉花，棉铃虫对这种转基因棉花的枝叶会产生厌食反应致使其80%以上死亡，而生态棉花本身的生长和品质不受影响，且产量更高，无需喷洒农药。目前，我国种植转基因棉花的面积已达到了整个棉田的20%以上，美国已达到了40%以上。

天然彩色棉花也是转基因技术的一个成功的应用。利用转基因技术还可以生产出有色蚕丝纤维。

（二）生物酶的应用

生物酶是一种作为传统化学催化剂替代品的生物催化剂，具有生物降解性和重复利用性的特点。采用生物酶对纺织品进行湿加工，不但服用性能得到提高，而且生产能耗低，废液易生物降解。例如，利用氧化还原酶进行漂白，减少了漂染过程中可能产生的氯气并降低了废水中的AOX值；利用蛋白酶进行羊毛防毡缩加工替代氯化与树脂整理，减少了高 AOX 值废水的排放；利用复合生物酶对麻纤维进行生物处理，使纤维分裂度大大提高，纤维柔软度和可纺性得到明显的提高；采用生物酶代替石磨洗靛蓝牛仔服的浮石，意味着对衣服损伤和对机器磨损的降低，浮石灰尘也减少了。另外，如淀粉酶用于退浆、纤维素酶和果胶酶处理棉麻织物、蛋白酶进行蚕丝脱胶等加工工艺，均实现了清洁型加工，并提高了产品质量和生产效率。

（三）生物可降解纤维

生物可降解纤维指在自然界中，在微生物、光、水、空气的作用下，可降解为小分子产物的纤维材料。天然纤维和生物质再生纤维是典型的生物可降解纤维。

但是在目前大量使用合成纤维中，绝大多数纤维难以被生物降解。由于石油资源的日趋紧张，再加上生产中的能耗高、污染大等问题，使合成纤维生产面临着很大的压力。随着科技的不断进步，传统的化学品可以通过生物技术制备来实现，生物合成能精确到纤维材料的分子结构单元，因此各国都在研究开发利用其他材料替代合成纤维，尤其是关注生物可降解的纤维材料，这些是未来纤维工业发展的主要方向。

二、高能物理技术在染整工程中的应用

高能物理技术也是与生态纺织有关的高新技术加工手段。高能物理侧重于用物理的手段，如低温等离子体、超声波、激光、辐射能等，对纤维进行改性，来提高生产效率和染色效果，并可获得独特的表面风格与功能。

三、环境友好的染色新技术

印染工艺的发展趋势主要以高效、节水和少污染为特征。例如，采用天然染料染色、低铬染色工艺、气雾染色技术、超临界二氧化碳流体染色工艺、喷墨印花技术、超声波印染技术、新颖的爆震波染色技术、无纸转移印花技术等，都是符合绿色加工和生态环保要求的新技术。

四、纺织废水及废弃纺织品的生化处理技术

我国是一个水资源严重缺乏的国家，工业生产造成的水资源污染和浪费，进一步加剧了水资源的短缺，破坏了生态环境。纺织印染排放的废水是我国四大工业废水污染之一，而纺织行业废水 80%来自印染行业。废水主要由退浆、煮练、漂白、丝光、染色、印花等工艺环节产生。印染废水具有水量大、水质变化大、有机污染物含量高、酸碱度不确定、可生化性差的特征，COD_{Cr}高达3000mgO_2/L

以上。因此，纺织印染工业废水的综合治理已成为当务之急。

随着人口的日渐增多，世界纺织工业一方面突出表现为对原材料(如纤维)资源毫无克制地索取；另一方面，大量的纺织废料（包括生产过程中的下脚料、边角料、废纱废丝、碎料布片以及日常生活中的废旧衣物和其他废弃纺织品）不能被充分再利用，多采用焚烧或填埋的方式进行处理，不仅造成了资源的进一步浪费，而且也造成环境的二次污染。因此，合理利用资源，对纺织废料进行回收、开发和再利用，是纺织科技工作者必须深入研究和解决的课题。

第三节　生态环保纤维及其纺织品

开发和利用生态环保纤维或环境友好纤维是生产生态纺织品的重要途径，也体现了可持续发展的时代要求。生态环保纤维至少应具备以下特征中的一项或多项，包括原材料无污染(或少污染)，或来自于可持续发展的绿色资源；合成过程节能、降耗、减污，符合环保和可持续发展的要求；产品的消费和使用过程对人体友好、使人感觉舒适；产品消费使用后，不会因遗弃或处理带来环境问题，最好能循环利用。

一、生态环保纤维类型

按制造环保纤维所需高聚物的来源不同，生态环保纤维可分为植物资源天然环保纤维、动物资源天然环保纤维和人工合成环保纤维三大类。

1）植物资源环保纤维：如棉纤维(有机棉、彩色棉、不皱棉)，Lyocell 纤维，麻类纤维，植物蛋白纤维等。

2）动物资源环保纤维：如甲壳素纤维、有色羊毛、蚕丝、蜘蛛丝、奶类蛋白纤维等。

3）人工合成环保纤维：如聚乳酸纤维等可降解纤维；也包括可回收再利用的合成纤维，如聚酯和聚酰胺等。

此外，人们通常将上述来自原生生物质、再生生物质、生物质合成纤维统称为生物质纤维(biomass fiber)。

二、典型的新型生态环保纤维

（一）聚乳酸纤维(PLA 纤维)

1989 年，日本钟纺与岛津合作开发了玉米聚乳酸纤维，是以玉米淀粉、小麦淀粉等为原料，经发酵转化成乳酸，再经聚合、纺丝而制成的合成纤维。PLA 纤维的原料全来自植物，由于它在自然界可由微生物降解为二氧化碳和水，因而是一种可再生的绿色纤维。

聚乳酸的聚合方法有两种：一种是减压下在溶剂中由乳酸直接聚合的方法，即乳酸→预聚体→聚乳酸；另一种方法是常压下以环状二聚乳酸为原料聚合得到，即乳酸→预聚体→环状二聚体→聚乳酸。聚合成聚乳酸后，再通过溶液纺丝方法即可得到聚乳酸纤维。由于原料不同，聚乳酸有聚 D-乳酸(PDLA)、聚 L-乳酸(PLLA)和聚 DL-乳酸(PDLLA)之分。生产纤维一般采用 PLLA。

聚乳酸纤维具有与聚酯(涤纶)纤维相似的结晶性和透明性，具有较高的耐热性和强度，有良好的悬垂性、滑爽性、吸湿透气性、天然抑菌性和适合皮肤的弱酸性及抗紫外线功能，并富有光泽和弹性，弹性恢复和卷曲保持性较好，而且形态稳定性和抗皱性好。虽不能阻燃，但有一定的自熄性。PLA 纤维在贴身内衣、运动服装、可生物降解的包装材料等方面的开发优势显著，还广泛应用在土木、建筑物、农林业、水产业、造纸业、卫生医疗和家庭用品上。

（二）大豆蛋白纤维

将豆粕水浸、分离、提纯大豆蛋白质，再通过添加功能型助剂，改变蛋白质空间结构，并在适当条件下与其他高聚物或反应型单体进行共混或接枝共聚，通过湿法纺丝得到大豆蛋白纤维。目前，可以获得维纶基和腈纶基大豆蛋白纤维。大豆蛋白纤维具有较好的机械性能和化学性能，且具有一定的可降解性。

（三）角蛋白再生纤维

自然界中拥有丰富的角蛋白资源，如猪毛、鸡毛、山羊毛、头发等，可以将其溶解并与其他高聚物进行共混纺丝得到角蛋白再生纤维，如纤维素基角蛋白纤维，也可以将其制成超细粉末添加到其他高聚物的纺丝液中得到含有角蛋白的纤维材料，如蛋白质改性丙纶纤维。纤维素再生角蛋白纤维具有优良的生态性和良好的降解性，并同时体现出蛋白质和纤维素的特征。

（四）酪蛋白纤维

最早的酪蛋白纤维(俗称牛奶纤维)是日本东洋纺织公司生产的，由于 100kg 牛奶只能提取 4kg 蛋白质，制造成本较高。目前，我国已成功研制生产出酪蛋白/丙烯腈接枝共聚纤维，也称为丙烯腈基酪蛋白复合纤维，俗称牛奶丝。其中，牛奶酪蛋白 10%～40%，豆酪蛋白 10%～40%，丙烯腈 10%～90%。这种纤维具有突出的吸湿性和优越的手感。

（五）Lyocell 纤维

Lyocell 纤维是英国 COUR TAULDS（考陶尔瓷）公司生产的新一代再生纤

维，其生产过程几乎不污染环境。Lyocell 纤维是以速生木材为原料，以 *N*-甲基吗啉-*N*-氧化物(NMMO)为溶剂，通过湿法纺丝得到的再生纤维素纤维，生产过程中的溶剂 99.5%可回收再用，且毒性极低。

英美联合注册为 Tencel 商标，我国统称为“天丝”，现在主要的生产国为英国、奥地利、荷兰。Lyocell 纤维分两类，即标准 Tencel 纤维(易微纤化)和 Tencel A100 纤维(不易微纤化)。它们都具有柔软、坚韧、防静电、吸湿率高达 11%、干湿强度相差不多、有较好的折皱恢复性和舒适的弹性等性能，织物尺寸稳定性优异。

(六) 竹纤维

以天然竹子如毛竹、茶杆竹、淡竹、短穗竹等为原料，可以制成竹原纤维和竹黏胶纤维。前者因纤维粗硬，只能用于装饰类纺织品的加工；后者性能与普通黏胶纤维类似，是人们通常所说的竹纤维。

竹纤维织物具有良好的吸湿和透气性，其悬垂性和染色性能也比较好，有蚕丝般的光泽和手感，通过整理可具有抗菌、防臭、产生负离子、防紫外线等功能。竹纤维面料作为 21 世纪最具有发展前景的健康面料，具有良好的亲肤性，有着其他产品不可替代的特殊属性以及优越性。竹纤维产业具有广阔的消费增长空间。

(七) 鸡毛纤维

鸡毛纤维是一种利用鸡毛提取的纤维。鸡毛纤维的开发应用已经涉及国防、服装服饰等领域。

家禽羽毛含角蛋白高达 85%以上，是宝贵的天然资源，被称为“不占地的棉花”，而且保暖性能远远超过棉花。碳化鸡毛纤维可作氢气存储材料，雉鸡毛可作新一代防弹衣，鸡毛还是制造高级空气过滤纸的材料。目前，我国利用鸡毛纤维来取代纸制品中的部分木浆成分，起到了骨架支撑作用，选用鸡毛纤维开发的滤纸和装饰性纸制品已开始商业性应用。含鸡毛纤维的纸中，鸡毛纤维含量占 51%，木浆占 49%，环保优势不言而喻。用鸡毛纤维可以生产轻型致密的高强度合成材料。有研究将鸡毛制成高速集成电路板，其电流阻力小、导通快，可使计算机处理信息的速度大大提高。

用鸡毛织布做成的衣服，柔软蓬松，透气、保暖，结实、耐磨损性好。

(八) 黏胶基甲壳素纤维

在自然界中，甲壳素是含量仅次于纤维素的天然高聚物，也是自然界中罕见的阳离子高聚物，经脱乙酰基后的甲壳素即壳聚糖。甲壳素广泛存在于虾、蟹等水产品和昆虫等节肢动物的外壳中，也存在于菌类、藻类的细胞壁中。

目前有纯甲壳素纤维和甲壳素共混丝新型纤维，如黏胶基甲壳素纤维。黏胶基甲壳素纤维是以甲壳素、壳聚糖与纤维素混合通过常规的湿纺工艺制成的纤维，具有生物活性、生物降解性和生物相容性，有优良的吸湿保湿功能，能被人体内溶菌酶降解而被人体完全吸收。这种纤维可以用作外科手术缝合线，还可以用于自来水和饮料的过滤和净化等。

采用甲壳素纤维与棉混纺的织物服用性能优良，柔软滑爽，具有抗菌除臭的功能，在保健服饰应用方面有广阔的前景。

（九）海藻纤维与海藻炭纤维

海藻纤维是人造纤维的一种，指以从海洋中一些棕色藻类植物（如海带、海草）中提取的海藻酸为原料制得的纤维。纤维组分为海藻酸金属盐，如钠盐、钙盐等。可用于创伤敷料，纤维在创口渗出液的作用下，能生成湿状胶体，容易从创口处取下而不伤及新愈合的皮肤。

海藻炭纤维(SeaCell 纤维)是将超细粉末化的海藻炭与聚酯或聚酰胺等成纤高聚物，混炼后纺丝得到的纤维。海藻炭是天然海藻类经过特殊窑烧成的灰烬物，含有丰富矿物质，化学成分复杂，去除其中的海藻盐之后，以特殊的制造程序制成的海藻炭，具有良好的远红外线发射性能，只要使用 15%～30%的海藻炭纤维就具有良好的远红外线放射效能，在 35℃时远红外线放射率可高达 90%以上，属于高效远红外线发射材料。同时，海藻炭纤维不仅能产生负离子，而且还可以释放出 α 波，会使人心境宽松、舒适。海藻炭纤维面料具有保温及保健双重效果。

（十）蜘蛛丝

蜘蛛丝有非常优异的物理机械性能，与强度最高的碳纤维及高强合纤 Aramid、Kelve 等强度相接近，但它的韧性明显优于上述几种纤维，断裂伸长率可达36%～50%。蜘蛛丝比化学合成丝轻 25%，且具有蚕丝般的柔软和光泽。由于将蜘蛛放在一起，它们会自相残杀，同类相食，因此难以用获得蚕丝的方式得到蜘蛛丝纤维。利用生物技术生产具有天然蜘蛛丝般优良性能的纤维，是目前国际上生物技术的研究课题之一。

1. 蚕吐蛛丝

牵引丝是蜘蛛网的支撑丝，是蜘蛛丝中强度、弹性最好的部分。随着生物科学的发展，人们利用转基因技术，将蜘蛛牵引丝部分的基因通过电穿孔的方法注入蚕卵中，这样家蚕的基因中就有了蜘蛛牵引丝的基因。这种转基因蚕丝在紫外线下会发出闪耀迷人的绿光。如果将荧光丝与普通丝交织成的织物制成服装、围巾、帽子，在紫色、蓝色灯光下会发出荧光图案，将成为最时尚的面料。

2. 牛、羊乳蛛丝

在某些哺乳动物如山羊、奶牛等的乳腺细胞内注入蜘蛛基因之后，从所产的乳液中可提取一种特殊的蛋白质，这种含有蜘蛛丝基因的蛋白质可用来生产有“生物钢”之称的纤维，其性能类似于蜘蛛丝。例如，利用转基因法，将“黑寡妇”蜘蛛的蛋白质注入到奶牛的胎盘内进行特殊培育，新一代奶牛所产牛奶中就含有“黑寡妇”蜘蛛的蛋白纤维，大大增强了牛奶蛋白纤维的强度。美国、加拿大等国家的科学家让蜘蛛与山羊“联姻”，将蜘蛛的蛋白质基因注入山羊体内，山羊产下的奶中含有柔软光滑的蛛丝蛋白纤维的成分，通过提取这些纤维，就可以生产出比钢铁强度还大 10 倍的物质。

3. 微生物合成蛛丝

人们还希望能培养出会吐丝的细菌，将产丝的蜘蛛基因植入细菌中，产丝基因演变成独立的细菌，也可以进行批量化蜘蛛丝蛋白纤维的生产。该技术不但降低了产丝的成本，而且还提高了丝的质量。我国科学家正在研究通过大肠杆菌、石油酵母菌等微生物的途径来获得具有蜘蛛丝特性的纤维，与其他方法相比，成本可能更低，生产效率可望更高。

4. 植物合成蛛丝

如果使用转基因植物生产丝蛋白，成本可能还要低。有实验证明，将蜘蛛体内负责造丝的蛋白质基因注入土豆和烟草等植物中，结果发现所得植物蛋白也可纺丝，这种丝可制成具有超强韧性的工程材料及能自行分解的织物。

蜘蛛丝的优越性还在于它是蛋白质纤维，与人体具有“兼容性”。通过转基因技术得到具有蜘蛛丝特点的“生物钢”可制成人工关节、韧带、假肢、人造肌腱等，具有韧性好、可生物降解等特性。

蜘蛛丝具有强度大、弹性好、柔软、质轻等优良性能，非常适合防弹衣的制造。蜘蛛丝也可用于织成降落伞绸，这种降落伞重量轻、防缠绕、展开力强大、抗风性能佳、坚牢耐用。蜘蛛丝可用于织造武器装备防护材料、车轮外胎、高强度的渔网，还可代替混凝土中的钢筋，用于屋顶、大桥等建筑物，可减轻建筑物自身的重量。

（十一）香蕉纤维

香蕉纤维是利用香蕉茎秆为原料，采用生物酶和化学氧化联合处理工艺处理，经过干燥、精练、解纤而制成的纤维。香蕉纤维的化学成分主要是纤维素、半纤维素和木质素，其纤维素含量相对亚麻和黄麻较低，半纤维素与木质素含量较高，故纤维的光泽、柔软性、弹性和可纺性等均稍逊于亚麻和黄麻。

香蕉单纤维长度和黄麻相近，相对亚麻较短，不能用于直接纺纱，必须加工成工艺纤维，其工艺纤维长度也和黄麻相近，但远高于亚麻，因此香蕉工艺纤维可在黄麻纺纱系统上进行纺纱。

由于香蕉纤维轻且有光泽，吸水性高，也可以制成窗帘、毛巾、床单等。香蕉纤维和棉纤维的混纺织物可织造牛仔服、网球服以及外套等，还可用于制造高强度纸和包装袋等。

（十二）木棉纤维

木棉纤维是果实纤维，附着于木棉蒴果壳体内壁，由内壁细胞发育、生长而成。木棉纤维在蒴果壳体内壁的附着力小，分离容易，因此其初步加工比较方便。木棉纤维与棉纤维有很多相似之处，但光泽、吸湿性和保暖性方面具有独特优势。木棉纤维为中空纤维，纤维的中空度高达80%～90%，胞壁薄，接近透明，因而相对密度小，浮力好。采用X射线衍射法测得木棉纤维的结晶度为33%，而亚麻为69%，棉为54%。木棉纤维的平均折射率为1.71761，比棉的1.59614略高，这导致木棉纤维光泽明亮，光滑的圆截面更加光泽，负面影响可能是纤维显深色性差。

木棉纤维已被广泛应用到针织内衣、绒衣、绒线衫、机织休闲外衣、床品、袜类等领域。在用于褥絮片、枕芯、靠垫等的填充料方面，也独具优势。木棉纤维是最好的浮力材料，用它制作的被褥很轻，便于携带，在海边湖边旅游者的可以躺在木棉褥上漂浮、做日光浴，由于木棉纤维不吸水，上岸后稍加晾晒即可。木棉褥还可用于夜间露宿。

（十三）构树纤维

构树(青皮树)是生长在我国东北山区和西北山区的一种野生类速生植物，其韧皮中含有大量优质纤维。构树纤维品质优良，色泽洁白，具有天然丝质外观，手感柔软，有丝和棉的触感，其稳定性好，耐腐蚀性好，但不耐强酸。

构树纤维目前主要用于造纸行业，在纺织方面的研究与应用很少。由构树纤维制得的纸称为白棉纸，自古都是上等的纸品。制成的纸张具有极高的韧性且耐用、防腐防蛀、久存不陈。

（十四）圣麻纤维

我国的麻材主要用于麻袋、麻布以及麻绳等。由于麻材单纤维的长度较短，不能直接用于纺纱，除非采用工艺长度制造，因此在纺纱及后整理上受到很多的限制。圣麻纤维是以广泛盛产的麻材为原料，采用生化结合的方法，将提取出的纤维素精制成满足要求的浆粕，再经纺丝制成纤维。圣麻纤维截面呈梅花形和星形，有沟痕，边沿为不规则的锯齿形，沿纤维纵向有很多条纹；长度类型有棉型、中长型和毛型，也有一些特殊规格的纤维，可以通过纺纱、织布、印染等工序，弥补天然麻纤维的不足，而且还能够和天然麻纤维混纺生产一些轻薄织物，提高了麻织物的档次。

（十五）花生壳纤维

中国是世界花生生产大国，年总产量达 1450 万 t 以上，占世界总产量的 42%，每年约产生 450 万 t 花生壳。花生壳中含有大量的纤维素、木质素、半纤维素等天然高分子物质。目前，花生壳除了少部分被用作饲料外，大部分被扔掉和烧掉，造成资源的极大浪费和环境污染。

花生壳中含有将近 60%的粗纤维，如果能从花生壳中提取出优质的纤维素应用于工业生产将会产生巨大的经济效益和生态效益。

目前，从花生壳中提取纤维素主要集中于膳食纤维的粗提取，对花生壳纤维素如何脱除半纤维素和木质素的研究较少。花生壳中纤维素和木质素与半纤维素紧密地交织在一起，很难进行分离，而半纤维素和木质素的存在又会破坏纤维素的加工性能。因此，如何在保持花生壳纤维素提取量的基础上，尽量脱除半纤维素和木质素是一个亟待解决的难题。

（十六）短梗霉多糖纤维

短梗霉多糖(pullulan)是以廉价的谷物和马铃薯为原料，由出芽短梗霉产生的一种胞外水溶性多糖，这是一种由麦芽三糖 1,6 键连接形成的聚合物，强度和硬度等物理性质与聚苯乙烯相当。短梗霉多糖可经干法纺丝和增塑熔融纺丝加工成纤维，采用优化的工艺，可以制得光泽良好、平滑、透明、强度接近尼龙的短梗霉多糖纤维。短梗霉多糖无色、无味、无毒，其纤维制品可用作手术缝线和医用敷料。

（十七）细菌纤维素纤维

细菌纤维素(bacterial cellulose，BC)是当今国内外生物材料研究的热点之一。细菌纤维素是由部分细菌产生的一类高分子化合物，最早由英国科学家在 1886 年发现，他在静置条件下培养醋酸杆菌时，发现培养基的气液表面形成了一层白色的凝胶状薄膜，经过化学分析，确定其成分是纤维素，为了与植物来源的纤维素区别，将其称为微生物纤维素或细菌纤维素。细菌纤维素在物理性质、化学组成和分子结构上与天然(植物)纤维素相近，但细菌纤维素具有传统的纤维素所无法比拟的优势，它是由葡萄糖以 β-1,4-糖苷键连接而成的高分子化合物。细菌纤维素由独特的丝状纤维组成，每一丝状纤维由一定数量的微纤维组成，即微纤维→丝微纤维束→纤维丝带。以木醋杆菌(Ax 菌)纤维素为例，微纤维直径为 1.78nm，相邻的几根微纤丝之间由氢键横向相互连接形成直径为 3～4nm 的微纤丝束；多束微纤维合并形成一根长度不定，宽度为 30～100nm，厚度为 3～8nm 的细菌纤维丝带，其直径和宽度仅为棉纤维直径的百分之一至千分之一。

由木醋杆菌产的纤维，其杨氏模量可与金属铝相当，远大于目前已知的有机聚合物。能产生纤维素的细菌种类较多，常见的有：醋酸杆菌属、产碱菌属、八叠球菌属、根瘤菌属、假单胞菌属、固氮菌属和气杆菌属等。

目前细菌纤维素可制成人工皮肤、纱布、绷带和创可贴等外科敷料商品，其主要特点是潮湿情况下机械强度高、对气液的通透性好，与皮肤相容性好、无刺激，并且结构极为细密，防菌性和隔离性均优于其他人造皮肤和外科敷料。

（十八）其他可降解的合成纤维

有些合成纤维本身具有生物可降解性，不会对环境造成长期的或永久性的污染。例如，美国 Wellman 公司生产的 Sensura 纤维，还有开发出的聚己内酯(PCL)纤维、聚羟基乙酸酯(PGA)纤维、聚乳酸(PLA)纤维、聚羟基丁酸酯/聚羟基戊酸酯(PHBV)共混纤维、脂肪族/芳香族共聚酯(PBST)纤维等都是可降解的高分子纤维。

习 题

1. 浅谈 Oeko-Tex Standard 100 标准与纺织品的关系。
2. 谈谈你知道的纺织品生态染整加工技术。
3. 生物技术在纺织业中目前的应用有哪三个方面?
4. 谈谈纺织生态学所包括的三个领域的观点。
5. 谈谈你对高能物理技术在染整工程中的应用的理解。
6. 什么是生物可降解纤维?
7. 写出你了解的 5 种以上的生态环保纤维的名称及其产品的性能。
8. 试举出 5 种纺织品生态染整加工技术。

参 考 文 献

陈荣圻，王建平．2002. 生态纺织品与环保染化料．北京：中国纺织出版社.

崔燕娟．2008. 浅析生态纺织品中禁用偶氮染料的检测技术．化工时代，(4)：76-79.

崔志英．2006. 绿色环保型针织服装的面料服用性能研究．东华大学学报，(2)：127-129.

戴晋明，张蕊萍．2005. 抗菌材料在纺织品中的应用．化纤与纺织技术，(1)：33-36.

樊理山，张林龙．2011. 纺织产业生态工程．北京：化学工业出版社．

国家标准化管理委员会. 2010. GB/T18885-2009 生态纺织品技术要求．北京：中国标准出版社．

美国“纺织世界”. http://www.textileworld.com/Articles/Issue/Fibers.

王安平. 2005. 新型的绿色环保纤维. 山东纺织科技，(3)：50-53.

王为诺 . 2005. 生态纺织品主要检测项目介绍 . 中国纤检,(9):14-16.
吴海婷. 2005. 绿色染整工艺. 染整技术,(2):25-28.
许云辉. 2007. 新型的绿色环保纤维 . 安徽节能减排博士科技论坛论文集,合肥:572-578.
俞建勇,赵恒迎. 2003. 新型绿色环保纤维——聚乳酸纤维性能及其应用. 纺织导报,(03):61-64.
张技术 . 2006. 新型环保纤维——玉米纤维 . 毛纺科技,(5):28-31.
张荣娣,谈英. 2007. 生态纺织品与生态染色技术. 染整技术,(6):33-35.
张世源. 2004. 生态纺织工程. 北京:中国纺织出版社.
赵雪,展义臻. 2008. 环保型纤维纺织品的生态性及染整加工(上). 染整技术,(2):1-4.
赵雪,展义臻. 2008. 环保型纤维纺织品的生态性及染整加工(下). 染整技术,(3):28-29.

第二章　生物技术在染整加工中的应用

第一节　生物酶的性质与作用机理

生物酶来源于植物、动物、微生物和菌类等物种，是一种具有催化功能的蛋白质，是生物催化剂，能通过降低反应的活化能达到加快反应速率的目的，但不改变反应的平衡点。其应用特点是高效、专一，不需要高温、高压、强酸、强碱等条件。

酶(enzyme，E)在希腊语里是存在于酵母(zyme)中的意思。酵母是单细胞微生物，通常一个酵母菌里有数千种蛋白质，因此酵母含有酶，但酶不等于酵母。1833年，酶最初是在麦芽提取液的酒精沉淀物中发现的一种对热不稳定的物质，它能将淀粉转化为糖，就是淀粉酶。将淀粉酶用于葡萄糖的生产，可减少30%的水蒸气费用、50%的灰分和90%的副产物。1857年应用于纺织，主要是去除淀粉浆料。

$$\text{淀粉}\xrightarrow{\text{淀粉酶}}\text{糊精}\xrightarrow{\text{淀粉酶}}\text{麦芽糖}\xrightarrow{\text{麦芽糖酶}}\text{葡萄糖}$$

$$C_{12}H_{22}O_{11}(\text{蔗糖})+H_2O\xrightarrow{\text{蔗糖酶或}H^+}\text{葡糖糖}+\text{果糖}$$

目前生物酶涉及纺织加工多个方面，是纺织工业史的一次大革命，具有很重要的意义：①符合清洁无害的化学加工方向，不会污染纺织品和环境，因为酶是天然蛋白质，完全可以降解；②酶处理的纺织品可以产生多种特殊的功能；③改变了工艺流程，提高了产品质量，改善了生态环境。

一、生物酶的性质

酶是生物催化剂，可加速化学反应的进行。酶作用的物质称为底物(substrate，S)，所催化的反应称为酶促反应(enzymatic reactions)。

酶催化作用实质是降低化学反应活化能。酶与无机催化剂相比有以下特点：相同点是改变化学反应速率而本身几乎不被消耗、只催化已存在的化学反应、降低活化能、提高化学反应速率、缩短达到平衡时间但不改变平衡点；不同点为酶自身的反应特性。

(一) 酶的催化作用特点

酶是一种高效催化剂。由淀粉或纤维素生产葡萄糖，或蛋白质生产氨基酸往往需要高温、高压、强酸或强碱等条件，经过复杂的反应才能达到。而在生物体中正常新陈代谢过程是由酶控制着的，是在常温、常压、缓和的酸碱条件下进行的。因为酶具有非凡的催化能力，可使这些反应高效、快速进行。

1. 极高的催化效率

一般情况下，纯酶的催化效力远远超过化学催化剂的 $10^7 \sim 10^{13}$ 倍。虽然在工业应用中催化效率受到多种复杂因素的干扰，但酶促反应速率的加快是非常明显的。

一个化学反应能否发生，取决于反应分子能否达到一定的能量水平，即活化能。当化学反应有催化剂存在时，活化能可以大大降低，因此达到活化能水平的反应物分子数大大增多，反应速率加快。

一个典型的反应，其速度常数 K 和反应温度 T 等因子关系符合 Arrhenius 方程式

$$K = Ae^{-\frac{E}{RT}}$$

式中，R 为气体反应常量；E 为反应活化能；A 为频率因子。由上式可以看出，在一定温度下，A 值越大，反应速率越快，E 越小，反应速率也越快。

例如，染整前处理用碱来分解淀粉达到退浆要求，一般需要 10～12h，而用细菌产生的 α-淀粉酶退浆，只要 20～30min 即可。

2. 高的专一性

酶具有两方面的专一性，即结合专一性和催化专一性。不同酶的专一性程度有所不同。

有的酶只作用于一种底物，表现为绝对专一性，只要底物发生了任何细微的改变就不能被催化。大多数酶呈绝对或几乎绝对专一性，它们只催化一种底物进行快速反应。如脲酶只催化尿素，使其水解成二氧化碳和水，或能以很低的速率催化结构非常相似的类似物。

但有些酶对底物的专一性相对较低，可催化同一族化合物或化学键、故又分为族专一性和键专一性，如肽酶、磷酸(酯)酶和酯酶等，可以作用很多底物，只要求化学键相同即可；某些蛋白酶不仅能催化肽键的水解，对某些特定的酰胺和酯键也能进行催化水解。

当酶只能作用于异构体的一种时，这种绝对专一性称为立体异构专一性。立体异构专一性是酶催化反应的一个显著特点。在纺织加工中，利用酶的立体异构专一性，能从混合物中选择特定异构体进行催化反应。例如，用丝胶酶实现对蚕丝的脱胶精练，而对丝素则几乎没有损伤。

若一种酶只能催化某化合物完成许多反应中的一种反应，称为反应专一性。

3. 温和的反应条件

酶来自生物体，在接近体温和接近中性的条件下就可以起作用。一般情况

下，酶在 30～50℃时活性最强，超过适宜温度时，酶将逐渐丧失活性。酶的催化反应均可在常温常压下进行，并且大都在弱酸、弱碱和中性条件下进行。

4. 辅(助)因子

酶有单纯酶和结合酶两种。单纯酶只含蛋白质，不含其他物质，其催化活性仅由蛋白质的结构决定。结合酶由单纯蛋白质和非蛋白组分的辅因子组成。例如，胰凝乳蛋白酶在表现活力时不需要任何辅因子，但很多酶需要辅因子的存在才能表现活力。通常把与酶结合紧密的辅因子称为辅基(不能用透析法去除)，把松弛连接的辅因子称为辅酶，含辅因子的酶称为全酶(holoenzyme)，去除辅因子的酶为脱辅基酶(Apo-enzyme)，把可与酶可逆连接的物质都称为配体(包括底物、金属离子等)。辅因子大体可以分为两大类，即有机辅因子和金属离子。

在已知的酶中，大约有 1/3 的酶需要一个或几个金属离子的存在才能保持活性，这类酶称为金属酶；需要另加金属离子配体后才具有活性的酶称为金属活化酶。但是重金属对酶的活力通常起抑制作用。

5. 酶活力的可调节性

酶活力的调节控制主要有以下几个方面：浓度调节、pH 调节、激素调节、共价修饰调节、抑制剂调节、反馈调节、金属离子和其他小分子化合物调节。其中，酶浓度调节、pH 调节、抑制剂调节、金属离子调节等经常被应用。此外，酶活力还受底物及其他代谢物的调节。

6. 易变性

由于大部分酶是蛋白质，因而会被高温、强酸、强碱等破坏。酶来自生命体，因此，酶促反应过程应该是温和的，故大多数酶促反应要求中性的 pH 和较低的温度。过酸、过碱或过高的温度，均可使酶变性失活。但是酶反应的终止恰好是利用了酶的易变性。

7. 酶的失活处理

酶的失活处理是必需的，因为活性酶的吸附会对织物产生持续的破坏作用。酶失活的主要方法有高温、极端 pH 条件或两种方法联合处理。其中高温处理失活比较常用。

酶的高温失活具有一级失活反应特性

$$\ln A = -kt + \ln A_0$$

式中，A 为酶活力保持率；A_0 为酶的初始活力；t 为失活处理时间；k 为失活常数，与温度密切相关，符合 Arrhenius 方程。

由图 2-1 可见，在 80℃处理条件下，5min 之内酶几乎完全失活。在实际处理情况下，酶失活处理温度通常要达到 90℃，处理时间一般为 2～3min。

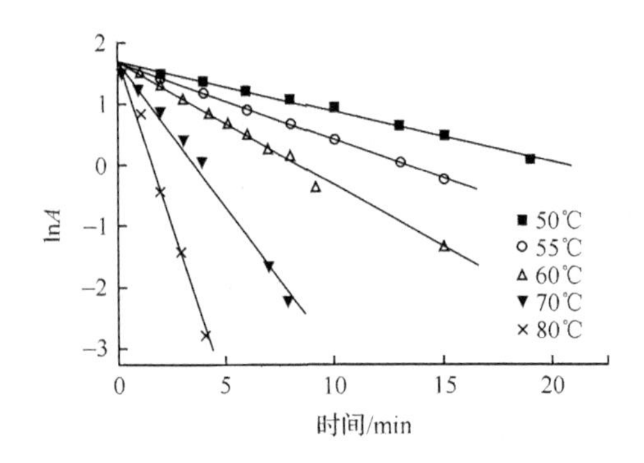

图 2-1 某淀粉酶失活速率与处理温度和时间的关系

（二）酶促反应的效应

1. 邻近效应与定向效应

邻近效应是指酶与底物结合形成中间复合物以后，使底物和底物之间、酶的催化基团与底物之间结合于同一酶分子而使有效浓度极大升高，从而使反应速率增大的一种效应。

定向效应指当专一性底物向酶活性中心靠近时，会诱导酶分子构象发生改变，使酶活性中心的相关基团和底物的反应基团正确定向排列，同时使反应基团之间的分子轨道以正确方向严格定位，使酶促反应易于进行。

对酶催化反应来说，邻近和定向效应虽然是两个概念，但实际上是共同产生的催化效果。它们分别使反应物的平移熵和转动熵有了明显降低，活化能将大大降低，从而加快了反应速率。

2. 诱导变形

酶与底物相互接近时，结构相互诱导、相互变形，处于过渡态，有利于反应的进行。

3. 酸碱催化作用

酶是两性电解质，其所含的可解离基团常作为广义的酸或碱基团存在于酶的活性中心。通过对酶的促反应提供或接受质子以稳定过渡态，可以提高酶的催化效率。

4. 其他机制

酶催化机制尚有许多互相补充的学说，如共价催化机制、张力作用及表面效应等，这些机制往往可协同对底物进行多元化催化。各种不同的机制均有一个共同点，即酶与底物结合形成络合物后，使底物转化成过渡态，大幅度降低反应所需活化能。

总之，酶的催化作用是多种催化机制的综合作用，因而酶促反应具有高于一般化学催化剂的催化效率。

二、酶的分类和命名

酶的命名原则是要反映出底物和催化反应本质。目前定义了6个范围较宽的反应类型。

(1) 氧化还原酶类(oxidoreductases)

$$RH_2 + R'(O_2) \longrightarrow R + R'H_2(H_2O)$$

氧化还原酶主要是催化物质进行氧化还原反应。这类酶根据对基质的作用又分为脱氢酶、氧化酶和过氧化氢酶，如细胞色素氧化酶、乳酸脱氢酶、氨基酸氧化酶。

(2) 转移酶类(transferases)

$$RG + R' \longrightarrow R + R'G$$

转移酶是催化某基团由一种化合物分子上转移到另一种化合物分子上，如转氨酶等。

(3) 水解酶类(hydrolases)

$$RR' + H_2O \longrightarrow RH + R'OH$$

水解酶根据水解对象再进行细分，如淀粉酶、蛋白酶、脂肪酶、果胶酶、纤维素酶等。水解酶在染整加工中应用最多。

(4) 裂解酶类(lyases)

$$RR' \longrightarrow R + R'$$

裂解酶是催化裂解化合物生成两种以上产物的酶。催化裂解的基团有羧基、醛基、氨基等，如碳酸酐酶等。

(5) 异构酶类(isomerases)

$$R \longrightarrow R'$$

异构酶是催化生成异构体反应的酶，也称异构化酶，如催化葡萄糖转化成果糖的磷酸葡萄糖异构酶等。

(6) 合成酶类(ligases)

$$R + R' + ATP \longrightarrow RR' + ADP(AMP) + P_1(PP_1)$$

合成酶在催化ATP等核苷三磷酸高能键水解的同时，催化新的分子内键的生成，又称连接酶。反应中必须有ATP(或GTP等)参与，如谷氨酰胺合成酶、谷胱甘肽合成酶等。

每个酶都有一个系统名和习惯名。系统名由反应类型、底物名称和该酶所属的大类名称组成，如蛋白水解酶，蛋白酶为俗名。如果是双底物反应，两个底物都要列出，并由冒号隔开。酶名都用“ase”作后缀。

三、酶的一般生产方法

1. 提取法

该法是采用提取、分离技术从动物、植物或微生物中将酶提取分离出来的生产方法。例如，从动物的胰脏中提取了胰蛋白酶、胰淀粉酶、胰脂肪酶和这些酶的混合物——胰酶；从动物胃中提取胃蛋白酶。提取法简单方便，但会受到气候和地理环境的影响，而且产品含杂质较多，分离纯化较困难。

2. 发酵法

该法主要是利用微生物易于培养及其细胞的生命活动特性而获得酶的生产方法。只需要简单的设备和一般的原料培养基，微生物就能迅速繁殖，获得大量的酶。

3. 化学合成法

自 1969 年美国首次用化学合成法得到含有 124 个氨基酸的核糖核酸酶以来，经过许多科学家的努力，现在已经可以用肽合成仪来进行酶的化学合成。

四、酶的大分子构象

1. 酶的分子水平

酶是以“大”分子的形式作为催化剂参与反应的。酶的相对分子质量很大，达到几万、几十万，甚至可达百万。如此笨重的结构是如何实现其高效专一的催化功能，一直是酶科学家感兴趣的内容。

在酶的分子结构中，活性中心只是很小的一部分，相当于挂在酶分子的多肽链上(锚定)。酶的催化活性中心由肽链上的氨基酸残基组成。

2. 酶的蛋白质结构

(1) 蛋白质的一级结构

在每种蛋白质中，氨基酸按照一定的数目和组成进行排列，并进一步折叠成特定的空间结构，称为蛋白质的一级结构，也叫初级结构或基本结构。

蛋白质的一级结构包括：①组成蛋白质的多肽链的数目；②多肽链的氨基酸顺序；③多肽链内或链间二硫键的数目和位置。

(2) 蛋白质的二级结构

指蛋白质多肽链本身的折叠和盘绕方式。二级结构主要有 α-螺旋、β-折叠、β-转角。氢键是稳定二级结构的主要作用力。不同的蛋白质，各种构象的含量不同。

(3) 蛋白质的三级结构

亚基(subunit)，又称原体或亚单位，是蛋白质具有生物活性的基础。蛋白质的三级结构是指各个二级结构的空间位置以及与氨基酸侧链基团之间的相对空间位置关系，也即多肽链的整体构象。使蛋白质三级结构稳定的化学键有氢键、范德华力、离子键、二硫键、疏水键等。因此蛋白质的三级结构主要指氨基酸残基的侧链间的结合。

需要注意的是次级键都是非共价键，易受环境中 pH、温度、离子强度等的影响，有变动的可能性。二硫键不属于次级键，但在某些肽链中能使远隔的 2 个肽段联系在一起，这对蛋白质三级结构的稳定起着重要作用。

三级结构形成时，亲水基团在表面，疏水基团在内部。所以蛋白质的三级结构可以看成由蛋白质各二级结构单元堆积而成的内部疏水、外部亲水的空间结构。

(4) 蛋白质的四级结构

寡聚蛋白或低聚蛋白，是酶催化活性的分子基础。蛋白质的四级结构是蛋白质分子中各亚基之间的相对空间位置。连接亚基的是非共价键，主要为疏水键、氢键、盐键。如果 2 个多肽链通过共价键(如二硫键)相连，就不属于四级结构范畴。具有四级结构的蛋白质，所含的各亚基在结构上可以相同，也可以完全不相同。

由亚基组成四级结构时，疏水键和静电相互作用在稳定四级结构中起着主要作用。目前认为酶的四级结构对催化作用很重要，因为它可能是调节酶催化活性的分子基础。

已发现许多蛋白质具有四级结构，其中约 3/4 为酶类，且大多由相同的亚基组成，如过氧化氢酶由 4 个相同的亚基组成，a-淀粉酶由 2 个相同的亚基组成。蛋白质的结构如图 2-2 所示。

在生物体内，酶的四级结构还能进一步聚集成分子质量高达数十、数百万的超结构高聚物，这种聚集可以是同种酶的聚集或不同酶的聚集。五级结构包括蛋白质和核糖构成的复合物，如病毒、核糖体等。

五、酶活性部位的本质

(一) 活性部位

酶作用于底物的部位是个很小区域，即“作用中心”，就是酶的活性部位。现代酶学已经确认了酶催化活性部位的存在。酶的特异性和活性部位的结构有关(图 2-3)。

酶的活性部位由酶分子中少数几个氨基酸侧链基团组成。对于含辅酶的酶和含金属的酶，由于辅酶和金属往往也参与了催化反应，因而也属于活性部位的一部分。酶的活性部位在宏观上表现为一个疏水的深凹部位（容纳底物的被催化部位)，结合部位和催化部位的基团存在其中。不同类型的酶，深凹形状会有差异；内切酶是长形的凹槽，而外切酶则表现为疏水口袋。

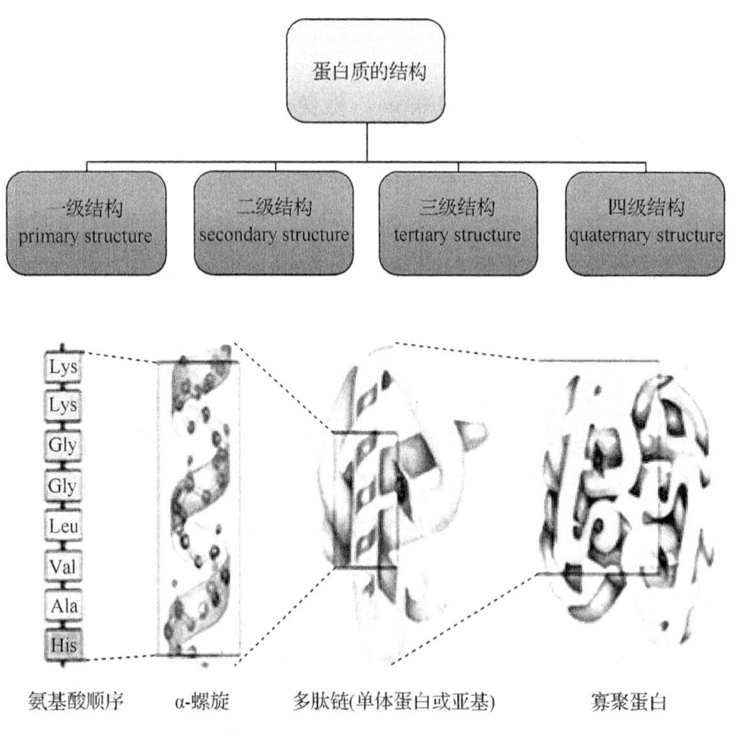

图 2-2 蛋白质大分子的结构图

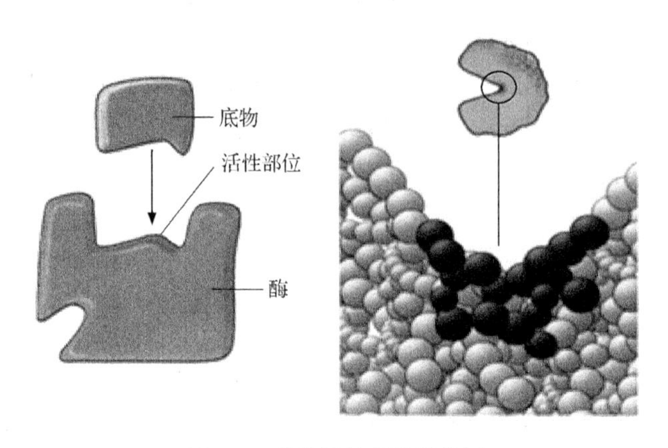

图 2-3 酶的活性部位结构图

酶分子和底物上的基团应有必要的相互作用力，否则，酶或者不能和底物结合，或者结合得极为松散，无法进一步反应；而且酶的催化基团和被反应的键或基团的相对位置还应配合适当。

酶分子的活性部位具有三维结构，所以说酶蛋白如果没有二级、三级结构就不可能构成有效的活性部位。活性部位是处在酶分子表面的一个裂槽内，在此处发生和底物的结合以及对底物起催化作用。所以，活性部位又可分为结合部位(或结合中心)和催化部位(或催化中心)，如图 2-4 所示。结合部位也称为特异性决定部位，催化部位直接参与催化，底物的敏感键在此部位被切断或形成新键，并生成产物。但是有时底物的结合部位和催化部位之分并不是绝对的，有些基团具有结合底物和催化底物反应的双重功能。

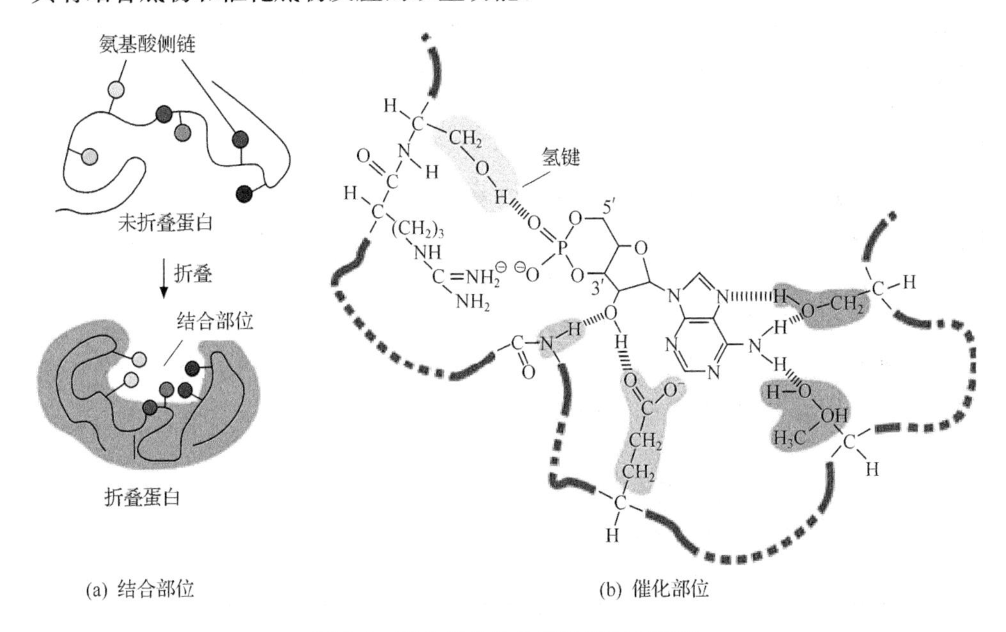

图 2-4　酶分子的结合部位和催化部位

一条肽链的单功能的酶只有一个活性部位，但如果某个酶分子可以结合几个底物分子，这种酶通常是几个亚基组成。酶分子的其他部位对催化作用和活力的调节以及维持酶的三维结构等方面都有重要的作用。

（二）催化部位

构成酶催化部位的基团是由氨基酸的侧基提供的。催化部位的氨基酸数目一般不多，只有 2 或 3 个，结合部位的氨基酸数目相对要多一些。构成酶表现催化活性不可缺少的基团一般有两种。①亲核性基团：丝氨酸的羟基、半胱氨酸的巯基和组氨酸的咪唑基。②酸碱性基团：天门冬氨酸和谷氨酸的羧基，赖氨酸的氨基，酪氨酸的酚羟基，组氨酸的咪唑基和半胱氨酸的巯基等。

酶的活性部位基团在参与催化反应时，将首先形成中间络合物。中间络合物为共价中间物，稳定性差，在亲核试剂(水)的参与下被水解。酶和底物形成络合物不仅降低了反应活化能，也改变了酶的物理性质，如稳定性和溶解性等。中间络合物的形成使酶的催化反应从分子间的催化反应转化成分子内的催化反应，大大加快了反应的速率。

（三）结合部位

据研究，胰蛋白酶和胰凝乳蛋白酶的活性部位的一级结构极其相似，局部不同的氨基酸的性质也相似，而且都催化水解肽键。但胰凝乳蛋白酶主要切断由酪氨酸等带有芳香族侧链的氨基酸羧基形成的肽键，而胰蛋白酶则专一催化碱性侧链基团的精氨酸、赖氨酸羧基所形成的肽键。为了解释酶的特异性，前人提出了多种模型。

1. 锁和钥匙模型

认为底物类似于钥匙，酶类似于锁，酶蛋白的表面存在一个和底物结构高度互补的区域(图 2-5)。而此区域上，底物分子上的敏感键正确地定向到酶的催化部位，底物就会转变为产物。互补包括大小、形状、电荷和立体结构。该模型严格要求酶分子结构在形状上是固定的和硬的。如果酶分子构象发生微小的变化，自然就破坏了酶和底物的契合关系，使催化反应不能进行。这和越来越多的实验事实不符，因而 1958 年 Koshland 提出了诱导契合理论。

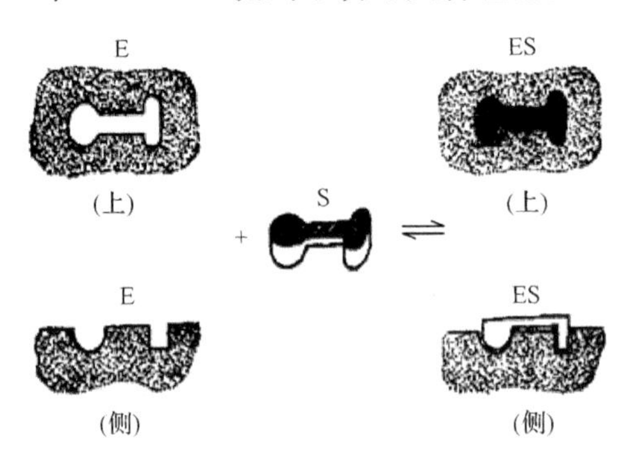

图 2-5　酶作用的锁和钥匙模型

2. 诱导契合理论

该理论保留了底物和酶之间的互补概念，但认为酶分子本身不是固定不变的硬东西，酶分子活性部位氨基酸侧链的排布是有一定柔性，与底物的契合是动态契合。当底物和酶靠近时，底物分子可诱导酶分子构象发生一定的变化，使得催化部位各基团正确排布，催化基团处于底物敏感键附近的正确位置，形成了酶-底物络合物。

从图 2-6 可看出，酶与底物相互接近，结构相互诱导、变形，进而相互结合。大量的实验测定表明，酶与底物相结合时酶的构象的确发生了变化。

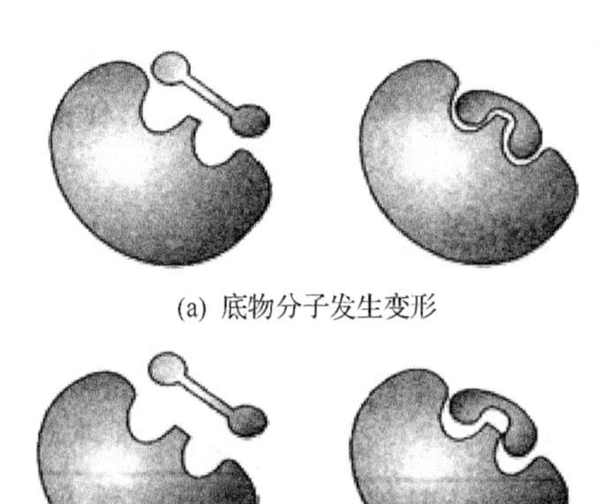

(a) 底物分子发生变形

(b) 底物分子和酶都发生变形

图 2-6　底物和酶的构象变化示意图

3. 变构模型

1963 年，Monod 等提出了变构模型。认为某些酶除了活性部位外，还有变构部位。变构部位是独立于活性部位结合配体的另一酶部位。它结合的不是底物，而是变构配体(也称效应剂)。效应剂在结构上和底物毫无共同之处。它结合到变构部位上引起了酶分子构象的变化，从而导致活性部位构象的改变，这种改变可能增进酶的催化能力，也可能降低酶的催化能力。增强活力的配体叫正效应剂，反之称为负效应剂。由此得知酶的活性是可以调控的。

是否有变构部位，不同的酶是不一样的。由于变构部位和活性部位的功能不同，因而二者不可能重叠，而是分处于酶的两个区域。

4. 酶结合部位的特点

结合是催化反应的首要条件。酶与底物的结合是多点结合，需要几个或更多的氨基酸残基参与，通常参与结合的氨基酸残基要多于参与催化的氨基酸残基。但某些酶的活性部位并不能严格分为催化基团和结合基团。有些基团可能既是结合基团又是催化基团，在这种情况下结合基团不一定多于催化基团。结合部位的氨基酸残基要求与底物在三维空间上正确排布。如果受到干扰，不仅会失去识别底物的能力，而且底物-酶络合物也不能形成，从而使酶失去活性。

(四) 酶和底物的作用机理和过程

酶和底物的作用机理和过程如图 2-7 所示。

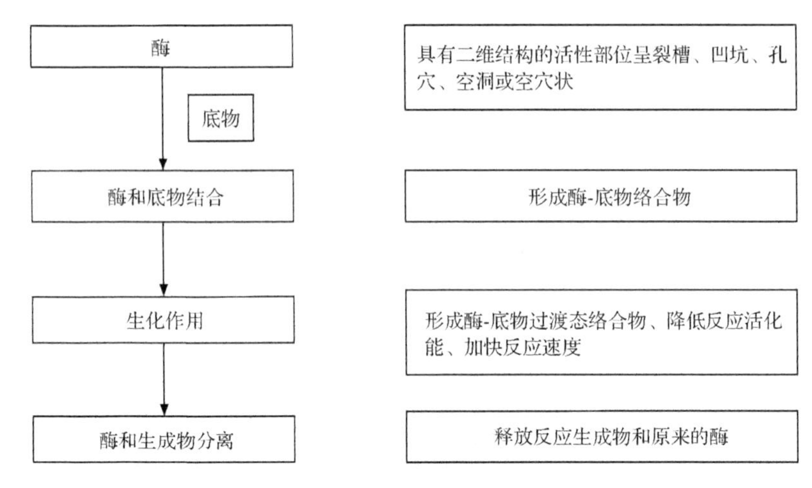

图 2-7　酶的作用机理

六、酶的一般蛋白质性质

酶作为一种蛋白质，它具有蛋白质的一般性质如沉淀作用、变性反应、呈色反应等。

1. 沉淀作用

蛋白质溶液受到外界因素的作用，会使蛋白质溶液中胶体微粒周围的电荷和水化层遭到破坏或变薄，甚至发生沉淀，但是蛋白质分子没有遭到重大破坏或变化，其原来的基本性质仍然保持着，而且这种变化是可逆的。酶的沉淀提取，即盐析法提取酶，就是按照此原理进行的。

不同的酶盐析的难易程度不同，若一个样品中含有几种酶，则可以利用不同浓度的中性盐来盐析。例如，米曲酶发酵液，既含有淀粉酶又含有蛋白酶，当酶溶液加入硫酸铵的浓度达到 50％时，淀粉酶开始沉淀析出，继续加入硫酸铵，浓度达到 70％时，蛋白酶被沉淀出来，这就是中性盐分级盐析法，是可逆的。

重金属盐(如硫酸铜、乙酸铅、氯化汞和硝酸汞等)也可以使蛋白质沉淀，但这是不可逆的沉淀作用，酶被沉淀出来后失去了催化能力，所以重金属盐是酶的有害毒性物质。在应用酶处理纤维及纺织品时，应该防止这类重金属的出现。

有机溶剂(如乙醇、丙酮等)是酶的另一类重要的沉淀剂，也是可逆的。例如，当淀粉酶溶液加入乙醇的浓度达到 60％时，近 90％的酶被沉淀出来；当乙醇浓度增加到 70％时，淀粉酶 100％被沉淀出来。果胶酶也通常采用乙醇来提取，丙酮在酶的纯化加工中也被广泛采用。这些有机溶剂使蛋白质沉淀主要通过脱水作用，失去水的蛋白质相互碰撞结合而沉淀出来，所以沉淀提取效果很好，而且不会改变酶分子的结构而降低它们的催化活力。一些有机化合物，如单宁、苦味酸等也能使蛋白质沉淀，对酶也有沉淀作用。

2. 变性作用

和其他蛋白质一样，酶分子可以被高温、辐射线(紫外线、X射线等)破坏而变性，这种变性是不可逆的，会使酶失去活力。加热消毒就是利用高温使细菌蛋白酶变性导致其死亡。也常常采用加热法使酶丧失催化能力而终止反应。

3. 呈色反应

蛋白质和酶蛋白用硝酸处理，会呈现黄色反应；细菌淀粉酶溶液用氢氧化钠处理后，再加入硫酸铜溶液，会呈现紫红色。酶蛋白的呈色反应可用来鉴别和测定酶的存在和浓度。

七、影响酶反应的因素

(一) pH对酶反应的影响

酶分子上有许多酸性、碱性基团侧基。酶和底物的结合力主要包括离子间的电性引力，即库仑力、氢键、范德华力。不同的pH将改变结合力特别是库仑力。

pH对酶的活力的影响有以下几方面。

1) 酸或碱可以使酶的空间结构破坏，引起酶活力的丧失，可以是可逆或者不可逆的；

2) 酸或碱影响酶活性部位催化基团的离解状态，使底物不能分解成产物；

3) 酸或碱影响酶活性部位结合基团的离解状态，使底物不能和它结合；

4) 酸或碱影响底物的离解状态，或使底物不能和酶结合，或结合后不能生成产物。

酶最适合的pH范围是上述几种因素共同作用的结果，由酶的活力曲线来表示。最适合的pH还随着底物浓度、温度和其他条件的变化而变化，因此最合适的pH范围应在实验的条件下测得。最适合的pH范围用酶活力对pH作图，往往呈钟罩形曲线。在最适合的pH时酶的活力最强，这是酶的一个重要特征。

显然，如果反应活力关系曲线中最适合的pH出现二个峰或三个峰，这种酶制剂的组分将不是单一的。

典型的酶活力pH曲线有如钟罩形(图2-8)，它和两性电解质在不同pH时的解离曲线(图2-9)很相似。

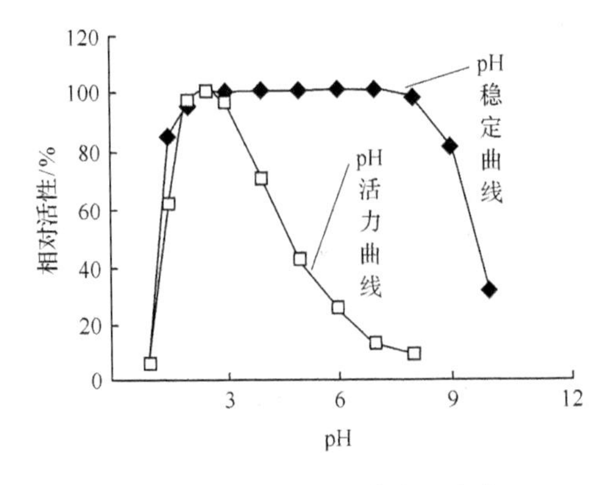

图 2-8 一种酸性果胶酶的稳定 pH 曲线和活力 pH 曲线的关系

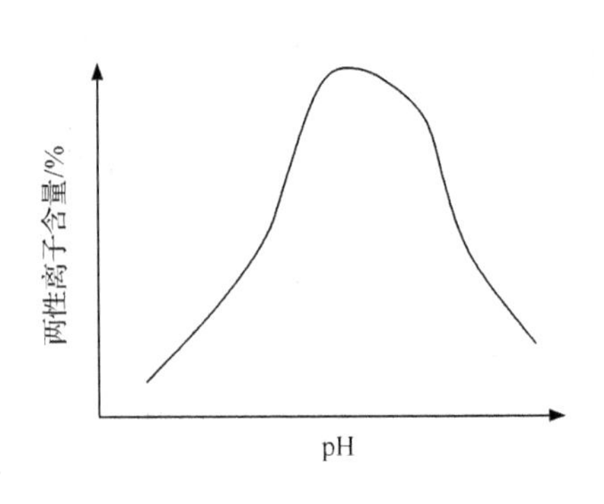

图 2-9 两性离子解离 pH 曲线

因此最初认为，pH 影响酶活力的原因可能是改变了酶的离解状态。深入研究后发现：①酶反应都有各自的最适 pH，而这种最适 pH 往往和它的等电点不一致；②经过部分修饰的酶，其最适 pH 通常不变；③对某些酶的研究发现，它们最适 pH 主要和活性部位侧链基团的解离有关。

当处在稳定的 pH 范围内时，酸碱对酶的抑制可看成可逆的，超过稳定 pH 域，酸碱对酶将产生不可逆抑制。

（二）温度对酶催化反应速率的影响

根据 Arrhenius 方程式可知，反应速率随温度的升高而增大。但是由于酶会高温失活，酶催化反应速率和温度的关系并不是一个单调的函数，因此酶催化反应有一个最适温度问题。只有在最适温度下，酶催化反应才表现出最大的反应速率。

酶分子的大小和结构与热敏感性有一定关系。如果酶分子含有二硫键和某些金属离子，则耐热性通常较好。酶催化反应的最适温度，通常要根据实际测定来确定。

（三）金属离子对酶反应的影响

金属离子对酶的形成、提纯、酶的活力都有很大的影响。在培养产生酶的微生物时需要一定的无机盐，这是微生物繁殖不可缺少的营养成分，也是菌体和酶的重要组分。有些金属离子是稳定酶的三维结构的重要因素，有些金属离子则是直接参与催化反应的。

酶的热稳定性和金属离子关系也很密切。例如，酶反应体系有钙离子时，酶的热稳定性能得到提高。金属离子对酶的活力影响也有很强的选择性，一些酶需

要 K^+ 活化（NH_4^+ 往往可以代替 K^+），但 Na^+ 却不能活化这些酶，有时还有抑制作用。相反，另一些酶需要 Na^+ 活化，K^+ 却起抑制作用。

许多金属离子能够提高酶的活力，是酶的激活剂或活化剂；但是一些重金属离子，如 Ag^+、Cu^{2+}、Hg^{2+} 等，对酶的活力起抑制作用，为抑制剂。

$$2E—SH + Hg^{2+} \longrightarrow E—S—Hg—S—E + 2H^+$$

酶分子　　　　　　被抑制的酶分子

此外，外加的金属盐会改变酶的许多性质，如前面提到的利用中性盐可以使酶沉淀。

（四）抑制剂和激活剂对酶反应的影响

1. 抑制作用

（1）不可逆抑制作用

不可逆抑制作用是抑制剂与酶的某些基团或活性部位以共价键结合，不能用透析、超滤等物理方法将其除去，引起永久性的失活或活力降低。需要注意的是，随反应条件的不同，抑制剂选择的反应性基团有时会发生变化。

（2）可逆抑制作用

可逆抑制剂和酶的结合往往是非共价键的结合，可用透析、超滤等方法将其除去，酶的活力可以得到恢复。可逆性抑制作用按其与酶结合位点的不同可分成两类。

1）竞争性抑制作用。抑制剂和底物有相似的化学结构，当抑制剂浓度足够大时，能同底物竞争与酶分子结合，降低了酶对底物的催化反应速率而起抑制作用。

2）非竞争性抑制作用。抑制剂与酶活性中心以外的必需基团结合，从而抑制酶活性。酶与底物结合的同时也可与抑制剂结合，三者互不影响，无竞争关系。但是，生成的酶与抑制剂复合物不能解离出产物。

$$E—SH + ICH_2COOH \longrightarrow E—S—CHCOOH + HI$$

被抑制的酶分子

抑制剂除金属外还有一些化合物，如酰化试剂、烷化试剂、含活泼双键试剂、亲电试剂、氧化剂及还原剂；酶分子中的氨基可以和亚硝酸、甲醛进行反应，因此这些化合物也是抑制剂；有机磷化合物和酶的活性基团丝氨酸起作用而引起酶失去活力；碘代乙酸和酶的巯基发生烷化反应使酶失去活力；次碘苯甲酸、砷的氧化物等氧化剂使巯基氧化缩合，也使酶失去活力；另外，还有些抑制剂是通过和酶辅基中的金属结合而起抑制作用。

2. 激活作用

激化剂对酶的激活作用机理与抑制作用相反，激化剂可能是构成酶活性部位的主要成分，尤其是某些金属离子，由于它们的存在会使酶的活性部位变性而激活酶。另一些激活剂可以与底物发生作用，生成与酶更易反应的复合物，产生激活作用。当酶催化反应产物对酶反应速率有抑制作用时，激活剂使产物形成某种复合物，使产物从反应平衡过程中分离出去，加快酶的催化反应而达到激活的目的。

除金属离子外，一些小分子，还包括一些阴离子，对酶有激活作用，也是活化剂。常见的阴离子包括 Cl^-、NO_3^-、SO_4^{2-} 等。

同一物质的抑制作用和激活作用是有选择性的。例如，氰化物能激活纤维素酶，但对过氧化氢酶则有抑制作用。即使是同一种物质对同一种酶，有时在一定浓度下有激活作用，而超过一定浓度则会起抑制作用。

（五）酶浓度和底物浓度对酶反应的影响

在底物浓度［S］较低时，反应速率 V 与底物浓度［S］之间成正比关系，表现为一级反应。随着底物浓度［S］的增加，反应速率 V 不再按正比关系增加，而表现为混合级反应。若再增加底物浓度［S］，反应速率 V 将趋于恒定，不再受底物浓度［S］的影响，表现为零级反应（图 2-10）。

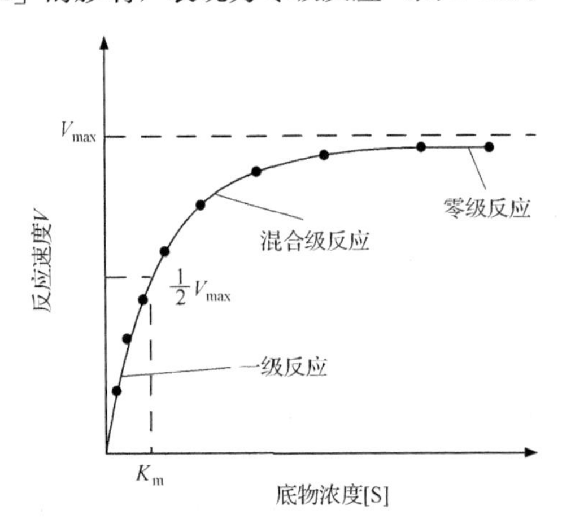

图 2-10　酶浓度和底物浓度对反应速率

原因是当酶的浓度一定时，酶的反应速率也随底物浓度增加而增加，但当底物浓度(或数量)增加到一定程度时，体系中的酶已全部和底物结合，再增加底物，反应速率将不会增加。

八、酶活力的单位与测定

1. 酶活力的定义与单位

在初始阶段，酶的催化反应速率随酶浓度的增加而成比例地增加，因此测定反应的速率就可以知道酶制剂中活性酶的含量和活性水平的高低，即酶活力。

酶活力国际单位：在特定条件下，1min 内转化 1μmol 底物或者底物中 1μmol 有关基团所需的酶量，称为一个国际单位(IU，又称 U)。

另外一个国际酶学会议规定的酶活力单位是 Kat，规定为：在最适条件下，1s 能使 1mol 底物转化的酶量。

2. 常用酶活力的测定方法

常用酶活力的测定方法有：终点法、动力法、紫外可见分光光度法、荧光分光光度法、酶偶联法、电化学法。测定酶活力时，系统必须尽可能地满足反应速率和酶浓度成正比的条件。对不同的酶，应通过实验来选择有效的测试方法，如纤维素酶活力的测定。纤维素酶是水解纤维素生产葡萄糖及纤维二糖的一类酶的总称。测定葡萄糖的方法很多，比较简单的方法可以采用 3，5-二硝基水杨酸法(简称 DNS 法)。

3，5-二硝基水杨酸是一种氧化剂，能与还原糖作用，使硝基还原成氨基，溶液变为橙色。在一定的还原糖浓度范围内，橙色的深度与还原糖的浓度成正比，据此可以推算出纤维素酶的活力。但是不同来源的纤维素酶对不同的天然纤维素的分解能力也不同，即使是同一种酶，对不同的天然纤维素的分解能力也不同。为了统一标准，目前通常以羧甲基纤维素钠盐(简称 CMC)作为纤维素酶作用的底物。需要指出的是 CMC 无论在结构上还是在性质上都不同于天然纤维素，天然纤维素不溶于水，而 CMC 有很强的亲水性，非常容易被纤维素酶分解。在相同条件下，同一种纤维素酶分解 CMC 所产生的还原糖远大于水解天然纤维素所产生的还原糖，因此它的数值总是比较高的，只能供作参考。

九、酶工程

天然酶虽然在生物体内能发挥各种功能，但在生物体外，特别是在工业条件(如高温、高压、机械力、重金属离子、有机溶剂、氧化剂、极端 pH 等)下，则常易遭到破坏。除了上述影响因素外，天然酶还有分离纯化难、成本高、价格贵等缺点。能否运用迅速发展的生物技术来改造天然酶，使其适应工业化应用，或者设计制造出全新的人工酶是酶工程的研究方向之一。

酶工程主要研究酶的生产与纯化、固定化技术、酶分子结构的修饰和改造技术。酶工程主要采用两种方法：一是化学酶工程，即通过对酶的化学修饰或固定化处理，改善酶的性质以提高酶的效率和减低成本，甚至通过化学合成法制造人工酶；另一种是生物酶工程，即用基因重组技术生产酶以及对酶基因进行修饰或设计新基因，从而生产性能稳定、具有新的生物活性及催化效率更高的酶。

生物酶工程(enzyme engineering)是在化学酶工程基础上发展起来的，是以酶学和DNA重组技术为主的与现代分子生物学技术相结合的产物，因此也称为高级酶工程。

因此，酶工程可以说是把酶学基本原理与化学工程技术及重组技术有机结合而形成的新型应用技术。

(一) 酶分子的修饰

通过各种方法使酶分子的结构发生某些改变，从而改变酶的某些特性和功能的技术过程称为酶分子修饰。酶分子的修饰包括化学修饰和物理修饰两个方面。

1. 酶分子的化学修饰

酶分子的化学修饰主要包括金属离子置换修饰、大分子结合修饰、侧链基团修饰、肽链有限水解修饰、核苷酸链有限水解修饰、氨基酸置换修饰、核苷酸置换修饰等。

(1) 金属离子置换修饰

把酶分子中的金属离子换成另一种金属离子，使酶的特性和功能发生改变的修饰方法称为金属离子置换修饰。

有些酶分子中含有金属离子，而且往往是酶活性中心的组成部分，对酶催化功能的发挥有重要作用，如α-淀粉酶中的钙离子 (Ca^{2+})、谷氨酸脱氢酶中的锌离子 (Zn^{2+})、过氧化氢酶分子中的铁离子 (Fe^{2+})、酰基氨基酸酶分子中的锌离子 (Zn^{2+})、超氧化物歧化酶分子中的铜和锌离子 (Cu^{2+}、Zn^{2+}) 等。若从酶分子中除去其所含的金属离子，酶往往会丧失其催化活性。如果重新加入原有的金属离子，酶的催化活性可以恢复或者部分恢复。若用另一种金属离子进行置换，则可使酶呈现出不同的特性，即使酶的活性降低甚至丧失，或使酶的活力提高和增加酶的稳定性。

金属离子置换修饰的过程主要包括如下步骤：

1) 酶的分离纯化。首先将欲进行修饰的酶经过分离纯化，除去杂质，获得具有一定纯度的酶液。

2) 除去原有的金属离子。在经过纯化的酶液中加入一定量的金属螯合剂，如乙二胺四乙酸 (EDTA)等，使酶分子中的金属离子与EDTA等形成螯合物。通过透析、超滤、分子筛层析等方法，将EDTA金属螯合物从酶液中除去。此时，酶往往成为无活性状态。

3) 加入置换离子。在去离子的酶液中加入一定量的置换金属离子，酶蛋白与新加入的金属离子结合，除去多余的置换离子，就可以得到经过金属离子置换后的酶。

金属离子置换修饰只适用于那些在分子结构中本来含有金属离子的酶。用于金属离子置换修饰的金属离子，一般都是二价金属离子。通过金属离子置换修饰可以达到下列目的。

1）阐明金属离子对酶催化作用的影响。了解各种金属离子在酶催化过程中的作用，从而有利于阐明酶的催化作用机制。

2）提高酶活力。有些酶通过金属离子置换修饰后可以显著提高酶活力。例如，α-淀粉酶分子中大多数含有钙离子，有些则含有镁离子、锌离子等，所以一般的α-淀粉酶是杂离子型的，如果将其他杂离子都换成钙离子，则可以提高酶活力并显著增强酶的稳定性。又如，将锌型蛋白酶的锌离子除去，然后加进钙离子，置换成钙型蛋白酶，其酶活力可以提高20%～30%。

3）增强酶的稳定性。有些酶分子中的金属离子被置换以后，其稳定性显著增强。例如，铁型超氧化物歧化酶（Fe-SOD）分子中的铁离子被锰离子置换，成为锰型超氧化物歧化酶（Mn-SOD）后，对过氧化氢的稳定性显著增强。

4）改变酶的动力学特性。有些经过金属离子置换修饰的酶，其动力学性质有所改变。例如，酰基化氨基酸水解酶的活性中心含有锌离子，用钴离子置换后，催化*N*-氯乙酰丙氨酸水解的最适pH从8.5降低为7.0。

（2）大分子结合修饰

采用水溶性大分子与酶的侧链基团共价结合，使酶分子的空间构象发生改变，从而改变酶的特性与功能的方法称为大分子结合修饰。大分子结合修饰是目前应用最广泛的酶分子修饰方法，其修饰的主要过程如下。

1）修饰剂的选择与活化。大分子结合修饰采用的修饰剂是水溶性大分子，如聚乙二醇、右旋糖酐、蔗糖聚合物、葡聚糖、环状糊精、肝素、羧甲基纤维素、聚氨基酸等。

2）修饰剂的活化。作为修饰剂使用的水溶性大分子含有的基团往往不能直接与酶分子的基团进行反应而结合在一起。在使用之前一般需要经过活化，活化基团才能在一定条件下与酶分子的某侧链基团进行反应。例如，常用的大分子修饰剂单甲氧基聚乙二醇（MPEG）可以采用多种不同的试剂进行活化，制成可以在不同条件下对酶分子上不同基团进行修饰的聚乙二醇衍生物。

3）修饰。将带有活化基团的大分子修饰剂与经过分离纯化的酶液，以一定的比例混合，在一定的温度、pH等条件下反应一段时间，使修饰剂的活化基团与酶分子的某侧链基团以共价键结合，对酶分子进行修饰。例如，右旋糖酐先经过高碘酸活化处理，然后与酶分子的氨基共价结合（图2-11）。

4）分离。不同酶分子的修饰效果往往有所差别，有的酶分子可能与一个修饰剂分子结合，有的则可能与2个或多个修饰剂分子结合，还有的没有与修饰剂分子结合。为此，需要通过凝胶层析等方法进行分离，将具有不同修饰度的酶分

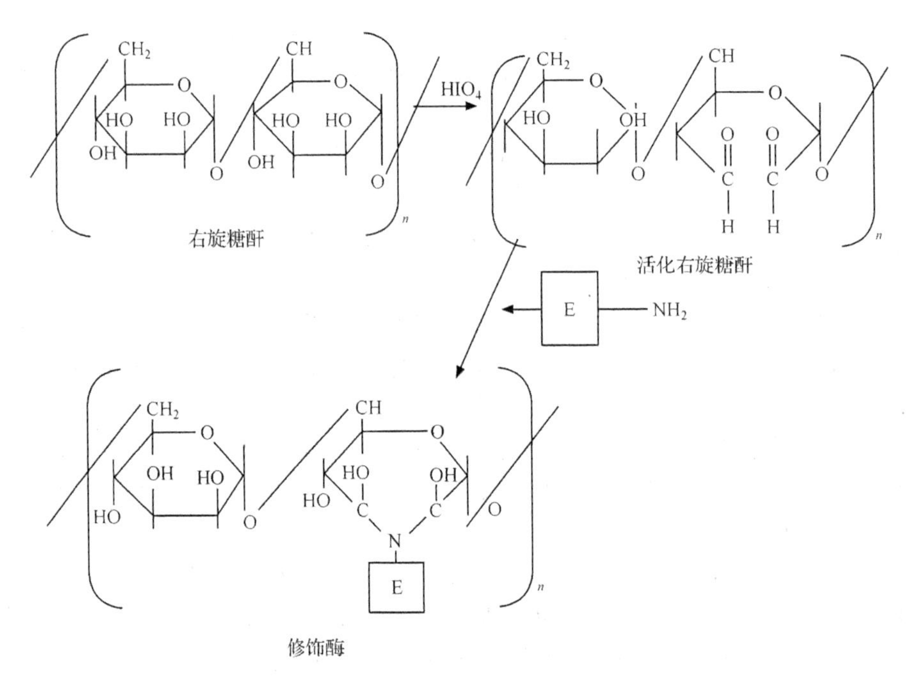

图 2-11　右旋糖酐修饰酶分子的过程

子分开，从中获得具有较好修饰效果的修饰酶。

通过大分子结合修饰，酶分子的结构和性能会发生某些改变，具体如下：

1）通过修饰提高酶活力。大分子与酶的侧链基团通过共价键结合后，可使酶的空间构象发生改变，使酶活性中心更有利于与底物结合，并形成准确的催化部位，从而使酶活力提高。例如，每分子核糖核酸酶与 6.5 分子的右旋糖酐结合，可以使酶活力提高到原有酶活力的 2.25 倍；每分子胰凝乳蛋白酶与 11 分子右旋糖酐结合，酶活力达到原有酶活力的 5.1 倍等。

2）通过修饰可以增强酶的稳定性。酶由于受到各种因素的影响，其完整的空间结构往往会受到破坏，使酶活力降低甚至丧失其催化功能。酶的稳定性可以用酶的半衰期表示。酶的半衰期是指酶的活力降低到原来活力的一半时所经过的时间。不同的酶有不同的半衰期，相同的酶在不同的条件下，半衰期也不一样。为了增强酶的稳定性，必须想方设法使酶的空间结构更为稳定，特别是要使酶活性中心的构象得到保护。其中大分子结合修饰对酶的稳定性增强具有显著的效果。可以与酶分子结合的大分子有水溶性和水不溶性两类。采用不溶于水的大分子与酶结合制成固定化酶后，其稳定性显著提高。采用水溶性的大分子与酶分子共价结合进行酶分子修饰，可以在酶分子外围形成保护层，起到保护酶的空间构象的作用，从而增加酶的稳定性。

3）通过修饰降低或消除酶蛋白的抗原性。这是医学上的一个概念，这里不进行论述了。

（3）酶分子的侧链基团修饰

采用一定的方法（一般为化学法）使酶分子的侧链基团发生改变，从而改变酶分子的特性和功能的修饰方法称为侧链基团修饰。

酶蛋白侧链基团修饰可以采用各种小分子修饰剂，也可以采用具有双功能团的化合物，如戊二醛、己二胺等进行分子内交联修饰，还可以采用各种大分子与酶分子的侧链基团形成共价键而进行大分子结合修饰。其中酶分子的侧链基团与水不溶性的大分子结合，属于酶的结合固定化方法。酶的侧链基团修饰方法很多。

1）氨基修饰。采用某些化合物使酶分子侧链上的氨基发生改变，从而改变酶蛋白的空间构象的方法称为氨基修饰。氨基修饰剂主要有亚硝酸、乙酸酐、琥珀酸酐、二硫化碳等。这些氨基修饰剂作用于酶分子侧链上的氨基，可以产生脱氨基作用或与氨基共价结合将氨基屏蔽起来。例如，亚硝酸可以与氨基酸残基上的氨基反应，通过脱氨基作用，生成羟基酸。

$$\underset{\displaystyle NH_2}{R-\underset{|}{CH}-COOH} + HNO_2 \longrightarrow \underset{\displaystyle OH}{R-\underset{|}{CH}-COOH} + N_2 + H_2O$$

2）羧基修饰。采用各种羧基修饰剂与酶蛋白侧链的羧基进行酯化、酰基化等反应，使蛋白质的空间构象发生改变的方法称为羧基修饰。羧基修饰剂主要有碳化二亚胺、重氮基乙酸盐、乙醇盐酸试剂等。例如，碳化二亚胺可以在比较温和的条件下与酶分子的羧基发生酯化反应。

3）巯基修饰。蛋白质分子中半胱氨酸残基的侧链含有巯基。巯基在许多酶中是活性中心的催化基团，巯基还可以与另一巯基形成二硫键，所以巯基对稳定酶的结构和发挥催化功能有重要作用。采用巯基修饰剂与酶蛋白侧链上的巯基结合，使巯基发生改变，从而改变酶的空间构象、特性和功能的修饰方法称为巯基修饰。

巯基的亲核性很强，是酶分子中最容易反应的侧链基团之一。通过巯基修饰，往往可以显著提高酶的稳定性。常用的巯基修饰剂有酰化剂、烷基化剂、马来酰亚胺、二硫苏糖醇、巯基乙醇、硫代硫酸盐、硼氢化钠等。

此外还有胍基修饰、酚基修饰、咪唑基修饰、吲哚基修饰等多种侧链基团修饰方法。

(4) 分子内交联修饰

采用含有双功能团的化合物（又称为双功能试剂）如戊二醛、已二胺、葡聚糖二乙醛等，在酶蛋白分子中相距较近的两个侧链基团之间形成共价交联，从而提高酶的稳定性的修饰方法称为分子内交联修饰。通过分子内交联修饰，可以使酶分子的空间构象更为稳定。

交联剂的种类繁多。要注意的是分子内交联是在同一个酶分子内进行的交联反应，如果双功能试剂的 2 个功能基团分别在 2 个酶分子之间或在酶分子与其他分子之间进行交联，则可以使酶的水溶性降低，成为不溶于水的固定化酶，称为交联固定化。

(5) 肽链的有限水解修饰

蛋白质类酶活性中心的肽段对酶的催化作用是必不可少的，活性中心以外的肽段起到维持酶空间构象的作用。肽链一旦改变，酶的结构和特性将随之有些改变：①酶蛋白的肽链被水解以后，可能使酶丧失其催化功能，这种修饰主要用于探测酶活性中心的位置；②也可能使酶的催化功能保持不变或损失不多，但是其抗原性等特性将发生改变，这将提高某些酶特别是药用酶的使用价值；③若主链的断裂有利于酶活性中心的形成，则可使酶的活力提高。

在肽链的限定位点进行水解，使酶的空间结构发生某些精细的改变，从而改变酶的特性和功能的方法，称为肽链有限水解修饰。这种水解已有很多成功的应用。例如，胰蛋白酶原本没有催化活性，当受到修饰作用，从左端去一个 6 肽后，就显示胰蛋白酶的催化功能。天冬氨酸酶通过胰蛋白酶修饰，从羧基端切除 10 个氨基酸残基的肽段，可以使天冬氨酸酶的活力提高 5 倍左右。

酶蛋白的肽链有限水解修饰通常使用某些专一性较高的蛋白酶或肽酶作为修饰剂。

2. 酶分子的物理修饰

通过各种物理方法使酶分子的空间构象发生某些改变，从而改变酶的某些特性和功能的方法称为酶分子的物理修饰。例如，在不同物理条件下，特别是在高温、高压、高盐、低温、真空、失重、极端 pH、有毒环境等极端条件下，由于酶分子空间构象的改变而引起酶的特性和功能的变化。

酶分子的空间构象的改变还可以在某些变性剂的作用下，首先使酶分子原有的空间构象破坏，然后在不同的物理条件下，使酶分子重新构建新的空间构象。例如，用盐酸胍使胰蛋白酶的原有空间构象破坏，通过透析除去变性剂后，再在不同的温度条件下，使酶重新构建新的空间构象。结果表明，20℃的条件下重新构建的胰蛋白酶与天然胰蛋白酶的稳定性基本相同，而在 50℃的条件下重新构建的酶的稳定性比天然酶提高 5 倍。

（二）固定化酶

固定化酶(immobilized enzyme)是用物理或化学方法处理水溶性的酶，使其变成不溶于水或固定于固相载体但仍具有酶活性的酶衍生物。固定化酶在文献中曾用水不溶酶、不溶性酶、固相酶、结合酶、固定酶、酶树脂及载体结合酶等名称。

在催化反应中，它以固相状态作用于底物，反应完成后，容易与水溶性反应物分离，可反复使用。固定化酶不但仍具有酶的高度专一性和高催化效率的特点，且比水溶性酶稳定，可长期使用，具有较高的经济效益。将酶制成固定化酶，作为生物体内酶的模拟，可有助于了解微环境对酶功能的影响。

酶经过固定化后，比较能耐受温度及 pH 的变化，最适 pH 往往稍有移位，对底物专一性没有任何改变，实际使用效率提高几十倍甚至几百倍。常用的固定化酶的方法有以下 3 种。

1）载体结合法。最常用的是共价结合法，即酶蛋白的非必需基团通过共价键和载体形成不可逆的连接。在温和的条件下能偶联的蛋白质基团包括氨基、羧基、半胱氨酸的巯基、组氨酸的咪唑基、酪氨酸的酚基、丝氨酸和苏氨酸的羟基。参加和载体共价结合的基团，不能是酶表现活力所必需的基团。

2）交联法。依靠双功能团试剂使酶分子之间发生交联凝集成网状结构，使其不溶于水从而形成固定化酶。常采用的双功能团试剂有戊二醛、顺丁烯二酸酐等。酶蛋白的游离氨基、酚基、咪唑基及巯基均可参与交联反应。

3）包埋法。酶被裹在凝胶的细格子中或被半透性的聚合物膜包围而成为格子型和微胶囊型两种。包埋法制备固定化酶除包埋水溶性酶外还常包埋细胞，制成固定化细胞。例如，可用明胶及戊二醛包埋具有青霉素酰化酶活力的菌体，工业上用于生产 6-氨基青霉烷酸。

（三）人工模拟酶

在深入了解酶的结构与功能以及催化作用机制的基础上，有许多科学家模拟酶的生物催化功能，用化学半合成法或化学全合成法合成了人工酶催化剂。

1）半合成酶。例如将电子传递催化剂 $[Ru(NH)_3]^{3+}$ 与巨头鲸肌红蛋白结合，产生了一种“半合成的无机生物酶”，这样把能和氧气结合而无催化活性的肌红蛋白变成能氧化各种有机物(如抗坏血酸)的半合成酶，它接近于天然的抗坏血酸氧化酶的催化效率。

2）全合成酶。全合成酶不是蛋白质，而是一些非蛋白质有机物，它们通过并入酶的催化基团与控制空间构象，从而像天然酶那样专一性地催化化学反应。例如，利用环糊精成功地模拟了胰凝乳蛋白酶、转氨酶、碳酸酐酶等。其中胰凝乳蛋白模拟酶催化简单酯反应的速率和天然酶接近，但热稳定性与pH稳定性大大优于天然酶，模拟酶的活力在80℃仍能保持，在pH＝2～13的大范围内都是稳定的。

十、纺织酶催化反应的特点

（一）纺织酶催化反应的特点

1. 纺织酶加工表现为多相催化反应

纺织酶加工的主要对象包括纤维、纱线、织物、纤维附生物(丝胶、果胶及其他随纤维主体共生的物质)、辅助物质(浆料、印花糊料等)及废水等。除废水以外，其他几种加工对象均以固定相的形式存在于加工体系中，是一种多相催化反应，即在纺织酶加工过程中，酶存在于处理液中，是流动相，而处理对象为固定相(图2-12)。

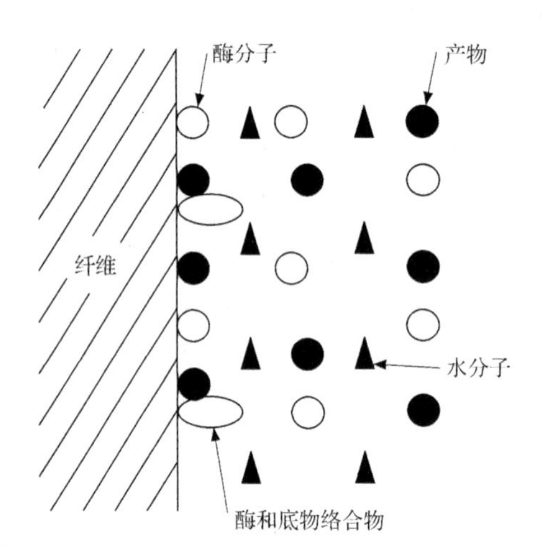

图2-12　纺织酶催化反应中各组分的分布示意图

纺织酶催化反应大体上由下面几个过程组成：①酶分子从水溶液中向纤维扩散；②酶分子在纤维表面吸附；③形成酶和底物络合物；④由络合物形成产物；⑤产物从纤维表面向溶液扩散。即形成如图2-12所示的各组分分布，反应的过程比均相催化反应复杂得多。

2. 影响酶催化反应的复杂因素

影响酶催化反应的复杂因素主要有：

1）酶构象的改变。底物常为固体高聚物，分子的刚性大，变形困难。但是，酶分子的构象可能会因金属盐、pH 等因素而发生三维结构的轻微改变。

2）屏蔽障碍。酶分子只能在纤维的外侧对底物分子进行攻击，某些可以进行反应的部位由于空间阻碍而不能进行，因而酶分子的转化率相对较低；当底物分子结构紧密时，这种影响更明显。

3）微扰效应。纤维表面荷电性质的改变是微扰效应的一种体现。

4）分配效应。纤维集合体内部和外部、纤维表面和溶液中各反应组分的浓度是不同的。

5）扩散限制。由于空间位阻影响，在纤维集合体内部和外部、甚至是纤维内部和外部各组分扩散速度是不同的。

3. 同质处理和异质处理

所谓同质处理是指酶对纤维主体的处理，如纤维素酶对纤维素纤维的处理，蛋白酶对羊毛的处理等。异质处理是指酶对纤维主体附生物或辅助物质进行处理，如酶的脱胶、a-淀粉酶的退浆等。由于酶的高效性和专一性，理论上对纤维主体不会造成损伤。

4. 纺织酶加工对象的结构和性质复杂

纺织纤维从微观结构看，其聚集层次依次为：大分子→基原纤→微原纤→原纤→巨原纤→纤维。在纤维化聚集序列中，层次内部的连接通常牢固于层次之间的连接。这些性质将使酶对结晶区和无定形区的作用不同。

棉纤维的微原纤中有 1nm 左右的缝隙和孔洞，原纤间有 5～10nm 的缝隙和孔洞，次生胞壁中含有 100nm 左右的缝隙和孔洞。在湿处理状态下，纤维溶胀，这些孔隙将显著增大，如 Lyocell 纤维在水溶液中横向的溶胀达 40％～50％。这将使酶能进入纤维内部，对纤维各部分的作用效率不同，即有“掘遂”现象。例如羊毛酶处理中因控制不当产生的“烂芯”现象。

另外，纤维的附着物（如丝胶）和辅助物质（如浆料、糊料等）在水中有一定的溶解性，对这些对象的处理，兼有均相催化作用的特点。

（二）酶在纤维表面的吸附性能

1. 纤维浓度对酶吸附的影响

图 2-13 为纤维素酶 SF 在不同浓度时的吸附情况。酶在纤维表面的吸附速度与纤维品种有关。亚麻的吸附速度最慢，其次为棉，黏胶纤维的最快。

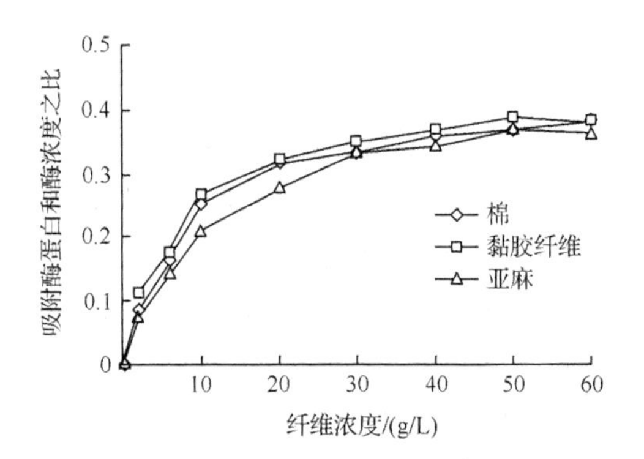

图 2-13 纤维浓度和纤维素酶 SF 吸附量的关系

酶浓度 0.3369g/L，pH=4.8，50℃，30min 实验用的纱线均经过煮练处理

2. 酶吸附量和酶解率的关系

纤维的酶解率即还原糖量和纤维总量之比，均存在下列关系，即黏胶纤维>棉>亚麻。这与纤维内部结构的紧密性有关，黏胶纤维的无定形区最大，故酶解率最高（图 2-14）。

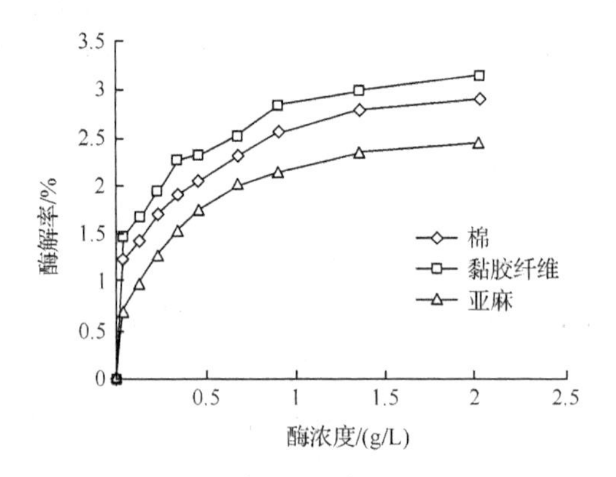

图 2-14 酶浓度和酶解率的关系

纤维浓度 40g/L，pH=4.8，50℃，30min 处理时间 45min，

实验用的纱线均经过煮练处理

（三）酶浓度对反应速率的影响

在酶的均相催化过程中，反应初速率和酶的浓度成正比，但此后这种线性关系基本不存在。从图 2-15 可以看出，在较短的处理时间 40min 内比较稳定，当时间超过 60min，水解率快速增大，这与羊毛结构的复杂性和处理的“烂芯”现象有关。

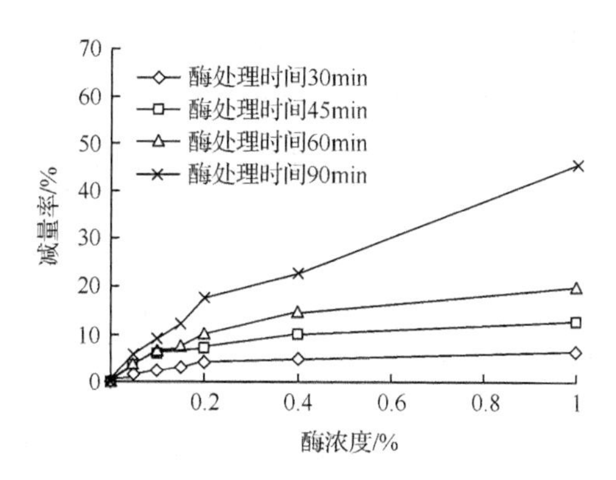

图 2-15　酶浓度和羊毛减量的关系

预处理：双氧水浓度 2.25%，50℃，45min，浴比 25：1；酶处理条件：

蛋白酶 Ws Prilled，50℃，pH=8.0～8.5

十一、纺织用酶制剂的性能要求

（一）固体酶制剂

1. 粉剂

发酵和回收后，通过干燥制得的酶产品通常为粉状物。粉剂虽然在干燥、较低温度下可以保持较稳定的活性，但在工业应用中存在着明显的不足，具体表现如下。

1）易形成粉尘危害。粉剂是粉尘，在工业操作中粉尘极易进入人体。由于人体的 pH 和体温为通常的酶活性域，蛋白酶粉尘的吸入有可能对人体器官(眼睛、皮肤等)造成损伤，特别是眼睛的角膜，如长期接触可使视力下降，甚至导致失明。

2）复配性差。由于粉剂的颗粒较小，很难和其他添加剂均匀混合，和颗粒较粗的制剂混合难度更大。

3）使用的稳定性较差。由于粉剂不易添加其他辅助物质，因而不易在较高的温湿度下保存，在加入溶液中后，也易受表面活性剂、漂白剂的影响。

2. 颗粒剂

颗粒剂目前干燥酶制剂基本采用颗粒剂的形式，粉剂已经很少见。作为颗粒剂必须解决力学强度与在溶液中顺利释放的矛盾。

（二）液体酶制剂

1. 液体酶制剂的特点

液体酶制剂保存期短、包装费用高、运输费用大。通过正确的配制技术，液体酶制剂的稳定性已大为改善（表 2-1）。液体酶制剂还具有生产过程短、设备投资少、易于复配、易于计量等特点。

表 2-1　液体酶制剂稳定的一般条件

条件	数值	备注
pH	7.5～9.5	
储存温度	4℃～室温	在 4～25℃的范围内温度越低越好
水的活度或含量/%	<55	通常在 40%～50%。在保持酶液稳定的情况下越低越好
Ca^{2+} 含量/%	0.5～2	需要 Ca^{2+} 的酶品种
硼酸盐含量/%	2～5	
多羟基化合物含量/%	5～25	丙二醇和山梨(糖)醇等
甘油含量/%	2～5	
甜菜碱类化合物含量/%	2～5	可单独使用或与其他成分综合使用

2. 液体酶制剂的添加剂

液体酶制剂的添加剂有以下几种。

1）表面活性剂。阴离子表面活性剂对液体酶制剂的稳定性影响很大，配制和使用过程中应予以避免，肥皂对酶的稳定性也是不利的；阳离子表面活性剂的影响小于阴离子表面活性剂，但只能在低浓度下应用，高浓度下也容易使蛋白酶发生变性；非离子表面活性剂对酶的稳定性影响小，是酶配制和使用中可以应用的，但不要超过临界胶束浓度。

2）助剂或螯合剂。助剂和螯合剂通常对酶制剂的稳定性不利。

3）溶剂。多元醇类通常对酶制剂的稳定性有利，而疏水溶剂对酶的稳定一般不利。在酶制剂中加入丙二醇、山梨(糖)醇和蔗糖有利于酶制剂的稳定。

4）水。作为液体酶制剂，水的含量最好在 45%～50%或低于此值。

5）影响蛋白质聚集或结晶的因素。要绝对避免这种情况发生，在配制时要防止过高和过低的离子强度、盐和溶剂浓度。

6）抗菌添加剂。为了使液体酶达到抗菌目的，通常有两条途径：①降低酶的活度(或浓度)。主要方法为加入盐类，常采用高浓度的 NaCl；添加低分子的糖，常用高浓度的蔗糖和葡萄糖；添加多元醇类，常用的有乙二醇和山梨(糖)醇。②添加抗菌剂。常用的有甲苯、苯甲酸、柠檬酸、螯合剂、季铵盐类和百里酚等化合物。

7）常用稳定剂。

酶制剂的存储稳定性和使用稳定性是酶能否被广泛使用的基础。酶常用的稳定剂有高分子化合物、多元醇、羧酸盐和低分子多羟基化合物以及糖类(表 2-2)。需要注意的是，不同的酶所需要稳定剂不同，某一酶的稳定剂可能是另一酶的抑制剂。

表 2-2　可以添加的稳定剂

添加剂	含量/%
硼酸	0～2.5
甲酸钠	1～10
氯化钙	0～0.1
氨基酸	0～2.5
酸碱	根据需要调节
抗菌剂	0.1～2.0
缓冲剂(磷酸、柠檬酸等)	0.2～5
聚乙二醇	
其他蛋白质，如明胶等	10

第二节　纤维素酶的性质与应用

一、纤维素酶的性质和作用方式

纤维素酶(cellulase)是一类降解纤维素生成葡萄糖的多组分酶的总称，通常是由多组分酶组成的酶系。纤维素酶是发现比较早的一个酶品种。1906 年 Seilliere 首先发现蜗牛的消化液中有一种能够分解纤维素的物质，即纤维素酶。表 2-3 是酶在纤维素纤维纺织品染整加工中的应用情况。

表 2-3　纤维素酶加工的目的和作用

改善性能		酶的作用
外观	光泽	使纤维的表面上细茸毛脱落，表面变得光洁、织纹清晰
	起毛	切削纤维表面，促进原纤化，产生茸毛
	脱色	切削纤维表面，脱落染料，达到石墨和水洗褪色效果
触感	柔软性	使纤维表面局部产生沟槽和减量变细，形成多孔性纤维，使织物组织疏松，减少纤维间的黏搭，纤维滑爽
	蓬松性	增加纤维束或纱线蓬松性
	消除刺痒感	消除茸毛，使纤维尖端分解、软化
服用性	悬垂性	分解和减量纤维，改善悬垂性
	起毛起球性	使纤维表面茸毛脱落，表面滑爽，不易起毛
洗涤	防缩	分解纤维无定性区，抑制收缩
	防起毛起球	去除茸毛，增加滑爽
	提高净洗性	纤维表面改性，提高净洗性，使纤维表面染料，化学品易于脱落
加工性能	提高印花精细性	去除毛羽，增加平挺度，织纹清晰，有利于色浆渗透
	消除机械加工产生的折痕	增加平整性，去除茸毛，增加滑爽

二、纤维素酶的组成及催化协同作用

1. 纤维素酶的组分

在早期，人们通过对大量微生物生命活动的比较研究，发现某些微生物能很快地利用各种形式的纤维素，而另外一些微生物只能利用降解特定形式的纤维素。某些微生物能大量产生胞外酶，而另一些微生物不产生或很少产生胞外酶。在胞外酶中，有的既能降解棉花，又能降解可溶性的纤维素衍生物。这些研究直接导出了纤维素酶是复合酶的概念。

根据纤维素酶的作用方式，纤维素酶中至少包括 3 类不同性质的酶，即外切 β-1，4-葡聚糖苷酶(CBH)、内切 β-1，4-葡聚糖苷酶(EG)和 β-1，4-葡萄糖苷酶(BG)，在 3 种酶的协同作用下，纤维素最终被降解成葡萄糖（图 2-16)。

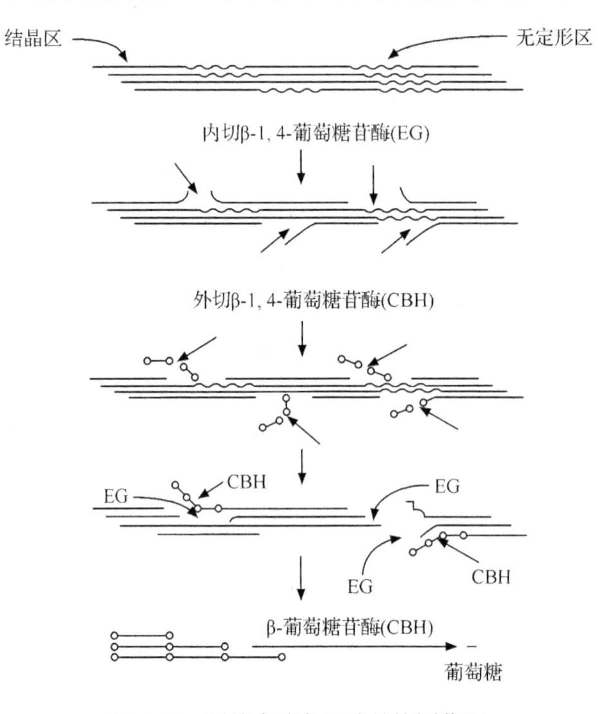

图 2-16　纤维素酶各组分的协同作用

EG 可以沿纤维素分子链随机地水解 β-1，4-苷键。CBH 则只能从纤维素分子链的一端(通常为非还原端)切断纤维素分子，并形成纤维二糖或葡萄糖。BG 的作用是将纤维二糖水解成葡萄糖。BG 对反应动力学的作用很大，因为内切酶和外切酶水解的主要产物为纤维二糖，随着反应的进行，纤维二糖的产物积累将使外切酶的活力受到抑制，因此必须尽快将纤维二糖转化成其他形式，而 BG 恰恰承担了这个功能。

EG 对无定形区的可及度高，最容易发生催化水解；对结晶区边缘的分子链也可以切断，但速度不如无定形区快；而对结晶区内的分子链段很难单独发生反应。

CBH 是从分子非还原末端开始反应，形成纤维素二糖，而链末端多半处在无定形区；对结晶区边缘的非还原性末端反应较难。由于它的作用产物是纤维素二糖等低聚糖，水溶性较好，反应后易于离去。

当 CBH 和 EG 共存时，能不断将结晶区的纤维素从外至内不断切断(蚕食)，比 EG 单独存在时快得多。

结晶区的纤维素分子排列整齐，结构紧密，纤维素酶只能达到其表面，而不能进入结晶区内部，所以水解性较低，水解速度也慢。无定形区中的纤维素分子排列不规整，相互作用也较弱，容易结合水和发生溶胀，因此纤维素酶容易通过孔道进入无定形区，发生吸附结合和催化水解。丝光后，无定形区的增多可大大增强酶对纤维的吸附，因而加快了酶的水解反应速率，并且强度的降低程度也加大，失重增加。如果棉织物丝光不均匀的话，必然会引起酶处理不均匀(表 2-4)。

表 2-4　不同纤维素纤维织物酶处理后的失重率

织物的纤维类别	失重/%		
	6h	20h	48h
棉	4.20	13.89	23.83
亚麻	6.34	13.59	21.13
苎麻	3.80	6.44	10.46
黏胶人造丝	2.40	13.63	26.23
棉/亚麻混纺	4.58	8.90	15.69

注：来源于 Trichoderma Viride(EC 3.2.1.4)的纤维素酶

2. 纤维素酶的纤维素结合区域

纤维素酶大多是糖蛋白，不同纤维素酶的含糖比例一般也不相同，糖和蛋白质结合方式也不同。有的是通过共价键结合，有的是可解离的复合物。糖通常通过天冬氨酸、苏氨酸、丝氨酸、谷氨酸和蛋白质结合形成 *N*-糖肽键和 *O*-糖肽键。纤维素酶中的糖链主要是促进纤维素酶和纤维素的结合，同时也具有保护纤维素酶和防止蛋白酶攻击的作用。该糖链可能是与纤维素大分子结合的重要区域，所以又被称为纤维素结合区域(cellulose bonding domain，CBD)。绝大部分纤维素酶都含有一个易于和纤维素结合的 CBD 和包含纤维素酶活性部位的主蛋白结构(活性核)，二者之间通过肽链连接，连接的肽链类似于铰链，使活性核可围绕 CBD 进行转动。图 2-17 为“酶虫”模型示意图（Gencncor 提供）。

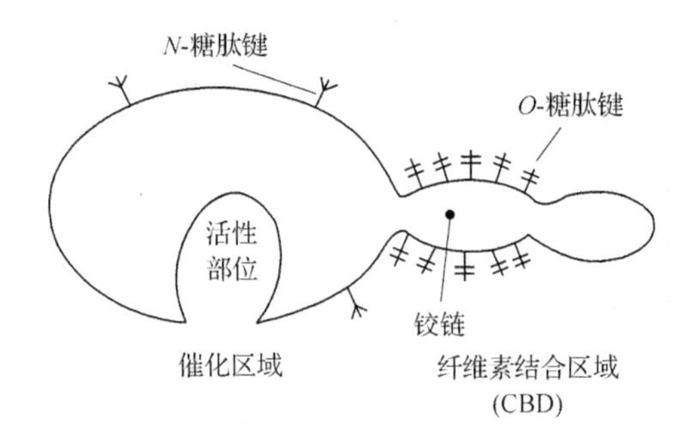

图 2-17 “酶虫”模型

不同的酶，铰链长度不同，对纤维素的亲和能力也不同。细菌纤维素酶的CBD长度是霉菌纤维素酶的4倍。纤维素酶的CBD在催化水解纤维素过程中的具体功能还不是很清楚，目前认为CBD可能有下列功能：

1）可以促进纤维素酶在纤维素表面的吸附，提高纤维素表面的局部酶浓度。但CBD并不是纤维素酶活性部位的结合位置。若去除纤维素酶的CBD，纤维素酶仍然表现出催化活性。

2）可以使酶在纤维素表面优化排布，促进催化反应的进行。

3）有可能撕裂纤维素的表面结晶区或改变结晶区表面的侧序度，但此观点还未得到实验的证实。

根据氨基酸的组成，纤维素酶的CBD可以分为两类，第一类由30～36个氨基酸组成，存在于从酸性和中性等霉菌获得的纤维素酶中；第二类由103～146个氨基酸组成，存在于从细菌获得的纤维素酶中。

三、影响纤维素酶催化效率的因素

影响纤维素酶催化效率的因素有6个方面，即酶的种类、底物、pH、温度、激活剂、抑制剂。

与任何酶制剂相同，纤维素酶均有一个最佳活性域，而温度和pH将极大地影响纤维素酶的催化效率。除此之外，催化效率还和纤维素酶的来源、纤维素的超分子结构抑制剂和活化剂有关。

1. 纤维素酶来源的影响

不同来源的纤维素酶，在分子结构、空间结构、酶组分上都有明显的不同（表2-5）。

目前生产纤维素酶的微生物大多属于真菌，木霉产生的纤维素酶活力最高，我国用的菌种大多属于木霉。

表 2-5　几种真菌纤维素酶产品的比较

菌名	外切葡聚糖酶单位	内切葡聚糖酶单位	棉花的水解/%	
			产糖	失重
绿色木霉(*Trichoderma viride*)	50.0	50.0	58	53
细小青霉(*Penicillium pusillum*)	27	110	22	23
土曲霉(*Aspergillus terreus*)	5.0	36.0	28	24
担子菌(*Basidiomycete*)	5.0	75	15	23
串珠镰孢(*Fusarium moniliforme*)	—	3.5	39	39

2. 纤维素超分子结构的影响

前面已经提到，故此处不再重复。

3. 抑制剂和活化剂

常见的纤维素酶的竞争性抑制剂有纤维二糖、葡萄糖和甲基纤维素等。一些试剂，如卤素化合物、重金属离子(Ag^{+}、Cu^{2+}、Mn^{2+}和Hg^{+}等)、某些染料都能使纤维素酶失活，某些还原剂如巯基试剂也能抑制纤维素酶。植物体内的某些附生物，如酚、单宁和色素是纤维素酶的天然抑制剂。

染料通常也是纤维素酶的抑制剂，因而染色织物的纤维素酶处理效率通常会明显降低，见图 2-18 和图 2-19。

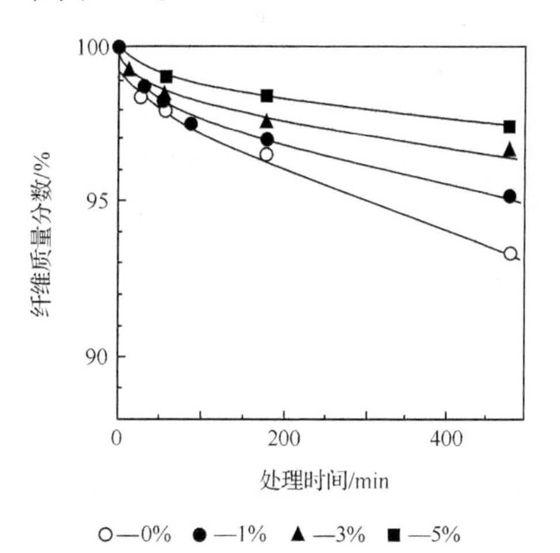

图 2-18　C. I. 直接黑 32 染色棉细平布用纤维素酶处理的失重变化

纤维素酶来源：*Trichoderma viride*；曲线表示不同染料浓度（对织物重%）

从现有的资料看，直接染料、活性染料的染色织物对纤维素酶有明显的抑制作用。活性染料的抑制性能还和活性官能团有关，官能团越多，抑制作用越明显。还原染料对纤维素酶的抑制作用有很大的不同，有的还原染料对纤维素酶没

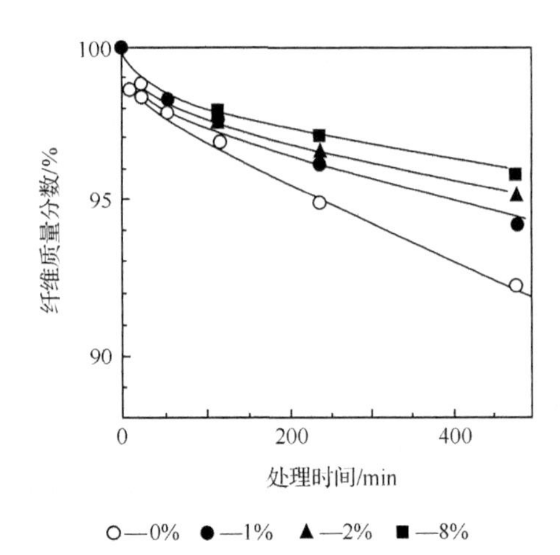

图 2-19 C. I. 活性红 120 染色棉细平布用纤维素酶处理的失重变化

纤维素酶来源：同图 2-18；曲线表示不同染料浓度（对织物重%）

有抑制作用，而有的还原染料，通常为分子较大的还原染料，对纤维素酶有一定的抑制作用。

染料对酶的抑制作用方式主要有两种：一是染料被吸附在纤维分子链上，阻止了酶分子活性部位对纤维分子链的靠近、结合和催化作用。二是通过库仑力形成不活泼的染料-酶络合物，这样也可起抑制作用。

表面活性剂对纤维素酶的活力也有很大影响，如表 2-6 所示。阳离子表面活性剂的抑制作用最强，几乎使纤维素酶的活力完全消失。阴离子表面活性剂对纤维素酶有较强的抑制作用，特别是烷基硫酸钠或磺酸钠。非离子表面活性剂影响不大，甚至还有活化作用。两性表面活性剂也有明显的抑制作用。

表 2-6 一些表面活性剂对纤维素酶活力的影响

表面活性剂		浓度/(g/L)	酶的相对活力
阴离子型类	十二烷基硫酸钠	1	38
	十二烷基苯磺酸钠	1	34
	聚氧乙烯基醚硫酸钠	1	98
非离子型类	聚氧乙烯十二烷基醚	1	98
	聚氧乙烯硬脂酰醚	1	101
	聚氧乙烯壬基苯基醚	1	103
	聚氧乙烯辛基苯基醚	1	106
阳离子型类	硬脂酰胺乙酸酯	1	无活力
	二硬脂酰二甲基氯化铵	1	9
两性类	硬脂酰三甲基乙内酯	1	64

与抑制剂相反，某些试剂能使纤维素酶活化，如 NaF、Mg^{2+}、$CoCl_2$、Cd^{2+}、$Ca_3(PO_4)_2$ 和中性盐类（如 NaCl、Na_2SO_4 和 K_2SO_4 等），可提高活力 10%左右。一些重金属盐却有明显的抑制作用，Cu^{2+} 和 Mn^{2+} 的抑制作用较弱。如表 2-7 所示。

表 2-7　各种无机盐对纤维素酶的活力的影响

无机盐	浓度/(mol/L)	酶的相对活力
NaCl	0.01	110
	0.05	112
Na_2SO_4	0.01	108
	0.05	115
$(NH_4)SO_4$	0.01	115
	0.05	116
K_2SO_4	0.01	110
	0.05	110
$CuSO_4$	0.01	23
$NiSO_4$	0.05	69
$FeSO_4$	0.01	62
$MnSO_4$	0.01	97
$KMnSO_4$	0.005	18

四、纤维素酶对纤维素纤维作用的特异性

纤维素纤维织物通过纤维素酶处理，可以达到表 2-8 所示的特性。

表 2-8　纤维素织物经酶处理后可达到的性能

纤维品种	目的
棉	生物抛光、抗起球、消除棉结和籽屑、柔软织物、返旧(石磨)效果
Lyocell 纤维	去除原纤、改善手感、形成桃皮绒外观
黏胶纤维	柔软织物表面、表面纤维绒毛去除、光洁表面、返旧(石磨)效果
亚麻、麻	柔软、光洁织物表面、返旧(石磨)效果

由图 2-20 可知，在处理时间较短时，减量率以亚麻最高，黏胶人造丝最低。可能是在减量处理初期(6h)，亚麻织物表面有较多的绒毛，酶处理使它们容易断落。处理 48h 后，黏胶人造丝减量率反而最高，这只要是由于黏胶纤维独特的皮层结构，在酶水解的初期时速率较低，一旦时间较长使酶水解达到内层时，其水解速率将大大加速。从总体上看，苎麻的水解速率低于其他纤维，这和其纤维

在结构上具有较高的结晶度、取向度和低的孔隙率有关。由于在实际工艺处理时，长时间的大减量处理缺乏实际意义，而短时间处理(6h以内)的减量具有实际参考意义，这些纤维品种的减量次序是亚麻>棉>苎麻>黏胶纤维。

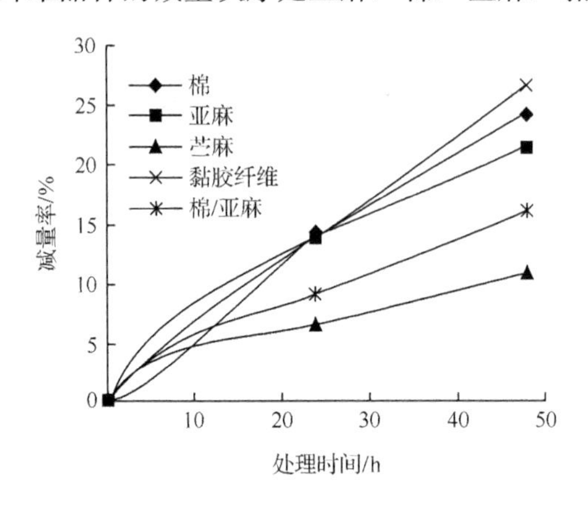

图 2-20　不同纤维素纤维酶处理后的减量率

采用由绿色木霉生产的纤维素酶。棉为漂白退浆印花布，亚麻为手帕布，苎麻为平纹布，黏胶为有光长丝缎纹织物，棉/亚麻为棉经亚麻纬平纹织物，处理时轻度摇晃

酶减量特性受许多因素的影响，具体为：

1）减量特性受酶品种的影响。

2）减量处理受前处理的影响。如煮练、丝光等均可能改变纤维的表面或微细结构，从而影响酶的作用性能。

3）减量受纤维、纱线和织物结构紧密程度的影响。结构特别紧密的织物，由于酶不易进入纤维集合体的内部，产物也不易从内部扩散到外部，因而水解速率将有所减慢。

4）减量特性受设备的影响。对表面有绒毛的织物，剧烈运动的设备将使绒毛更易脱落，从而使减量率比没有绒毛的织物增加快得多。

五、纤维素酶处理对织物性能的影响

（一）纤维素酶处理后织物的强度

纤维素酶处理后，织物(纤维)被减量，纤维的强度受到损伤。在同等减量的情况下，各种纤维的强度损伤是不同的。大量的实验证明依次为：黏胶纤维>棉纤维>亚麻>苎麻，而且随着时间的延长，损伤在增加，但是渐趋缓慢(图 2-21)。这首先与纤维内部结构的紧密程度有关；其次，纤维素酶处理损伤由表及里的能力是有限的。

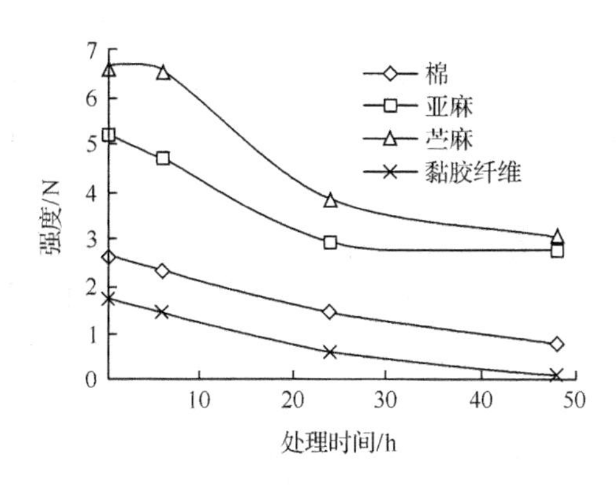

图 2-21　不同纤维品种减量率和强度保持的关系

处理条件同图 2-20

（二）纤维素酶处理后对织物风格的影响

处理后织物的拉伸功(表示织物易变形性)和非线性度(表示织物硬挺度)下降，拉伸弹性(表示织物变形回复能力)有所增加，说明处理后织物变形容易，并且变形后的回复性能有所提高。原因是减量使绒毛被一定程度的削除，使纱线表面变得比较光洁，织物结构变得松弛。

处理后织物的剪切滞后矩通常略有增加。这是由于减量处理使织物的表面被刻蚀从而引起手感呆滞。所以在实际应用时，酶处理后织物手感的改善要借助于柔软剂进行。如果不施加柔软剂，织物的手感不仅不能改善，反而会变差。对柔软剂改善织物手感的原因，一般的解释是酶处理后使纤维表面布满了微孔，有利于柔软剂的吸附，纤维在使用时柔软剂可以从微孔中逐步释放。

酶处理后，织物的硬挺度变小，而滑爽性、丰满度和柔软性有较大的增强(表 2-9)。硬挺度的减小和织物减量结构变松有关，滑爽度的增加和织物减量后

表 2-9　纤维素酶处理对织物风格的影响

风格	原样	酶处理（无机械搅拌）	酶处理（有机械搅拌）
硬挺度	2.184	0.673	0.531
滑爽度	3.664	7.191	8.366
丰满度和柔软度	1.030	5.359	5.877

注：织物的风格值根据川端风格仪测得的 16 个指标计算而得，每种风格数值范围为 0～10。数值越大，表示这种风格特征越强；

处理织物为 100%棉织物，失重率在 4%左右。处理条件为：Cellusoft L10%（按织物重量计），37℃±1℃，浴比 100∶1，pH=4.9；

处理织物经退浆、煮练和漂白前处理

表面性能的变化，如绒毛的削除、纤维表面摩擦系数的变化有关。丰满度和柔软度同样和处理后织物的结构变松有关。除了绒毛的去除，织物的减量将使纤维之间的空隙增加，这种效果将使织物变得柔软、丰满，同时也有利于织物悬垂性的改善。

在实际处理过程中，酶减量一般在10%以下。纤维素酶对织物减量处理后，对织物的吸水、吸湿性能也有一定的改善。同时，减量处理还可以达到生物抛光的目的。对麻纱可以降低其刚性，提高柔软性和可织性，对麻织物可以在一定程度上改善其刺痒感。

（三）纤维素酶处理后对纤维染色性能的影响

纤维素酶首先在无定形区发生催化水解作用，对结晶区也可从表面开始进行反应，使结晶区不断形成微隙，逐步深入进行催化水解，而且随着纤维素分子链切断，这种作用不断加强。随着结晶度的降低，纤维的染色性能都会明显提高，这对于提高麻纤维的上染率很有意义。有实验表明纤维素酶预处理亚麻织物，染色过程中再结合壳聚糖，可使上染率提高25%左右。

六、纤维素酶的返旧整理

（一）纤维素酶返旧整理概述

传统牛仔布是用靛蓝染料染色的经纱和本色的纬纱交织而成的。具有返旧风格的牛仔蓝体现了休闲与动感，始终处于时尚的前端。利用靛蓝染料的环染及湿摩擦牢度差的特点，通过特殊的水洗方法剥除部分染料，使之均匀脱色或局部褪色而获得“石磨蓝”效果，以达到返旧的外观。返旧外观是衡量牛仔布品质的一个重要内容。

牛仔布的返旧整理通常是在加工成服装后进行的。最初是洗涤，然后用氧化剂漂白褪色，再用金刚砂进行部分磨白。最常用的返旧整理是石磨水洗，即将牛仔服装与浮石等磨料一起用转鼓洗衣机进行洗涤。浮石洗涤整理对织物损伤大，易造成断纱甚至破洞现象，浮石和沙粒会残留在服装的布料内，同时也易损伤洗涤设备。

用纤维素酶进行返旧整理，基本上解决了浮石水洗整理中存在的问题，同时还赋予了织物独特的风格。原理是通过纤维素酶对纤维表面的剥蚀作用，使纤维表面被磨损，染料随之被剥离，产生水洗石磨的外观。这比机械磨损更易去除染料。

牛仔布酶洗的工艺流程是：酶退浆（淀粉酶退浆或碱退浆）→水洗→酶洗→酶的失活（加热至80℃，15min）→水洗→（柔软整理）→烘干。

表 2-10 为牛仔布酶洗涤石磨的一般工艺条件。

表 2-10　牛仔布酶洗涤石磨条件

工艺条件	重洗涤石磨处理	轻洗涤石磨处理
浴比	10∶1	10∶1
酶制剂用量/(g/kg)	Denimax Ultra L 20	Denimax Acid BL 20
浮石/(kg/kg)	—	0～1
EFA(羟乙基脂肪醇)/(g/L)	0.25	—
温度/℃	55～60	55～60
pH	7.5	4.5～5.5
时间/min	60～90	25～60

用于返旧整理的纤维素酶有酸性酶和中性酶。酸性酶活力强，但酶洗质量不易控制，重现性差、易沾色、织物强力损失大。中性纤维素酶的活力较低，需用较长的时间完成有效的磨损，对工艺参数波动敏感性小，酶洗质量易控制，重现性好，对靛蓝牛仔布具有很好的酵磨度，织物强力损失小。

用纤维素酶进行返旧整理具有加工质量好、生产效率高、对环境污染少、可选设备范围广、对织物（尤其对缝线、边角和标记）损伤小、织物的柔软性和悬垂性好、设备磨损小等优点，也可用于较轻薄的、非染色织物的砂洗整理。纤维素酶返旧整理有待解的问题主要是易产生非均匀处理的印痕、折痕，易沾色和强度损伤等。

（二）沾色问题

在用纤维素酶处理靛蓝织物时，悬浮于溶液中的染料会再沉积在织物的表面，从而使织物出现蓝色的背景、灰暗的外观，在织物的正面减少对比度，这种现象称为返沾色。

返沾色在白色的纬纱和白色的袋布上表现最明显，会出现较浅的蓝色背景。返沾色主要取决于酶的种类，其他因素如染色条件、机械作用、浴比、温度、pH、加工时间等也有影响。

酶的种类是影响返沾色的主要因素，其中酸性纤维素酶处理的返沾色较严重，而中性纤维素酶处理的返沾色接近石磨洗的情况。原因是纤维素酶蛋白和靛蓝染料具有亲和性，当纤维素酶在织物表面吸附进行催化反应时，靛蓝染料随之被吸附，出现返沾色问题。研究表明，中性纤维素酶和酸性纤维素酶具有不同的氨基酸，以及不同的三级和四级结构，使它们对靛蓝染料的亲和力不同，形成不同的返沾色效果。

由于纤维素酶的吸附是形成返沾色的直接原因，因而有人建议在复洗时加入蛋白酶，通过分解吸附的纤维素酶来消除返沾色，但效果并不十分理想，而洗涤剂对返沾色有较好的去除效果。

酸性纤维素酶和中性纤维素酶是返旧整理的主要酶制剂。它们各有特点，性能互补，见表 2-11。其中，酸性纤维素酶由于价格较低、处理效率高，在实际处理中应用较多。而中性纤维素酶处理织物的性能优良，通常用于高档牛仔服装的处理。

表 2-11　酸性和中性纤维素酶的特点

酸性纤维素酶	改性酸性纤维素酶	中性纤维素酶
① 对棉等纤维素纤维具有较高的减量特性，因而，可以在较短的时间内获得有效的返旧整理效果 ② 对织物机械性能损伤大 ③ 容易引起返沾色，必须考虑防止或采用有效的手段去除沾色	① 对棉等纤维素纤维有较高的减量特性 ② 对织物的机械性能损伤小 ③ 返沾色低	① 对棉等纤维素的作用比酸性纤维素弱，要达到同等的返旧整理效果需要较长的处理时间或需要较高的酶浓度进行处理 ② 对织物机械性能损伤小 ③ 如果工艺设置恰当，可以很少，甚至没有返沾色

为了降低返沾色现象，在工艺上会采用稍高的酶浓度和在较短的处理时间；另外，可以通过加入一定量的靛蓝染料分散剂，如天然的脂肪醇类化合物（具有对靛蓝染料的萃取作用），因其具有形成胶束的能力，能溶解靛蓝染料，从而促进返沾色的去除；加入靛蓝染料分解酶——漆酶，再配合特定的介质，如ABTS、1-羟基苯并三唑（HOBT）或 4-羟基苯磺酸（PHBS）等，可有效地将靛蓝氧化成无色物质，减少返沾色。

也有理论上认为，因为纤维素酶的纤维素结合区域（即 CBD）起到纤维素酶与其他分子结合的作用，为了减轻纤维素酶蛋白在纤维素表面的吸附状态，可考虑将纤维素酶的 CBD 和酶的活性核分离，或改变纤维素酶的组成，利用基因工程技术，选育一些菌种，使之产生的纤维素酶中 EG 含量高，或者能生产一种纤维素酶，它既能保持水解纤维素的能力，又没有 CBD 结构，以达到减少返沾色的目的。

（三）织物表面的条花

牛仔布酶洗是为获得不均匀的“雪花”效果，而非不规则的条痕。但在实际酶洗过程中（特别是处理厚重织物时），如果在退浆时厚重织物缺乏柔韧性已形成皱纹，在后续工艺中再经过度磨蚀则易形成条花。因此，应提高退浆处理效率，添加渗透剂，调节浴比，适当提高工作液浓度或延长退浆时间，使织物在退浆时有效软化。为减少条花，还需控制好酶洗时的浴比，以免织物与工作液不能充分接触，部分织物暴露在处理液外部，与设备直接摩擦产生条痕。同理，要控制好一次酶洗服装的负荷量和洗涤机转速，使织物得到充分的酶洗。

（四）返旧整理工艺流程

1. 退浆处理

装入服装→加水→加热至 50～60℃→用乙酸调节 pH→α-淀粉酶退浆 10～15min→冲洗不同牛仔面料的退浆温度要求不同。例如，弹力牛仔一般不能超过 55℃，否则会造成弹力损失；非弹力牛仔则可以达到 70℃，退浆的浴比一般控制在 1∶20

2. 纺织品酶洗

退浆牛仔服装投入水洗机→放入至适当水位，加入浮石、胶球→加防染剂→开机运转→升至适当温度 50～60℃→调整或检查 pH→加入纤维素酶→翻滚 30～60min→纤维素酶失活处理→冲洗→复洗→水洗→干燥。

酶洗的工艺条件：纤维素酶 1.0%～2.0%(质量分数)；pH 为 4.5～5.5(酸性酶)、7～8(中性酶)；时间 45～120min；温度 40～60℃；浴比 1∶(10～15)；浮石用量 0～0.5kg。酶的用量与纤维种类、织物结构有关，见表 2-12。

表 2-12　IndiAge RFW 酶的用量和纤维组成的关系

织物类型	酶用量/(g/L)
棉(针织)	0.5～1.5
棉(机织)	1.0～2.0
黏胶纤维	0.5～1.0
亚麻纤维	0.5～1.0
Lyocell 纤维和亚麻或黏胶纤维混纺	2.0～4.0
棉牛仔布	1.0～2.0

3. 纤维素的酶失活处理

有研究表明、在干态下储存 5 个月，织物上吸附的纤维素酶蛋白仍然具有活力，在湿态情况下纤维素酶会继续对纤维素进行水解，造成织物的损伤。使纤维素酶失活的方法很多，可以高温、高 pH、漂白和充分水洗等，具体方法如表 2-13所示。

表 2-13　纤维素酶常用终止酶活的方法

序号	方法
1	调节 pH>9.5，处理 10min
2	提高温度>65℃，处理 10min
3	提高温度>65℃和调节 pH>9.5，处理 10min
4	加入含氯漂白剂处理 10min

七、纤维素织物的生物抛光整理

生物抛光是用生物酶去除织物表面的绒毛，达到表面光洁、抗起毛起球，并使织物达到柔软、蓬松等独特性能的整理手段（图 2-22）。

(a) 处理前

(b) 处理后

图 2-22　纤维素酶对纤维表面的光洁效果

（一）基本原理

生物抛光需要纤维素酶对纤维素的水解及机械冲击(搅拌)配合实现。实践表明，如果仅有纤维素酶的作用，生物抛光效果非常有限，即使达到生物抛光的要求，由于很高的化学减量，织物的强度损伤往往很大。在机械冲击(搅拌)的配合下，化学水解作用仅需要对绒毛或纤维的弱化，就可以将绒毛去除，达到生物抛光的目的。

因而，生物抛光可以采用两种处理形式：第一，纤维素酶和机械搅拌同时作用，一步达到生物抛光的目的；第二，织物先浸轧酶溶液，使织物表面的微纤弱化，然后在随后的水洗中通过机械力的作用去除表面微纤。目前主要以前一种处理方式为主。

由于纤维素酶使纤维表面的原纤弱化，即使洗涤使纤维表面形成绒毛，也会很快脱离织物表面，织物表面不会形成持久的绒毛，更不可能形成绒球。因此，生物抛光整理的效果具有持久性（表 2-14）。

表 2-14　生化抛光后织物的起球性能

洗涤次数	125r		500r		2000r	
	未处理	生化抛光	未处理	生化抛光	未处理	生化抛光
未洗涤	2.0	5.0	2.0	5.0	2.0	5.0
洗涤 5 次	2.0	5.0	2.0	5.0	2.0	4.0
洗涤 20 次	2.0	5.0	2.0	5.0	1.5	4.0

注：设备为 Martindale 起球测试仪；

标准为瑞士标准 SN　198525，5 级表示未起球，1 级表示起球最严重

（二）生物抛光的工艺要求

（1）设备的选择

不同的设备对织物的机械冲击力不同，而机械冲击力是达到生物抛光的决定性条件之一。一般冲击力越大，酶用量越少，处理时间越短。常用设备有高速绳状染色机、空气喷射染色机、转笼式水洗机等。

（2）浴比

浴比既要满足被处理物自由流动的需要，又要能够提供足够的冲击力。一般布匹加工的浴比要求在(5～25)∶1，但对冲击力较低的设备的浴比要求在 15∶1 以下。服装一般在较低的浴比(8～12)∶1 下进行，以满足冲击力的要求。

（3）酶的用量

通常在 1.0%～3.0%(按织物重量计)。采用分段投料法，即在开始时投入一半的酶制剂，当处理到保温时再投入另一半酶制剂。生化抛光失重率一般在 3%～5%，失重率太低，纤维端头去除不净，抛光效果不好。

（4）pH、温度、处理时间的相互配合

酶制剂有一最适 pH 和温度活性域，对 pH 的控制最好用缓冲系统进行，以保证处理质量，在此基础上确定处理时间。为了防止处理时间过长使织物强度造成损伤，通常将时间控制在 30～60min。

（5）失活处理

失活处理和水洗石磨整理酶制剂的失活处理相同。

（6）处理基本条件

酶制剂用量：酸性纤维素酶为 0.5%～3.0%(质量分数)；中性纤维素酶为 3.5%～15%(质量分数)；

处理温度：酸性纤维素酶为 45～55℃；中性纤维素酶为 55～65℃；

处理液 pH：酸性纤维素酶为 4.5～5.5；中性纤维素酶为 5.5～8.0；

处理时间：20～120min；

运转速度：80～150m/min；浴比：5～15∶1。

处理过程中可加适当助剂控制 pH 和稳定处理液，处理完后一般加少量纯碱(pH 大于 9)处理 10min，或于 70～80℃处理 10min，以使酶失去活力，中止反应。

（三）Lyocell 纤维的生物抛光整理

普通型 Lyocell 纤维由于结晶取向度高、原纤之间的结合力弱，纤维在湿处理状态下易湿膨胀，在轻微机械力的作用下，纤维会原纤化。因此，对普通型 Lyocell 织物的原纤化控制和利用已成为产品后整理中的难点和重点。Lyocell 织物的染整加工主要分为桃皮绒(砂洗)风格和表面光洁风格。

1. 桃皮绒风格工艺流程

前处理(包括退浆、烧毛和碱处理)→初级原纤化→酶处理→染色→次级原纤化

初级原纤化的目的是使纤维在湿热条件和较强机械力的作用下原纤化，产生的绒毛充分暴露在织物表面，便于后续工序中去除。酶处理主要是用纤维素酶去除经初级原纤化产生的较长原纤。次级原纤化的目的是使织物表面的纤维发生第二次原纤化，产生致密的绒毛。以下是溢流喷射染色机上进行的桃皮绒风格工艺。

1）初级原纤化工艺条件为：浴比 25∶1，氢氧化钠 2.5g/L，处理时间 90min 左右，处理温度 95℃，提布器转速为 15m/min。

2）酶处理工艺为：纤维素酶 CellusoftPlusL 的用量为 3.0%(质量分数)，处理时间 30min。

3）次级原纤化加工，在溢流染色机湿态处理过程中，碳酸钠用量为 15g/L，其他参考初级原纤化工艺。

2. 光洁风格工艺流程

前处理(包括退浆、烧毛和碱处理)→初级原纤化→酶清洗(去除原纤)→染色→酶清洗→平幅树脂定形

纤维进行生物酶去原纤化整理时，在同样的机械作用水平下，酶的剂量越高酶水解速率越高。因此为了控制水解，酶的剂量应该相对于机械搅拌水平来进行调整。对于厚重织物，织物酶的用量要有所增加。有时为了提高处理效果，可以采用分段投料法，即在开始时投入一半的酶，处理到一半时间时再投入另一半酶制剂。

一般会采用酸性纤维素酶对 Lyocell 纤维织物去原纤整理；对非原纤化的 Lyocell 纤维产品，为达到表面光洁、抑制起毛起球的目的，同样需要生物抛光。

以下是气流喷射染色机上进行的酶整理抛光工艺。

1）原纤化处理：将织物加到60℃含有2.0～2.5g/L润滑剂的溶液中，充分润湿后加入2g/L的碳酸钠，升温到110℃处理90min。

2）酶清洗：原纤化处理织物经充分水洗后，用乙酸调节处理液pH为4.5～5.0，加入纤维素酶2～4g/L和润湿剂1～4g/L，在55℃处理60min，然后加入2g/L的碳酸钠，在55℃处理10min使酶失活。

处理时一般要求设备达到最快运行线速度、最大鼓风量，将喷嘴开到最大，保证卷绕速度和织物运行速度匹配，并用溢流冲洗，以防微绒沉积到织物上。

（四）纯棉织物生物酶抛光整理

纯棉色织物在整理工艺中常通过烧毛工序来去除纤维表面的大部分细小绒毛，易使织物失去原有色泽而变得灰暗。近年来也有采用生物酶抛光整理。

生物酶抛光整理的工艺条件为：小浴比溢流染色机，浴比1∶10，转速160r/min。酶用量2%（质量分数），时间60min，温度55℃，pH=5.5。

八、纤维素酶处理改善苎麻织物的服用性能

苎麻纤维强力高、光泽度好、吸湿性强，穿着凉爽、舒适、透气、挺括，一般用作夏季服装面料。但是由于麻纤维刚度大、杨氏模量高、延伸度低，故在纺纱过程中有纤维不易抱合，织成的织物贴身穿着有刺痒感且织物易于起皱。采用烧毛、退浆、煮练、上柔软剂等均不能较好地解决这个问题。研究表明，采用纤维素酶减量的方法处理苎麻织物，可改善其服用性能。综合起来纤维素酶洗后可以达到以下效果：

1）使织物获得耐久的柔软手感，有效地改善织物的外观风格。

2）悬垂性大大增加，触感厚重，表面可产生“绒感”，从而使产品产生温暖的感觉和诱人的光泽，赋于织物高品质的外观。

3）提高布面的光洁度。

4）对任何工艺的苎麻织物都有仿旧的效果。

5）改善苎麻织物的刺痒感。

麻类织物减量处理典型工艺如下：

预处理（乙酸2g/L，室温处理5min）→酶处理（酶剂用量0.5～2g/L，浴比1∶30，50℃，1h，pH=4.5～5.0；乙酸调节）→升温处理（90～95℃，10min）→水洗→酸洗（乙酸2g/L）→柔软处理（柔软剂15g/L，浴比1∶15，60℃，15min）→晾干。

在反应液的pH和温度恒定、纤维素酶过量的条件下，酶催化反应的速率与酶的浓度成正比，但随着酶用量的增加，织物的断裂强力明显下降，减量率增加，当酶用量增至3%以上时，织物的强力会降低20%以上，故酶用量一般不宜

过高。同时，随着处理时间的增加，织物的断裂强力也在降低。所以酶的用量和处理时间要从断裂强力和织物手感两方面考虑。

九、纤维素酶在羊毛纤维炭化中的应用

由于羊毛与纤维素草杂的特性截然不同，传统工艺是用强酸处理，利用羊毛纤维较耐酸而植物性草杂不耐酸的原理，将植物草杂转为炭。强酸除草的效果虽然很好，但是对羊毛纤维的机械物理性能破坏较大，此外，浓酸液对设备腐蚀和环境污染都比较严重。

利用纤维素酶对纤维素的水解作用去除了羊毛中草杂，而且还能提高羊毛的白度。对含草杂的羊毛进行生物法渍处理的参考工艺为：纤维素酶 3%～12%（质量分数），pH=5.5～6.5. 温度 40～45℃，时间 40min，浴比 1∶40。处理情况参见表 2-15。

表 2-15　纤维素酶在炭洗工艺中对羊毛纤维的影响

	强力/cN	白度值	炭化等级
洗净毛	20.458	44	—
50g/L 酸炭化毛	16.74	38	五级
6%酶炭化毛	19.520	47	—
9%酶炭化毛	19.603	48	—
12%酶炭化毛	19.402	49	一级

注：炭化等级分五级，五级——较好、四级——好、三级——一般、二级——差、一级——较差

研究表明，只加入纤维素酶处理后羊毛中的草杂有不同程度的降解，之后焙烘，对草杂有一定的去除作用，使草杂变小，但是不能完全除去。

如果将纤维素酶和传统的酸炭化工艺结合处理，与传统的炭化工艺效果相比，去除植物性杂质的效果较好。即先用纤维素酶处理羊毛纤维，可以分解部分植物性草杂，并提高羊毛的白度；然后用传统工艺处理，采用较低浓度的酸浓度，最后再进行焙烘（表 2-16）。

表 2-16　羊毛炭化等级

酸浓度 / 酶浓度	22.5g/L 酸	33.75g/L 酸	45g/L 酸
6%纤维素酶	二级	三级	四级
9%纤维素酶	二级	三级	五级
12%纤维素酶	二级	四级	五级

注：炭化等级分五级，五级——较好、四级——好、三级——一般、二级——差、一级——较差

还有研究表明，用纤维素酶和果胶酶共同代替酸液，可以把植物性杂质转成水溶性物质，之后再高温焙烘，炭化效果会更理想。

第三节　蛋白酶的性质与应用

蛋白酶(protease；proteinase)是水解肽键的一类酶。蛋白质在蛋白酶的作用下，能迅速水解为胨、眎、肽等，最后成为氨基酸。蛋白酶商品生产始于20世纪初。1908年德国Rohm等开始用胰酶进行鞣革前的软化处理。20世纪60年代初，开始在洗涤剂中添加碱性蛋白酶。

蛋白酶广泛存在于动物内脏、植物茎叶、果实和微生物中。微生物蛋白酶主要由霉菌、细菌生产，其次由酵母、放线菌生产。在工业生产中得到广泛应用的主要是微生物蛋白酶。

一、蛋白酶的基本性质

(一) 蛋白酶的分类

按酶蛋白的作用方式可以分为四大类。①内肽酶：切开蛋白质分子内部肽键，产物是短肽；②外肽酶：切开蛋白质末端肽键形成少一单元的肽链和游离氨基酸，作用于氨基端的叫氨肽酶，作用于羧基端的叫羧肽酶；③水解蛋白质或多肽的酯键；④水解蛋白质或多肽的酰氨键。

按酶的来源可以分为三大类：植物蛋白酶、动物蛋白酶、微生物蛋白酶。

按酶的最适pH分类：①酸性蛋白酶，最适pH＝2.0～5.0；②中性蛋白酶，pH＝7～8；③碱性蛋白酶，pH＝9.5～10.5。

根据酶的活性中心功能基团分类，见表2-17。

表2-17　提供活性中心结构进行的酶分类

分类	最适pH	活性中心结构	常用抑制剂	主要蛋白酶
丝氨酸蛋白酶	8～10 4①	含有丝氨酸	DFP (二异丙基磷酰氟)	胰蛋白酶、糜蛋白酶、弹性蛋白酶、枯草杆菌蛋白酶等
巯基蛋白酶	7～8 4～8②	活性依靠巯基(—SH)来维持	PCMB (对氯汞苯甲酸)	植物蛋白酶及某些链球菌蛋白酶
金属蛋白酶	7～9	含有Mg^{2+}、Zn^{2+}、Co^{2+}、Fe^{2+}、Cu^{2+}等金属元素	EDTA (乙二胺四乙酸)	微生物中性蛋白酶、胰羧肽酶A和某些氨肽酶

注：①霉菌酸性羧肽酶；②组织蛋白酶

根据活性温度的高低分为高温蛋白酶、中温蛋白酶、低温蛋白酶。

（二）蛋白酶液常用的稳定剂

添加底物或可逆性蛋白酶抑制物。蛋白酶的粗制品都含有大量杂蛋白，这对酶的稳定是非常有利的。向酶液添加底物如明胶、酪蛋白等多肽，会形成酶-底物络合物而得以稳定，减缓自溶。

添加钙离子。Ca^{2+}可以增加中性或碱性微生物蛋白酶的稳定性，对热稳定性的改善尤其明显。虽然Sr^{2+}、Mg^{2+}、Ba^{2+}对蛋白酶也有稳定作用，但效果不及Ca^{2+}。

添加二胺、多胺或戊二醛等交联剂。其作用是通过酶蛋白的羧基进行外部交联，从而使酶的立体结构稳定。用戊二醛交联蛋白酶也可以增加酶的热稳定性。

添加醇类、糖类等羟基化合物。可以增强酶的抗低温性。常加低级醇、二元醇、多元醇、烷基或羟基醚以及糖类(如山梨糖、蔗糖、葡萄糖)等，可明显增加稳定性；若与硼酸盐、亚硫酸盐等防腐剂或钙盐等通用，稳定效果更好。

添加氯化钠或三氯乙酸。向酶液中添加大量的食盐，具有一定防腐作用可以延长保存期。实验表明，10%～20%食盐对酶活性没有明显的抑制。三氯乙酸与之配合，稳定性更好。

二、蛋白酶对羊毛纤维的作用

羊毛(包括其他毛发)的主要成分是蛋白质和类脂（图 2-23)，它们分别占羊毛总量的 97%和 1%以上。从理论上看，羊毛是蛋白酶的理想底物，但由于羊毛复杂的微观结构以及蛋白酶特有的专一性，蛋白酶对羊毛的作用非常复杂。蛋白酶对羊毛的减量作用已经得到肯定，并在羊毛的防毡缩、低温染色、抗起毛起

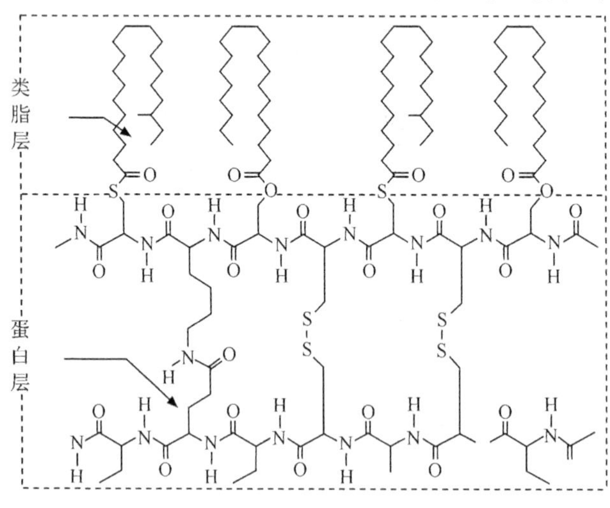

图 2-23　羊毛鳞片表层化学结构模型

球、柔软处理和生物抛光等方面起到良好的作用。

羊毛是纺织纤维中结构最复杂的纤维。羊毛的鳞片层约占羊毛总量的10%，鳞片外表皮层，主要为类脂化合物、角质化蛋白及少量的碳水化合物，具有极好的化学惰性，很难被酶消化。

（一）蛋白酶对羊毛的减量机理

1. 预处理对减量的影响

蛋白酶处理羊毛的预处理通常是用氧化剂或还原剂，双氧水预处理有良好生态性，并且很大程度上促进了蛋白酶对羊毛的减量活性（表2-18和图2-24）。

表2-18　预处理对羊毛蛋白酶减量的影响　　（单位:%）

酶制剂	Ws Prilled	Maxacal L	1398	2709	工业胰酶	SZ
活力/(U/g)	16.3万	20.0万	13.0万	16.0万	8.5万	17.0万
最适pH	8.5	9～11	7.5	>10	5～6	6～8
减量率(酶处理)	1.2	6.9	0.6	0.9	0.4	1.4
减量率(预处理+酶处理)	7.7	19.1	4.8	5.4	4.6	7.1

注：酶处理条件为酶浓度5%(按织物重量计)，浴比25∶1，处理时间45min，在最佳活性域内处理；预处理条件为双氧水(含量>30%)浓度2.25%，$Na_2SiO_3 \cdot 9H_2O$浓度0.7%，Na_2CO_3浓度0.2%，温度50℃，浴比25∶1；Ws Prilled和Maxacal L分别为汽巴公司的真丝脱胶和真丝砂洗酶制剂，SZ为一植物(巯基)蛋白酶

氧化预处理使羊毛蛋白中的二硫交联键被打开，形成羧氨酸，使蛋白质分子更易变形并向有利于酶催化的位置取向，促进酶减量的增加；氧化预处理还有利于羊毛纤维表面的改性，并使羊毛表面的亲水性明显增加(图2-25)。这有可能是类脂的长碳链被去除，而使羊毛鳞片表层的蛋白质层外露造成的。

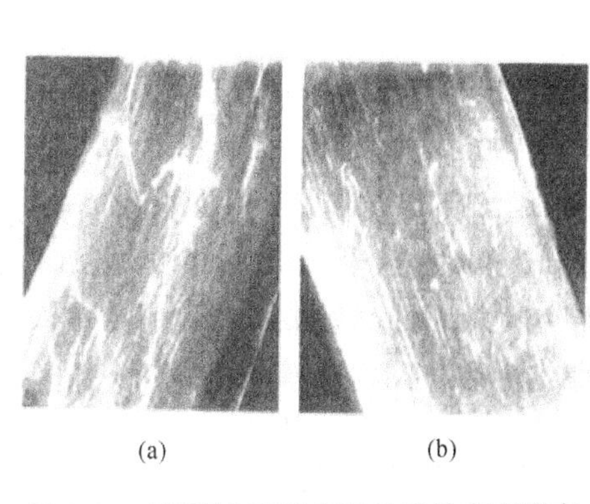

图2-24　SZ蛋白酶处理后羊毛的表面形态

经双氧水预处理，SZ蛋白酶处理45min

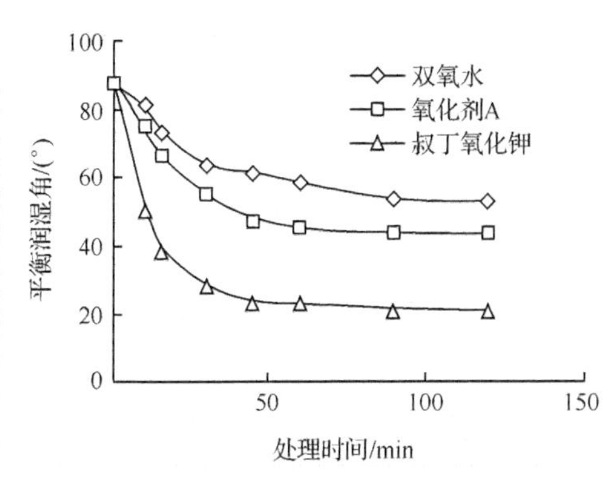

图2-25　预处理和羊毛表面润湿性能的关系

氧化剂A的主要成分为二氯异氰尿酸钠，含量30%

2. 羊毛品种对减量性能的影响

从表2-19可以看出，蛋白酶对不同羊毛品种的减量能力是有差异的。在氧化预处理情况下，蛋白酶对山羊毛的减量能力明显高于对其他羊毛品种的减量能力，对粗绒毛(林肯毛)和细绒毛(澳毛)的减量能力也有差异，对粗绒毛的减量能力略小于细绒毛，对国产羊毛的减量能力略小于澳毛。

表2-19 不同羊毛品种对酶减量的影响 (单位:%)

酶剂品种	羊毛品种	山羊毛	林肯毛	澳毛1	国产羊毛	澳毛纱	澳毛3
1398	氧化预处理	23.4	5.6	12.7	6.7	4.8	7.5
	未经氧化	1.7	1.2	1.8	1.6	0.6	1.8
Ws Prilled	氧化预处理	22.5	6.5	11.9	6.9	7.7	8.6
	未经氧化	1.1	1.3	1.9	1.2	1.2	1.7
Maxacal L	氧化预处理	30.7	12.5	19.3	12.24	19.1	17.8
	未经氧化	5.3	4.4	8.0	6.9	6.9	7.6

注：氧化前处理条件为处理温度50℃，处理时间45min，双氧水(>30%)浓度2.25%；酶处理条件为处理温度50℃，处理时间45min，酶浓度5%(按织物重量计算)，在酶的最佳活性条件下进行处理；表中的澳毛不是同一种纤维

(二) 羊毛经蛋白酶处理后的低温染色性能

一般将羊毛上染温度在90℃及以下的染色工艺称为低温染色工艺。李美真等对羊毛经蛋白酶预处理后发现，染色温度会有明显的降低，如生物酶预处理酸性媒介染料染色。生物酶预处理工艺为：生物酶0.3%～0.5%，30℃，20min。之后再进行酸性媒介染料染色，借助低温染色助剂，可使染色温度降低至80℃，强力会有明显的提高，上染率和各项牢度指标都没有降低。

(三) 蛋白酶处理后羊毛其他性能的变化

抗起毛起球性能：一般的蛋白酶处理，均可使羊毛织物获得抗起毛起球性能。

柔软性能：经蛋白酶处理后，在柔软剂的配合下，羊毛可以获得较好的柔软效果，但若没有柔软剂配合，织物的手感反而变差(表2-20)。

防毡缩性能：羊毛属蛋白质纤维，其鳞片层中胱氨酸含量较低，根据这一特点，选择适当的蛋白质分解酶，能够高效催化羊毛表层结构中的一部分胱氨酸肽键水解，使蛋白质溶解，鳞片层受到一定的破坏，达到防毡缩目的（表2-21和图2-26)。

表 2-20　蛋白酶处理后羊毛的表面摩擦(系数)性能

酶制剂	原样	双氧水氧化 45min	Maxacal L	Maxacal L[①]	1398	1398[①]	Ws Prilled	Ws Prilled[①]	SZ[①]
减量率%	—	0.33	6.9	9.3	0.6	4.8	1.2	7.7	6.5
μ_S	0.2709	0.3082	0.2806	0.2805	0.2588	0.2620	0.2632	0.2677	0.2703
μ_W	0.2302	0.2622	0.2363	0.2589	0.2205	0.2411	0.2280	0.2472	0.2581
$\Delta\mu$	0.0605	0.0460	0.0443	0.0216	0.0383	0.0209	0.0352	0.0205	0.0122

① 为双氧水氧化预处理试样

表 2-21　酶处理羊毛织物的防毡缩性能(毡缩率)　　(单位:%)

酶制剂	空白	Ws Prilled	Maxacal L	1398	2709	工业胰酶	SZ
酶处理	48.9	26.6	33.4	38.4	32.4	38.9	34.3
预处理+酶处理	37.5	18.4	23.6	25.6	17.4	23.1	−3.2

注：酶处理条件为酶浓度 5%(按织物重量计)，浴比 25∶1，处理时间 45min，在最佳活性域内处理；预处理条件为双氧水(含量>30%)浓度 2.25%，$Na_2SiO_3 \cdot 9H_2O$ 浓度 0.7%，Na_2CO_3浓度 0.2%，温度 50℃，浴比 25∶1；毡缩率<10%时，可以认为织物达到了机可洗效果

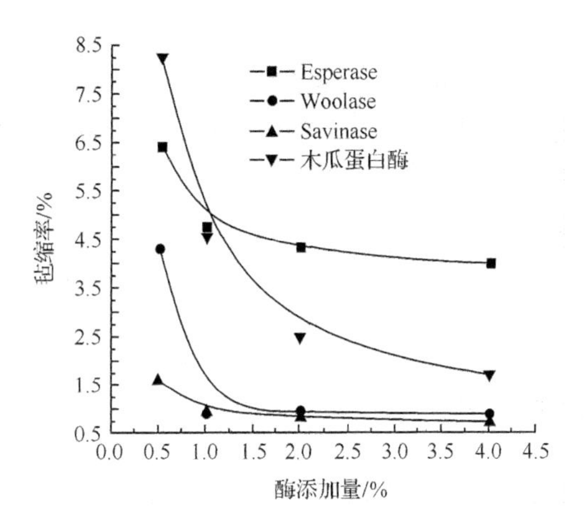

图 2-26　酶的添加量对毡缩率的影响

注：蛋白酶 Esperase、Savinase 由诺维信公司提供，Woolase 由西安韦伯化工提供，木瓜蛋白酶由武汉康宝泰公司提供

光泽的改善：蛋白酶处理后，羊毛织物的光泽有所改善。有人对处理后的产品进行光泽测定发现，粗绒毛光泽提高 25%，细绒毛由于光泽本身较好，只提高 15%。蛋白酶处理后织物的白度也有所增加。

羊毛织物的生物抛光：羊毛绒毛去除的影响因素比纤维素织物要复杂得多。首先，羊毛的毡缩性能使生物抛光不能通过机械搅拌来配合，绒毛的去除主要通过对绒毛的分解去除。生物抛光通常要用氧化剂对羊毛织物进行预处理。酶制剂

要求对羊毛具有较高的减量活性，在较短的时间内使羊毛的表面被改性，而又不会出现“烂芯”现象。

纤维的直径变化：蛋白酶对羊毛的减量，对羊毛直径的变小是非常有限的。对细绒毛来说，即使鳞片完全去除，羊毛的直径减小也就 1μm 左右，除非有新的技术出现。

三、蛋白酶的生丝脱胶与砂洗

丝胶和丝素主要由蛋白质组成。传统方法是通过皂碱精练去除丝胶，用碱量大，对丝素有一定的破坏和黄变。蛋白酶的真丝脱胶是通过蛋白酶对丝胶的水解代替传统的皂碱精练法，酶处理对丝素的损伤小，丝质好，符合绿色加工要求。

（一）生丝的蛋白酶脱胶(精练)

蛋白酶对丝素和丝胶的水解活力不同，蛋白酶对生丝的精练可以归结为异质减量的范畴。涉及的酶种有 S114、ZS742、1398 中性蛋白酶、209、2709 碱性蛋白酶、木瓜蛋白酶等。

生丝的酶精练主要由预处理、酶脱胶、皂碱练或合成洗剂练以及练后处理等工序组成。以国产的 S114 枯草杆菌中性蛋白酶为例进行工艺的说明，其工艺流程如下

预处理(纯碱 2g/L，80～85℃，20～30mim)→S114 处理[蛋白酶 30～5U/mL，50～55℃，pH=7.5，浴比(40～50)：1，60min]→水洗(50～60℃，10min)→皂练(肥皂 4g/L，35%硅酸钠 5g/L，保险粉 0.5g/L，98～100℃、50～90min)→碱洗(纯碱 0.4g/L，70～80℃，20min)→水洗(60℃和 40℃各洗 10min)→酸洗(冰醋酸 0.25g/L，10～15min)。

（二）真丝砂洗处理

桑蚕丝是比较娇嫩的材料，在练染加工中稍有不慎就会在局部形成绒毛而导致灰伤，影响织物的外观。灰伤的局部绒毛主要存在于丝素与丝胶Ⅳ之间的微绒以及丝素原纤化形成的细绒毛。但通过均匀的加工，可使绸面形成均匀的微绒，形成了砂洗效果。砂洗后真丝织物表面产生微绒，使织物具有细腻的手感，并有书写和霜雾等独特外观效果，织物手感变得厚实，在柔软剂的配合下，织物的悬垂性、弹性均有一定的改善。

采用酶制剂作为砂洗剂，会因酶作用的专一性使水解仅集中于丝素表层，处理后织物的机械强度损伤相对较小，而且微绒比较均匀。真丝砂洗蛋白酶一般以碱性蛋白酶为主，并配合一定的物理摩擦，使丝素表面起绒并使微绒耸立。常见

砂洗风格织物的酶洗加工工艺流程为：

纯碱预处理→酶处理（Protex Multiplus L 0.25～0.52g/L，碳酸钠 1g/L，温度 55℃、时间 30min）→脱水→淋洗→酸中和→常规染色→柔软、冷抛松处理。酶砂洗处理后通常没必要进行热抛松整理。

砂洗设备可以选用绳状水洗机、溢流喷射染色机、气流染色机和转鼓式水洗机。

四、蛋白酶在皮革生产中的应用

（一）皮革制品的脱毛

有液酶脱毛。此法脱毛时酶液量较大，液比（液体和毛皮质量之比）在 1 以上，酶液较易渗入皮中，酶制剂的应用效率高，可以用少量的酶在短时间内达到脱毛的目的。

无液酶脱毛。无液酶脱毛处理时不另外加水，转鼓内要严格控干，处理中的水分主要是皮上附着水，因而液比只有 0.1 左右。酶的浓度较大。

皮革脱毛涉及的酶种有 1398 中性蛋白酶、3942 中性蛋白酶、2709 碱性蛋白酶、166 中性蛋白酶、172 碱性蛋白酶、209 和 289 碱性蛋白酶。

（二）毛皮的酶软化

毛皮的软化工艺也称为鞣制。经酶化学鞣制后，成品具有轻、软、薄、暖的特点，而且毛头灵活，无灰无臭，不怕水洗，出皮率也能提高 5%～10%，同时可增加皮板抗张强度 30%，提高收缩温度，减轻质量 5%～10%，缩短加工时间 50%，能显著降低生产成本。软化皮革常用酶制剂有 1398、3942 和 3350 等。

绵羊皮软化工艺：液比 8（以湿皮计重），1398 中性蛋白酶 10U/mL，温度 30℃，时间 5～6h。

兔皮软化工艺：液比 8（以湿皮计重），3942 蛋白酶 10～20U/mL，食盐 10g/L，平平加为 0.3g/L，温度 25～30℃，pH=7 左右，时间 2～3h。

山羊皮软化工艺：液比 10（以湿皮计重），食盐 30g/L，芒硝 60g/L，硫酸 3g/L，3350 酸性蛋白酶 10U/mL，pH = 2.5 ～ 3.4，温度 33 ～ 38℃，时间 14～16h。

软化过程中如果有掉毛现象，必须马上中止酶的活性，并将毛皮转入甲醛或铬鞣液中加固毛根。

第四节　其他生物酶的性质与应用

一、淀粉酶

目前，淀粉酶在纺织领域主要用于退浆。淀粉的聚合单体为 α-D-葡萄糖，大分子主要由羟基和苷键所决定，它们是淀粉各种改性反应的内在因素。酶水解淀粉的过程可表示为

$$\underset{\text{淀粉}}{(C_6H_{10}O_5)_n} \xrightarrow{\text{水解}} \underset{\text{可溶性淀粉}}{(C_6H_{10}O_5)_x} \xrightarrow{\text{水解}} \underset{\text{麦芽糖}}{C_{12}H_{22}O_{11}} \xrightarrow{\text{水解}} \underset{\text{D-葡萄糖}}{C_6H_{12}O_5}$$

淀粉酶的种类有很多，包括 α-淀粉酶、β-淀粉酶、葡萄糖淀粉酶、支链淀粉酶、异淀粉酶、环式糊精生成酶、淀粉 α-1，6 糖苷酶等，主要的淀粉酶为前 5 类（图 2-27）。

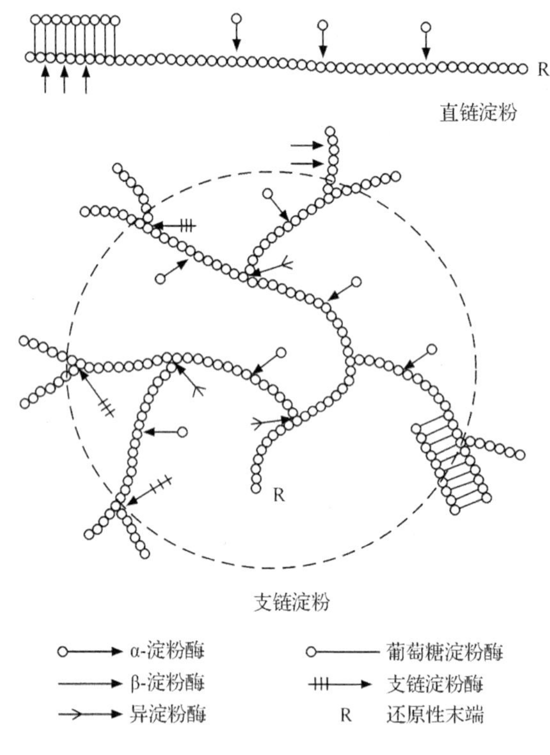

图 2-27　淀粉酶对淀粉的作用方式

常使用的淀粉类浆料主要是变性淀粉，各类淀粉酶对各类变性淀粉的分解程度有所差异，其由易到难的排列次序为原淀粉＞非离子变性淀粉＞阴离子变性淀

粉＞阳离子变性淀粉，如图 2-28 所示(指分解为还原糖的量)。

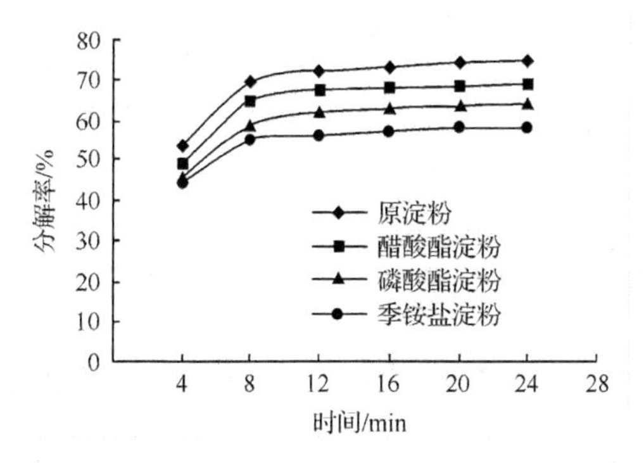

图 2-28　碘量法测定中温 α-淀粉酶对各类淀粉的分解率

酶退浆是应用淀粉酶，主要是 α-淀粉酶对淀粉的分解作用，迅速降低相对分子质量，降低溶液的黏度，使浆料迅速洗脱。α-淀粉酶是一种耐高温淀粉酶，属于内切淀粉酶，能随机水解淀粉和可溶性糊精，在高温下非常稳定，其最适温度应在 90℃以上。酶退浆的退浆率可以达到 90％～95％。

织物采用酶退浆的工艺很多，不同的设备(组合)、不同的工艺过程，工艺参数可能完全不同，归纳起来有下列几种。

1) 浸渍法：坯布→热水浸渍(洗)→酶液处理→水洗。

2) 堆置法：坯布→热水浸渍(洗)→浸轧酶液→堆置→水洗。

3) 卷染法：坯布→热水处理 1 道→冷水处理 1 道→酶处理 2～4 道→水洗。

4) 连续法 A：坯布→热水浸渍(洗)→酶液处理→热水洗 2～3 次→冷水洗 1～2 次。

5) 连续法 B：坯布→热水浸轧→酶液浸轧→汽蒸→热水洗 2～3 次→冷水洗 1～2 次。

由于酶退浆属于异质减量，酶对织物的主体几乎没有损伤。

二、果胶酶

很多天然植物纤维原料都含有果胶。果胶物主要是由 D-半乳糖醛酸及 D-半乳糖醛酸甲酯通过 α-1,4-糖苷键连接形成直线状高聚物，在植物中呈胶态分布。虽然原果胶不溶于水，但对酸碱作用的稳定性较低。传统的煮练是在高温(100℃)下用 NaOH 处理完成的。

果胶酶是分解果胶的多种酶的总称，可以替代碱精练整理。图 2-29 和图 2-30为 Ouajai、Shanks 等采用果胶酶处理原麻纤维后的表面变化情况。果胶的脱落十分明显，使得麻纤维从束状变成了单根纤维。

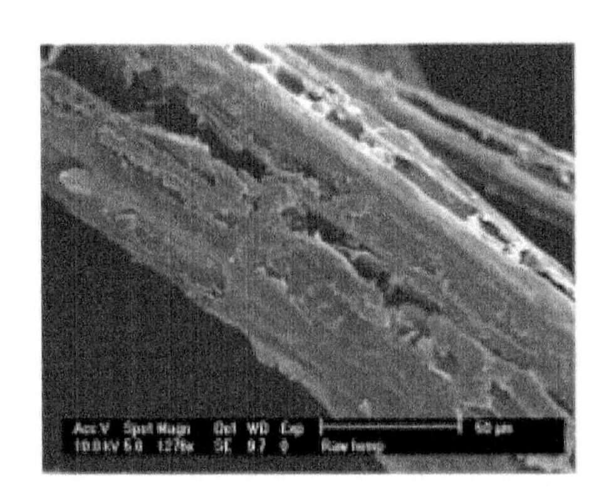

图 2-29　果胶酶 Scourzyme 处理前麻纤维的表面

图 2-30　果胶酶 Scourzyme 处理后麻纤维的表面

但是很多实验指出，单纯的果胶酶处理后，对纯麻织物的亲水性和精练率都不及碱精练的情况，如果果胶酶处理后再进行碱煮精练，效果会更好（表 2-22）。

表 2-22　复合果胶酶精练后麻织物的性能

果胶酶/(g/L)	6	8	10	12	14
精练率/%	0.49	0.95	1.91	1.89	1.92
毛效/(cm/30min)	4.5	5.0	5.3	5.5	5.8

注：JFC 为 2g/L，pH=6，50℃的恒温水浴锅煮练 40min，100 次/min 的连续震荡水浴锅

采用生物酶和碱溶液结合精练的方式，可以明显提高织物的精练率。工艺流程为：酶液处理→碱液煮练→中和→水洗→烘干。精练结果见表 2-23。

表 2-23　复合果胶酶与碱结合精练后麻织物的性能

(果胶酶+NaOH)/(g/L)	10+5	10+10	10+20
精练率/%	5.63	6.15	6.28
毛效/(cm/30min)	10.4	11.7	12.5

采用果胶酶与纤维素酶结合精练，效果也会有所提高，见表 2-24。

表 2-24　复合果胶酶与纤维素酶结合精练后麻织物的性能

（果胶酶+纤维素酶）/(g/L)	10+2	10+4	10+6	10+8	10+12
精练率/%	1.21	1.93	2.03	2.93	2.96
毛效/(cm/30min)	4.9	5.7	5.8	6.1	6.1

通过实验研究可以看出，果胶酶和某些淀粉酶、纤维素酶等具有很好的协同作用，这就使退浆、精练一浴法和退浆、精练、生物抛光一浴法处理成为可能。

原棉纤维中含有一定量的果胶，可以通过果胶酶将此纤维素共生物去除。但

是由于受棉纤维表面存在的蜡质影响，单纯用果胶酶处理，对棉纤维表面的蜡质基本没有去除作用。如果在处理液中添加少量表面活性剂，则果胶酶可以在去除果胶的同时，通过表面活性剂的乳化分散作用促使蜡质被去除，从而改善织物的吸水性。陈莉、黄故研究了采用 Scourzyme L 和碱对彩色棉进行处理，发现用果胶酶处理后彩色棉纤维手感柔软，而用碱处理后彩色棉纤维手感发涩，没有光泽。

三、过氧化氢酶

过氧化氢酶(catalase，CAT)是一种存在于所有好氧微生物和动植物细胞内的氧化还原酶，在纺织印染行业中主要应用于双氧水漂白后的生物除氧和氧漂废水处理。

过氧化氢酶的催化反应为

$$2H_2O_2 \xrightarrow{\text{过氧化氢酶}} 2H_2O + O_2\uparrow$$

过氧化氢酶分子中含有 4 个铁原子，相对分子质量一般在 225 000～250 000。过氧化氢酶的活力可被氰化合物、苯酚类、尿素和碱所抑制。过高的过氧化氢浓度也会抑制过氧化氢酶的活性，具有底物抑制特性。过氧化氢酶也是一种氧化还原酶，但过氧化氢酶一般只能催化分解过氧化氢，对其他反应的活力很低。

需要说明的是过氧化氢酶并不是过氧化物酶。过氧化物酶(peroxidase)也属氧化还原酶，是以过氧化氢或烷基过氧化物作为电子受体来催化氧化一系列底物的。过氧化物酶也能催化过氧化氢分解，但需要供体参加。在反应中过氧化氢作为氢受体，而 AH_2 作为氢供体，其催化反应为

$$H_2O_2 + AH_2 \xrightarrow{\text{过氧化物酶}} 2H_2O + A$$

织物在染色前通常要进行漂白处理。因为双氧水是一种绿色环保的漂白整理剂，所以使用最为广泛。但是某些染料，特别是活性染料对氧化剂非常敏感，因而在染色前必须将残余在织物内的双氧水去除干净。传统方法有两种：大量水清洗或采用还原剂处理，但还原剂的用量很难控制。

采用过氧化氢酶可以快速去除双氧水。由于过氧化氢酶对染料没有作用，因而酶处理液只要 pH 适合，就可以直接加入染料及助剂，满足染色过程的要求。

实验结果表明，织物漂白后一次酶洗就能达到普通三次水洗的脱氧效果。以 14.5tex 纯棉织物为例，采用过氧化氢酶 Termi-noxULTRA 50L 的脱氧工艺为：过氧化氢酶 0.2g/L，pH=7～8，温度 30℃，时间 15min，浴比 1∶20。

四、漆酶

漆酶(laccase，EC 1.10.3.2)发现至今已有 100 多年。最早发现于漆树的漆

液中。漆酶是一种含多个铜离子的多酚氧化酶，分为漆树漆酶和真菌漆酶。漆酶能催化许多芳香族化合物的降解，主要用于印染废水的脱色、染色织物上浮色的去除、牛仔服装的仿旧整理和棉织物的生物漂白。

漆酶是一种氧化还原酶。它能在氧气存在的情况下，催化酚式羟基形成苯氧自由基和水，从而引发自由基反应，其典型的反应式为

$$4\text{Ph—OH} + O_2 \xrightarrow{\text{漆酶}} 4\text{Phe—O}\cdot + 2H_2O$$

漆酶是专一性较低的酶制剂，可以催化绝大部分染料的氧化反应，并使染料脱色(图 2-31)。对目前常用的 300 多种染料的测试表明，确认约有 56%的染料可以基本脱色或使色泽变得相当浅，若将颜色变得稍浅的染料包括在内，有近 70%的染料可以被漆酶催化氧化而改性。

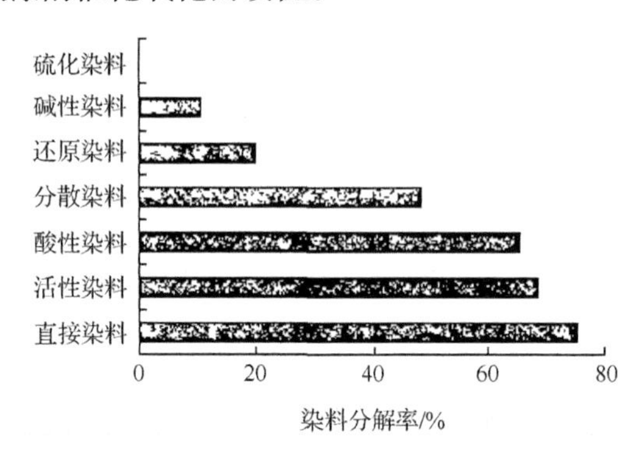

图 2-31　漆酶对染料的分解特性

漆酶对靛蓝染料的分解率很高，因而已被用于牛仔布的脱色返旧整理。

1. 漆酶对靛蓝的脱色作用

1) 漆酶直接脱色靛蓝：实验中采用漆酶直接脱色靛蓝，反应 24h 后仍未见溶液吸光度的变化，说明在没有介质存在的情况下，漆酶不能单独作用脱色降解靛蓝。

2) 漆酶/HBT 体系中 pH＝4.5～5.0 时，对靛蓝有很好的脱色效果，脱色率达到 75%以上，当 pH＝4.5 时，脱色率最高可达到 82%。但需注意，在这种脱色体系中，靛蓝溶液的浓度为 0.05g/L，浓度提高，脱色效果就下降。

3) 其他体系，如漆酶/紫尿酸，脱色率 20%；漆酶/对二甲氨基苯甲醛，脱色 1h，脱色率 67%。

2. 酸性纤维素酶/漆酶混合体系对牛仔服脱色的影响

当漆酶与酸性纤维素酶协同作用时，既可使牛仔服在除毛、剥色等方面保持酸性纤维素酶的处理效果，又可显著减少返沾色，提高服装色泽的对比度。在酸性纤维素酶(20g/kg 牛仔布) 添加量相同的情况下，考察漆酶添加量对牛仔布水

洗效果的影响，结果见表 2-25。

表 2-25 漆酶和酸性纤维素酶的协同水洗效果

漆酶量/(g/kg)牛仔布	牛仔布失重率/%	剥色率/%	牛仔布除毛效果	白布上蓝色相对值/%	牛仔布的返沾色程
0	12.41	12.5	良好	100	100
2.5	13.14	13.7	良好	64	64
5.0	13.48	14.6	良好	17	17
7.5	14.45	14.9	良好	15	15
10.0	14.71	15.0	良好	14	14

由表 2-25 可见，随着漆酶用量从 0 增加到 5.0g/kg 牛仔布，白布上蓝色相对值急剧下降，减少了 83%，有效地减弱了牛仔布上的返沾色程度，同时剥色率从 12.5%增加到 14.6%。漆酶用量继续增加，白布上蓝色相对值都有所减少，剥色率也有所增加，但变化幅度很小。因此，漆酶和酸性纤维素酶协同整理牛仔布，既可以保持酸性纤维素酶剥色速度快，除毛效果好的优点，又能在很大程度上减少返沾色。

3. 漆酶对纺织纤维的改性

(1) 漆酶对天然蛋白质纤维的改性

与采用化学试剂对羊毛纤维进行表面改性相比，采用生物酶处理对环境的影响要小得多，但是利用蛋白酶改性，容易造成羊毛纤维强力损伤；漆酶则无这方面的缺点。漆酶制剂(denilite II S)对羊毛纤维改性的最新成果表明，改性后的羊毛纤维表面变得较为光滑(图 2-32)，润湿时间大大缩短，染色色深比未处理的有所增加。

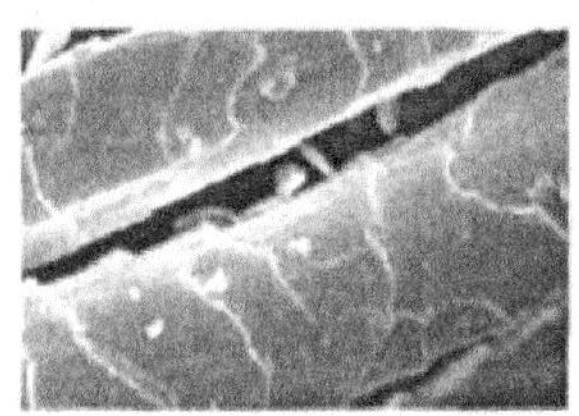

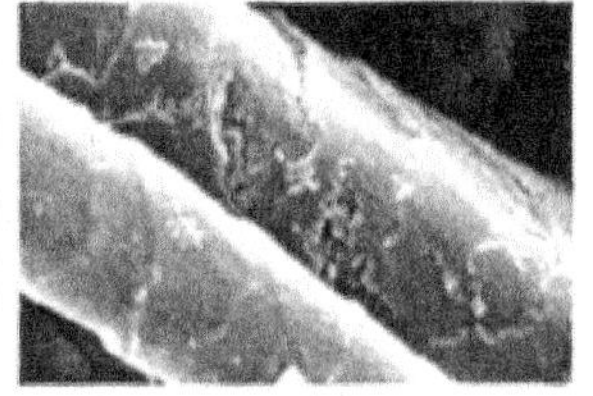

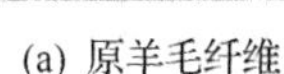

(a) 原羊毛纤维 (b) 漆酶改性后羊毛

图 2-32 漆酶对羊毛纤维处理后的表面效果

(2) 漆酶对天然纤维素纤维的改性

漆酶在去除木质素方面有明显的效果。虽然可以通过氯化或氧化作用去除木质素，但会对环境造成污染。研究表明，经漆酶处理后，木质素的含量会显著降低，可由原来的7.8%下降到2.3%，具有明显的效果；并且纤维表面由于酚羟基被漆酶催化氧化成含有羰基的化合物，呈现出较高的供电子性能。

4. 漆酶用于拔染印花

El-Thalouth等以漆酶为拔染剂，对三种乙烯砜型活性染料进行拔白试验，其优化的拔染工艺条件为：漆酶用量180～220 g/kg，温度60℃，作用时间1 h，色浆pH=4.5；脱色率达到96%以上。

5. 漆酶用于抗菌整理

抗菌机理是漆酶催化介体氧化，失去电子的介体与细菌、真菌及病毒中的蛋白组分发生亲电反应，从而导致细胞中的必需氨基酸及功能性基团发生化学改性。

五、脂肪酶和酯酶

脂肪酶（Lipase）又称为甘油酯水解酶，酯酶（Esterase）又称为羧基酯水解酶，是两类不同性质的酶。

（一）脂肪酶及其在纺织中的应用

脂肪酶能优先水解长链脂肪酸，是水解甘油三酯和脂肪酸的水解酶，即可水解油水界面的底物，能催化天然底物油脂（甘油三酯）水解，生成脂肪酸、甘油单酯或二酯。脂肪酶的相对分子质量在20000～60000之间。脂肪酶大多为糖蛋白，糖含量在2%～25%，主要成分为甘露糖。脂肪酶的催化反应如下：

$$\text{甘油三酯} + H_2O \xrightarrow{\text{脂肪酶}} \text{甘油二酯} + \text{脂肪酸}$$

脂肪酶作为洗涤剂的添加剂已经得到了广泛应用。近年来脂肪酶在纺织工业上的应用主要有以下方面：

(1) 纺织纤维原料的前处理：脂肪酶可用于绢纺原料的脱脂处理。5～8 U/mL的脂肪酶液，38～42℃，pH6.5～7.0，在不断机械搅拌下处理30～40 min，然后用pH8～9，55～60℃的热碱水洗，再用热水和冷水漂洗，可以使各种绢纺原料的油脂含量从10%降到0.5%。脂肪酶还可以在羊毛洗毛中作为助洗剂。

(2) 皮革工业中的脱脂处理：酶法脱脂主要是利用脂肪酶对油脂分子的水解作用。用酶制剂脱脂，既可单独进行，也可在浸水、浸灰、软化、浸酸等其他工序进行。由于脂肪酶对细胞膜的作用甚微，所以常在脱脂中加入蛋白酶来破坏脂肪细胞膜，以增强脱脂效果。例如，在软化工序中加入脂肪酶，可与胰酶具有协同性。对脱脂后的皮革进行染色，染色均匀，色泽鲜艳。

（二）酯酶及其水解特性

酯酶只能优先水解短链脂肪酸，是催化水解酯中酯键的水解酶，水解可溶性酯底物，在水相中可水解羧酯键、硫酯键，在有机相中可以催化酯的合成。

在水存在的情况下，酯酶可以催化下列反应

$$R—O—R' + H_2O \xrightarrow{\text{酯酶}} ROOH + R'—OH$$

有人用酯酶对涤纶进行处理，改善了涤纶表面的亲水性。羊毛的类脂从化学结构看也能够被酯酶水解，但会存在严重的空间位阻问题。也有人提出用酯酶进行棉产品的精练，但棉的脂蜡成分主要是脂肪酸和脂肪醇类，酯酶的效果可能也不会明显。

（三）脂肪酶对聚乳酸纤维的改性处理

聚乳酸(polylactic acid，PLA)纤维是一种新型环保纤维，物理机械性能优良。但聚乳酸纤维属于脂肪族聚酯纤维，分子结构中存在大量酯键，亲水性差，公定回潮率为0.4%～0.6%，且降解周期难以控制。因此，人们对聚乳酸纤维的改性展开了深入的研究。

脂肪酶作为水解酶的一种，能水解脂肪酸或羧基酯。聚乳酸纤维是脂肪族聚酯纤维，分子结构中含有大量的酯键，能被脂肪酶水解，产生极性的羟基和羧基。从聚乳酸纤维的大分子结构上看，脂肪酶、酯酶等都是聚乳酸纤维改性的理想酶剂。由于聚乳酸纤维结构紧密，结晶度高，酶分子不易进入纤维内部，所以酶的水解作用主要发生在纤维的表面。

范雪荣等采用脂肪酶L3126（固体，酶活30～90Umg)，对聚乳酸纤维进行了改性研究，发现该酶有一定的水解作用，能一定程度上改善聚乳酸纤维的性能。并不是聚乳酸纤维内的所有酯键都能被脂肪酶水解，脂肪酶水解的只是聚乳酸纤维内的部分酯键，随着脂肪酶浓度的增加，水解的酯键数目并不会增加。

聚乳酸纤维在脂肪酶的作用下可能会产生乳酸，而乳酸或乳酸盐在210nm波长下会产生很强的特征吸收峰，脂肪酶水解若产生此类物质，则其反应液的紫外吸光度会在这些波长下发生变化。研究表明，反应初期底物释放出的含有乳酸或乳酸盐的量随脂肪酶处理时间的延长而增大，当纤维表面酯键水解到一定程度时，即使再延长脂肪酶处理时间，反应液中乳酸或乳酸盐的量也不会增加很多，紫外吸光度曲线逐渐趋向平衡。

聚乳酸纤维的脂肪酶水解不仅产生乳酸类水解产物，还会使纤维表面的羧基和羟基数增多，染色性能也将发生一定的变化。

六、葡萄糖氧化酶

（一）葡萄糖氧化酶的催化反应

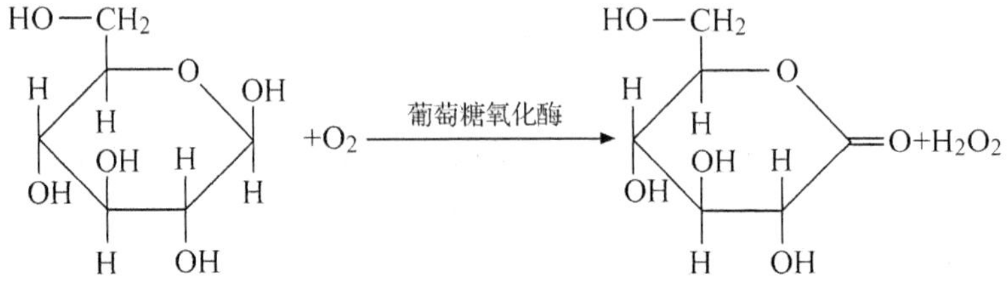

HO—CH_2 ... O ... OH, H, H, OH H, OH, H, H OH　$+O_2 \xrightarrow{\text{葡萄糖氧化酶}}$　HO—CH_2 ... O ... H, H, OH H, OH, H OH $=O+H_2O_2$

葡萄糖氧化酶(glucose oxidase)在氧气存在的条件下，能将β-葡萄糖转化为葡萄糖酸内酯和双氧水，利用产物过氧化氢可以达到漂白的效果。葡萄糖氧化酶是专一性非常高的酶制剂，专一地催化β-葡萄糖的C_1羟基进行脱氢反应，对β-葡萄糖的其他羟基和α-葡萄糖的羟基脱氢反应的速率很慢。

（二）葡萄糖氧化酶的漂白结果分析

从处理的结果看，葡萄糖氧化酶进行漂白处理后虽然黄度略高，但白度和常规的双氧水氧化是非常接近的(表2-26)。酶漂白处理可在中性条件下进行。

表2-26　酶漂白织物的白度

漂白方法	漂白条件	H_2O_2浓度/(mg/L)	白度	黄度
常规漂白	NaOH 2g/L，H_2O_2 600mg/L，硅酸钠 2g/L，表面活性剂 0.5g/L，95℃处理 2h	600	94.0	6.5
酶漂白①	淀粉 5g/L，葡萄糖淀粉酶 1g/L，葡萄糖氧化酶 0.1g/L，表面活性剂 0.5g/L	550	93.9	7.2

① 具体处理是在用果胶酶精练后，放掉处理液，然后在pH为5的条件下加入葡萄糖淀粉酶和淀粉，在50℃下处理30min，获得需要的葡萄糖，然后加入葡萄糖氧化酶，在50℃下处理60min，然后升温到95℃处理120min

酶漂白是纺织品清洁染整加工的一个重要研究内容，如果获得成功，则织物的前处理工艺可以完全通过酶来实现，这将极大地提高生产效率、实现绿色加工。

对于酶漂白曾经有两种思路：用漆酶直接分解天然色素，达到漂白的目的；采用葡萄糖氧化酶处理，通过其释放出的过氧化氢实现漂白。

由于漆酶是通过产生酚基自由基与色素结构的反应实现脱色的，所以可能会导致色素的共轭结构被部分保留，导致漂白效果并不理想。此外，漆酶的分子质量很大，由于空间位阻的作用，酶也难以达到对色素的高效作用。

目前，将葡萄糖氧化酶作为漂白的应用研究正在深入进行中。葡萄糖氧化酶处理能有效生成双氧水，且由于产物中含有对铁等金属离子螯合能力很强的葡萄糖酸(由葡萄糖内酯水解得到)，所以在处理时一般不需添加双氧水稳定剂。其中，葡萄糖氧化酶反应所需的葡萄糖可以从淀粉退浆的产物中获得。

七、半纤维素酶与木质素酶

半纤维素和木质素主要存在于麻类纤维中。木质素的存在被认为是麻纤维缺乏柔软性的主要原因之一。棉纤维中也有一定的半纤维素，但含量很低。半纤维素酶和木质素酶还没有在纺织工艺中单独使用，主要是和其他酶制剂(如果胶酶、纤维素酶等)配合对纤维进行处理。

半纤维素酶是水解半纤维素的酶的总称。目前的半纤维素酶商品通常不是纯的半纤维素酶。

木质素酶的生产菌种较少，成本高。其中，研究得比较多的是白腐菌，白腐菌分泌的木质素酶也是一种多酶复合体。氧化还原酶(以漆酶和葡萄糖氧化酶为代表)是木质素酶的主体，当然也可能有其他种类的酶存在。由于木质素结构的复杂性，对木质素酶降解木质素的具体历程和机理尚不清楚，有待进一步的研究。

八、溶菌酶

1922 年 Fleming 等发现，在人的唾液、眼泪中存在有能够溶解细胞壁杀死细菌的酶，因而被命名为溶菌酶(lysozyme)。溶菌酶存在于动植物、微生物甚至噬菌体中，是一种专门作用于微生物细胞壁的水解酶，全称为 1,4-β-*N*-溶菌酶，是一种有效的抗菌剂。将溶菌酶固定在人造纤维制成的空气过滤高效滤材上，从而制得生物杀菌滤材，并将其作为空调的空气净化系统，开发具有高效除尘和杀菌功能的产业用纺织品。

九、PVA 分解酶和聚酯分解菌

(一) PVA 分解酶

PVA 浆料的成膜性能和黏结性能均比淀粉浆好，是非常重要的浆料组分。为了实现生化退浆，获得 PVA 分解酶具有极大的实用意义，并可用于含 PVA 的纺织污水处理。目前已正式报道的 PVA 降解酶主要有三种：PVA 氧化酶(仲醇氧化酶)、PVA 脱氢酶、氧化型 PVA 水解酶(*β*-二酮水解酶)。对 PVA 分解酶的催化反应机理目前还不是很清楚，PVA 生物降解的可能途径如图 2-33 和

图 2-34所示。

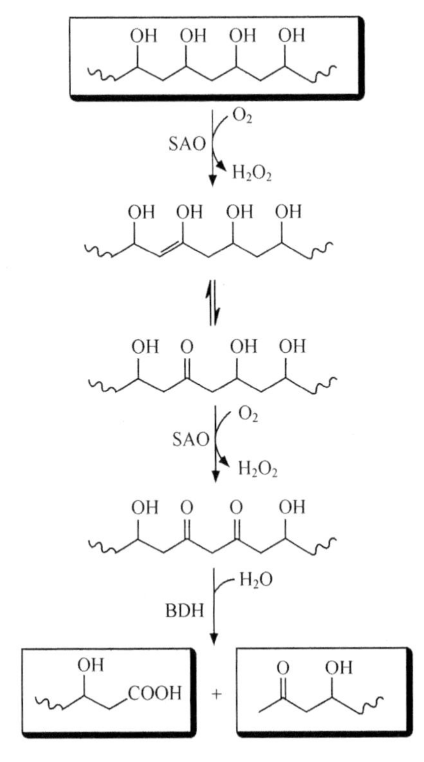

图 2-33 经仲醇氧化酶和β-二酮水解酶作用的 PVA 生物降解途径

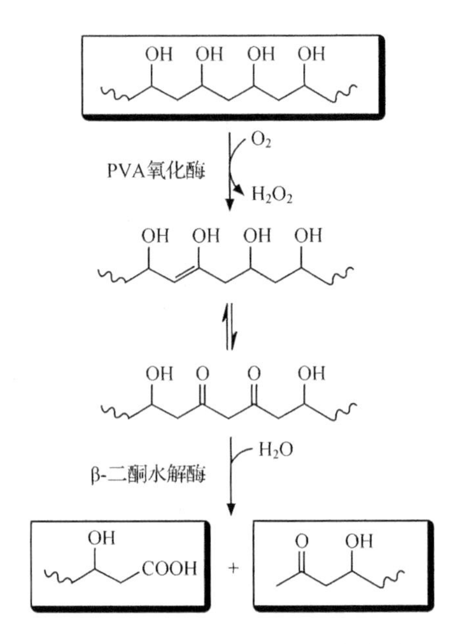

图 2-34 经一种特殊的 PVA 氧化酶和β-二酮水解酶催化的 PVA 生物降解途径

由图 2-34 可知，首先是在氧化酶的作用下，PVA 分子的仲醇被氧化酶氧化，生成含有双酮的氧化 PVA，并释放出过氧化氢。然后水解酶再将氧化 PVA 分解成酮和羧酸，使 PVA 分子链断裂。

可将 α-淀粉酶和 PVA 分解酶混合进行织物的退浆，一般需要 2h 才能达到退浆的效果。显然，目前的 PVA 分解酶的活力比较低。

迄今，采用 PVA 降解酶对 PVA 进行降解还只停留在实验室水平。诺维信、杰能科等大型酶制剂公司至今未推出 PVA 降解酶的有效商品酶制剂，市场尚处于真空状态。造成 PVA 降解酶难以商业化的原因主要有以下几点：

1）能够降解 PVA 的微生物在自然界中的分布并不广泛，一般仅存在于被 PVA 污染的环境中。

2）靠单一微生物实现对 PVA 的彻底降解非常困难，只有通过驯化混合菌群才能实现对这种高聚物的彻底降解。

3）PVA 的不彻底降解会造成 PVA 降解酶的提取困难，因为在提取过程中

PVA 和蛋白质会形成一种乳白色的凝胶状物质使 PVA 降解酶无法提取。

4) 共生细菌产生的 PVA 脱氢酶位于细胞膜上，不易提取，而且在其降解 PVA 的过程中必须外加生长因子吡咯并喹啉醌等，导致成本昂贵。

（二）聚酯分解菌

涤纶是目前用量最大的合成纤维，是聚酯型高聚物，化学结构非常致密，在自然界中几乎不能被分解。目前，涤纶产品除进行再生利用之外，只能焚烧或粉碎。如何进行涤纶废弃物的绿色化处理，以及实现生物法涤纶减量加工都是令人关注的重要课题。

据报道，目前已经成功地从自然界中发现了一种涤纶分解菌，并在实验室中培养成功。该分解菌可以在 55 天内使涤纶的强度下降 50%，并使处理的涤纶纤维表面凹凸不平，具有明显减量的效果，使织物获得一种全新的风格。该分解菌主要作用于涤纶纤维的无定形区，对结晶区的作用活力不高。

十、腈水合酶

腈纶纤维的许多性能类似于羊毛。但腈纶是疏水性纤维，吸湿性差，易起静电。因而对腈纶进行改性以提高其润湿性、抗静电性及染色性能极其重要。

传统的化学改性具有许多缺陷，如水解程度难以有效控制，苛刻的化学反应条件会使纤维泛黄，同时造成纤维的强力损失。例如，通过 NaOH 的水解作用使腈纶纤维上的部分氰基水解成羧基，削弱腈纶大分子链间的作用力，提高了腈纶纤维的吸湿性。但是，高温下腈纶上的氰基在碱性条件下水解释放出的氨基与未被水解的氰基反应生成脒基，该基团会使纤维泛黄；碱性条件下腈纶纤维中的第二单体——酯基也会发生部分水解，导致腈纶纤维的手感变差；氰基在碱性条件下的水解程度很难控制，如果纤维内部的氰基也发生部分水解可能会导致腈纶纤维某些优异的物理机械性能的降低。

采用物理方法，如激光或等离子处理腈纶纤维表面时，成本、生产安全和健康问题仍然不可忽视。

腈水合酶(nitrile hydratase EC 4. 2. 1. 84，NHase)能够将腈类的氰基催化成相应的酰胺基，可用于合成重要的化工原料丙烯酰胺、维生素尼克酰胺等；也可分解工业生产过程中产生的含氰废物，以减少对环境的危害；还可用于腈纶纤维的表面改性，将腈纶表面的氰基转化成酰胺基，从而提高腈纶的润湿性。

腈水合酶可直接催化腈化合物水解形成相应的羧酸和氨。

$$R—CN + 2H_2O \xrightarrow{\text{腈水合酶}} R—COOH + NH_3$$

为提高反应速率，还可以采用酰胺酶辅助完成。腈水合酶可催化腈化合物水解形成相应的酰胺，然后再通过酰胺酶的作用最终水解形成羧酸和氨。

$$R—CN + H_2O \xrightarrow{\text{腈水合酶}} R—CONH_2 + \text{水} \xrightarrow{\text{酰胺酶}} R—COOH + NH_3$$

因为腈纶纤维的超分子结构是线性的，加上分子间偶极力、氢键和范德华力的共同作用，使得腈纶纤维的分子结构非常致密，酶分子难以进入纤维内部发生作用。于是，生物酶改性作用主要发生在腈纶纤维表面。因此，陆大年等选取与聚丙烯腈相似的有机溶剂对腈纶纤维进行预处理，通过腈纶纤维表面的膨化和塑化作用，可以增强腈水合酶对纤维表面氰基的催化水解作用，从而使腈纶纤维的表面吸湿性及抗静电性等得到较大幅度的提高。通过实验得出，腈水合酶在最适条件下处理腈纶纤维，使其润湿性(以纤维的毛细管效应高度来表示)提高了124%，染色性(以纤维对弱酸性黄的上染率表示)提高了 142%，纤维性能有了很大改善。

十一、生物酶在纺织品前处理加工中存在的问题

生物酶在纺织工业生产的应用面很宽泛，主要与酶的品种有关(表 2-27)。

表 2-27　主要的酶品种对纺织材料的作用

名称	加工	目的
果胶酶	精练	去除棉麻纤维中的果胶等杂质
脂酶	精练	去除蚕丝、羊毛纤维中的油脂
蛋白酶	精练	去除蚕丝纤维中的丝胶
淀粉酶	退浆	去除经纱上的浆料
过氧化氢酶	去除过氧化氢	去除过氧化氢漂白后残留的过氧化氢
蛋白酶	防毡缩加工	分解软化羊毛上的鳞片
纤维素酶	柔软加工	分解棉麻纤维，改善手感和风格
	酶改性	改善天然纤维染色性，去除纤维上的绒毛，增加光泽
	桃皮绒加工	分解蚕丝及人造丝纤维，产生绒毛
	生化洗涤	对天然纤维进行脱色，改善风格

对新酶种的研究、开发和生产应用已经成为纺织酶应用的前沿内容。目前获得新酶种的思路主要有：

1) 进行菌种的筛选获得具有某种功能的菌种，然后通过基因改性生产高性能的酶制剂；

2) 通过克隆、转基因获得基因工程酶，进行新酶种的生产；

3) 根据底物的结构和酶学原理进行酶的定向合成。

但是受目前生物技术所限，生物酶的使用过程中也存在一些问题。

（1）酶制剂的成本较高

以棉织物煮练为例，传统碱煮练以烧碱为主练剂，价格较低廉，而果胶酶或其他复合煮练酶价格较高。当然，在分析成本时，也应考虑到生物酶前处理在水、电、汽消耗和废水处理费用方面的优势，需要综合评价生物方法加工的经济效益。

（2）酶制剂的活性稳定性

不少酶制剂在室温条件下，能存放较长时间，但有些酶制剂在高温高湿的车间条件下，活性随存放时间变化较大。如何提高稳定性，是生物工程要进一步研究的问题。

（3）生产条件的限制

以棉织物前处理为例，生物酶反应条件缓和，采用浸渍方式(如绳状或溢流染色机)加工，能获得更好的处理效果。而现有棉织物前处理加工的设备多为连续轧蒸式，车速较快。因此，要完全实现酶法的连续化前处理加工，还需对现有设备作适当改进。

（4）酶法前处理加工中仍需其他助练剂

由于生物酶的专一性较强，其在处理过程中只能分解特定结构的底物。天然纤维上非纤维组分的杂质种类较多，仅使用酶制剂处理，杂质并不能全部去除。以真丝绸酶精练为例，若仅使用蛋白酶而不添加其他助剂，虽然脱胶率较高，绸面手感也很柔软，但织物润湿性极差，烘干后几乎为 0，其原因在于蛋白酶仅能去除丝胶，对丝素外层疏水性蜡质去除效果较小。因此，单纯靠生物酶并不能获得满意的处理效果。

（5）新型高效复合酶制剂有待进一步开发

商品复合酶制剂在应用中尚存在一些问题，不少纺织品酶法前处理加工仍停留在实验室阶段，与实际工业化生产之间仍有一定距离，需进一步深入研究。

习　题

1. 说出生物酶的定义与应用特点。
2. 谈谈酶在纺织中应用的意义。
3. 谈谈酶的催化特性。
4. 活性部位的催化部位和结合部位的作用特点。
5. 简述催化部位和结合部位的关系。
6. 用简图表示酶的作用机理和过程。
7. 谈谈你对锁和钥匙模型、诱导契合理论、变构模型的理解。
8. 影响酶反应的因素有哪些？
9. 简述纤维素酶返旧整理的原理和返沾色的原因。

10. 纤维素织物的生物抛光原理。
11. 分析纤维素酶处理麻织物后性能的变化。
12. 羊毛纤维的酶减量特性受哪些因素的影响？如何影响？
13. 写出蛋白酶对羊毛的减量机理和蛋白酶处理后对羊毛及其织物性能的影响。
14. 写出生丝的蛋白酶脱胶(精练)的原理。
15. 你认识的氧化还原酶有几种？说明各种氧化还原酶的在仿制中的应用。
16. 牛仔布的脱色返旧整理共有几种方法？简述各种方法的原理。
17. 脂酶在纺织工业中的应用有哪些？
18. 简述葡萄糖氧化酶的性质及其在纺织中的应用。
19. 说出至少 8 种纺织用酶的名称及 3 种氧化还原酶的名称和这些酶的主要功能与应用。

参考文献

陈石根，周润琦. 1996. 酶学. 上海：复旦大学出版社.

邓一民，张高军. 2009. 蚕丝木瓜蛋白酶脱胶工艺条件探讨. 丝绸，(8)：29-31.

范雪荣，苏柳柳. 2009. 脂肪酶对聚乳酸纤维的改性处理. 纺织学报，(3)：58-60.

范雪荣. 2009. 酶在棉织物染整中的应用及存在的问题//第七届全国印染后整理学术研讨会，299-309.

高慧慧. 2012. 腈水合酶的发酵优化及其在腈纶表面改性中的应用. 江南大学硕士论文.

蒋江华，王文刚. 1994. 应用纤维素酶处理方法改善苎麻织物的服用性能. 苎麻纺织科技，(21)：51-54.

李美真，杨自来. 2007. 羊绒低温染色工艺研究. 毛纺科技，(7)：22-26.

梁传伟，张苏勤. 2009. 酶工程. 北京：化学工业出版社.

宋心远，沈煜如. 1999. 新型染整技术. 北京：中国纺织出版社.

唐人成，梅士英. 2000. Lyocell 织物桃皮绒加工新技术. 丝绸，(11)：25-28.

吴婵娟，朱泉. 2001. 蛋白酶在羊毛丝光防毡缩整理中的应用研究. 毛纺科技，(4)：36-40.

吴红玲，蒋少军. 2004. 生物酶处理 Lyocell 纤维原纤化. 合成纤维工业，(1)：32-35.

徐力平. 2008. 低温促染剂的应用研究. 毛纺科技，(8)：19-21.

徐旭凡，徐利平. 2003. 纤维素酶处理苎麻织物的效果研究. 丝绸，(8)：42-45.

姚金波，滑均凯，刘建勇. 2000. 毛纤维新型整理技术. 北京：中国纺织出版社.

张营. 2011. 漆酶的固定化工艺研究. 天津工业大学硕士论文.

赵雪，何瑾馨. 2008. 生物酶在羊毛染整加工中的应用研究. 毛纺科技，(11)：9-13.

周爱晖. 2011. 纤维素酶在纺织品返旧整理中的应用. 印染助剂，(2)：10-14.

周彬. 2009. 牛仔布纤维素酶返旧整理工艺介绍. 化纤与纺织技术，(4)：23-26.

周文龙. 1999. 酶在纺织中的应用. 北京：中国纺织出版社.

周文龙. 2010—2011. 生物酶在纺织工业中的应用(一—十四). 印染 .

朱俊平，崔淑玲. 2008. APL 酶对主麻织物抛光处理最佳工艺的研究. 印染助剂，(11)：31-35.

朱泉，吴婵娟. 2002. 蛋白酶处理氯化丝光羊毛降低 AOX. 印染，(3)：21-24.

Videbak T，吴来超. 1994. 牛仔布的纤维素酶整理. 国外纺织技术(化纤、染整、环境保护分册)，(6)：25-28.

第三章　高能物理技术在染整加工中的应用

为了解决纺织行业环境污染的问题，实现清洁生产，各国科研人员提出了许多新技术、新工艺，试图在产品生产过程中减少对化学品的依赖，进而采用高能物理的加工手段达到减少环境污染的目的。其中，典型的方法与途径有等离子体表面处理技术、光辐射以及超声波技术等。

低温等离子体技术应用于染整加工中的研究已有二十几年的时间。低温等离子体具有其独特的性质，由于处理过程为气相反应，所以它仅对材料表面改性而不对材料本体产生破坏，能最大程度保留材料原有的物理机械性能，而且等离子体在整个表面上的处理效果相对均匀，这是其他加工方法无法比拟的。有研究表明，用等离子体处理—热水洗工艺取代传统的棉坯布退浆精练工艺，在保证产品品质的前提下，可以将废水排放的 pH 从 12.9 降低到 6.4，COD 和 BOD 为原来的 80%，而且节能 84%，运转成本为常规工艺的 20%左右。

光辐射处理归属于光化学范畴，是研究辐射能对物质的作用及其引起的物理和化学性能变化的一门科学。电磁波中电场能量和磁场能量的总和称为电磁波的能量，也称为辐射能。根据波长的不同，电磁波可分为可见光、紫外线、X 射线、γ 射线、激光、α 射线、β 射线以及中子射线等。这些射线技术用于纤维染整加工，都可以改善纤维或染色体系的染色性能，还可以赋予纤维或织物不同的功能性，提高纤维的加工质量，减少污水的排放，有助于实现无水或非水的清洁环保工艺。

超声波技术在纺织染整中的应用研究已有多年，但一直未达到推广应用。近年来发现它在多种纺织品的煮练、漂白、染色、后整理与洗涤等工艺中，可以达到减少加工时间、提高染色时的上染速率和上染百分率、提高织物染色的匀染性、降低化学品的消耗和能量损耗、改进产品质量、提高生产效率、降低环境污染等效果。

第一节　低温等离子体技术与染整加工

一、等离子体的概念及分类

随着气态物质的温度升高，气体分子的热运动会加剧，当温度升高到一定程度时，构成分子的原子获得了足够大的动能，开始彼此分离分裂成单个原子，这一过程称为离解。若再进一步加热，原子外层的电子便摆脱原子核的束缚而成为自由电子，最终使构成气体的分子及原子成为带正电荷的离子，这个过程称为电离。由于在这种聚集态中电子的负电荷总数与离子的正电荷总数在数值上是相等的，宏观上呈现电中性，因而又称为等离子体。它是一种导电率很高的导电流体，是一种属于物质三态之外的另一种性质奇特的物质聚集态，即通常所说的物质的“第四态”。

等离子体实际上是部分离子化的气体，是由电子、离子、高能状态的气态原子和分子以及光量子组成的气态复合体。极光、闪电、流星以及蜡烛的火焰等，都是处于等离子体状态。据印度天体物理学家萨哈(M. Saha，1893—1956)的计算，宇宙中的99.9%的物质处于等离子体状态。

等离子体可通过以下几个途径产生：①电能(放电)；②核能(裂变、聚变)；③热能(火焰，即剧烈的氧化还原反应)；④机械能(振动波)；⑤辐射能(电磁辐射、高能粒子辐射)。其中，气体放电法比加热的办法更加简便高效，如荧光灯、霓虹灯、电弧焊、电晕放电等。等离子体的状态主要取决于它们的粒子密度和温度。从表3-1中可知，不同等离子体的密度和温度各不相同。等离子体中电子温度和中性粒子温度也不相同。

表3-1　某些等离子体的密度及温度

等离子体类型	Ne/cm^{-3}	N/cm^{-3}	Te/K	T/K
太阳光球层	10^{13}	10^{17}	6×10^{3}	6×10^{3}
大气等离子层E-层	10^{5}	10^{13}	250	250
He-*Ne*激光	3×10^{11}	2×10^{16}	3×10^{4}	400
Ar激光	10^{13}	10^{14}	10^{5}	10^{3}

注：*Ne*、*N*分别为电子和中性原子粒子的密度，*Te*、*T*分别为它们的温度

若放电是在接近于大气压的条件下进行，那么电子、离子、中性粒子会通过激烈碰撞而充分交换动能，使等离子体达到热平衡状态。然而，放电过程中由于总会有部分能量逃逸出等离子体，实际情况中往往形成各种粒子温度近似相等，组成也接近平衡的等离子体，称为局域热力学平衡态(local thermal equilibrium，LTE)。在实际的热等离子体发生装置中，阴极和阳极间的电弧放电作用使得流入的工作气体发生电离，输出的等离子体呈喷射状，可称为等离子体炬(plasma jet)或等离子体喷焰(plasma torch)等。

另一方面，在数百帕以下的低气压等离子状态中，电子在与离子或中性粒子的碰撞过程中几乎不损失能量，此时，电子温度远大于中性粒子温度，称为非平衡态等离体(non-thermal equilibrium plasma)，其电子温度可高达10^4 K以上，而离子和原子之类的重粒子的温度却可以低到300～500 K，因此按其重粒子的

温度，也称为低温等离子体(cold plasma)，一般在 100Torr（1Pa≈7.5006×10^{-3}Torr）以下的低气压条件下形成。当然，即使是在高气压下，如果通过不产生热效应的短脉冲放电模式，如电晕放电(corona discharge)、介质阻挡放电(dielectric barrier discharge)或滑动电弧放电(glide arc discharge or plasma arc)，低温等离子体也可以生成。

需要指出的是，对非平衡等离子体而言，高温未必意味着大热量。例如在辉光放电(glow discharge)的反应管中，若其内部电子温度 Te =100ev，即大约为 1×10^5K，中性粒子温度只有数百开。因为电子的热容量非常低，而离子的热容量远远高于电子，因此整体产生的热量小，所以宏观温度仍然很低，反应管壁可能只有室温。用这种等离子体处理织物，不会对织物造成伤害。

综上所述，等离子体分类一般按体焰温度和其所处的状态来划分。

1. 按等离子体焰温度划分

1) 高温等离子体：温度相当于 10^8～10^9K 完全电离的等离子体，在高温等离子体中，电子与气体粒子的能量相等，如电弧反应、热核反应、激光诱导反应都属于高温等离子体范畴。由于高温等离子体整个体系温度很高，纤维、高分子材料在这样的高温下都会发生热分解，因此，高温等离子体不适宜处理纺织材料。

2) 低温等离子体：稠密高压(1 个大气压以上)且温度在 10^3～10^5K 的称为热等离子体，如电弧、高频和燃烧等离子体；电子温度在 10^3～10^4 K、气体温度低的称为冷等离子体，如稀薄低压辉光放电等离子体、电晕放电等离子体、介质阻挡放电等离子体、索梯放电等离子体等。

2. 按等离子体所处的状态划分

(1) 平衡等离子体：气体压力较高，电子温度与气体温度大致相等的等离子体。如常压下的电弧放电等离子体和高频感应等离子体。

(2) 非平衡等离子体：低气压下或常压下，电子温度远远大于气体温度的等离子体。如低气压下 DC 辉光放电和高频感应辉光放电，大气压下介质阻挡放电等产生的冷等离子体。

二、等离子体的特征属性

(一) 等离子体与普通气体的区别

等离子体与普通气体的区别有以下几点。

(1) 等离子体由于存在自由电子和带正负电荷的离子，因此这种电离气体具有很强的导电性；

(2) 虽然等离子体内部具有很多荷电粒子，但是在足够小的空间和时间尺度上，粒子所带的正负电荷数总是相等，任何微小的空间电荷密度的存在，将产生巨大的电场强度使其恢复原状而保持电中性(准电中性)；

(3) 该电离气体中的带电粒子间存在库仑力，其运行受到磁场的影响和支配；

(4) 这种电离气体必然满足德拜长度(等离子体空间尺寸下限)、等离子体振荡频率(时间尺寸下限)和德拜球内的粒子数这 3 个判据。

(二) 等离子体粒子的碰撞作用

放电等离子体中，粒子间的能量要发生交换，会产生新的电子、离子等，这些变化与放电气体的粒子碰撞密不可分，被称为非弹性碰撞。由于碰撞过程中粒子内能的变化引起了粒子状态的变化，将会产生如激发、电离、复合、电荷交换、电子附着以及核反应等各种过程。

当一个原子或分子通过与其他粒子碰撞(包括与光子碰撞)吸收能量，并使其中的一个电子由低能级跃迁到较高的能级，从而发生激发过程。而被激发的原子或分子并不是永远停留在激发态，它会很快又回到低能级的正常状态，且通过辐射光子的形式放出多余的能量。

碰撞中如果一个原子吸收的能量足够大，它的外层电子就有可能完全摆脱原子核的束缚而成为自由电子，这个过程就是之前说的电离。如果电离后继续吸收足够大的能量，就有可能使更多的核外电子变成自由电子，发生所谓的多级电离。

电子与离子碰撞变成中性粒子的过程称为复合，它是电离的逆过程。根据复合时多余能量消失的方式可分为 3 种类型。

(1) 一个离子与一个电子相碰撞变成一个激发态的原子，同时发出光子带走多余的能量，这种复合过程称为辐射复合。在稀薄等离子体中主要发生这种复合过程。

(2) 一个离子与两个电子同时碰撞，其中一个电子跟离子结合成一个激发原子，另一个电子带走多余的能量，这个过程称为三粒子碰撞复合。在稠密的等离子体中主要是这种复合形式。

(3) 一个带正电的分子与一个电子碰撞变成一个激发的分子，这个分子不稳定，立即离解成一个激发原子和一个中性原子，这个过程称为离解复合。电离层中经常出现这种类型的复合过程。

另外，当电子跟中性原子或分子相碰撞时，在一定条件下不发生激发和电离，而是附着在中性粒子上而形成负离子，这个过程称为电子吸附，在形成负离子的同时并辐射出光子，这个过程称则为辐射吸附。

当两个离子在一定条件下相互碰撞时还会发生核反应，形成一个新的较重的核，这个过程就是核聚变反应。这个过程通常在等离子体中是不会发生的。

（三）等离子体辐射形式

等离子体都是发光的。除了可见光以外，还能发出紫外线，甚至X射线。等离子体发出的这些电磁波的过程称为等离子体辐射。等离子体的辐射形式包括韧致辐射、复合辐射、回旋辐射和激发辐射。

韧致辐射是指自由带电粒子的运动速度发生变化时伴随着产生电磁波的过程。等离子体中自由电子的运动速度远大于离子运动速度，因而相对地可以把离子看成是不动的。当自由电子在运动过程中靠近离子时就会受到离子库仑力的作用，运动速度发生变化，而且改变运动方向，同时辐射出光子。电子在辐射出一个光子之后，往往还有足够的动能，远离离子继续前进。由于电子与离子碰撞前是自由状态，所以韧致辐射也称自由辐射。

复合辐射是指电子与离子相碰撞时，电子可能被离子捕获复合成为中性粒子，并将多余能量以光子形式释放出来，这个过程被称为复合辐射。一般当等离子体中电子温度较低时，容易发生复合辐射。

回旋辐射是指带电粒子沿圆形轨道做回旋运动时产生的电磁波辐射。在磁场中的等离子体，其带电粒子的运动是沿着磁力线的自由运动与围绕磁力线的回旋运动的叠加。电子围绕磁力线回旋时具有向心加速度，不断地辐射出电磁波。

激发辐射是指在激发态的原子中，电子从较高能级跳回到较低能级时辐射出光子的辐射。在温度不是很高的等离子体中，总是存在一部分没有完全电离的粒子。

（四）等离子体的化工效应

低温等离子体活性因素的能量水平高于有机化合物的化学键能，在化学上处在非常活泼的状态，用这种等离子体处理有机化合物，能够打开有机化合物的化学键，或者通过产生自由基，在表层形成新的化学结构，从而引起分子的离解和结合，即引起各种反应。利用这种效应，有可能对纤维材料进行改性，或者引起化学试剂、染料等与纤维（或相互）发生反应，达到一定的加工要求。电晕放电等离子体中的电子、离子等的能量水平与有机化合物的某些化学键的键能比较见表3-2。

必须指出的是，应用低温等离子体处理纺织材料时，基本上不影响材料的性质。如果选择条件恰当，被处理的材料的温度不会超过100℃，这样就扩大了应用范围。

表 3-2 等离子体各粒子能量与有机化学键键能的对比

活性因素	能量/eV	化学键	能量/eV	化学键	能量/eV
电子	0～20	C—H	4.3	C═O	8.0
离子	0～20	C—N	2.9	C—C	3.4
准稳定态原子或分子	0～20	C—Cl	3.4	C═C	6.1
紫外线、可见光	3～40	C—F	4.4	C≡C	8.4

三、等离子体的产生方式

1. 电晕放电(低频放电)

在大气压条件(空气介质和通常的气压)下对两个电极施加高电压时产生的弱电流放电称为电晕放电。其特征是电极附近有一个发光的电晕层，它是一种高电场强度、高气压(1atm，1atm＝1.01325×10^5Pa)和低离子密度的低温等离子体。由于两极间产生的电火花被绝缘体阻断，为了引发电晕放电，就必须在其中的一个电极保持高电压，使电子在高电压下沿绝缘板方向加速。

电晕放电是空气介质在不均匀电场中的局部自持放电形式。由于是在曲率半径很大的尖端电极附近，因此局部电场强度超过气体的电离场强。电子在通往被处理材料的途中与介质分子猛烈撞击，使气体发生电离和激励。氧气在电晕放电中的可能反应如图 3-1 所示。

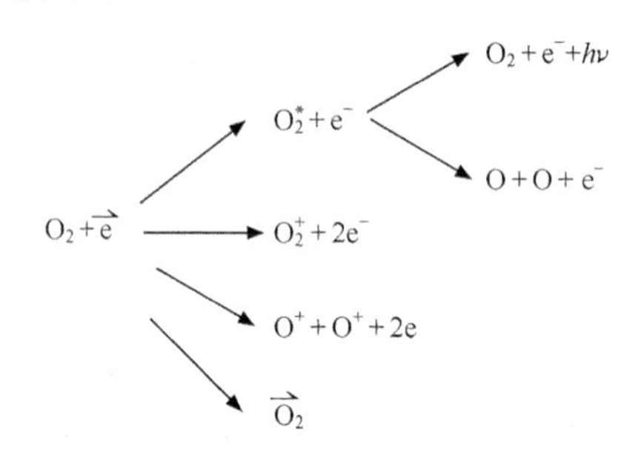

图 3-1 氧气受电子冲击后的等离子粒子态

2. 辉光放电(高频放电)

辉光放电比电晕放电的电场强度高，它的压力低于大气压，属于低气压放电(low pressure discharge)，工作压力一般都低于 10mbar (1bar＝1×10^5Pa)，其构造是在封闭的容器内放置两个平行的电极板，利用电子将中性原子和分子激发，当粒子由激发态(excited state)降回至基态(ground state)时会以光的形式释放出能量。电源可以是直流电源也可以是交流电源。每种气体都有其典型的辉光放电颜色(表 3-3)，荧光灯的发光即为辉光放电。因此，实验时若发现等离子的颜色有误，通常代表气体的纯度有问题，一般为漏气所致。辉光放电是化学等离子体实验的重要工具，但因其受低气压的限制，工业应用时难以连续化生产且成本高昂，而无法广泛应用于工业制造中。目前的应用范围仅局限于实验室、灯光照明产品和半导体工业等。

表 3-3　部分气体辉光放电的颜色

气体种类	阴极光层	负辉区	正柱区
空气	桃色	蓝色	桃红色
H_2	红褐色	淡蓝色	桃色
N_2	桃色	蓝色	桃色
O_2	红色	黄白色	淡黄色有桃色中心
He	红色	绿色	红发紫
Ar	桃色	暗蓝色	暗紫色
Ne	黄色	橙色	橙红色
Hg	绿色	绿色	绿色

与电晕放电相比，除了放电介质不同外(电晕放电的介质是空气，而辉光放电的介质可根据反应需要而选择)，辉光放电的电子能量更高些，因为气压低，电子与气体分子碰撞的机会少，速度减慢较小。这意味着辉光放电产生的活性因子(电子等)渗透性较电晕放电要强，对被处理物的表面改性会更加强烈。

辉光放电产生等离子体，最可能发生如下一些过程。

(1) 分子(XY)与低能电子间的碰撞，形成离子

$$XY + e^- \longrightarrow XY^-$$

该离子可以解离成原子或中性基团和负离子

$$XY^- \longrightarrow X + Y^-$$

(2) 气体分子被高能电子分裂

$$XY + e^- \longrightarrow X^- + Y^- + e^-$$

(3) 中性气体分子与极高能量的电子碰撞，从中性分子中分出其他电子

$$XY + e^- \longrightarrow XY^- + 2e^-$$

形成更多的离子和中性化合物

$$XY^- \longrightarrow X^+ + Y^-$$

(4) 在放电期间由辐射形成单或多原子自由基

$$X_nY_m \longrightarrow \text{自由基}(\cdot X_n、\cdot Y_m \text{或} \cdot X_n \cdot Y_m)$$

通过分析，影响辉光放电处理的结果一般为以下因素。

(1) 真空度或气压

真空度低，处理室中保存的气体分子多，飞行中的电子能量损耗多，达到被

处理物表面的电子能量较低，改性效果比较差。但是，真空度过高，气体分子少，在等离子体中和被处理物表面反应的气体活性粒子少，改性效果也不乐观。

(2) 气体的种类

一类是非反应性的气体，如氩气；另一类是反应性的气体，如氮气和氧气等。非反应性气体的等离子体的活性粒子一般不会和被处理物反应而生成相应的变性物质，但是它们可以使被处理物分子形成自由基，所以主要发生物质表面的分裂和刻蚀；反应性气体的等离子体处理，则发生化学反应的程度要高得多，除了对被处理物表面发生刻蚀(使其分裂、气化)外，反应性气体等离子体的活性粒子可以直接和被处理物表面的分子发生反应，形成新的结合和改性。例如，聚乙烯(PE)经氩气、氮气等离子体处理后，其表面的基团见表 3-4。

表 3-4 聚乙烯(PE)与用氩气、氮气等离子体处理后的聚乙烯($PE-Ar$; $PE-N_2$)的表面基团比较

基团种类	基团数(相对于 CH_2)		
	PE	PE-Ar	$PE-N_2$
$—NH_2$	0	9.5×10^{-3}	41×10^{-3}
—COOH	0	15×10^{-3}	5.6×10^{-3}
—COOH+—OH	3.0×10^{-3}	28×10^{-3}	—
$>C=O$	1.2×10^{-3}	5.6×10^{-3}	13×10^{-3}
$>C=C<$	0	20×10^{-3}	8.9×10^{-3}

(3) 被处理物体的性能

研究人员发现，用非反应性的氩气和反应性的氮气的等离子体处理多种高分子物，不同的物质表面引入的基团是不同的，大致有以下几点结论。

1) 用 Ar 等离子体处理，聚合物表面会引入含氧和含氮基团；

2) 用 N_2 等离子体处理，在较多引入含氮基团的同时，也会引入含氧基团，但引入的数量比 Ar 等离子体处理的少；

3) 若氧原子和氮原子已经存在于聚合物中，等离子体处理引入的氧和氮会相对地减少，若只含氧，则引入的氮原子的数量不变而引入氧原子就相当困难。

辉光放电等离子体处理时，首先要根据需要选用适合的气体等离子体，其次则要控制好等离子体内的气体压力或真空度；被处理物和所需功能不同，选用的低温等离子体的类型和控制条件也就不同。

辉光放电的形式也有多种，有的采用交变电场，有的采用直流电场，不过它们都是在稀薄气体中(一定的真空度)产生低温等离子体。在真空中采用直流电场放电产生的等离子体处理，一般被称为射流刻蚀。

3. 介质阻挡放电

介质阻挡放电(DBD)是有绝缘介质插入放电空间的一种非平衡态气体放电，又称介质阻挡电晕放电或无声放电。介质阻挡放电能够在高气压和很宽的频率范围内工作，通常的工作气压为10^4～10^6Pa，电源频率可从50Hz至1MHz。电极结构的设计形式多种多样。在两个放电电极之间充满某种工作气体，并将其中一个或两个电极用绝缘介质覆盖，也可以将介质直接悬挂在放电空间或采用颗粒状的介质填充其中，当两电极间施加足够高的交流电压时，电极间的气体会被击穿而产生放电，即产生了介质阻挡放电。常见物质的介电系数和绝缘强度见表3-5。在实际应用中，管线式的电极结构被广泛地应用于各种化学反应器中，而平板式电极结构则被广泛地应用于工业中的高分子和金属薄膜及板材的改性、接枝、表面张力的提高、清洗和亲水化处理。

表3-5　一些常见物质的介电系数和绝缘强度

物质	介电常数（ε）	绝缘强度/(kV/mm)
真空	1.0	infinity
空气	1.00054	0.8
琥珀	2.7	90
电木	4.8	12
熔融石英	3.8	8
氯丁橡胶	6.9	12
尼龙	3.4	14
纸	3.5	14
聚乙烯	2.3	50
聚苯乙烯	2.6	25
瓷器	6.5	4
派热克斯玻璃	4.5	13
红云母	5.4	160
硅(氧烷)油	2.5	15
钛酸锶	233	8
聚四氟乙烯	2.1	60
二氧化钛	100	6
水（20℃）	80.4	—
水（25℃）	78.5	—

介质阻挡放电通常是由正弦波型(sinusoidal)的交流(alternating current)高压电源驱动，随着供给电压的升高，系统中反应气体的状态会经历三个阶段的变

化，即会由绝缘状态(insulation)逐渐至击穿(breakdown)最后发生放电。当供给的电压比较低时，虽然有些气体会有一些电离和游离扩散，但因含量太少电流太小，不足以使反应区内的气体出现等离子体反应，此时的电流为零。随着供给电压的逐渐提高，反应区域中的电子也随之增加，但未达到反应气体的击穿电压(breakdown voltage)时，两电极间的电场比较低，无法提供足够能量的电子使气体分子进行非弹性碰撞，结果导致电子数不能大量增加。因此，反应气体仍然为绝缘状态，无法产生放电，此时的电流随着电极施加的电压提高而略有增加，但几乎为零。若继续提高供给电压，当两电极间的电场大到足够使气体分子进行非弹性碰撞时，气体将因为离子化的非弹性碰撞而大量增加，当空间中的电子密度高于临界值及帕邢(paschen)击穿电压时，便产生许多微放电丝(micro discharge)导通在两极之间，同时系统中可明显观察到发光(lu-minous)的现象，此时，电流会随着施加的电压提高而迅速增加。

在介质阻挡放电中，当击穿电压超过帕邢击穿电压时，大量随机分布的微放电就会出现在间隙中，这种放电的外观特征远看貌似低气压下的辉光放电，发出接近蓝色的光。近看，则由大量呈现细丝状的细微快脉冲放电构成。只要电极间的气隙均匀，则放电是均匀、漫散和稳定的。这些微放电是由大量快脉冲电流细丝组成，而每个电流细丝在放电空间和时间上都是无规则分布的，放电通道基本为圆柱状，其半径约为0.1～0.3 mm，放电持续时间极短，约为10～100 ns，但电流密度却可高达0.1～1 kA/cm^2。每个电流细丝就是一个微放电，在介质表面上扩散成表面放电，并呈现为明亮的斑点。这些宏观特征会随着电极间所加的功率、频率和介质的不同而有所改变。如用双介质并施加足够的功率时，电晕放电会表现出“无丝状”、均匀的蓝色放电，看上去像辉光放电但却不是辉光放电。这种宏观效应可通过透明电极或电极间的气隙直接在实验中观察到。当然，不同的气体环境其放电的颜色是不同的。

虽然DBD已被开发和广泛的应用，可对它的理论研究还只是近几十年来的事，而且仅限于对微放电或对整个放电过程某个局部进行较为详尽的讨论，并没有一种能够适用于各种情况DBD的理论。其原因在于各种DBD的工作条件大不相同，且放电过程中既有物理过程，又有化学过程，相互影响，从最终结果很难断定中间发生的具体过程。由于DBD在产生的放电过程中会产生大量的自由基和准分子，如OH、O、NO的自由基等，它们的化学性质非常活跃，很容易和其他原子、分子或其他自由基发生反应而形成稳定的原子或分子。另外，利用DBD可制成准分子辐射光源，它们能发射窄带辐射，其波长覆盖红外、紫外和可见光等光谱区，且不产生辐射的自吸收，它是一种高效率、高强度的单色光源。在DBD电极结构中，采用管线式的电极结构还可制成臭氧发生器。现在人们已越来越重视对DBD的研究与应用。

4. 大气压下辉光放电

由于低气压低温等离子体需要抽真空，设备投资大、操作复杂，不适于工业化连续生产，限制了它的广泛应用。显然，最适合于工业生产的是大气压下放电产生的等离子体。大气压下的电晕放电和介质阻挡放电目前虽然被广泛地应用于各种无机材料、金属材料和高分子材料的表面处理中，但却不能对各种化纤纺织品、毛纺织品、纤维和无纺布等材料进行表面处理。

长期以来人们一直在努力实现大气压下的辉光放电(atmospheric pressure glow discharge，APGD)。1933年德国Von Engel首次报道了研究结果，利用冷却的裸电极在大气压氢气和空气中实现了辉光放电，但它很容易过渡到电弧，并且必须在低气压下点燃，即离不开真空系统。1988年，Kanazawa等报道了在大气压下使用氦气获得了稳定的APGD的研究成果，并通过实验总结出了产生APGD要满足的三个条件：①激励源频率需在1kHz以上；②需要双DBD；③必须使用氦气气体。此后，日本的Okazaki、法国的Massines和美国的Roth研究小组分别采用DBD的方法，用不同频率的电源和介质，宣称在一些气体和气体混合物中实现了大气压下APGD。1992年，Roth小组在5mm氦气间隙实现了APGD，并声称在几个毫米的空气间隙中也实现了APGD，主要的实验条件为湿度低于15%、气体流速50L/min、频率为3kHz的电源并且和负载阻抗匹配。他们认为离子捕获是实现APGD的关键。Roth等用离子捕获原理解释APGD，即当所用工作电压频率高到半个周期内可在极板之间捕获正离子，又不高到使电子也被捕获时，将在气体间隙中留下空间电荷，它们影响下半个周期放电，使所需放电场强明显降低，有利于产生均匀的APGD。他们在实验室的一台气体放电等离子体实验装置中实现了Ar、He和空气的APGD。1993年Okazaki小组利用金属丝网(丝直径0.035mm，325目)电极为PET膜(介质)、频率为50Hz的电源，在1.5mm的气体(氩气、氮气、空气)间隙中做了大量的实验，并宣称实现了大气压辉光放电。根据电流脉冲个数及Lisajous图形(X轴为外加电压，Y轴为放电电荷量)的不同，他们提出了区分辉光放电和丝状放电的方法，即若每个外加电压半周期内仅1个电流脉冲，并且Lisajous图形为两条平行斜线，则为辉光放电。若半周期内出现多个电流脉冲，并且Lisajous图形为斜平行四边形，则为丝状放电。法国的Massines小组、加拿大的Radu小组和俄罗斯的Golubovskii小组对APGD的形成机理也进行了比较深入的研究工作。Massines小组对氦气和氮气的APGD进行了实验研究和数值模拟，除了测量外加电压和放电电流之外，他们用曝光时间仅10ns的ICCD相机拍摄了时间分辨的放电图像，用时空分辨的光谱测量记录了放电等离子体的发射光谱，并结合放电过程的一维数值模拟，他们认为，氮气中的均匀放电仍属于汤森放电，而氦气中均匀放电才是真正意义上的辉光放电，或亚辉光放电。他们还认为，得到大气压下均匀放电的关键是在较低电场下缓慢发展大量的电子雪崩。因此，在放电开始前间隙中必须存在大量的种子电子，而长寿命的亚稳态及其彭宁电离可以提供这些种子电子。根据10ns暴光的ICCD拍摄的放电图像，Radu小组发现，在大气压惰性气体He、Ne、Ar、Kr的DBD间隙中，可以实现辉光放电。除了辉光放电和丝状放电之外，还存在介于前两者之间的第三种放电模式——柱状放电。

由于APGD在织物、镀膜、环保、薄膜材料等技术领域有着诱人的工业化应用前景，一直是国内外学者探寻的研究重点和热点。目前，利用He、Ne、Ar、Kr惰性气体在大气压下基本实现了APGD，空气也已经实现了用眼睛看上去比较均匀的准APGD。由于大气压辉光放电目前还没有一个认可标准，许多实验所看到的放电现象和辉光放电很相似即出现视觉特征上呈现均匀的雾状放电，而看不到丝状放电，但这种放电现象是否属于辉光放电目前还没有共识和定论。

5. 次大气压下辉光放电

大气压辉光放电技术目前虽有报道但技术还不成熟，没有见到可用于工业生产的设备。而次大气压辉光放电（HAPGD）技术则已经成熟并被应用于工业化的生产中。次大气压辉光放电成本低、处理的时间短、加入各种气体的气氛含量高、功率密度大、处理效率高，可应用于表面聚合、表面接枝、金属渗氮、冶金、表面催化、化学合成及各种粉、粒、片材料的表面改性和纺织品的表面处理。次大气压下辉光放电的视觉特征呈现均匀的雾状放电；放电时电极两端的电压低而功率密度大；处理纺织品和碳纤维等材料时不会出现击穿和燃烧，且处理温度接近室温。由于是在次大气压条件下的辉光放电，处理环境的气氛浓度高，电子和离子的能量可达10eV以上，材料批处理的效率要高于低气压辉光放电10倍以上。

进行低温等离子体处理，最终是选用电晕放电还是辉光放电(包括射流刻蚀)技术要根据具体的加工对象和目的来决定。

四、低温等离子体表面加工的反应与类别

等离子体的能量可通过光辐射、中性分子流和离子流连续不断地轰击固体表面将能量转移给聚合物，这些能量的消散过程就使聚合物表面发生改性。这些中性粒子的能量具有四种形式：动能、振动能、离解能和激化能。动能和振动能只对聚合物起加热作用，而自由基离解能则是通过引起聚合物表面的各种化学反应而得到消散的，与此同时，也可与聚合物表面的自由基结合而使聚合物加热。激化分子和原子是以与固体表面碰撞而达到消散的。这些准稳态分子和原子的能量通常大于聚合物的离解能，因而在碰撞过程中会产生聚合物自由基。所以经过各种以高频振荡电源磁场感应耦合方式进行低压辉光放电，电离产生低温等离子体，把织物密封置于该电场，电场中产生的大量等离子体及其高能的自由电子，

能促使纤维表层产生腐蚀、交联、化学反应和接枝共聚变化。

等离子体中高能粒子与材料表面作用后可能发生的化学反应有以下几种。

1. 生成自由基

不论是具有化学反应性气体(如 O_2、环氧乙烷等)，还是具有化学惰性的气体(如 N_2、He 等)，一旦经由外加电场短时间作用后，便产生大量活性粒子，这些粒子与材料表面将发生如下一些自由基生成的反应。

受紫外光的作用

$$RH \longrightarrow R\cdot + H\cdot \quad (紫外照射) \tag{3-1a}$$

与激发态的原子或分子反应

$$RH + He^* \longrightarrow R\cdot + H\cdot + He \quad (或\ RH + He) \tag{3-1b}$$

与反应过程中生成的氢自由基反应

$$RH + H\cdot \longrightarrow R\cdot + H_2 \tag{3-1c}$$

与氧自由基反应(等离子体氧化)

$$RH + O\cdot \longrightarrow R_1 + R_2O\cdot \tag{3-1d}$$

$$R\cdot + OH\cdot$$

$$R\cdot + H\cdot + O_2$$

利用等离子体表面处理能使高分子物质表面生成自由基，这一点已被许多 ESR (电子顺磁共振)测定实验证实。另外自由基的生成只是等离子体与材料众多反应的开始，会有许多后续的反应发生。像等离子体氧化这样的反应一旦引发，在材料上会产生一系列的自由基反应，产生新的官能团。

2. 导入官能团

等离子体处理，可以在材料表面引入一定的极性基团。无论是聚合性气体的等离子体聚合改性，还是非聚合性气体的等离子体改性，在材料表面均能引入极性基团，这一点可从 XPS(X 光电子能谱)和 ATR-FTIR(衰减全反射傅里叶红外光谱)得到证实。例如，用 NH_3 等离子体或 N_2/H_2 混合气体辉光放电均可把-NH_2基导入材料表面，其反应式如下

$$NH_3 \longrightarrow NH_2 + H\cdot \tag{3-2a}$$

$$NH_2 \longrightarrow NH\cdot + H\cdot \tag{3-2b}$$

$$N_2 + 2H_2 \longrightarrow 2NH\cdot \tag{3-2c}$$

$$RH \longrightarrow R\cdot + H\cdot \tag{3-2d}$$

$$R + NH_2\cdot \longrightarrow RNH_2 \tag{3-2e}$$

$$RH + NH\cdot \longrightarrow RNH_2 \tag{3-2f}$$

更常见的是在高分子材料表面引入含氧基团，如—OH、—COOH 等可使材料表面极性和亲水性增加，也能带来黏合、染色、吸湿等性能的增强。

$$R\cdot + O_2 \longrightarrow ROO\cdot \tag{3-3a}$$

$$ROO\cdot + R'H \longrightarrow ROOH + R'\cdot \tag{3-3b}$$

$$2ROOH \longrightarrow R = O + H_2O + ROO\cdot \tag{3-3c}$$

$$ROOH \longrightarrow RO\cdot + OH\cdot \tag{3-3d}$$

$$RO\cdot + R'H \longrightarrow R\cdot + R'OH \tag{3-3e}$$

$$RH + HO\cdot \longrightarrow R\cdot + H_2O \tag{3-3f}$$

$$R\cdot + O\cdot \longrightarrow RO\cdot \tag{3-3g}$$

$$RH\cdot \longrightarrow R\cdot + H\cdot\ (\text{或}\ R\cdot + R'\cdot) \tag{3-3h}$$

如用含氟气体的低温等离子体处理加工物，可引入氟原子，从而使材料表面具有拒水性等。

3. 表面形成交联层结构

利用 Ar、He 等惰性气体等离子体处理材料，可在材料表面形成交联结构，且在反应过程中生成牢固的化学键。这种用惰性气体高频放电处理，利用气体未离解的激发态中性分子或原子来进行表面改性，从而获得表面交联层结构的方法称为 CASIG 处理(crossing with activated species of inert gases)。该方法可以通过在高分子结构之间的交联，强化表面层的黏结性和牢度。

如等离子体处理聚乙烯时，可能发生如下的反应

$$—CH_2CH_2— + He\cdot \longrightarrow —CH_2C\cdot H— + H\cdot + He \tag{3-4a}$$

$$—CH_2C\cdot H— + H\cdot \longrightarrow —CH{=}CH— + H_2 \tag{3-4b}$$

$$2\text{-}CH_2C\cdot H \longrightarrow —CH_2—CH—CH—CH_2— \tag{3-4c}$$

4. 表面刻蚀

等离子体表面处理高分子材料时产生的刻蚀作用，其原因大体上有两种：其一是等离子体中的电子、离子等荷能粒子撞击材料表面引起的溅射刻蚀；其二是等离子体中的化学活性物质对材料表面的化学侵蚀。例如氧等离子体中，含有丰富的单态氧原子，它们都具有很高的能量。当作用于材料表面可使聚合物发生氧化分解，产生刻蚀作用。不管是溅射刻蚀，还是化学侵蚀，刻蚀作用最终会导致材料表面变得粗糙，甚至出现大的凸起(这要视材料被刻蚀挥发与挥发物质重新结晶的速率之间的关系而定)。要特别提及的是，染色后的材料经等离子体刻蚀作用后，由于表面粗糙程度的增加，处理表面形成微弧坑(cracker)，增加了入射光反复吸收和反射的途径，使总的吸收强度提高，产生了一种深色效应。通过其表面发生氧化分解反应，可以改善材料的黏合、染色、吸湿、反射率、摩擦、触感、防污、抗静电等性能。

5. 等离子体聚合和接枝聚合

等离子体聚合的研究开始于 20 世纪 60 年代，目前关于等离子体聚合的反应机理尚不完全明了，具有代表性的是自由基机理、粒子机理等。通常的聚合反应

是指由不饱和的单体(双键或三键)通过引发，产生自由基后进行的加成聚合反应。而所谓等离子体聚合反应与此有所不同，最大差别在于前者不一定使用不饱和单体。例如甲烷、苯等也可作为单体，进行等离子体聚合。单体中的C—C和C—H键在等离子体中被裂解形成激发的自由基中间体，然后这种自由基中间体进行聚合，这种聚合反应可表示如下

引发：　$M \longrightarrow M\cdot$

聚合：　$M\cdot + M \longrightarrow M—M\cdot$

$M\cdot + M\cdot \longrightarrow M—M$

$Mn\cdot + Mm\cdot \longrightarrow Mn—Mm$

再引发：　$Mn—Mm \longrightarrow Mn—Mm\cdot$

n和m为单体重复数。再引发形成聚合体自由基后可再进行聚合，这样重复下去可得到一定相对分子质量的聚合体。

因此，等离子体聚合反应中至少包括两个过程。

1）聚合连锁反应：和普通聚合一样，生成与单体化学组成一样的聚合物；

2）阶段反应：单体在等离子体中裂解为较低的分子，直到裂解为原子，然后再排列组合起来，因而生成的聚合物组成与单体的不同，这个过程是等离子体聚合特有的，往往会释放出氢气。所形成的聚合物具有枝化或交联结构，一般是非结晶型的。

等离子体聚合中，一些通常不能作单体的小分子，如O_2、N_2、CO、H_2O等也往往会进入聚合物中，特别是O_2、H_2O很容易参加反应，会在聚合物表面形成高浓度的含氧基团。

利用放电把有机类气态单体等离子化，使其产生各类活性物种，在这些活性物种之间进行加成反应，材料表面生成的聚合物是一类等离子体聚合。广义地说，这一类等离子体属于PCVD(plasma-enhanced chemical vapor deposition)技术的一种。它可用于制备导电高分子膜，也可用于制备各种光学及医学材料。在等离子体系下能聚合的体系很多，扩大了单体物质的种类；而且等离子体聚合所得的聚合物，往往具有网状结构，热稳定性、化学稳定性和力学强度好。另一类可称为等离子体接枝聚合。高分子材料表面经等离子体处理，将会形成大量的自由基，这些活性自由基可以用来进行烯烃类单体的接枝聚合反应，使材料表面得以改性。它可分为：①材料表面经等离子体处理后接触单体进行气相接枝聚合；②材料表面经等离子体处理后直接进入液状单体进行接枝聚合；③材料表面经等离子体处理后接触大气形成过氧化物，在进入液状单体内由过氧化物引发接枝聚合；④单体吸附于材料表面，再暴露于等离子体处中进行接枝聚合。

还有一种方法是将等离子体对单体作短时间的照射(数秒到数分钟)，然后放置在适当的温度条件下进行聚合，称为等离子体引发聚合。这种聚合无需引发

剂。经等离子体引发聚合，可以获得分子质量达到数百万的超大分子质量聚合物。表 3-6 给出了等离子体在材料加工中不同方法的特征。

表 3-6　等离子体表面处理等离子体聚合和等离子体接枝聚合改性的特征比较

特征	等离子体表面处理	等离子体聚合	等离子体接枝聚合
等离子体气体	非聚合型无机气体	有机单体或气体	无机气体为主
处理的特点	气相刻蚀	气相聚合	等离子体表面处理后， 在气相或液相中接枝聚合
形成的表面结构	交联，形成双键和极性基团	交联型薄膜	烯类聚合物层
层厚/μm	—0.1	—1	—10
改性的程度	小	大	大
原有性质的损伤	有	没有	没有
与基质的黏合性	好	不太好	好
机械强度	好	不太好	好
处理的难易	易	稍难	稍难

五、低温等离子体技术在天然纤维改性中的应用

低温等离子体在天然纤维改性中已得到了广泛的应用，通过低温等离子体的处理，可在纤维表面进行碰撞和刻蚀，提高可纺性及其他加工性能；还可引起纤维表面活性化，产生表面接枝的化学反应，从而改善棉、毛等天然纤维的防缩性、浸润性、耐磨性、色牢度等。

（一）低温等离子体改性蛋白质纤维

1. 羊毛纤维的低温等离子体处理

（1）提高羊毛纤维的纺纱性能

经过低温等离子体处理的纤维，由于刻蚀作用的关系，往往会在纤维表面产生很多凹槽，使纤维表面变得更为粗糙，纤维的摩擦系数变大，也就增大了纤维间的抱合力从而增加了纤维的可纺性，或提高可纺支数。等离子体处理后羊毛的物理机械性能和有关纺纱性能的分析表明，纤维顺逆方向摩擦系数大幅上升，特别是顺鳞片方向的增幅更大，因而导致定向摩擦效应下降。这种物理刻蚀作用不会对纤维本体产生破坏，因而不影响纤维的强力和延伸性能。纤维表面的粗糙化还对纱线的抱合力、可纺性以及纱线强力有影响。等离子体处理毛条后，断裂强力提高 8%，纺成粗纱后强度提高 3 倍(从 19.7cN 提高到 59.6cN)，细纱强力提高 1.8 倍(从 76.6cN 提高到 113.7cN)，细纱伸长率提高 2.5 倍(从 6%提高到

15.1%)。有研究也表明，该技术如果用于兔毛纤维处理，对提高兔毛纤维的可纺性效果更明显。

由于等离子体加工是一种表面处理，为了确定这种处理对手感及织物风格的影响，等离子体处理羊毛的力学性质和织物风格可通过 FG-100 智能风格仪、SYG5501 风格仪、FAST 织物风格仪和 KES-FB4 织物表面性能仪等来评测。结果表明，处理后织物丰满度、硬挺度提高；保形性和尺寸稳定性改善，但织物表面粗糙度增加；而且等离子体处理时间的延长会使织物的风格趋向硬挺，表面粗糙。另外，织物的外观色泽也会更加柔和。采用氧气、氮气、25%氢气与 75%氮气三种气氛对织物进行处理，KES-F 织物表面性能仪的数据结果表明，氮气处理的剪切刚度最大，氧气处理次之，混合气体处理最小但仍大于未处理织物的 80%；弯曲刚度的结果也类似；等离子体处理后织物的压缩回弹性大大下降，其中氮气处理下降最少，混合气体处理最大；织物受压后的厚度有所增加。此外，对织物热性能的测试发现等离子体处理降低了热传导性，而保暖性得到了提高。

(2) 羊毛防毡缩性能的改善

等离子体处理防毡缩工艺的研究始于 20 世纪 50 年代。1971 年 Pavlath 和 Slater 用辉光放电对羊毛纱线进行防毡缩处理，他们发现采用 400Pa 空气等离子体处理可以使针织物的面积收缩率从 44.5%下降到 3.0%(75min 标准洗涤)，其结果见表 3-7。

表 3-7 辉光放电等离子体处理毛织物洗涤 75min 后的面积收缩率

功率/W	滞留时间/s	平均面积收缩率/%
未处理		44.5
10	1.0	12.5
20	1.0	9.2
30	0.7	8.3
30*	1.2	4.1
30*	1.2	3.0

* 采用宽幅反应室处理

另外，实验也发现，改变处理温度并不直接影响防毡缩性能，改变气体(如氧、氮、氧、氦和二氧化碳等)对防毡缩效果影响也很小(表 3-8)。

等离子体仅对羊毛深度为 30～50nm 的表皮结构有影响，对羊毛纤维的本体并无剧烈作用，对羊毛的机械性能影响较小(表 3-9)。

表 3-8 不同气体低温等离子体处理后羊毛织物洗涤后的收缩率

气体	压力/133.3Pa	功率/W	滞留时间/s	平均面积收缩率/%
空气	2	30	1.2	4.0
氧	4	30	1.2	3.0
氮	3	30	1.2	4.3
二氧化碳	3	60	0.7	8.1
氢	3	30	1.2	4.2
氦	3	30	1.5	2.0
氨	4	60	1.2	3.6
未处理				48.0

表 3-9 羊毛纤维等离子体处理前后的性质变化

纤维性质	未处理	等离子处理
直径/μm	21.5	21.3
细度/tex	0.475	0.476
断裂强力/(tex/cN)	13.47	13.62
成圈断裂能力	9.1	8.6
断裂伸长/(tex/cN)	39	38
碱溶解度	6.75	8.17

Pavlath Lee 等的研究工作表明，尽管等离子体中所含有的离子、电子、自由基和中性粒子以及各种光辐射，但在等离子体中产生的热能和 UV 对于羊毛防毡缩和纱线强力并无影响。因此等离子体中的离子、电子、自由基和中性粒子等活性粒子在电场的作用下和纤维表面发生物理和化学的作用，是产生防毡缩效果的原因。Makinson 在 1971 年通过对纤维摩擦性能的研究，从定向摩擦效应的角度解释了等离子体防毡缩的原因。Ryu 等通过对一系列织物的研究，也证实经过处理后纤维的顺逆鳞片方向的摩擦系数均有所提高，不过定向摩擦效应反而下降了，所以纤维获得了纺毡缩的效果。另外，Thorsen 等提出等离子体的氧化作用使得羊毛的二硫键断裂，产生胱氨酸。他们认为磺酸基、羧基和半胱氨酸基的引入是造成羊毛产生诸多性能变化的原因。他们认为这些极性基团的引入，促使羊毛亲水性提高。Hesse 等通过对湿态摩擦系数的研究后认为，等离子体的氧化作用使纤维表面亲水化，因此在纤维水洗过程中可以形成一层类似水膜的结构，将纤维相互分开，减少纤维的定向摩擦效应，获得防缩的效果。此外引入的磺酸基和羧基可以提高角质层的阴离子基团浓度，增加羊毛表面的双电层，从而通过静电力作用将纤维分开。

经过单独的等离子体处理的毛条所做成的针织物，具有一定的防毡缩性能，可以达到 IWS“手可洗”的要求，但是无法达到“机可洗”的要求，产品的重现性也不稳定。后来发现，将羊毛机织物用氧等离子体处理后，采用 Basolan SW、Basolan MW、Polymer G 和 Polymer PL 四种树脂整理的织物其防毡缩性能有了极大的提高，织物的手感也得到了很好的调整。同时等离子体处理有利于树脂在织物的铺展，并提高了树脂和羊毛的结合能力，树脂的耐洗涤程度提高了。特别是 Polymer G 和 Polymer PL 两种树脂的改善尤为突出。Ralowski 等用等离子体预处理羊毛后，采用轧车法和浸渍法两种工艺进行树脂整理(Basolan SW 或 Synthappret BAP+ Impranil BLN)。结果表明等离子体处理毛条经过这些树脂处理后，可以获得 Superwash 的效果(IWSTM185 标准)。Fellenberg 和 Thomas 等近年来也分别进行了这方面的研究，他们采用了新的异氰酸酯类聚合物，经过处理后的防缩性能都可以小于 8%(LWSTM31 标准)。

应用氟碳单体对羊毛纱线进行等离子体接枝，虽然氟碳组成增重低于 1%，由这种纱线织成的织物的收缩率仅为 5%～10%，且有很好的拒油性，分析表明氟原子可被引入羊毛纱的表面，用溶剂处理和洗涤后也不易除去，证明羊毛和氟碳发生了共价键结合。

电晕放电等离子体处理羊毛也已被采用去改善它们的防毡缩性能。它是利用玻璃薄板作为电极，每块玻璃薄板的一面涂有导电性树脂，它们的间距为6.5～9.5mm，处理时电晕放电电极充以 17kV、2000Hz 的电源，被处理物放在输送带上通过电极间的等离子体，羊毛表面会带上负电荷，并随处理时间加长而增多。如果充入稀的氯气或水蒸气于电晕放电室，可以增强处理效果，增加氯气浓度会使羊毛表面的负电性增大。实验证明温度高于 85℃效果比较好。

采用高压高频电源的电晕放电装置处理马海毛针织物后的防毡缩性能被列于表 3-10。分析认为，马海毛防缩性能的改善是由于在毛表面形成了磺酸、羧酸和磺酰丙氨酸基。此外还发现当羊毛用阳离子表面活性剂处理后，防毡缩性的改善程度会变小，这被解释为阳离子表面活性剂可能封闭了毛纤维表面的亲水基因。

表 3-10 电晕放电等离子体处理 5s 和 10s 后马海毛针织物的毡缩性

试样	累积总收缩长度百分率/%		
	两次洗后	三次洗后	四次洗后
未处理	22.0	28.0	29.4
处理 5s	−4.5	−1.6	4.6
处理 10s	−8.0	−2.5	−0.6

(3) 羊毛染色性能的改善

实验证明，低温等离子体处理羊毛后提高了染料对羊毛的上染速率。即使氟碳气体等离子体处理后，在纤维表面润湿性降低的情况下，上染速率也是增加的，结果见表 3-11。

表 3-11　辉光放电等离子体处理对羊毛半染时间的影响

染料	半染时间 $t_{1/2}$/min				
	未处理羊毛	去鳞片羊毛	O_2等离子体	CF_4等离子体	CH_4等离子体
C.I. 酸性橙 7	59	18	45	15	90
C.I. 酸性蓝 40	112	47	53	43	167
C.I. 酸性蓝 83	7279	1011	4556	5806	7709
C.I. 酸性蓝 113	906	228	474	744	1616

CF_4等离子体处理羊毛后，其表面的润湿性虽是降低，但上染速度却增快了，该原因并不是改善纤维的润湿性，而是破坏了羊毛鳞片层中的胱氨酸二硫键，使染料易于扩散进入纤维内部。

总之，羊毛经过等离子体处理后，一方面可以在其表面的大分子上引入羧基、磺酸基、羟基等水溶性基团增加羊毛的亲水性，还有可能引入新的染座。另一方面，等离子体的物理破坏作用使鳞片变软，染色时纤维容易润湿和溶胀，染料分子容易吸附在纤维表面，并扩散进入纤维内部，使上染速率提高，平衡上染时间大大缩短，并对颜色起到增深作用。

等离子体处理的纤维用不同类别的染料染色效果不同，而以活性染料染色效果最明显。通常用 2%～3%(对织物重)的活性染料染色，低温条件下未经等离子体处理的羊毛只能染到很淡的颜色，与此相反，经等离子体处理的羊毛染色后颜色要较未处理的染色深得多。由于等离子体处理羊毛吸附染料量多(上染率高)，而且染液中残留的铬含量也低，这样还可以减轻污水处理的负担。另外，等离子体处理的羊毛染色速率虽然加快了，而匀染程度并不降低，其效果也是有所改进的。

利用 Ar 等离子体射流刻蚀羊毛纤维表面，发现羊毛表面鳞片上会形成 0.1～0.3μm 宽的微坑，而这种微坑在 Ar 辉光放电等离子体处理时未曾见到。表 3-12 中可看到，无论是羊毛或是蚕丝黑色织物，经射流刻蚀处理的试样颜色明显变深，而且随着处理时间增长，增深效果不断增加，直到 180s 以后增深才不太明显。

无论是进行辉光放电处理，还是进行射流刻蚀处理，气体压力都很低，需要减压抽真空，这对工业化生产不够方便。研究表明，采用常压的辉光放电等离子体处理的羊毛，也具有很好的润湿性和染色性能，防毡缩性也有很大提高，其效果几乎和减压辉光放电等离子体处理的相同。

表 3-12　黑色羊毛和蚕丝织物经 Ar 等离子体处理后颜色深度变化

处理方法	处理时间/s	羊毛		蚕丝	
		L^*	ΔE^*	L^*	ΔE^*
Ar 射流刻蚀	0	14.02	—	17.96	—
	10	13.31	1.473	16.83	1.143
	30	11.83	2.379	12.75	5.632
	60	10.48	3.935	9.07	9.135
	180	4.98	9.316	6.58	11.416
	300	5.25	9.169	5.83	12.136
Ar 辉光放电等离子体	0	14.02	—	17.96	—
	10	14.02	0.000	18.14	0.224
	30	13.96	0.060	18.32	0.488
	60	14.02	0.000	18.15	0.403
	180	14.19	0.179	17.64	0.351
	300	14.25	0.247	17.22	0.774

注：L^*—明度差；ΔE^*—色差值

(4) 提高羊毛织物的印花性能

经过等离子体处理的羊毛，由于破坏了表面的疏水结构，并且引入了亲水基团，疏导了染料通过鳞片直接进入纤维的途径，因此大大提升了羊毛的印花性能。通过对等离子体预处理的羊毛织物进行印花加工，结果表明织物带上会有更多的色浆(为未处理的 1 倍多)，织物得色量或是染料的上染率有明显提高(K/S 值增加 1 倍，上染率可能增加 60%)。而且因为等离子体处理织物产生亲水性的表面使色浆膜较未处理样品更为均匀，印花的效果也更加均匀。

2. 兔毛纤维的低温等离子体处理

兔毛纤维表面过于光滑，纤维间抱合力差，难以纺纱加工。电镜观察等离子体处理的兔毛发现，其表面鳞片张角变大，所以摩擦系数明显增加，纤维间的抱合力也就增大。另一方面，由于鳞片层受到了刻蚀，减少了染料进入纤维内部的阻力，加快了染料的扩散速度，其上染速度和染料上染量均得到了提高，匀染效果也有了改善。

3. 牦牛毛的低温等离子体处理

牦牛毛是结构复杂的天然纤维之一，表面有鳞片覆盖，使牦牛毛表面呈现疏水性质，由于纤维粗长，硬挺且直，表面光滑，卷曲少，抱合力极差，因而不能纺纱，长期以来只作为毡制品、绳索等低档产品的原料。采用低温等离子体技术处理牦牛毛纤维，能够使纤维表层的大分子链断裂形成离子或自由基，提高纤维表面亲水性能，从而改善纤维染色性。牦牛毛经过低温等离子体处理后，其纤维表面受到高能活化粒子的作用，改变了纤维表面的物理形态及化学组成，这样牦牛毛表面致密的鳞片层被刻蚀剥落一部分，纤维表面会出现一些凹坑，变得凹凸不平。

在温度为50℃染色时，未处理过的牦牛毛纤维上染率很低，平衡上染率仅为55%；而经空气低温等离子体处理后的牦牛毛纤维在此条件下染色，上染率可以达到65%，明显高于未处理的纤维。氮气等离子体处理后，牦牛毛纤维的上染率提高更为明显。这可能是由于能够引入更多含氧基和氨基，在牦牛毛纤维上形成了更多染座，有利于吸收染料。总之，牦牛毛纤维经等离子体处理后能够提高染色速率和上染率，并且氮气等离子体的改性效果较好。

4. 蚕丝的低温等离子体改性

有人曾利用氮气辉光放电产生的低温等离子体处理柞蚕丝，经处理后大大改善了柞蚕丝的润湿性和染色性，其吸水性随处理时间的增加而增大(表3-13)。对等离子体照射后的丝织物采用微胶囊粒子染色，纤维表面由于离子射流的刻蚀，使纤维表面形成许多微小的凹坑和微细裂纹，可提高织物吸附微粒子的耐久性和织物的染深性。

表3-13 氮气辉光放电等离子体处理对柞蚕丝织物吸水性的影响

等离子体处理时间/min	吸水量(相对织物重量)		
	浸水2s	浸水15s	浸水30s
0			0.95
10	2.2	3.34	5.62
20	2.63	4.02	
30	3.39	4.86	5.61
40	3	5.16	5.71
60			4.87
90		4.96	5.77

有研究表明，采用等离子体对于蚕丝电力纺进行处理，发现在一定条件下蚕丝织物被处理后，毛细管效应增加，一般可增加2cm左右，染色速度加快，但是过度的处理反而会降低织物的吸湿性。扫描电子显微镜观察发现，纤维表面产生了许多凹坑，与羊毛一样，导致产生增深效果。经等离子体处理后，蚕丝织物的物理性能，如断裂强力、断裂伸长无明显变化；处理时间过长，白度会有所降低。

此外，对于不同厚度和组织规格的真丝织物，采用13.56MHz的射频源，2Pa的压力，流速为166cc/min（$1cc=1cm^3$）的氧气和氮气，100W的功率处理

1min之后，对该织物进行印花。印花后的织物汽蒸40min后水洗烘干，结果表明：用氧等离子体处理的织物，没有明显的变化；而用1min氮气等离子体，单面处理的织物提高了印花性能，尤其对于轻薄织物更为明显；经双面氯等离子体处理的织物对染料的吸附以及印花的渗透性都有明显的提高，且织物的白度、印花鲜艳度和分子质量都不受影响。

（二）低温等离子体改性天然纤维素纤维

1. 棉纤维的低温等离子体处理

低温等离子体处理技术几乎可以用到棉纤维及织物染整加工的各个环节，具体表现为以下几个方面。

（1）在棉织物退浆、煮练中的应用

最早将等离子体技术用于棉纱处理的是Stone和Barrett，他们发现经过处理的棉纱吸湿性显著增加，低捻度下的强力也增加。经ESCA测定，处理后纤维表面产生的—C＝O、—COOH、—OH等官能团的密度高达10^{14}～10^{15}个/cm^2，这些基团的存在，极大地提高了棉纤维的润湿性。但也有报道认为，随着处理时间过长会造成棉织物润湿性下降。

棉粗纱经氯气电晕放电等离子体处理后，拉伸增加24%左右，因而改善了可纺性，提高了纱线和织物的强力，织物的耐磨性也得到了提高。实际上，纤维的拉伸强力并未提高，改善的仅是增加了纤维间的抱合力。棉条电晕放电等离子体处理后抱合力与功率及处理时间的关系见表3-14。可以看出，功率越大，抱合力越大，处理时间越短，抱合力增加越少。低温氩气辉光放电等离子体处理后棉的润湿速率大大加快，XPS分析发现，棉纤维表面被氧化，而且可以检测到碳自由基。

表3-14　电晕放电等离子体的功率及处理时间（或速度）与粗梳棉条抱合力的关系

电晕放电功率/W	不同速度处理的棉条抱合力/（mN/tex）			
	4m/min	9m/min	18m/min	36m/min
0	0.86	0.85	0.83	0.82
50	1.01	0.95	0.90	0.87
100	1.06	1.02	0.95	0.91
200	1.14	1.07	1.10	0.95
300	1.22	1.10	1.04	0.97

低温等离子体在去除织物上其他杂质如色素、蜡质、果胶等也具有很好的效果。采用低温等离子体产生的高能粒子撞击棉纤维表面，使纤维表面的附着物发生氧化分解反应，生成水溶性基团或是气体和水，从而达到清除杂质的目的。比

较氧或空气等离子体(频率 13.56MHz、真空度 1Torr、放电功率 100W)处理棉坯布发现，用空气等离子体处理 60s，或氧气等离子体处理 30s，都有非常好的漂白效果。

(2) 在棉织物染色中的应用

低温等离子体用于棉织物染色可以通过以下途径：①利用等离子体的高能量传递给纤维大分子，在纤维表面引入可与染料接枝的自由基。②利用含有特定粒子气体的等离子体，在纤维表面引入和染料具有反应性的基团。例如，用 NH_3 等离子体处理，在纤维上引入-NH_2 等含氮基团，提高染料上染性能。③利用等离子体表面处理的刻蚀作用，使纺织品表面粗糙化，提高织物的表观深度。

O_2 在常用的几种低温等离子体改性气体中(如 N_2、Ar 等) 刻蚀效果是最强的。未处理棉织物表面相对光滑，处理 1min 后表面开始出现凹槽，5min 后凹槽和凹坑已经非常明显，而处理 10min 后的纤维表面已经成蜂窝状。经过刻蚀后，织物比表面积的增加引起了织物亲水性和染料透染性的增加，这点对分子结构相对小的活性染料的影响尤为明显。

Karahan 等先用 Ar 常压等离子体对棉织物进行表面活性处理，然后再在织物表面接枝乙二胺和三乙烯四胺，对比发现，经过接枝提高了棉织物用酸性染料染色的性能。

2009 年，中国纺织科学研究院江南分院联合中国科学院微电子研究所经历 5 年努力研制出的常压介质阻挡放电等离子体改性设备(图 3-2)在绍兴通过原中国纺织工业协会的鉴定。该设备应用于棉布涂料染色的前处理流程，纺织品处理的有效幅宽为 1.6m，连续处理的车速达到 30～60m/min。据报道，该设备达到国际领先水平，可节能减排约 30%。

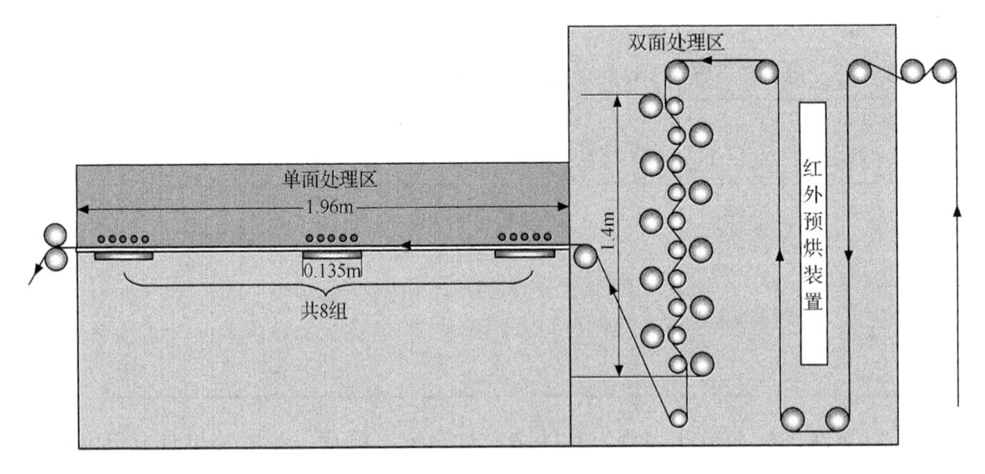

图 3-2 常压等离子体棉前处理设备工艺图

此外，不同的气体介质（Ar、N_2、O_2）低压等离子体处理织物的涂料染色。研究发现，O_2 低压等离子体处理过的织物染色 K/S 值最高。这是因为 O_2 在低压等离子体改性气体中激发的电子温度最高，能量最大，刻蚀效果最强，引起的织物比表面积的增加最显著，比表面积的增加有利于涂料粒子在纤维上的吸附固着，由 O_2 等离子体引入的自由基会提高织物与涂料的吸附能力，故得色量增大。经 Ar、N_2 等离子体处理的织物染色后，织物染色 K/S 值低，但各项牢度高。这是由于织物得色量低，染色织物表面被黏合剂膜包覆的涂料较少，受外力作用时脱落的涂料量有限。由混合气体处理过的织物的 K/S 值、匀染性和染色牢度稍差于 O_2 处理的，可以认为 O_2 等离子体引入的自由基数量高于混合气体，使涂料粒子与织物的结合力增强，吸附涂料量较大，并不易脱落。同时发现，不同涂料对等离子体处理后的染色效果也有影响。涂料粒子越小、比表面积越大，表面能越高，对纤维的吸附力越强，着色强度和均匀度提高越明显。

等离子处理功率直接影响了等离子体气氛中活性粒子能量的大小与分布。不同功率会对织物表面产生不同程度的刻蚀与活化，进而影响织物的性能。在 30Pa 的 O_2 等离子体中，分别用不同功率处理织物 5min，将处理完的织物在相同的条件下进行涂料染色，结果如图 3-3 所示。可以看出，随着处理功率的增加，K/S 值逐渐提高，当功率达到 200W 后，变化不明显。

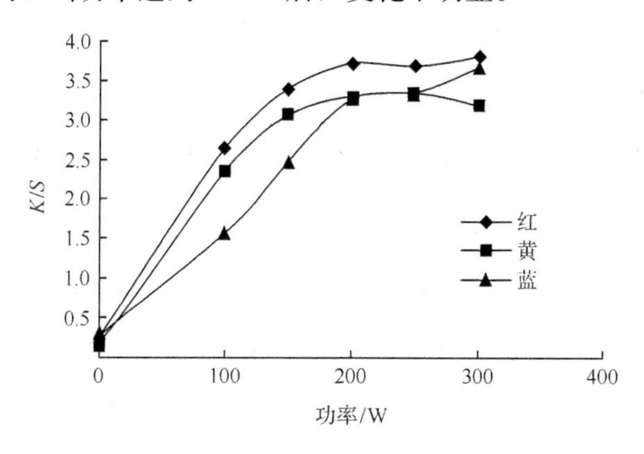

图 3-3　等离子体处理功率对染色织物 K/S 值的影响

在不同压强下，采用功率为 200W、O_2 等离子体处理织物 5min，之后进行涂料染色，发现随着等离子体处理的压强的增大，染色深度 K/S 值提高，超过 30Pa 后，K/S 值随压强的增大而降低。分析认为，随着压强的增加，电子密度和电子温度均有所提高，有利于涂料对织物的吸附固着，故得色量提高；压强为 30Pa 电子温度最高，继续增加压强，虽然电子密度提高，但反应室中气体密度变大，活性粒子之间发生弹性碰撞失活的几率增加，到达纤维表面有效作用的粒子数目反而下降，另外压强过高会使电子温度降低，等离子体对纤维的刻蚀降低，涂料粒子对纤维的吸附减弱，所以得色反而变浅。

用 O_2 等离子体在 200W、30Pa 的条件下处理织物 5min，将处理织物暴露在空气中不同时间后染色，测得放置时间与 K/S 的关系如图 3-4 所示。可以看出，随着处理后放置时间的延长，染色织物的 K/S 值呈持续下降的趋势。这是由于随着放置时间的延长，表面自由基消失，数量减少，表面刻蚀效果被空气中的粉尘等污染物沾污，涂料对织物吸附性能下降，可吸附的涂料量减少，因此染色后 K/S 值较低。实验发现，一般等离子体处理后放置时间在 2h 内对染色效果影响不大，故涂料染色应控制在 2h 之内。

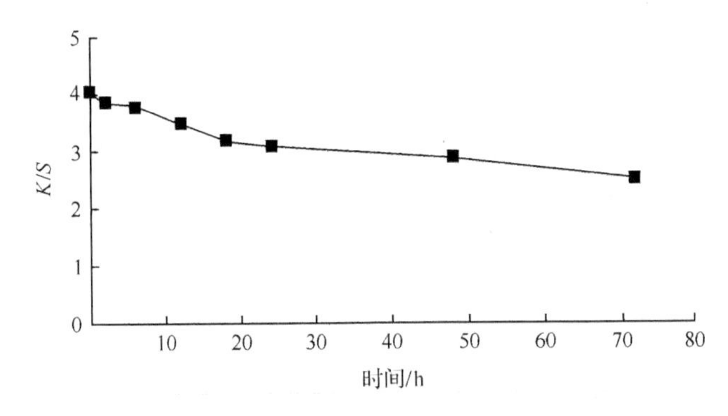

图 3-4　等离子体处理时效性对染色织物 K/S 值的影响

(3) 等离子体处理在棉织物整理方面的应用

采用 H_2、He、NH_3 等不同气体等离子体处理棉织物，发现经 NH_3 等离子体处理后，由于在棉纤维的大分子上引入氮原子形成了酰胺基，折皱回复性大大提高，靠近电极处的干折皱回复角增加近 20%，但湿折皱回复性没有变化。同时，人们怀疑 NH_3 等离子体可能会引起纤维素晶格结构的转变，结果见表 3-15。

表 3-15　NH_3 等离子体处理对棉细布的重量和折皱回复性的影响

试样位置	失重率/%	折皱回复角(W+F)/rad	
		干态	湿态
电极之间	12.27	3.368	2.729
靠近电极处	3.99	3.438	3.001
真空出口处	3.90	2.938	2.984
未处理		2.880	3.158

另外，通过电子自旋共振分析发现，辉光放电等离子体处理不同纤维，以棉纤维生成的自由基密度最高，其中以 CO 和 CF_4 等离子体处理后形成的自由基水平最高，O_2 等离子体处理后形成的量最低。各种纤维相比，以棉纤维形成的水

平最高，合成纤维形成的水平最低，见表 3-16。所以棉纤维的接枝改性变得相当突出。

表 3-16　不同气体低温等离子体处理纤维形成的自由基相对密度

纤维	自由基相对密度							
	未处理	O_2	N_2	CH_4	Ar	H_2	CO	CF_4
棉	0.2	0.5	0.6	1.1	1.6	2	3.1	3.1
羊毛	0.2	0.4	0.5	0.5	0.6	0.6	0.6	0.5
蚕丝	0.2	0.3	0.4	0.4	0.6	0.4	0.5	0.4
尼龙-6	0.2	0.2	0.2	0.2	0.2	0.2	0.2	0.2
涤纶	0.2	0.2	0.2	0.2	0.2	0.2	0.2	0.2

注：133Pa 压力下处理 3min

采用辉光放电等离子体处理引发不同乙烯单体可对棉纤维进行接枝聚合改性。利用含氟单体，接枝聚合变性后，棉织物具有良好的拒水性。在丙烯腈气体中进行等离子体接枝聚合，接枝率较高，可得到改性的氰乙基棉。

用等离子体处理能代替防皱整理工艺中的焙烘工序，促进整理剂与纤维间的交联反应，提高棉织物的抗皱性能，防止棉织物的强力损失，减少棉织物游离甲醛释放量。等离子体处理后再经焙烘，可进一步减少棉织物上游离甲醛含量，提高折皱回复角。

选用亲水型有机硅抗辐射整理剂 CGKF，利用大气压等离子体技术，采用先浸渍整理剂 CGKF 再经等离子体处理和先用等离子体处理再浸渍整理剂 CGKF 的两种工艺，对棉织物进行抗紫外线整理。结果表明，经前一种工艺整理的棉织物抗紫外线性能较好。

2. 麻纤维的等离子体改性

麻织物用等离子体处理后，可使纤维表面的胶质分解，并在纤维表面形成较多的亲水基团、微小凹坑和微细裂纹。另外，麻织物经等离子体处理后，可显著地增加毛细管效应，使纤维表面的润湿性大为改善，织物的失重率、上染率和染深性都有所提高；可大大提高织物印花的着色性，花纹轮廓也十分清晰；可以消除亚麻纤维因结晶度高、抗弯刚度大而造成的加工难度大这一缺陷。近年来，也开发了麻织物抗皱整理、等离子体/生物酶技术处理麻的新方法。

将脱胶的亚麻织物在一定浓度的丙烯酰胺水溶液中浸渍，干燥后经 Ar 低温等离子体处理，在纤维上产生活性点，形成自由基，从而引发单体在织物表面接枝聚合。处理后的亚麻试样活性染料染色的上染率可由未处理时的 29.7%提高到 57.8%，且染色牢度有了很好的改善。

在照射初期，最外层分子因断键而生成自由基的速度大于表面刻蚀作用，此时自由基数量随反应时间的增加而增加，在反应后期刻蚀速度大于自由基的生成速率，因此随时间增加自由基数量减少，表面粗糙化加深，所以等离子体的处理时间必须控制好，处理时间过长会破坏麻纤维的无定形区，影响上染百分率。

利用 O_2 低温等离子体处理苎麻织物，发现苎麻织物的失重率、毛细管效应、上染率和染深性都会变化。等离子体处理后苎麻织物的毛细管效应也明显增加，说明纤维表面润湿性有所改善。润湿性的改善首先和纤维表面形成较多的亲水基团有关，其次也和失重后表面形成微凹坑和裂纹有关，后者增大了表面积，增强了对水的吸附能力。实验表明，失重率和毛细管效应的变化不是呈线性关系，失重率是随处理时间不断增加，而毛细管效应在开始处理的 30s 内增加很快，以后增加不多，这说明毛细管效应的变化主要取决于表面改性。随着等离子体处理时间延长，苎麻织物对直接染料的上染率有所增加，在处理的前 30s 增加最快，以后有所变慢，并趋于稳定。上染率的增加和纤维的润湿性变化直接有关，但是一些结果表明，低温等离子体处理时间过长，会导致上染率下降。原因是在有 O_2 存在下，这种等离子体会使纤维素分子链发生氧化，不但减少了羟基，而且会形成较多的羰基和羧基，纤维表面形成较多的氧化纤维素。羧基电离后带负电荷，对阴离子染料还会产生电性斥力，使染料难以被纤维吸附，甚至比未处理纤维的上染率还要低。

染色性变化随染料不同也不一样。所以采用低温等离子体处理时，首先应该选用合适的气体介质，处理时间也不应过长。将染色后的苎麻织物用 O_2 等离子体处理，发现和羊毛及蚕丝的情况一样，具有明显的增深效果，特别是对经过树脂或柔软剂整理的染色织物，增深效果更加明显。原因是织物经树脂或柔软剂整理后，再经等离子体处理进行刻蚀，使这层膜变得更加粗糙，对光的反射率更低，所以增深效果更好。

六、低温等离子体技术在化学纤维改性中的应用

（一）涤纶的低温等离子体处理

近年来，研究发现涤纶用等离子体处理后可以获得持久的亲水性、抗静电性，染色性、黏着性等。其处理流程可分为两类：织物先经等离子体处理，可以改善其染色和整理加工性能；对染色织物进行等离子体处理，可增加颜色深度（表面刻蚀），并提高整理时的反应性，改善黏着性、抗静电性和亲水性等。

影响等离子体处理的基本因素有：纤维和织物的结构、等离子体的气体种类、真空度、功率和处理时间。

涤纶等离子体改性的内容有以下几点。

1. 润湿性、亲水性、黏着性和抗静电性的改善

低温等离子体处理后，涤纶纤维的润湿性大大改善，特别是用 He/Ar 等离

子体处理后，由于纤维表面形成较多的极性基团，提高了纤维的表面能，所以容易被水润湿，也容易被黏着。不同气体等离子体处理后的涤纶薄膜的表面张力见表 3-17。

表 3-17 不同气体等离子体处理涤纶薄膜的表面张力

等离子体	表面张力 $\gamma\times10^{-5}$/（N/cm）			
	γ_s^a	γ_s^b	γ_s^c	γ_s
未处理	37.6	1.2	4.2	43.0
O_2	16.6	0.7	40.1	57.4
N_2	17.6	1.0	38.4	57.0
H_2	33.6	0.6	14.4	48.7
He	15.8	1.1	37.2	56.1
Ar	17.6	1.2	37.2	56.0
CF_4	19.7	1.8	3.2	24.7
CHF_3	22.6	2.1	0.8	25.5
$CClF_3$	41.8	4.0	2.4	48.2
$(CH_3)_4Si$	42.5	0.4	1.1	44.0

注：γ_s^a，γ_s^b，γ_s^c分别表示非极性的分散力，偶极力与氢键力；γ_s表示总表面张力

经不同气氛等离子体处理后，聚酯薄膜的总表面张力有的会增大，有的会降低，说明等离子体处理不仅会发生表面刻蚀，而且处理的气体还参加了反应。

研究发现，CF_4等离子体处理的织物吸水性明显减小，表明纤维表面发生了氟化，纤维表面疏水性增强，具有很好的拒水性；而 O_2 等离子体处理则相反，处理后，纤维吸水性会增加，一般处理时间需达到 30s 以上，表 3-18 给出了 O_2 等离子体处理时间与涤纶织物的水湿润角的关系值。

表 3-18 O_2 等离子体处理时间与涤纶织物润湿角的关系

处理时间/min	水润湿角/（°）	cosθ
未处理	76	0.242
0.5	59	0.515
1	58	0.530
2	58	0.530
4	59	0.515
5	54	0.590
10	61	0.485

另外，实验发现，经等离子体处理的涤纶长丝表面形成了不少微凹坑。例如，用 O_2 等离子体处理涤纶织物的表面形态发生了显著变化，扫描电子显微镜图片可以看到具有隆起状的沟槽结构特征，这可能是由于 O_2 等离子体对无定形区和结晶区产生不同刻蚀的结果。但有趣的是，当用 CF_4 等离子体处理时，表面刻蚀后反而变得光滑，甚至比未处理的还要光滑，这可能是由于这种等离子体高活性的关系，使表面均匀刻蚀，起到了等离子体抛光作用。

等离子体处理后，不仅纤维分子链断裂会形成一些极性基团，一些等离子体的原子或基团也可能被接上纤维表面。例如用 N_2 和空气等离子体处理后，纤维表面会接上含氮的基团；用 O_2 等离子体处理会发生氧化反应，并接上含氧的基团；用 CF_4 气体等离子体处理会发生表面氟化作用。极性基团的形成使润湿性增加，而全氟基团的引入则使润湿性降低，甚至具有拒水性。曾经发现，会引发表面分子间的交联，致使润湿性减弱的现象。

另外，如果 O_2 处理后纤维表面含有极性基团，则可用来改善涤纶织物的涂料印花牢度，增强复合材料的黏结强度，以及提高与金属镀层的结合力，可加工金属化涤纶。

二氧化硫等离子体也曾经被用于处理涤纶，其润湿性、抗静电性和防污性均有所提高，结果见表 3-19。

表 3-19　二氧化硫等离子体处理涤纶后的润湿性、抗静电性和防污性

等离子气体	静电半衰期/s	摩擦带电压/V	润湿性/s	污染后白度/%
未处理	500 以上	3200	230	73.2
SO_2	0.5	130	12	81.5

2. 提高染色性能

曾经用不同气体的等离子体处理涤纶织物，然后用分散染料染色，发现不同气体等离子体处理后的织物染色性能差别很大，结果列于表 3-20。Ar 和 NH_3 等离子体改性后的织物颜色增深，但随处理时间增长，颜色反而变浅；CF_4 和 He 及 O_2 等离子体处理后的织物，颜色反而变浅。这显然和纤维变性后极性变化有关，且 O_2 等离子体处理的颜色最浅。进一步研究发现，不论是哪种气体的等离子体，处理时间过长时，颜色深度都会变浅。以 O_2 等离子体为例，织物经过 3min 以上的处理后，其 DE 值可回复至－0.4。

经 CF_4 和 O_2 等离子体处理的涤纶织物，用碱性染料染色的上染率和表观深度 K/S 值均有明显增加，时间增长，K/S 值增大，大约在 4min 时达到最大，之后增加不明显。CF_4 处理时，放电功率应被选定在 100W 左右。

表 3-20　不同气体等离子体处理对涤纶织物染色性能的影响

气体种类	流量/(mL/min)	压力/Pa	功率/W	处理时间/min	DE 值
CF_4	30	66.65～79.98	100	1	−1.1
Ar	100	26.66～39.99	100	1	1.0
He	50	79.98～106.64	100	1	−2.3
O_2	80	26.66～39.99	100	1	−2.6
NH_3	50	66.66	100	1	0.7

注：染色条件为 130℃、45min、浴比 20∶1、Diarux 蓝 FC-SE3%(对织物)

涤纶经等离子体处理后染色性能发生变化的原因归结为两方面：

(1) 用等离子体处理后，纤维表面的分子链受到等离子体活性粒子的轰击后，会发生氧化、裂解等作用，形成一定数量的极性基团(包括羧基)，改善了纤维的润湿性能。一些极性基团还可以增强对染料极性基团的结合，从而可改善染料对纤维的上染，如果形成氨基还可以结合碱性染料。但是极性基团，特别是离子基的存在会降低分散染料的上染量。

(2) 等离子体对涤纶还会发生刻蚀作用，在纤维表面形成很多微小的坑斑，增加纤维表面积和减少对光的反射，一定程度上可以改善纤维的染色性能和对颜色有增深作用。

等离子体处理涤纶后，在进行碱减量处理时，与氢氧化钠反应速率(水解失重)大为加快，反应的深度(距纤维表面的距离)也有所增加，因此可缩短涤纶碱减量加工的处理时间。另一特点是，碱减量均匀性好。这是由于等离子体处理后，在纤维表面形成了一层均匀的微坑，该处理属于气-固相均匀刻蚀，所以碱减量加工均匀性好。

有人采用碱处理—染色—等离子体处理流程，增深效果明显。单独碱减量处理会使染色织物颜色变浅(纤维变细，对光反射增强)，因此结合等离子体处理则可克服或抵消这种浅色效应。

(二) 其他合成纤维的等离子体处理

和涤纶一样，其他合成纤维，包括锦纶、维纶、丙纶等也可采用等离子体进行处理加工，也可以改善它们的润湿性、染色性、黏着性、抗静电性等，或者赋予它们拒水性、拒油性等，所得结果和涤纶基本类似。

用氟碳化合物等离子体处理锦纶织物后，其表面张力大大降低，几乎接近聚四氟乙烯的表面张力，织物具有很好的拒水性，并证明纤维表面接上了氟原子。随着处理时间的增长，功率变大，能够接上的氟原子就越多。这种方式获得的拒水性织物在经过水洗和烘干处理后，其性能会显著减弱，因为织物水洗和烘干处理时，纤维表面的分了链段发生了运动，表面上的氟碳基团发生旋转，拒水性减弱，说明氟原于仅是接在了纤维的表面层。和染色涤纶一样，染色锦纶织物经等离子体处理颜色会增深。

采用等离子体处理技术，可以有效改善丙纶纤维表面的浸润和黏附性，以及可染性和抗静电性等。有人利用 O_2 等离子体处理丙纶，表面会形成各种含氧基团，随着功率增大，处理时间增长，含氧基团数目也增多，它们的含量顺序如下

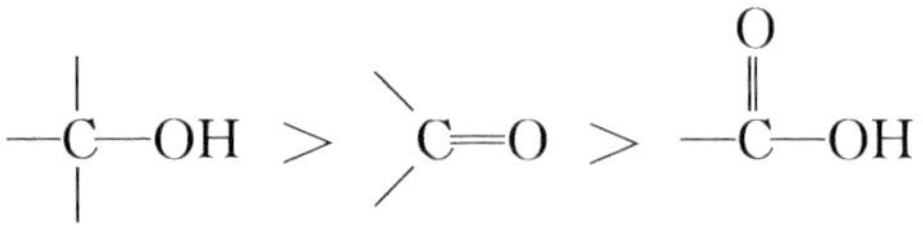

$$-\overset{|}{\underset{|}{C}}-OH > \;\rangle C=O > -\overset{O}{\overset{\|}{C}}-OH$$

由于 O_2 等离子体反应性强，丙纶表面引入含氧基团后，纤维表面的极性和润湿性会得到提高，同时在纤维上也发生了较大的刻蚀作用。因此处理后纤维的黏着性也有所改善。

等离子混合气体(N_2+He+H_2)处理后，在丙纶表面引入了含氮极性基团，提高了阴离子染料的染色能力，但效果有限。也可以通过等离子体接枝聚合，在丙纶上引入能与染料结合的基团，从而增大染料与纤维之间的结合力。例如，通过丙烯腈低温等离子体在丙纶织物表面接枝聚合，丙烯腈会发生脱氢现象，—C≡N基团消失，═C═N—和═C═C═也发生分子内重排现象，而且这种现象随着等离子体处理时间的延长、放电功率的增大而增大，接枝率也提高。同时，等离子体接枝聚合时，丙纶表面发生强烈的氧化反应，纤维表面—COOH等含氧基团增加，从而提高织物的吸湿性和染色能力。

近年来，高性能碳纤维和芳纶纤维常用于复合材料的生产与加工，但是由于纤维表面十分光滑，与其他材料间的黏合力不够理想，影响了使用效果。采用低温等离子体对碳纤维、芳纶纤维进行改性处理，使其表面形成微凹坑和微细裂纹，能有效地改善、增强与其他材料的黏结力，大大提高了复合材料的应用性能。

还有人用 NH_3 等离子体处理聚烯烃、聚酯、聚氯乙烯以及醋酯纤维，发现都可以实现用酸性染料染色，说明纤维表面接有氨基，不过这种改性主要发生在纤维(或薄膜)的表面。

第二节　其他常用辐射能技术与染整加工

广义地讲，凡是具有能量的电磁波及射线都称为辐射线。以其波长及能量各不相同而分为不同类别(表 3-21)。物质受辐射线照射的过程称为辐照。辐射化学是一门新兴学科，通过研究高能辐射对物质的作用(破坏程度及屏蔽解决)以及由此引起的物质内部物理和化学变化的现象和过程，以改进某些物质的性能或制

造化学新产品。

表 3-21　辐射线的种类、能量及波长

射线种类	能量/eV	波长 λ/Å	射线种类	能量/eV	波长 λ/Å
无线电波	$<10^{-5}$	$>10^{9}$	X 射线	1k～1M	<1000
微波	$10^{-5}\sim10^{-4}$	$10^{8}\sim10^{9}$	γ 射线	1k～1M	<1000
红外线	0.01～1.6	$7800\sim10^{5}$	α 射线	1～10M	
可见光	1.6～3.3	3800～7800	β 射线	1k～3M	
紫外线	3.3～6.2	2000～3800	加速电子	0.25～15M	
真空紫外线	6.2～310	40～2000	中子	1～12M	

辐射能在国际上已被广泛地应用于农业、化工、医药及纺织等行业。随着辐射源特别是电子加速器价格不断下降，人们对辐射能的了解和可控力的加强，在纺织工业中的应用已体现出良好的前景。辐射能对染整行业的贡献主要表现为节能、优化环境、改善纺织品的品质及缩短产品加工周期等。其中，紫外线、微波、激光、远红外线等一些辐射能在染整工艺中的应用比较广泛。

一、紫外线辐射与染整加工

紫外线(UV)是波长为 100～400nm 的电磁波。紫外线照射技术早先应用于医疗临床、诱变育种、基体表面固化、生物研究和微电子制造的光刻工艺及杀菌消毒等领域。自 20 世纪 90 年代开始，人们开始关注紫外线照射技术在纺织材料中的研究与应用。紫外线处理纺织品无需水作介质，省去了烘干过程和废水处理过程，设备投资费用低，可操作性强，具有节能、高效、无污染、耐久性、节省资源和利于环保等优点。紫外线处理中不需在真空状态、或不需引用专门的气体，只需在常压空气中就能加工。

紫外线对纤维改性的技术，适用面广，可应用于各种高分子纤维材料的表面改性，以赋予材料吸湿、抗菌、消臭、抗静电和黏结性等性能。紫外线对材料的作用只发生在表面几十至数百纳米深度范围内，故不影响材料的基本物理性质及力学特性。

紫外线的能量根据其波长的长短而有所差异，其能量大小与大多数有机物化学的结合能基本上属同一个范畴(表 3-22)。当能量超过高分子化学结合能时，紫外线照射高分子纤维材料的分子链产生裂解，在有氧的大气条件下，大气中的氧分子变成臭氧、活性氧，高分子纤维材料被氧化，其表面生成羧基、醛基、羟基和羰基等。经紫外线处理后的高分子纤维材料可引入丰富的极性基团，如—OH、—NH_2等，这些基团可提高纤维材料的某些性能；也可进一步引入功能性物质于纤维上。

表 3-22 一些化学结合和结合能

化学结合	结合能/(kJ/mol)	化学结合	结合能/(kJ/mol)
$CH_3—H$	339	$CH_3—F$	452
$CH_3—CH_3$	417	$CH_3—Cl$	345
$CH_3—C_2H_5$	357	$CH_3—Br$	291
$CH_2═CH_2$	718	Ph—OH	458
$CH≡CH$	960	$Ph—CH_3$	417

（一）在棉纤维改性中的应用

利用低压汞灯产生的紫外线(主要波长为 185nm 和 254nm)来辐射棉织物。研究发现，被辐射后的棉织物对通常染色用阴离子染料的亲和力降低，而对阳离子染料却有很高的吸附能力，辐射时间越长越明显。这是由于在空气中辐射紫外线时，纤维素纤维受到一定程度的氧化，形成了一定数量的醛基和羧基，并使纤维具有一定数量的负电荷，阻碍了阴离子染料的上染，上染率有所降低，相反对阳离子染料有亲和力。当然，这种处理是很难用于工业生产的，在辐射时纤维必定还会遭到部分损伤，但是利用这种特性，可进行紫外线辐射改性印花研究，其加工原理如图 3-5 所示。

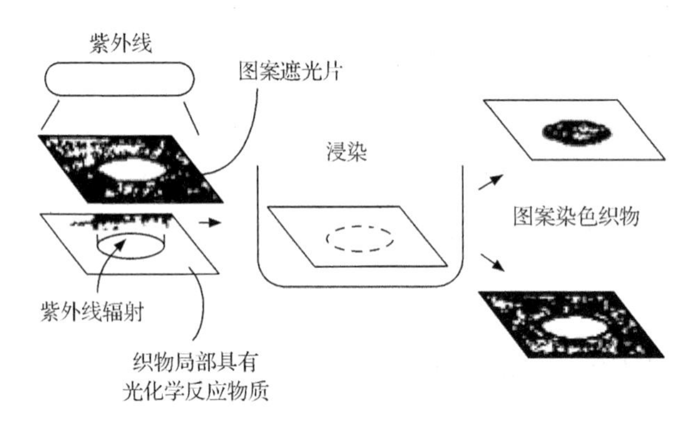

图 3-5 紫外线辐射改性印花原理图

如果只在局部进行紫外线辐射(紫外线通过刻有图案的蔽光片)，则可以在织物实现局部接枝改性，再经过染色则获得特殊的图案。例如，将浸轧有甲基丙烯酰基二甲基胺的棉织物经紫外线辐射时，被紫外线辐射的部位(即形成图案的地方)发生接枝聚合或生成均聚物，产生多个阳离子基(氨基)，因此对阴离子染料具有很高的亲和力，在织物上形成特有的图案。这也是一种非接触式的印花加工。

同样，也可进行其他化学反应，使纤维进行改性，包括全幅改性或局部改性，还可以通过调节紫外线的强度，获得各种不同接枝改性程度的产物。以柠檬酸(CA)为交联剂，磷酸二氢钠为催化剂，紫外线辐射下棉织物接枝壳聚糖(CS)的研究已经取得了一定的成效(图 3-6)。

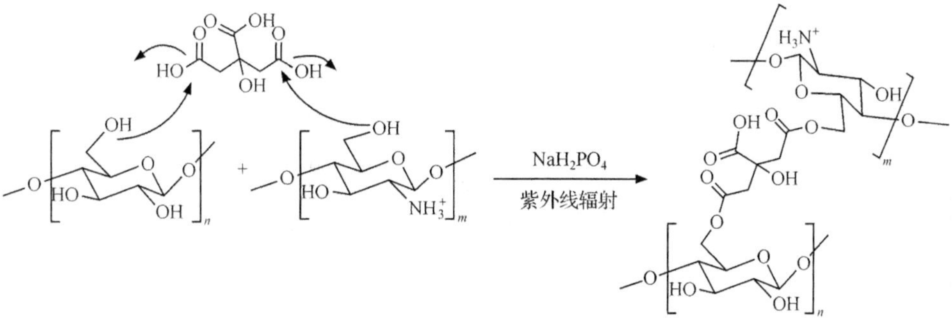

图 3-6　柠檬酸、磷酸二氢钠和紫外线作用下纤维素接枝壳聚糖机理图

改性后棉织物的染料上染率为 93.5%，较未处理的棉织物提高了 20%，染色深度 K/S 值也提高了 24%，但染色牢度无明显改善；透湿性能提高 14%，但透气性能下降 15%；折皱弹性均有提高，其中急弹性回复角提高 26.3%，缓弹性回复角提高 14.7%；柔软性略有下降。总之，接枝壳聚糖改性棉织物的整体性能有所提高。

以丙烯酰胺(AM)为接枝单体，采用紫外光接枝的方法对棉织物进行了接枝改性，能有效改善棉布的亲水性能。研究发现，单体浓度、光照时间、引发剂浓度对接枝率有显著的影响。随着单体浓度的增加接枝率升高，当质量分数达到 20%时，接枝率增加幅度降低；接枝率随光照时间的增加而提高，但当光照时间达到 30min 以后，接枝率趋于稳定；随着引发剂二苯甲酮(BP)的浓度的增加，接枝率先增大后减小。当 AM 的质量分数为 20%、BP 的质量分数为 3%、反应 40min 时，接枝率达到 24.05%。

此外，有人通过紫外线照射处理染前棉纤维，发现 366 nm 的紫外光可起到漂白作用，且不会降解纤维素大分子。但紫外线辐射后，漂白只能达到极限值(75)，这是由于时间较长紫外线会氧化棉纤维而变黄。另外，紫外线辐射作用需要一定的反应时间，这对要实现棉织物的工业化漂白速度也是不够理想的。

(二) 在羊毛改性中的应用

紫外线处理羊毛后，可以改善羊毛的染色等性能，主要原因是改变了羊毛表层的化学结构，特别是鳞片层的化学结构。

研究结果表明，通过毛纤维的 XPS 化学组分分析，紫外线处理可使羊毛纤维鳞片表层的胱氨酸氧化，二硫键断裂(图 3-7)。图中位于 164 eV 的 S(Ⅱ)峰和 168eV 的 S(Ⅳ)峰，前者表示二硫键，后者代表羊毛硫氨酸。经紫外线辐射处理后纤维表面的二硫键明显减少，二硫键的氧化形式 $S_{氧化}$ 显著增加，说明紫外线辐射处理导致羊毛外角质层部分胱氨酸的氧化。

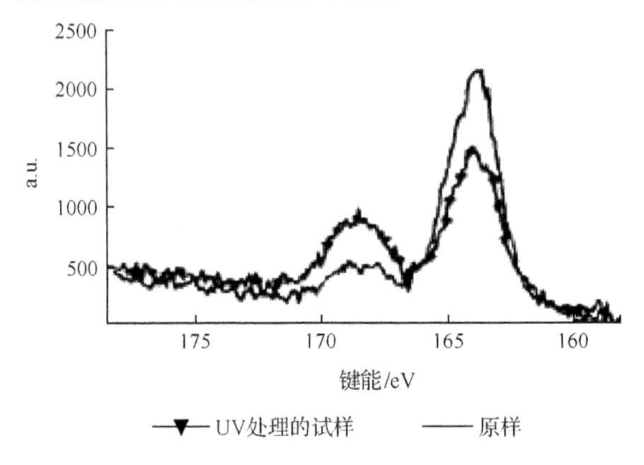

图 3-7 羊毛 UV 处理前后 S_{2p} 的 XPS 的图谱

比较未处理和经紫外线处理 60min 后的羊毛，分别让其在 45℃、50℃、55℃和 60℃溶液中染色，发现紫外线处理后的纤维上染速率提高，染色 K/S 值增加，证实紫外线辐射处理改善了羊毛纤维的染色性能，且处理后纤维的染料扩散系数提高。

有人采用紫外线/臭氧法处理羊毛，也获得了很好的效果，可以大大提高羊毛纤维对染料的吸附和固着能力。不同方法处理后各种染料印花羊毛织物颜色深度的比较见表 3-23。

表 3-23 不同方法处理后各种染料印花的羊毛织物颜色深度比较

染料		K/S 值		
		未处理	氯化处理	UV/O_3 处理
耐缩绒酸性染料	Polar 红 RLS	15.0	21.1	24.5
	Polar 黄 4G	12.0	20.5	18.5
	Erionyl 红 3G	10.7	28.6	28.3
	Erionyl 蓝 RL	8.2	15.2	12.4
	Erionyl 蓝 5G	20.8	28.5	28.4
金属络合染料	Lanacron 黄 S-2GKWL	12.3	24.3	23.9
	Lanacron 红 S-C	15.0	28.0	21.9
	Irgalan 黄 2GLKWL	15.8	24.7	25.4
	Irgalan 藏青 BKWL	15.7	29.3	27.3
活性染料	Lanasol 黄 4G	8.3	20.9	21.1
	Lanasol 红 6G	13.2	24.2	28.0
	Lanasol Blue3G	16.4	27.3	27.7

羊毛织物的紫外线/臭氧处理，无污水排放，比起传统的氯化等处理有许多优点。但需要指出的是，这种处理与氯化处理一样会引起织物泛黄，仍需进一步改进。

紫外线辐射还可使羊毛达到防毡缩、抗起球的作用。单纯的紫外处理工艺本身对羊毛的防毡缩效果并不明显，但如果织物在紫外处理后，采用过一硫酸（H_2SO_5）代替过氧化氢，就可产生好的防毡缩效果，但羊毛织物的白度稍差些。

（三）在丝绸织物改性中的应用

丝绸织物具有柔软光亮、轻盈华丽、滑爽、吸湿透气等特点。但是丝绸也存在易皱、染色性能不佳等缺陷。为使丝绸织物具有良好的纺织性能与穿着性能，或为满足某些特殊用途，研究者们对丝绸改性做了大量的工作，使丝绸织物在黏弹性、抗污性、染色性、尺寸稳定性、抗菌性和热稳定性等方面都有改善。

在接枝反应中，传统的光化学接枝需要使用光敏剂或光引发剂。当体系中加入少量的紫外线光敏剂时，光敏剂首先吸收紫外线，并将此能量转移到其他化学物质，使它们发生特定的反应。而光敏剂或光引发剂也往往导致对聚合物的污染。对丝绸织物而言，尤其应该避免这种可能有害于织物或消费者健康的污染。研究发现，一些蒽醌类染料被低能量紫外线照射后，能形成自由基，并与纤维发生反应，可利用这种机理提高蒽醌类染料的上染率、改善染色牢度。有人对蚕丝进行了紫外线实验发现，用硝酸双氧铀作光敏剂，选用碱性、酸性和直接染料染色，在低温(55℃)下经紫外线照射的蚕丝均可显著提高上染率。使用光敏剂的种类和用量不同，效果也不同。目前，上述作用机理还不清楚。测定牢度时发现，紫外线照射染色和常规染色所获得的染色牢度可保持相同水平。

最近又发现紫外线能选择性地直接引发高聚物和接枝单体产生自由基，实现接枝反应，而不需要任何引发剂。以 2-丙烯酸羟丙酯为单体，对丝绸表面接枝改性的系列研究表明，光照时间、单体浓度、反应温度、溶剂及 pH 等，都会影响紫外光引发丝绸接枝共聚。接枝率随光照时间的增加而增加，但到一定时间时接枝率增加趋缓，最后接枝反应趋于平衡。单体浓度对接枝率的影响因溶剂的不同而异，以乙醇和丙酮为溶剂时，接枝率随单体浓度的增加而上升，当单体浓度超过一定限度时，接枝率反而下降；水作为单体溶剂时，接枝率随着浓度的增加而上升。丝纤维处于等电点状态时，有利于接枝共聚反应。丝绸织物表面的泛黄程度会随着光照时间的延长而增加，但接枝后丝绸的热稳定性却有较大程度提高。

（四）在麻织物处理中的应用

人们同样十分关注紫外线辐射接枝麻纤维改性的研究。例如以丙烯酸(AA)

为接枝单体，采用紫外光接枝的方法对亚麻织物表面进行了接枝改性，接枝过程如图 3-8所示。

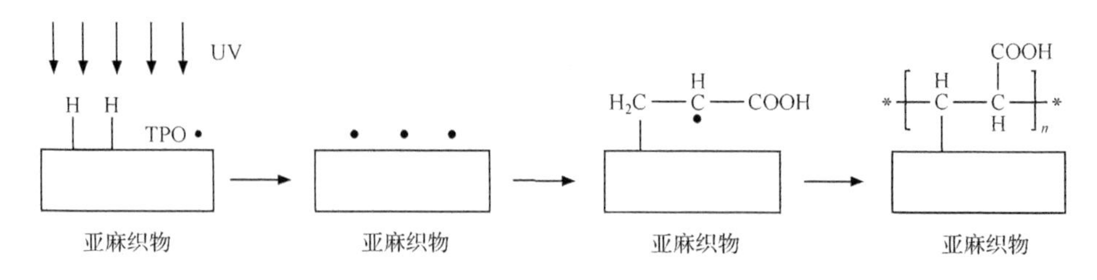

图 3-8　亚麻光接枝丙烯酸的过程

接枝前后样品的红外光谱如图 3-9 所示。由于接枝前后纤维的谱带基本一致，说明 UV 处理并没有破坏亚麻大分子的基本结构，只是作用于表面。但是，接枝后的试样在 1715cm^{-1}处增加了—C═O 的特征吸收峰，该峰归属于丙烯酸中的—C═O 伸缩振动峰，由于接枝后的样品经过了反复洗涤，纤维上的均聚物已被洗掉，因此表明丙烯酸单体接枝到了亚麻织物上。

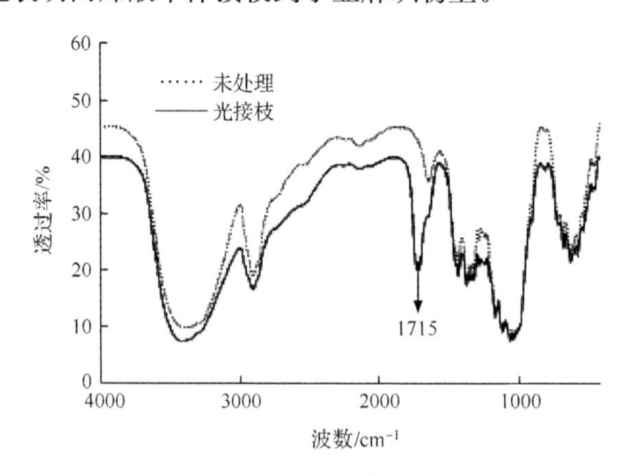

图 3-9　亚麻纤维接枝丙烯酸前后 FT-IR 波谱图

图 3-10 为接枝前后亚麻表面形态扫描电镜图。由图可见，未处理的亚麻纤维表面比较整齐、光滑，有少量的裂缝，还存在线状或块状的附着物，可能是脱胶时纤维表面受损或者是未完全清除的果胶等杂质；接枝后的亚麻纤维表面裂缝消失，出现了一层块状覆盖物，纤维之间出现粘连的现象，体现了较高的接枝率和较均匀的接枝分布。

研究中发现，随着单体质量分数的增大接枝率升高，当达到 60%时，接枝率增幅不大。接枝率随光引发剂用量增加而提高，但光引发剂的用量达到 2%以后，接枝率有趋于稳定的趋势。当 UV 能量达到 0.76J/cm^2时，亚麻织物有较高的接枝率。UV 波长对接枝率的影响与光引发剂吸收波长的范围有关。随丙烯酸

(a) 亚麻织物原样

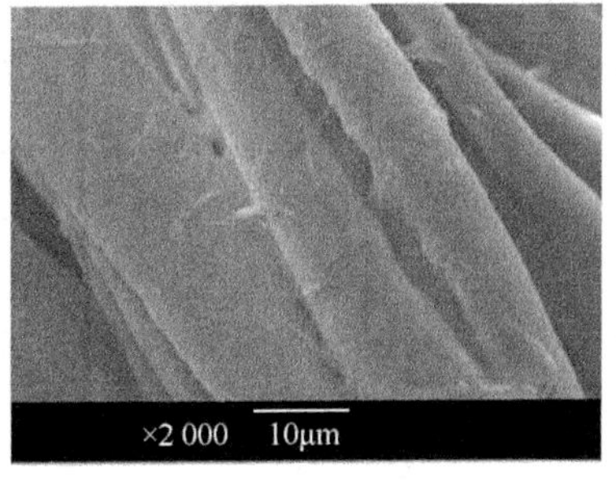

(b) 光接枝亚麻织物

图 3-10　丙烯酸接枝前后亚麻表面形态扫描电镜图

单体中丙烯酸钠的比例增加，接枝率将增大。

此外，UV 辐射可以促进汉麻沤麻过程中的脱胶作用。将经过水预处理、超声波震荡和酸处理后的汉麻纤维，浸泡在 H_2O_2、$MgSO_4$、十二烷基苯磺酸钠、NaOH 等试剂配制的溶液中进行 UV 辐射。$MgSO_4$ 主要与具有羟基的纤维素形成稳定的络合物，直接保护了纤维素。碱性环境下，半纤维素易于溶解，而镁盐则生成 $Mg(OH)_2$ 胶体，抑制 H_2O_2 的分解，提高 H_2O_2 的耐碱稳定性。$Mg(OH)_2$胶体还可以吸附溶液中的有色杂质离子。H_2O_2在 UV 辐射下极易产生氧自由基，—O—O—生成的氧自由基可以与汉麻纤维表面胶质中的有机二烯和单烯分子反应，如图 3-11 所示。

图 3-11　氧自由基与果胶的反应机理

氧自由基也可以和木质素发生氧化反应，支链被氧化容易断裂，也可能形成醌式结构进一步氧化断裂。因此在 UV 辐射过程中，可以见到汉麻纤维表面变黄，再变白的过程。木质素本身没有有色基团，实际上是在脱胶过程中可以形成亚甲基醌中间体，产生颜色。H_2O_2 和醌式结构发生反应，从而达到裂解木质素和漂白的效果。H_2O_2 自由基氧化木质素的反应，主要是醌式结构、酚式结构芳香环、侧链含有碳基或者 α，β-烯醛被氧化断裂。

经 UV 照射诱发上述一系列化学反应后，将汉麻纤维急剧冷冻至冻结，然后持续一段时间。冻结后的汉麻纤维再放入水浴中急剧受热解冻，纤维素在受热过程中形变较小，而胶质的脆性比较大，冷冻时表面会形成大量裂纹，从而引起胶质自身的碎裂脱落使胶质与纤维素之间发生滑脱，这样胶质从纤维素上脱除。

（五）在涤纶接枝改性中的应用

高强度高模量涤纶纤维经接枝改性后拥有良好的染色性能、吸湿性能和与其他基质的黏结性能。东华大学采用 UV 辐照技术成功地在高强涤纶长丝表面上接枝丙烯酸或其他单体，纤维在连续卷绕过程中仅需 1min 左右的时间即能完成接枝改性反应。测试结果表明：纤维的表面接枝率大于 10%；接枝纤维与树脂黏结拔出力增加 2 倍以上；接枝纤维原有强度、模量等保持率达 90%。

（六）其他应用

涂层 UV 焙固转移印花已成为近年来的热门研究内容，公布有众多的专利。例如，①制备 UV 可固化树脂，将其涂到基质材料上，于 100℃时烘干 20s，使之形成 UV 辐射固化涂层；②在涂层上进行印花，再进行 UV 辐射焙固，使未印花处的涂层焙固，而印花处 UV 不能透过，导致印花部位的涂层不能固化；③将基质与织物叠合并一同进行加热转移，一般为 120～130°，20s，40psi（$1psi=6.89476\times10^3Pa$），将印花处的印墨转移到织物上，实现转移印花；④再进行 UV 辐射固化，使之成为永久性的花纹。

UV 辐射固化技术也被用于涂料直接印花、涂层加工中，即利用 UV 实现黏合剂或树脂的固化，而无需常规工艺中的焙烘过程。

此外，有研究表明，UV 辐射技术可用于 2D 树脂的棉织物抗皱整理，处理后棉织物的回弹性提高。当有光敏剂存在时，效果更好，但白度下降得明显。

二、激光辐射与染整加工

（一）在纤维改性中的应用

利用紫外线脉冲激光对聚合物表面进行刻蚀，会产生形态变化。例如采用氩/氟和氙/氯气等紫外线激光对涤纶、锦纶和芳纶纤维进行刻蚀处理，发现纤维表面的形态有明显变化，出现沿纤维轴向取向的所谓圆筒状花纹，即与纤维轴向呈直角的褶状凹凸纹。这种形态变化不仅和刻蚀的激光损伤阈值有关，而且和纤维内部及其表面存在的应力、纤维分子取向度有关。无论激光的波长是多少，只要处理时间足够长，都会出现这种褶状凹凸纹，但是其形状随波长的变化有差异。在波长短(193nm)的氩/氟气氛下，呈细密的褶状凹凸纹；在波长为 308nm 的氙/氯气氛下，波纹呈熔融状。这些可能是由于波长短的激光能量较大，容易引起纤维分子链的化学键断裂，从而容易形成细密的褶状凹凸纹。如果波长越长，其光能更易被消耗于热运动中，故波纹呈熔融状。

尽管出现这种褶状凹凸纹的机理，尚不十分消楚，但它一定和纤维的取向度和内应力大小有关。研究表明，取向度越高，就越容易出现凹凸纹，可见凹凸纹的形成主要和取向度有关。

当激光辐射后纤维表面形成凹凸纹状特征和表层极性基团增多后，显然会改善纤维与其他高聚物的黏合性能，如可提高涂料印花的摩擦牢度等。

图 3-12 所示的是对织物进行紫外线激光处理的常用设备示意图。当激光从激光头射出后，通过反射镜射到被处理的织物表面，织物连续通过激光束受到辐射而得到改性。

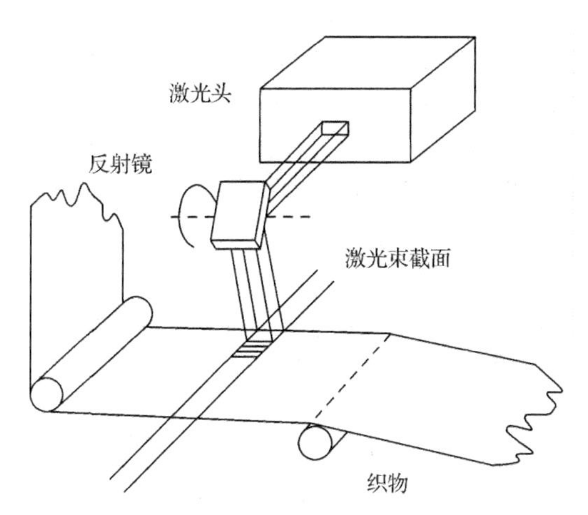

图 3-12　紫外线激光处理织物的原理图

激光辐射加工所存在的问题是脉冲辐射面小，难于进行大面积加工等。对此，尚需进一步研究。

(二) 在印花加工中的应用

与紫外线辐射改性印花类似，激光不仅可以改变纤维表面形态和结构，还可以实现表面光化学反应改性。

在激光有规律地局部辐照织物进行表面光化学反应时，改性部位的纤维会对染料的吸附和对光的反射规律发生变化。再进行染色时，织物表面就能产生不同颜色或不同深浅的图案。这是由于织物形态微结构或化学结构的变化使上染特性产生了变化，进而在织物表面形成图案；表面凹凸导致光吸收增加，从而引起色调的明暗变化，也在织物表面形成图案。上述叠加的效果使印花具有立体感。

（三）在活性染料固色工艺中的应用

低温激光能快速加热织物，激活染料与纤维进行反应，在织物上形成极细的固色带。例如，采用氩离子激光对活性染料 H-8B 印花棉织物进行固色实验时，发现高温激光固色效果远优于低温的激光处理，也比同温的手工熨烫效果要好。织物颜色的耐光和摩擦牢度虽无变化，但耐洗牢度以高温激光固色的好，手工熨烫的最差。在 235℃左右的温度条件下，织物的断裂强度和断裂伸长变化均很小，说明该条件之内的激光固色不易损伤织物。通过红外光谱分析，证明织物在激光固色前后的分子结构并无明显差异。

实际上激光固色的效果取决于辐照织物的光强度，即织物吸收能量、激光束能量、激光束在织物上移动的速度等。激光固色时激光强度和织物强度关系为

$$T_{织物} = K \times P/v + T_{环境}$$

式中，$T_{织物}$、$T_{环境}$为织物和周围环境的空气温度；P 为激光强度；K 为与织物性质及运动速度相关的常数；v 为织物运动速度。

因此，调节织物运动速度就能控制织物温度。当激光固色同数字化喷墨印花相结合，用计算机控制时，有很大的潜在价值。

（四）用于圆网印花

在圆网印花生产中，已实现了激光雕刻制网和激光对花加工，与传统方法相比具有快速、精确、可靠等特点。

1. 激光雕刻制网

激光雕刻是利用激光的交聚能量，通过计算机自动控制，将印花图案一次性转移到印花网版上，使雕刻工艺大为简捷和精确。其加工基本原理是：将乳胶涂覆在圆网上，利用激光点蒸发乳胶，通过与计算机的结合，数字化的图案直接控制激光点对圆网上的乳胶进行雕刻，完成图案的转移。将电脑自动分色、制图系统与之配套，经过信息化处理，可由微机控制高频激光一次性完成印花网版的制作。

2. 激光对花

激光对花系统有别于传统的闷头硬性操作对花。通过柔性操作可以使每只圆网瞬时定位，提高对花精度。由于对花快速和准确，可以减少对花过程中织物的消耗，并可减少传统对花过程中的圆网损伤。

（五）染色过程中染料浓度及上染速度的在线检测

与普通卤素灯光源相比，激光的波长一定、光密度强、透射性好、不易散

射，特别是测定高浓度的染液时，测试的精确度和灵敏度均比普通灯光要高。激光测定染料浓度通常是采用颜色测量范围较宽的三原色气体激光、波长很宽的染料激光作为光源，以满足各种颜色染液的测定要求。

三、微波辐射在纺织加工中的应用

微波是指波长为1mm～1m的电磁波，它的频率在300 MHz～300 GHz。具有以下特点：定向辐射的装置容易制造；遇到各种障碍物易于反射；绕射能力差；传输特性好，传输过程受烟雾、火烟、灰尘、强光的影响很小；介质对微波的吸收与其介电常数成比例，水对微波的吸收作用最强。

由于微波对物体的穿透性比较好，并且微波振动与材料分子的偶极振动以及水分子的转动频率类似，所以它很容易被材料分子尤其是水分子吸收。频率为915 MHz和2450 MHz的微波被广泛用于加热处理。微波加热就是介质物料吸收微波能量，并把它转化为热能。由于染整湿加工常用的介质是水和有机溶剂，因而采用微波加热是极为适合的。水被微波加热时，升温速度很快，约20.2℃/s，是传统加热方法的10～100倍。

（一）在纺织品前处理技术中的应用

1. 在麻类纤维脱胶上的应用

微波技术有助于麻类纤维的脱胶，利用微波照射使纤维本身发热，加快胶质的溶解，从而可有效提高脱胶的效果。用微波处理技术对未沤大麻在碱性条件下进行脱胶，结果表明，微波处理对工艺纤维的细度和纤维亮度有着显著的作用，微波处理时间越长效果越好。

2. 在丝织品精练上的应用

由于丝胶溶解性差，传统精练工艺存在温度高、时间长的缺陷，如果在精练过程中引入微波，利用微波热效应，只需短时间辐射处理，即可促进丝胶等不纯物的溶解，最后再用热水清洗，便能获得较好的精练效果。

（二）在染色和后整理中的应用

1. 微波染色

当浸轧染料溶液的织物受到微波照射后，由于纤维中的极性分子(如水分子)的偶极子受到微波高频电场的作用，因而发生反复极化和改变排列方向，在分子间反复发生摩擦而发热，这样可迅速地将吸收电磁波的能量转变为热能；与此同时，一些染料分子在微波的作用下，也可发生诱导而升温，从而达到快速上染和固色的目的。也可以认为，利用织物上的水在感应作用下发热，以此来升高织物及织物上所带染液的温度，加快染料的上染与固色。

利用微波加热只使被照射的织物升温，加热均匀，升温速度快，热效率高，而对周围的空气和设备的热损失很少。因此，微波染色具有下列优点。

（1）微波能瞬间穿透被加热物质，只需要加热数秒至数分钟，无需预热。停止加热也是瞬时的，热损失小。

（2）微波是介电损耗发热，介电损耗系数大的物体有选择性地吸收微波，不需要加热的部分不会吸收微波，避免了无意义的升温。

（3）由于是被加热物本体发热，周围空气和装置等不加热，不会造成热损失，故热效率高。

（4）由于被加热物各部分同时发热，整个物体内外部都能均匀加热，不会像一般传导加热那样在物体表面和内部产生较大的温度差。

（5）能比较容易地用功率量的大小调整加热状态。

（6）微波除了有快速升温的效果外，还能使水分子、染料分子产生振动，促进染料的溶解和扩散。微波发生装置是无公害装置，但在运转中可能会有一部分微波从加热装置中泄漏而产生各种干扰，所以要采取严格控制措施屏蔽微波，防止泄露。

2. 微波后整理

微波辐射对后整理加工中的化学反应也有着较好的促进作用，可引起或激发分子的转动，对化学键的断裂有一定的贡献。从反应动力学看，分子一旦获得能量发生跃迁时，就会达到一种亚稳态状态，此时分子状态极为活跃，随着分子间的碰撞频率和有效碰撞频率大大增加，从而促进反应的进行，因此可以认为微波对分子具有活化作用。例如，在微波辐射下用环氧树脂整理织物，整理后可以改善折皱回复性，提高染色性能、耐酸碱性以及耐光性，并缩短处理时间、节约能源。曹雪琴等采用微波法用柠檬酸对真丝纤维进行接枝改性，测试了改性纤维的形态结构和主要性能。结果表明，微波法可以在短时间内使柠檬酸接枝到真丝纤维表面；接枝后真丝纤维的断裂强度和延伸度基本不受影响；吸湿性和染色性得到了一定的提高。

3. 在纱线定形系统中的应用

传统蒸纱工艺存在加热速度慢、时间长的缺陷。而微波可使筒子纱内外层纱线中的水和纤维同时吸收微波能量而加热，作用速度快，所需时间大大缩短，一般只需几分钟即可完成纱线的定形，且不会产生传统蒸纱过程中的水渍等问题。同时，由于微波的作用特性，使筒子纱内外层纱线定形的均匀性比较理想。

四、其他辐射能与染整加工

除上述几种常用辐射能外，其他辐射能也能用于纺织染整加工，如红外辐射、γ射线以及电子、中子等对纤维的改性、辐射聚合反应和接枝聚合反应等。

红外辐射加热已广泛应用在热溶染色的预烘机、树脂整理机及拉幅定形机上。纺织品均由高分子化合物组成，它主要吸收中、远红外波段红外辐射能，因此只要在应用红外辐射过程中调整好红外辐射器的发射光谱，使其覆盖绝大部分纺织品的吸收波段，解决好红外加热温度的均匀度问题，即可达到节能高效、应用方便等效果。

利用γ射线预辐射引发丙烯酸及其酯类单体，可进行化纤的接枝聚合改性。由于γ射线能量高，穿透能力强，聚合时不必加入常用的引发剂，也不必升温就可以均匀地进行反应。例如，采用Co^{60}-γ射线预辐照方法，在苯中可将丙烯酸单体接枝到聚丙烯纤维上。接枝率可高达35%，由于接枝上有亲水基团羧基，大大地改善了聚丙烯纤维的亲水性能。又如，以Co^{60}-γ射线为辐射源，探索了聚丙烯(PP)纤维共辐射接枝苯乙烯-二乙烯苯反应中的影响因素。通过研究，得到了接枝反应的最佳工艺条件，制备出接枝率在200%～280%且机械强度很好的产品，为工业化生产离子交换纤维提供了良好的中间产品。另外，通过γ射线诱导进行高分子聚合，也可生产低温黏合剂和印花增稠剂，所得聚合物相对分子质量分散性小、形成的乳液稳定性好。

第三节 超声波技术与染整加工

超声波是一种频率很高的声波，即超出人类听觉频率范围17kHz以上的振动波。超声波很像电磁波，能聚焦、反射和折射，然而和电磁波又不同，它的传播要依靠弹性介质。电磁波可以在真空中自由传播，超声波传播时，使弹性介质中的粒子振荡，并通过介质按超声波的传播方向传递能量，这种波可区分为：①纵向波，其粒子振荡的方向与波的传播方向平行；②横向波或剪切波，其粒子的振荡方向与波的传播方向垂直。

纵向波和横向波都能在固体内传送，而在气体和液体内，只有纵向波可以传送。在液体内，分子在纵向产生了压缩和稀松，即存在压缩、高压、松弛和低压四个阶段和部位，低压部位会形成气穴(又称空穴)或气泡；这些气穴发生膨胀，最后猛烈地塌陷或破灭而产生激波，这种作用称为气穴作用。诱导产生气穴现象的超声波频率以20～50 kHz最为适当。声源赋予液体的大部分能量消耗于产生气穴现象，在溶液极微小范围内会产生极高的压力和温度，并引起局部极大的搅动。

气穴的作用是十分惊人的，可使介质局部的温度上升到摄氏几百度，水中的压力上升到几百个大气压。产生气穴取决于许多因素，如波的频率和强度、介质温度以及液体介质的蒸汽压力等。

频率过高对气穴的产生并不利，波幅小，分子加速快，绝大部分能量转变成加热介质的热能；而中等强度的低频率超声波，容易产生气穴现象(形成约为500μm小气泡)，而且需要的功率小，其分子加速适中，波幅大，转变热能也少。

超声波按强度可分成两大类，即低强度和高强度。在低强度超声波的应用中，一般介质的性能不会有明显变化，而高强度（即可产生气穴作用)对介质可产生剧烈作用，对湿加工，尤其是纺织品的染整加工具有重要意义。

一、超声波作用于高分子物质的机理及效应

1. 超声波作用的力化学机理

根据高分子物质的力化学，在超声波的影响下，在适当的条件下，纤维材料的大分子会产生初级自由基，而且往往都是一个大分子包含多个自由基。同时，由于液体介质气穴表面上的离子分布的不均匀性，可能产生一定的热能差。由于气穴带电荷而导致介质组成分子激发和离子化，生成如离子、自由基及具有不同生存期的活性粒子，借助于气穴带、气穴泡消失时产生的水力冲击，进入纤维内部，与纤维大分子的初级自由基产生一定的共价结合，可以提高染料的固色率，减少染料的浪费，降低环境的污染。

2. 超声波的吸热效应

超声波的振动可用风力、水力、电磁、压电等专门的高频发生器发生。超声波与介质的相互作用，尤其是介质的吸热效应，也是超声波染色的一个基本出发点和主要基础。在超声波这种高频振动的影响下，水分子反复地被极化，由于水分子的热运动和相邻分子间的相互作用，上述水分子随超声波振动方向的改变而摆动的规则运动将受到阻碍，产生了类似于磨擦的效应，结果必然有一部分能量转化为分子的热运动，使水的温度升高；同时，在介质中还存在着一些束缚离子或自由离子，在外场的作用下，形成的离子导电也会产生热效应。

3. 超声波对纤维高分子材料的作用

根据力学原理，任何材料的损伤和破坏都起源于材料中的原始缺陷和裂缝，而纤维高分子物质无定形区的空隙正提供了这种可能。当超声波作用于纤维材料时，必然在材料的原始缺陷处(即无定形区的空隙)产生应力、应变能的集中，超声波所传递的能量必然有一部分转化为裂纹扩展新表面所需要的能量，引起裂纹扩展。由于超声波的作用，产生纤维表面的微观滑移而形成疲劳源，即所谓的疲劳裂纹，此后，这一微小的裂纹沿结晶面生长，相继又发生疲劳裂纹的亚临界扩展，致使纤维的表面如同被腐蚀一样，大大增加了吸附染料的纤维的比表面积。

二、超声波在染整助剂配制中的应用

超声波在助剂配制中的作用主要是源于空化作用而引起的弥散、乳化、洗涤

以及解聚等作用。助剂液置于超声波装置中，连续不断产生的瞬间高压能不断地冲击溶液里的物质，使其均匀分散或溶解。该方法调制的溶液具有加工时间短，效果均匀，而且可以省去传统配液的搅拌环节，既省工又节能。

例如，染整处理织物所用乳液整理剂，常规采用桨式搅拌器制取，此法要耗用大量乳化剂和稳定剂。用机械搅拌方法制得的乳化液，稳定性差，常易分层破坏，利用超声波可以制备分散匀细、稳定性极好的乳化液，并可极大地节省乳化剂用量和提高劳动生产率。

再如，制备24%石蜡-硬脂酸甘油酯乳化液时，采用7.6kHz强度$5W/cm^2$声波处理5min，加入氢氧化钠与氨水后充分皂化为乳化液。用显微镜测量乳化液中颗粒的大小，可见乳化液是单分散型结构，即只有油滴分散于水中的乳液。该乳化液有较好的均一性，处理5～10min的粒径为1μm。

而此乳化液若采用3000r/min机械搅拌制备，即便剧烈搅拌40min，在显微镜下可见为多分散型的结构，即乳化液中有油/水相，又有水/油相的分散液。结果导致容易凝集和分层，稳定性差，大部分粒径为2μm。

另外，超声波可制备均匀的染料分散体系。将还原染料和分散染料在50℃、9.4kHz超声波振动下制备分散体系。用电子显微镜观察，约有93%染料的颗粒尺寸小于1μm，而用常规搅拌方式制备的分散体系，达到这一尺寸的只有50%。

采用30 kHz的超声波，可使酞菁类涂料在蒸馏水中得到非常好的分散，且具有比常规搅拌法更长的稳定时间，促进了新型涂料连续轧染工艺的发展。采用超声波分散直接染样，可使染色的生产率提高30%。生产过程从原来的2.5h缩短到1.5h，复染率从4%降低到2.5%，提高了染色质量。

三、超声波在纺织品前处理加工中的应用

（一）在退浆中的应用

1962年，瑞典Iwaskai等研究了超声波对单根木浆纤维的作用，发现在超声波的作用下，纤维细胞壁次生壁中层S_2发生位移、次生壁外层S_1脱除、S_2层微纤维润胀，并使S_2层纤维发生细纤维化，所以超声波具有机械打浆的作用。

在织物超声波退浆的研究中也发现化学药剂和能量的节约现象。使用超声波退浆，可以减轻NaOH对纤维的降解，降低退浆时烧碱的使用浓度、退浆温度和时间，节约了能源，降低了环境污染，处理后纺织品的白度和润湿性与传统退浆方法接近甚至有所提高，而且对试样的机械强度无任何不良的影响。

在退浆过程中，超声波空化作用引起的分散作用使大分子之间产生分离，促进浆料与纤维的黏着变松，而超声波的乳化作用可使浆料溶解性能提高，使其具有较好的退浆效果。由于超声波的吸热效应可以使反应保持在一定的温度，既为

反应提供了能量，又可节省其他能量。

（二）在清洗或煮练中的应用

超声波在清洗或煮练工艺中的作用主要是由于空化作用引起的弥散作用、乳化作用、洗涤作用以及解聚作用等。超声波空化作用可使黏附在纤维上的污物表面张力降低，因此在各个表面上和低凹处起着清洁作用，同时空化作用使污物和油垢得以乳化去除。有报道称，利用超声波洗毛可以降低洗毛温度，缩短时间，降低净洗剂用量，且在一定条件下，不用净洗剂或温度低于羊毛脂熔点，仍可达到净洗毛质量要求。利用超声波洗毛所得洗净毛的蓬松性好，羊毛纤维之间不发生纠缠，白度高，洗净毛中几乎无细小杂质。超声作用后，羊毛鳞片变钝变光，降低了羊毛纤维的摩擦效应，且作用时间越长，降低幅度越大，从而改善了羊毛纤维的毡缩性。

超声波对原麻中的胶质成分有分散作用，且随频率、功率不同分散效果也不同。超声波脱胶比酸处理效果好，且作用时间短。可采用流水线处理工艺。

绢纺原料精练中，超声波的除油、脱胶效果明显比常规处理好，尤其对含油较高的原料，其处理效果更好，不仅不用进腐化缸，且不用高温、高 pH 和长时间，对纤维损伤小，可根据不同的要求，保住不同程度的胶质，且通过超声波处理过的原料白度高，纤维松散，易与蚕蛹分离。

超声波对果胶酶的煮练工艺也具有促进作用。实验证明，棉坯布果胶酶煮练过程中加入超声波后，酸性和碱性果胶酶的煮练效果有显著提高，煮练后的试样吸湿性、白度比未加超声波的试样好。其原因可能在于超声波、酶分子和液体媒质相互之间的多种物理和化学的作用，主要体现在以下几点：

（1）超声波增加果胶酶分子通过液体界面层向纤维表面的扩散速度，而界面层果胶酶的浓度是制约整个反应的关键因素；

（2）超声波加速除去反应区域内的果胶酶的水解产物，提高反应速率；

（3）超声波有利于果胶酶分子进入纤维内部，从而使纤维素纤维的酶处理更加均匀；

（4）超声波排除纤维毛细管和纤维交叉处溶解和包在液体中的空气，并通过孔穴除去；而且在碱性果胶酶煮练时加入超声波可以明显减少废水的排放，降低能耗以及生产的总体成本。此外，超声波在酸性或碱性果胶酶处理织物时可以提高后续化学处理的速率。

（三）在漂白中的应用

在棉织物的 H_2O_2 漂白过程中引入超声波，可发现漂白速度提高、漂白时间缩短，织物的白度也优于传统漂白法。超声波的空化作用不仅可以使药剂与纤维充分接触，而且有助于破坏发色体系，从而起到消色的作用。

在冷漂、煮沸漂和超声波法处理棉和亚麻纱的过程中，随所用方法不同，亚麻对 H_2O_2的消耗也不同。其中，煮沸漂对 H_2O_2的消耗比冷漂及超声波处理都高，几乎为它们的 2 倍。超声波处理的温度(45℃)与煮沸漂(100℃)相比显著地降低。这种现象是由于超声机械及空化作用、大量的振动能传入液体内并产生一些热量，提高了分子动能和碰撞冲量，使反应液与纤维充分接触，从而加速了反应速率，降低了反应条件，漂白时间缩短，漂白后织物的强力介于 H_2O_2冷漂和煮沸漂之间，处理后纤维的白度优于传统的漂白方法，柔软性有显著的提高。

超声波环境下用 H_2O_2漂白棉织物 1h 后，H_2O_2消耗比用冷漂(16h)的高，但与煮沸法(2.5h)相近，总效果显著地比冷漂好，与常规法相似。但超声波处理无须额外的能量，时间短，处理的织物吸水性与常规法一样好。同时，用超声波处理后的漂白棉织物有利于提高直接染料、活性染料的上染率，有利于活性染料染色时纤维-染料共价键的形成和稳定。

四、超声波在纺织品染色加工中的应用

超声波应用于纺织品染色加工的研究相对要多些，效果也更明显些。无论是低频超声波，还是高频超声波，都可强化染料的溶解和分散、加速染料的上染、改善纺织品的透染程度。

超声波染色通常是由气穴和温度几种因素作用的，可以认为气穴在染色过程中起了重要作用。气穴的破裂不仅使周围溶液产生巨大的压力，也会使温度猛然升高。此外，纤维材料的结构特征也被考虑有利于超声波染色。

用 500kHz 的高频率超声波处理分散染料的染浴，然后立刻用它们来染醋酯纤维和涤纶，在染色时虽然未使用超声波，但颜色深度也增加了 50%，这显然是超声波提高了染料的分散程度，促进了染料上染。

对涤纶来说，由于结构较紧密，玻璃化温度比 PBT(聚对苯二甲酸丁二酯)纤维高，于 95℃染色，施加超声波和载体后，上染率比未加超声波和载体时染色的上染率有明显提高，但染色不深，很难实现该条件下的低温染色。

一些研究者比较厚薄不同的棉织物用超声波染色(直接染料)，发现厚织物用超声波染色的上染速度和上染率的增加比薄织物多，可以考虑到染料对厚织物的上染渗透性和扩散性较好，但超声波的效果很难得到判断。

有人还研究了不同染料浓度下的超声波作用效果，发现施加超声波后上染速度均会加快，且染液浓度越高，增加越显著。这可能是染料浓度越高，染料在染液中的聚集程度越高，而施加超声波后，有利于降低染料的聚集程度，所以上染速度增加较显著。因此可以认为在染液浓度高时施加超声波效果会更明显。

众所周知，加入电解质可以加快直接染料对棉纤维的上染，并可以提高平衡

上染率。但是电解质的加入也会增加染料的聚集，施加超声波后，染料不易聚集，因此在电解质和超声波双重作用下，上染速度和上染率可达到更高的水平。显然，在一定的条件下进行超声波染色，仅需加入少量电解质也能达到加入高浓度电解质的染色效果。这对于减轻污染，减少染色废水的盐含量是有重要意义的。

总的说来，超声波在染色体系中的作用通常被认为有三个方面。

(1) 分散作用：染料对纤维的上染过程通常以单分子状态来完成，但在染液中染料分子或离子会形成聚集体，以胶束状态存在。分散性染浴中的染料则以染料晶体颗粒的状态存在，阻碍了纤维对染料的吸收。超声波不但能使染液中的染料聚集体解聚，而且还可以将染料分散浴中的染料颗粒击碎，获得粒度为 1μm 以下高稳定性的分散液。超声波可以提高水活性以及染料在染液中的溶解度。有研究表明，超声波可以提高染料对纤维的亲和力(主要是色散力和诱导力)，加速染料的吸收，提高纤维的得色量，但对于不同的染料，其标准亲和力提高的幅度不同。

(2) 除气作用：超声波的空化作用可以将纤维毛细管或织物经纬交织点中溶解或滞留的空气排除掉，从而有利于染料与纤维的接触，有利于纤维对染料的吸收。因此，超声波对厚密织物的染色效果更为显著。

(3) 扩散作用：超声波的空化作用可以减薄妨碍染料上染的滞流底层，从而促进染料向纤维扩散的速度。研究表明，超声波与常规染色相比较，扩散系数可提高 30%左右，染色活化能明显下降，超声波可能增加纤维内无定形区链段的活性，使高分子侧序度降低，而且有可能使纤维的结晶度和取向度下降。有报道称，使用超声波对亚麻织物染色，可以提高染料的平衡上染百分率；而且能加快上染速率，降低染料上染的活化能，从而克服了传统亚麻染色工艺中得色量低和染色困难的缺点。另据报道，在直接染料对棉织物的染色过程中，超声波可以使染料的平衡上染百分率提高 8%。

这些作用可以是单独存在，也可以是几种作用同时存在，视超声波的性质和染色纤维、染料、助剂的结构以及染色工艺条件而定。

五、超声波在纺织品后整理加工中的应用

关于超声波在纺织品后整理方面的应用，已有很多报道。将 8kHz 和 18kHz 的超声波应用于棉织物的脲醛树脂整理，测定整理织物经 60 次水洗前后的性能发现，即使是经过 60 次水洗之后，其回弹角也远高于普通工艺整理。在获得优异回弹角的同时，其弹力损失略有增加。电子显微镜、X 射线衍射分析和红外光谱等研究结果表明，树脂在纤维内部渗透得更深，纤维的超分子结构也发生了变化。

有研究者将超声波应用到羊毛的洗涤加工中，洗涤时间可以从通常的 3h 减少到 15min。实验还发现水洗效果取决于超声波的强度，在强度为 129 W/cm^{2}时效率最大。为了提高水洗机的效率，一些设备专门安装有超声波发生器。

超声波处理时没有光辐射能放出，只有热能，因此对纤维的作用没有等离子体和辐射能那样强烈，在一定的功率下对纤维不会有显著的损伤。通过显微镜观察发现，超声波处理后纤维的纵向和横截面与单用水处理的试样并无不同。

超声波在染整加工中的应用有许多优点，但工业生产中形成的噪音以及超声波的方向性等问题仍需进一步解决。

习　题

1. 什么是等离子体，指出它与普通气体的区别。
2. 等离子体放电方式有哪些，简述电晕放电和辉光放电如何产生的。
3. 列举等离子体粒子与材料表面作用后可能发生的化学反应及物理变化。
4. 阐述低温等离子体改善羊毛染色性能的可能原因。
5. 写出低温等离子体在棉织物涂料染色处理中的最佳工艺条件(包括气体介质、涂料种类、气体压强、放电功率与处理时间)，并解释原因。
6. 分析涤纶经空气等离子体处理后表面可发生的变化。
7. 写出紫外线照射下以柠檬酸(CA) 为交联剂，磷酸二氢钠为催化剂时棉纤维接枝壳聚糖的反应机理。
8. 给出激光的定义，并指出激光固色时激光强度和织物强度关系式($T_{织物}=K\times P/v+T_{环境}$)中，各字母所代表的含义。
9. 微波的特点是什么？微波在染色中的优点有哪些？
10. 超声波是电磁波吗？什么是气穴作用？

参 考 文 献

曹雪琴. 2005. 微波法对真丝纤维的接枝改性研究. 印染助剂，22(12)：9-11.
陈杰瑢. 2005. 等离子体清洁技术在纺织印染中的应用. 北京：中国纺织出版社.
陈志军. 2012. 紫外光引发丙烯酰胺接枝改性棉织物亲水性的研究. 染整技术，34(1)：1-6.
戴瑾瑾. 1996. 等离子体技术在纺织加工中的应用. 纺织学报，17(6)：60.
邓琼，曾庆轩. 2004. 聚丙烯纤维共辐射接枝苯乙烯-二乙烯苯的研究. 辐射研究与辐射工艺学报，(10)：226-280.
董媛媛. 2009. 大气压等离子体处理改善棉织物抗紫外线性能. 产业用纺织品，27(4)：32-37.
冯连娜. 2009. 超声技术在纺织品处理中的应用. 济南纺织化纤科技，(10)：27-29.
高云玲. 2000. 超声波应用于纺织品前处理. 染整技术，(4)：27-28.
顾彪，陈茹. 2003. 辉光放电等离子体对聚丙烯纤维的表面改性. 高分子通报，(4)：51-58.
胡春弘. 2006. 氧气低温等离子体改性对棉织物染色性能的影响. 浙江理工大学学报，23(1)：1-3.
李亚涛. 2005. 红外辐射加热在织物后整理上的应用. 印染，(5)：26-27.

刘瑞芹,王会勇,谢雷东,等. 2004. 丝绸的光引发丙烯酸羟丙酯接枝研究. 辐射研究与辐射工艺学报,22(1):27-31.

刘晓洪,王少军. 2006. 聚丙烯纤维光接枝改性的研究. 武汉科技学院学报,19(1):18-20.

吕晶. 2001. 等离子体及其在纺织工业中的应用. 广西纺织科技,30(2):40-42.

罗登林,丘泰球. 2005. 超声波技术及应用. 日用化学工业,35(5):323-326.

宋新远,沈煜如. 1999. 新型染整技术. 北京:中国纺织出版社.

汪涛,蓝广芊. 2010. 紫外线辐照棉织物接枝壳聚糖改性及其性能分析. 纺织学报,31(7):79-84.

王爱兵,朱小云,杨斌. 2004. 超声波技术及其在染整加工中的应用. 针织工业,(1):99-102.

王慧琴,许海育,靳云敏. 2003. 纯棉织物的生态染整工艺初探. 印染,29(3):19-20.

王雪燕,焦林. 2004. 等离子体处理对棉织物防皱整理效果的影响. 印染,30(5):10-11.

胥中平. 2000. 污染控制与环境. 国外纺织技术,(8):39.

展义臻,朱平,赵雪,等. 2007. 物理技术在羊毛染色中的应用. 毛纺科技,(10):55-58.

赵化侨. 1993. 等离子体化学与工艺. 合肥:中国科学技术大学出版社.

赵逸云,鲍慈光. 1994. 声化学研究的新进展. 化学通报,(8):26-28.

周绍箕. 2004. 化学吸附纤维制备、性能及应用研究进展. 离子交换与吸附,20(3):278-288.

朱若英,滑均凯. 2002. 紫外线辐射处理的羊毛染色性能研究. 毛纺科技,(3):13-16.

Yachmenev V G,李新貌. 2002. 超声波对碱性果胶酶处理棉的效果. 纺织针织服装化纤染整,(3):16-20.

Fellenberg R. 2000. Plasma-supported shrinkproofing of wool tops//Proceedings of The 10th International wool textile research conference. PL2. Aachen.

Gotoh K,Hayashiya M. 2008. Improvement of serviceability properties of synthetic textile fabrics using 172 nm ultraviolet excimer lamp . Text Res J,78(1):37-44.

Jansen B,et al. 2000. New resins for shrinkproofing of Plasma-treated wool . Proceedings of The 10th International wool textile research conference,PL6,Aachen.

Kan C,Chan K,Yuen C,et al. 1999. Low temperature plasma on wool substrates:the effete of the nature of the gas. TRJ,(7):407.

Kan C, Chan K, Yuen C. 1998. Plasma modification of wool:the effete of plasma gas on the properties of the wool fabric. Journal of China Textile University (Eng Ed),15(3):5.

Karahan H A,Zdogan E, Demir A,et al. 2008. Effects of atmospheric plasma treatment on dyeability of cotton fabrics by acid dyes. Color Technol,124(2):106-110.

Ma X G,Zhang X L,Gu Z Y. 2006. Dyeing behavior of yak hair fiber treated with microwave low temperature plasma. Journal of Donghua University (English Edition). 23(1):27-31.

Radu I,Barmikas R,Weriheimer M R. 2003. Diagnostics of dielectric barrier discharges at atmosphere pressure in noble gases:Atmospheric pressure glow and pseudoglow discharges and spatio-temporall . IEEET Trans on Plasma Sci,31.

Shenton M J,Stevens G C. 2001. Surface modification of polymer surfaces:atmospheric plasma versus vacuum plasma treatments. J Phys D:Appl Phys,34:2761.

Smimov B M. 2001. Physics of Ionized Gases. New York:John Wiley & Sons. Inc.

Thomas H,et al. 2000. Fundamentals of plasma-supported shrinkproofing of wool:selective modification of the fiber surface and resulting technological properties//Proceedings of The 10th International wool textile research conference,PL3. Aachen.

Toru Kashihara. 2001. Development of continuous low temperature plasma treatment process. Cotton Incorporated.

Wang M J, Chang Y I, Poncin-Epaillard F. 2005. Acid and basic functionalities of nitrogen and carbon dioxide plasmatreated polystyrene. Surf Interface Anal, 37(3): 348-355.

Yu W D, Yan H J. 1993. Application of plasma etching technique to the modification of wool. Journal of China Textile University(Eng Ed), 10(3): 17-22.

第四章　微胶囊技术在染整中的应用

微胶囊技术，或称微胶囊造粒释放技术，是一项比较新颖、用途广泛且发展迅速的新技术。自1936年起，微胶囊开始应用于医药、无碳复写纸、农业和化工等方面。目前，微胶囊技术的研究取得了更大的进展，已开发出了粒径在纳米范围内的纳米胶囊，应用范围也已拓展到涂料、黏合剂、化妆品、感光材料等领域，是21世纪重点研究和开发的高新技术之一。

微胶囊在纺织行业中的应用始于20世纪80年代。由于微胶囊具有缓释性和保护功能性物质的作用而逐步被应用于纺织品，目前微胶囊技术已经被应用于织物的转移印花、多点多色印花、起绒印花、加香整理、卫生整理和阻燃整理等方面。随着微胶囊技术的发展，微胶囊在纺织整理中的应用也在不断拓展和深入，如将其用于蓄热调温纺织品的开发等。微胶囊技术应用于染整工业，彰显出了独特的优势，对实现清洁染整将产生重要的推动作用。

第一节　微胶囊的功能、特点和制法

一、微胶囊的性质

微胶囊技术是一种微量物质包裹在聚合物薄膜中的特殊包装技术，是一种储存固体、液体、气体的微型包装技术。

将某种物质用某些高分子化合物或无机化合物采用机械或化学方法包覆起来，制成颗粒直径1～500μm，壁厚度1～30μm，在常态下的稳定微粒，而该物质原有的性质不受损失，在适当条件下它又可释放出来，这种微粒称为微胶囊。

某物质经微胶囊化后，可改变它的色泽、形状、质量、体积、溶解性、反应性、耐热性和储藏性等性质，且该物质能够在需要时被释放出来，这种特性使微胶囊技术在许多应用领域发挥着重要的作用。

微胶囊的性质主要取决于微胶囊的形态、结构及粒径；微胶囊中芯材的释放；微胶囊囊壁的特性与厚度等。微胶囊具有以下一些功能和特点：

1）降低被封闭物质的反应性和毒性；

2）增加被封闭物质的储存稳定性；

3）增进被封闭物质的缓释性和长效性；

4）降低可蒸发物质的挥发性和气味；

5）减少被封闭物质的可燃性；
6）掩蔽物质的苦味、刺激作用及颜色；
7）降低被封闭物质的可溶性和吸附性；
8）隔离反应性物质，提高相容性；
9）改变物体的密度，使液态物质转为固态物质；
10）提高物质的流动性、分散性，便于操作和应用；
11）赋予特殊的功能和应用效果等。

二、微胶囊的结构与制造方法

（一）组成和形状

利用微胶囊化技术，将固体、液体或气体包埋在微小而密封的胶囊中，使其只有在特定条件下才会以控制速率进行释放。在微胶囊中，被包埋的物质称为芯材，包埋芯材的物质称为壁材。

1. 壁材

微胶囊壁材通常是一些具有成膜性能的天然或合成高分子物质，对微胶囊产品的性能往往起决定性作用。针对芯材和微胶囊用途的不同，应选用不同的壁材，应考虑芯材的性质以及对周围介质的影响，使微胶囊具有一定的强度和渗透性，使产品具有可降解性等。较广泛应用的壁材见表 4-1。

表 4-1　微胶囊制备过程中常用的壁材

类别	壁材	特点
天然高分子材料	明胶、阿拉伯胶、虫胶、紫胶、淀粉、糊精、蜡、松脂、海藻酸钠、玉米醇溶蛋白	无毒、稳定、成膜性好
半合成高分子材料	羧甲基纤维素、甲基纤维素、乙基纤维素	毒性小，黏度大，成盐后溶解度增加，但易水解，不耐高温，需临时配制
全合成高分子材料	聚乙烯、聚苯乙烯、聚丁二烯、聚醚、聚脲、聚乙二醇、聚乙烯醇、聚酰胺、聚丙烯酰胺、聚氨酯、聚甲基丙烯酸甲酯、聚乙烯吡咯烷酮、环氧树脂、聚硅氧烷	成膜性好、化学稳定性好
无机材料	铜、镍、银、铝、硅酸盐、玻璃、陶瓷	

一般来说，壁材选择的原则是：①如果囊芯是亲油性物质，一般宜选用亲水性聚合物作壁材，反之则选用非水溶性物质；②包囊壁材在包覆核心物质时，具有成膜性和黏着力；③包壁材料与核心物质不起化学反应，同时考虑渗透性、吸湿性、溶解性和乳化性；④适当地考虑成本。

2. 芯材

芯材包括农药、医药、香精香料、酸化剂、甜味剂、脂类、维生素、矿物质、酶、微生物、气体、饲料添加剂、感光材料、洗涤剂、杀菌剂、染料、涂料、发泡剂、催化剂、交联剂等。

芯材如果是固体或晶体，形成的微胶囊可能是不规则的；如果是液体，可能是含单一油滴的球形体；如果制成了微滴乳化液或添加了高分子聚合物溶液，则往往可以形成一种多芯液滴或聚集状的微胶囊。

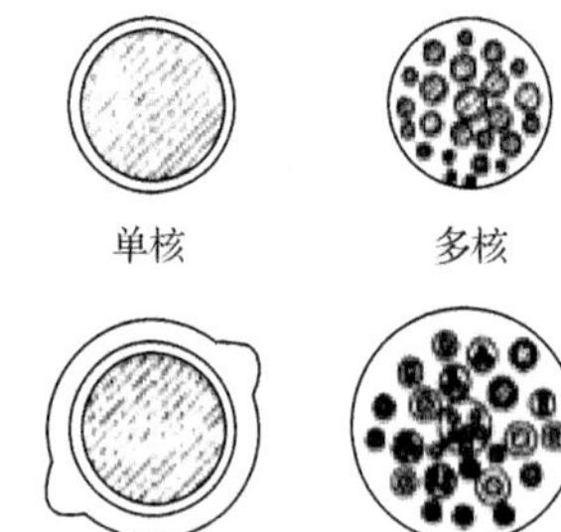
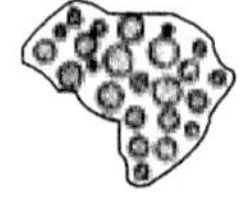
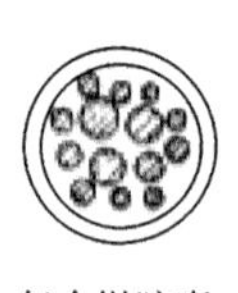

图 4-1　常见微胶囊形状和结构

胶囊的壁也可制成多层的。如果使用极细的颗粒做核，则可形成填质颗粒，在凝固后，其微粒嵌在硬化的高分子聚合物内，形成一个连续的填质体。常见几种微胶囊的形状如图 4-1 所示。

微胶囊颗粒的大小一般都在 5～200μm 范围内，在某些应用中，这个范围可以扩大到 0.25～1000 μm。微胶囊的壁厚度通常在 0.2～10μm 范围内；按质量计算，芯材在胶囊中所占的比例一般为 20%～95%。

（二）微胶囊制造方法

微胶囊化技术主要是利用一些可形成膜的物质，对核心物质进行包埋。用于生产微胶囊的方法很多，大概有 200 多种。根据包覆方法的不同，微胶囊化大致分为化学法、物理化学法、机械法，见表 4-2。

表 4-2　微胶囊的制作方法

分类	具体方法	壁材
化学方法	界面聚合法	聚酰胺，聚氨酯，聚脲，聚酯
	原位聚合法	乙烯基聚合物，三聚氰(酰)胺，尿素树脂
	锐孔-凝固浴法	海藻酸，明胶
物理化学方法	水相分离法	明胶
	油相分离法	有机溶剂，可溶的聚合物
	干燥浴法	聚苯乙烯，明胶
	溶化分散法与冷凝法	聚乙烯，石蜡
	其他	

续表

分类	具体方法	壁材
机械方法	空气悬浮法	聚合物，医药品，氧化铝，农药，碳素
	喷雾干燥法	明胶，淀粉，PVA，纤维素
	静电结合法	蜡，聚酰胺，聚氨酯
	真空蒸发沉积法	金属，石蜡
	气体微胶囊法	

1. 空气悬浮法

制造时，采用喷涂技术对被悬浮在上升运动气流中的较细颗粒进行涂布(图 4-2)，并实现对壁材的固化。热空气由底板小孔进入箱体，颗粒根据自身的密度和进入的空气量在箱内升起，箱中央有一喷嘴，喷出少量涂布液沉积在颗粒表面。这些颗粒上升到箱体上部时，即被转向离开气流而沉降下来，而后再重复进入循环。用这种生产方法曾成功地将小到 75μm 的颗粒封闭在胶囊中。

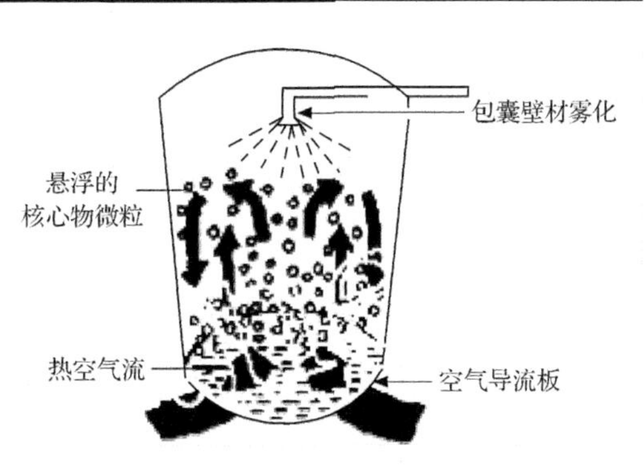

图 4-2　空气悬浮法原理图

2. 凝聚相分离法

凝聚相分离法，是指在不同液相分离过程中实现微胶囊化的过程。包括水相分离法(复合凝聚法、单相凝聚法)和油相分离法。

水相分离法：芯材为疏水性物质，壁材为水溶性聚合物，凝聚时芯材自水相中分离出来，形成微胶囊。

油相分离法：芯材为水溶性物质，壁材为疏水性物质，凝聚相自疏水性溶液中分离而形成壁膜。

(1) 复合凝聚法

复合凝聚法是将两种带有相反电荷的水溶性高分子电解质胶体溶液混合，由于电荷间的相互作用形成一种复合物，导致溶解度降低并产生相分离现象，结果从水溶液中凝聚析出形成了微胶囊。

在复合凝聚法微胶囊造粒过程中，最常用聚合物为明胶和阿拉伯胶。大多数明胶产品的等电点为 pH＝4.8，阿拉伯胶分子的水溶液是带有负电荷的聚阴离子。当 pH 低于 4.8 时，明胶与阿拉伯胶发生相互作用，导致凝聚相的形成。除阿拉伯胶外，其他可供选择的聚阴离子还有藻酸钠、琼脂、羧甲基纤维素、聚乙烯基甲基醚-顺丁烯二酸酐共聚物、聚乙烯基苯磺酸和甲醛-萘磺酸缩聚物等。

以明胶和阿拉伯胶为例，获得实用的微胶囊应满足的条件包括：①明胶和阿拉伯胶在水溶液中的各自浓度低于3%；②pH在4.5以下；③反应体系的温度需高于明胶水溶液的胶凝点(约高出35℃)；④反应体系中的无机盐含量要低于临界量。

图4-3是凝聚相分离法制备微胶囊流程图。

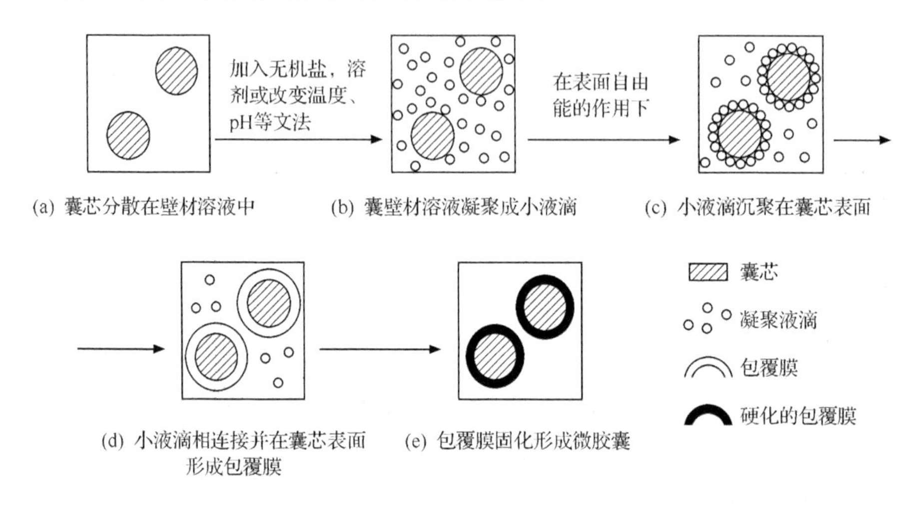

图4-3　凝聚相分离法制备微胶囊流程

(2) 单相凝聚法

单相凝聚法是以一种高分子聚合物为壁材溶解于水溶液中，加入水不溶性的芯材，然后通过凝聚剂使壁材的溶解度降低而凝聚出来，完成微胶囊造粒过程。凝聚剂包括：①乙醇、丙酮、丙醇、异丙醇等沉淀溶剂(俗称“非溶剂”，因不是溶解壁材聚合物的溶剂而得名)；②硫酸钠、硫酸铵之类强亲水盐；③酸碱之类pH调节剂。表4-3给出了一些聚合物水溶液与沉淀溶剂的组合情况。

表4-3　聚合物水溶液与沉淀溶剂的组合

聚合物水溶液	沉淀溶剂(非溶剂)
明胶	乙醇、丙酮
琼脂	丙酮
果胶	异丙醇
甲基纤维素	丙酮
聚乙烯醇	丙醇

通过沉淀溶剂的单凝聚法，可制得微胶囊玉米油脂。将10g玉米油均匀分散到1.2kg 10%的明胶水溶液中，在45℃的溶液温度下，滴加乙醇并不断搅拌分散。当乙醇的体积浓度达到约50%时，整个体系变得不透明并开始形成凝聚相，该凝聚相包囊了玉米油的微滴；当乙醇浓度达到55%时停止加入。将体系冷却

至 5℃，通过离心分离收集生成的微胶囊，用乙醇洗涤，并在减压条件下于 25℃干燥，即得微胶囊化粉末油脂。

通过上述过程可以看出，复合凝聚法与单相凝聚法的区别在于：复合凝聚法的壁材为两种、且带有相反电荷，壁材沉积原因是两种壁材的相反电荷中和；单项凝聚法的壁材是一种，壁材沉积的原因是加入了凝聚剂。

相分离法得到的微胶囊粒径为 2～1200μm，比喷雾干燥法制得的微胶囊致密性要好，且颗粒直径相对较小。

3. 聚合反应法

根据微胶囊化时制备壁材所用的原料不同，聚合方法也不同。因此，可以将聚合方法分为界面聚合法、原位聚合法以及悬浮交联法。

(1) 界面聚合法

将芯材物乳化或分散在一个溶有壳材单体的连续相中，然后在芯材的表面上通过单体聚合反应而形成微胶囊(图 4-4)。在界面聚合物法微胶囊化过程中，分散相和连续相两者均要求能够提供单体，而且两种以上不相溶的单体分别溶解在不相溶的两相中，当两种单体在交界处相遇时，将发生聚合反应而构成囊壁。

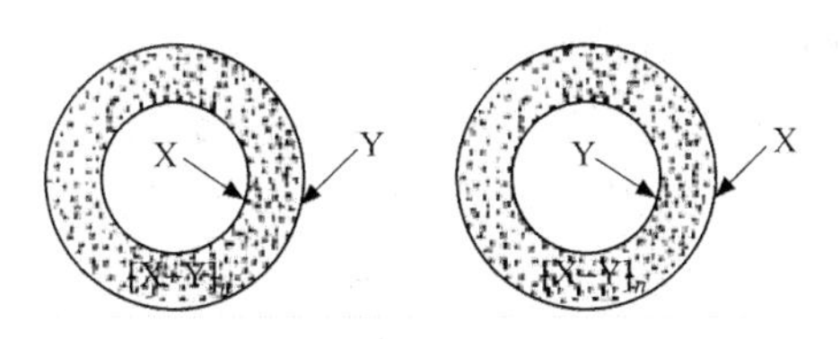

图 4-4　用于形成微胶囊的界面聚合反应图

X，Y 为单体，$\{X-Y\}_n$ 为聚合物

该方法虽然简单，但是对壁材要求较高，并且两种的单体具有较高的反应活性才能发生聚合反应。该方法制成的微胶囊中，不可避免的夹杂有一些未反应的单体，且界面聚合形成的囊壁具有较高的可透性，不适用于包覆要求严格密封的芯材。

典型例子是农业用杀虫剂。先将杀虫剂和有机二酰氯，通过机械搅拌分散于水中，形成乳液后，用表面活性剂使它稳定。形成的液滴大小取决于搅拌速度和表面活性剂的性质与加入的速度。胶囊的直径一般在 100～102μm。当液滴一旦达到适当的大小后，加入乙二胺的水溶液，同时为提高胶囊的硬度还可加入异氰酸酯，乙二胺将继续不断地渗入囊壁，直至二酰氯全部发生反应，形成稳定的胶囊。

近年来，人们还研究了一种所谓的繁星式聚合物微胶囊制备方法，但它实际上不属于界面聚合法，所形成的囊壁为结构较紧密的聚合物。例如，一种用氨作为引发剂的高聚物，可形成如图 4-5 所示的具有无数分支的三维结构。

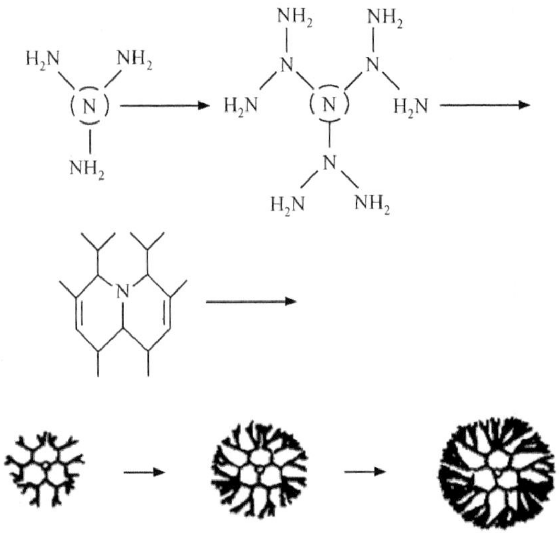

图 4-5　繁星式聚合物模型图

(2) 原位聚合法

它是将可溶性的单体和引发剂全部置于连续相之中，当发生聚合反应后，可生产不溶性的聚合物而沉积在芯材表面并包覆形成微胶囊。

在酶或细胞的固定化过程中，经常用到一种很重要的原位聚合法就是用聚丙烯酰胺进行包裹处理，这种方法习惯上称为格子化法。它是将酶或细胞包囊于由聚丙烯酰胺高分子聚合物形成的微小格子中。从原理上看，是利用丙烯酰胺在催化剂作用下发生聚合反应，生成的聚合物薄膜覆盖住芯材(酶或细胞)的全部表面(图 4-6)。

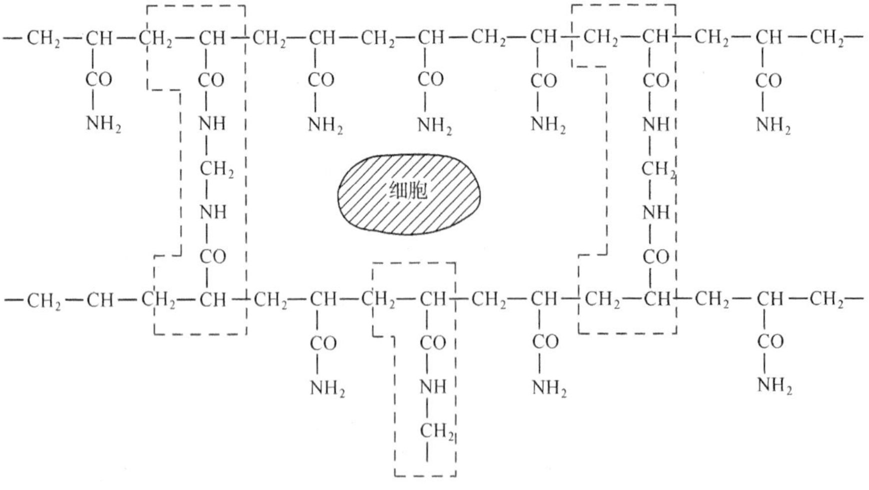

图 4-6　细胞固化中的原位聚合法示意图

原位聚合法和界面聚合法都是以单体为原料，通过聚合得到包覆芯材的壁材。但是两种方法的不同之处在于：界面聚合的单体是两种，它们在两相中的溶解性能各不相同；而对于原位聚合来说，单体仅由分散相或连续相中的一个提供，因而界面聚合法合成微胶囊的速率比原位聚合法快的多。

4. 喷雾干燥法

将芯材分散在已液化的壁材中混合均匀，并将此混合物经雾化器雾化成小液滴，此时对小液滴的基本要求是壁材必须将芯材包裹住，即形成湿微胶囊；然后在喷雾干燥室内使之与热气流直接接触，使溶解壁材的溶剂瞬间蒸发除去，促使壁膜的形成与固化，最终可形成粉末状的微胶囊产品(图 4-7)。如果所选用的壁材为脂肪或蜡质的熔体，则只需要使用冷空气便可使液滴凝固形成微胶囊。

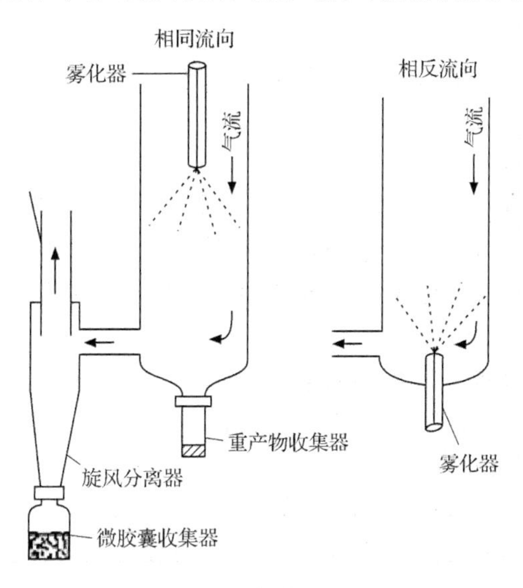

图 4-7　喷雾干燥法

喷雾干燥法(填质固化法)可应用于疏水性、亲水性以及会与水发生反应的物质的微胶囊化。由于其干燥速度快，而且物料的温度不会超过气流的温度，所以喷雾干燥法很适合于热敏性材料的微胶囊化。但喷雾干燥法也存在两个缺陷：一是蒸发温度高且暴露在有机溶剂和空气的混合气体中，易使活性物质失去活性；二是由于溶剂快速除去，囊壁上易产生缝隙，导致致密性差。不过这些缺陷可采用低温操作来避免。

喷雾干燥法制作微胶囊的过程可分为四个部分：预处理、乳化、均质和喷雾干燥。喷雾干燥设备有多种形式，如旋转式雾化器、压力喷嘴、双液喷嘴雾化器或超声波喷嘴等。

5. 微生物法

微生物法制备微胶囊，最初是指利用微生物分泌的物质将芯材封闭起来，它可以在发酵成长过程中形成微生物微胶囊。例如，一种天然脂肪含量较高的酵母，可以把染料油类的芯材封闭起来。现在已经发展为利用微生物分泌物参与微胶囊的生成。

关键技术是微生物固定化方法，常用的固定化方法是物理吸附固定化方法。采用这种方法，微生物与载体结合力较弱、稳定性差、微生物菌体易脱落；而共价结合等化学固定化方法则限制了微生物的活性，操作与控制复杂苛刻；新型的多孔膜微囊载体固定化方法，囊膜上有若干供微生物细胞通过的膜孔，微生物不仅能在微囊载体外表面，而且能在微囊内部球形空间内生长，微生物聚集密度大。

与常规微胶囊制法相比，微生物法具有微胶囊大小分布均匀且生态环保的特点。

6. 锐孔-凝固浴法

锐孔法是指将喷嘴喷出的微粒通过多联化后形成微胶囊。以可熔(溶)性高聚物作原料包覆囊芯,在凝固浴中(水或溶液)固化形成微胶囊。

成膜材料多为能溶于水或有机溶剂的聚合物，如褐藻酸钠、聚乙烯醇、明胶、蜡和硬化油脂等物质。

固化时通常采用加入固化剂或热凝聚的方式来完成，也可利用带有不同电荷的聚合物络合来实现。近年来，多采用无毒且具有生物活性的壳聚糖阳离子与带有负电荷的多酶糖络合形成囊壁。

锐孔成型是以液体形式落入固化液中，因此微胶囊的大小与锐孔有直接的关系。锐孔一般在 0.5mm 以上，因而所得到的微胶囊颗粒较大，包埋率低，但设备较简单，投资少、操作灵活。

7. 干燥浴法

(1) 水浴干燥法

溶剂脱水法的工艺原理就是首先将含有一定包囊材料的水溶性囊芯及其乳化液制成均匀的混合液，然后再将这种液体混合到一定的极性溶剂中，利用液体溶剂吸收微囊液滴中的水分来达到干燥的目的，最终形成一种结构坚实的微型胶囊颗粒并从溶液中沉淀出来(图 4-8)。用于亲水性芯材的微胶囊化。例如：壁材(阿拉伯胶)和囊芯物质(调味香料)→混合→均质、乳化→乳化液→在乙醇中雾化和干燥→脱水→微胶囊产品

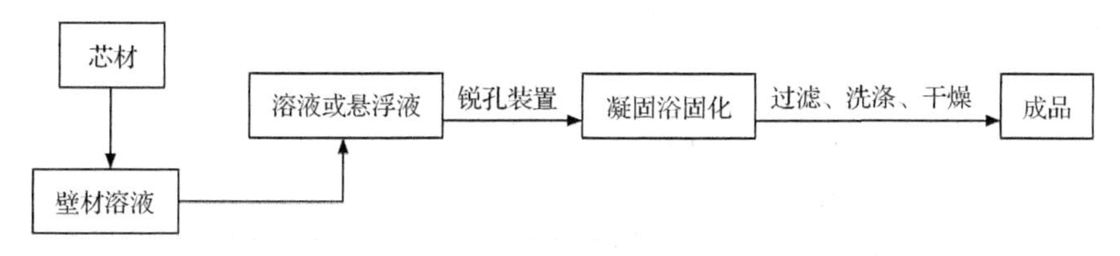

图 4-8　水浴干燥法流程简图

(2) 油浴干燥法

油浴干燥法的原理与水浴干燥法类似，主要区别为：油浴干燥法制备的是O/W/O型复相乳液，脱溶剂即除去水。油浴干燥法所用有机溶剂的沸点要比水高。油浴干燥法主要应用于疏水性物质的微胶囊化。

8. 孔膜挤压法

孔膜挤压法是一种在低温条件下进行的微囊化技术。首先将芯材分散在融熔态碳水化合物中，经过一系列的孔膜用压力挤压到一种盛有脱水液的水溶液中，当经过孔膜挤压出来的这种混合物接触到脱水液体时，包囊材料便发生硬化并随之包覆在囊芯物质的表面上，然后再从脱水液中分离出由于挤压所形成的细丝，对其进行干燥并研成粉末状，以便降低它的吸湿性，这样便形成了初产品(图 4-9)。

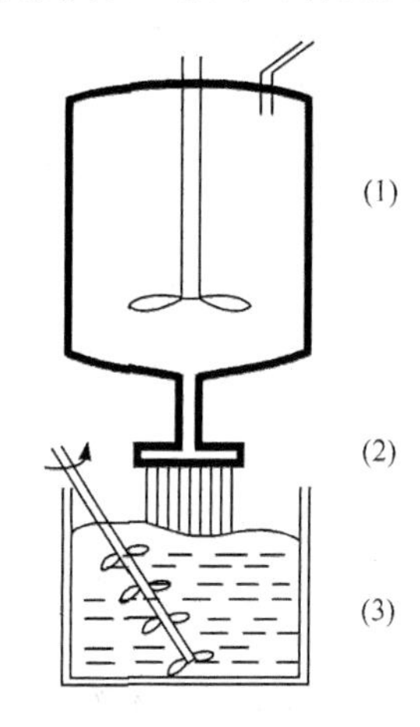

图 4-9　挤压法装置图

(1) 加压反应槽；(2) 压穿台；(3) 脱水固化剂(异丙醇)

该工艺特别适用于热不稳定的囊芯物质，如用于生产微胶囊化的香科及色素等。

三、微胶囊芯材的释放途径

微胶囊所含的芯材既可以立刻释放出来，也可缓慢释放出来。可采用机械法(如加压、揉破、毁形或摩擦等)、加热下燃烧或融化法以及采用化学方法(如酶的作用、溶剂及水的溶解、萃取等)等途径使芯材快速释放；也可在芯材中掺入膨胀剂或应用放电或磁力方法促使芯材的快速释放。而缓慢释放则是在环境中使芯材缓慢地释放出来，一般不需要外加条件。在多数应用领域一般常要求缓慢释放，以提高作用效果的持续性。

1. 活性芯材物质通过囊壁膜的扩散释放

这是一种物理过程，芯材通过囊壁膜上的微孔、裂缝或者半透膜进行扩散而释放出来。例如，在水环境下，微胶囊遇到水会逐渐溶胀，水由囊壁膜渗入开始溶解芯材，此时出现了囊壁膜内外的浓度差，水的继续渗入会使芯材的溶解液透过半透膜扩散到溶剂中，扩散过程持续进行直到囊壁内外浓度达到平衡或整个囊壁溶解为止。膜释放受下列因素控制：微胶囊壁膜两侧的浓度差、壁厚、活性成分透过壁材的渗透率及活性成分对周围环境的扩散能力。

2. 用外压或内压使囊壁膜破裂释放出芯材

这一释放机制借助各种形式的外力作用使囊壁破裂释放出芯材，或在内部靠芯材的自身动力使囊壁膜降解而释放出芯材。

3. 撕裂或剥开

这种方法一般是将胶囊置于两层纸或薄膜之间的黏合剂层中，将纸或薄膜撕开时，微胶囊破裂，芯材释放。

微胶囊的释放依赖于溶剂的种类、湿度、pH、压力和温度，与壁材、芯材的化学性质也有关系。囊壁聚合物的渗透性、弹性和可溶性同样也关系到释放的速率。囊壁的渗透性、弹性和可溶性又取决于囊壁聚合物的种类、微胶囊的大小及囊壁的厚度和层数等。

第二节　微胶囊在染整加工中的应用

微胶囊在食品、医药等工业已有广泛的应用。用于染料和染整工业则是在无碳复写纸的成功应用后才受到重视，目前成功应用的案例主要体现在以下几方面：

1）微胶囊染料和涂料的染色和印花；

2）微胶囊功能整理剂的应用；

3）微胶囊加工制剂(包括消毒剂、洗涤剂、漂白剂以及黏合剂等)的应用。

一、微胶囊染料和涂料的染色与印花

（一）微胶囊染料的染色

微胶囊染料或涂料是指芯材为染料或颜料的微胶囊，直径一般在 10～200μm，形状有球形、多面体。所用染料包括分散、酸性、阳离子、还原、活性及油溶性染料等。

1. 微胶囊分散染料染色

微胶囊分散染料的制备技术目前比较成熟。通过改变微胶囊芯壁比可以控制分散染料的缓释速率。由于微胶囊染料的匀染性优良，因此升温速度可不加控制，在高温高压染色机染色，染色时间 30～60min 即可。

2. 微胶囊染料彩虹染色技术

当胶囊中染料向纤维转移并固着后，会呈现出微细的多色点或单色点彩虹状

的雪花颗粒，故称为彩虹染色技术。

3. 微胶囊染料多组分纤维染色

随着微胶囊技术的进步，可解决一些混纺纤维的上染问题。例如，在染混纺纤维过程中，可将两种染料制成微胶囊同时上染混纺纤维，解决了染料间的干扰问题，使多组分纤维染色的同色性容易实现，并达到较好的牢度。

4. 微胶囊染料有助于色牢度的提高

染色后的水洗是去除浮色、提高色牢度的主要方法。浮色是指仅停留在纤维表面、未进入纤维及未与纤维结合的染料分子。如果染色时断绝染料来源，已吸附在纤维表面甚至染浴中剩余的单分子染料就会继续向纤维内部转移，因为极性水环境是驱赶染料分子进入非极性纤维内部的巨大推动力。实验证明，采用微胶囊染色技术，这种驱赶染料进入纤维内部达到去除浮色的目的是可以实现的。

在染色之后，带有少量剩余染料的微胶囊可以轻易地从染浴中分离出去。

5. 高介电常数微胶囊染料静电染色

在垂直于纸张平面的静电场作用下，印花油墨可转移到纸张上，从而达到印制的目的。先把染料分散在一种具有高介电常数的溶液中，同时封入微胶囊内，赋予微胶囊高的绝缘性能。可适用的壁材有很多，如聚丙烯酸酯和聚丙烯酰胺、聚酯树脂和聚酰胺树脂等。所制成的微胶囊染料颗粒直径一般为 50μm，可以应用电场的静电复印方法实现印花或染色。在静电场的作用下，微胶囊染料溶液通过与织物保持一定距离的网板，被沉积在织物上，而后再利用加压、加热或加入适当的溶剂等方法使微胶囊破裂而发生固色。

常用壁材是高比电阻的高相对分子质量聚合物；非水溶性的成膜高分子物质，如聚丙烯酸酯、聚酰胺、聚酯等。芯材是染料和高介电常数液体(如甲醇、乙醇、乙二醇以及它们的混合物)。

以下是高介电常数分散染料微胶囊的配比组分情况。

芯材液体成分：	分散染料溶液（染液 30%，分散剂 25%，水 45%）	5 份
	尿素	2.5 份
	硫酸铵	0.5 份
	氯酸钠	0.05 份
	羧甲基纤维素	1.95 份
	水	90 份
	共计	100 份
壁材组分：	聚酰胺(采用界面聚合法获得)	100 份

6. 染料微胶囊的干法染色

将微胶囊化的染料通过物理方式使之与被染物结合，再利用染料升华的特征，使染料发生气相转移并固着在纤维上。例如，在磁场作用下使磁性的染料微胶囊先吸附到纤维或织物表面，然后通过加热使染料升华，实现对纤维上染，而残留的微胶囊其他成分则通过物理方法从织物上分离下来，完成整个染色过程，实现无水染色。应用这种磁性对染料微胶囊进行染色加工的方式如图 4-10 所示。

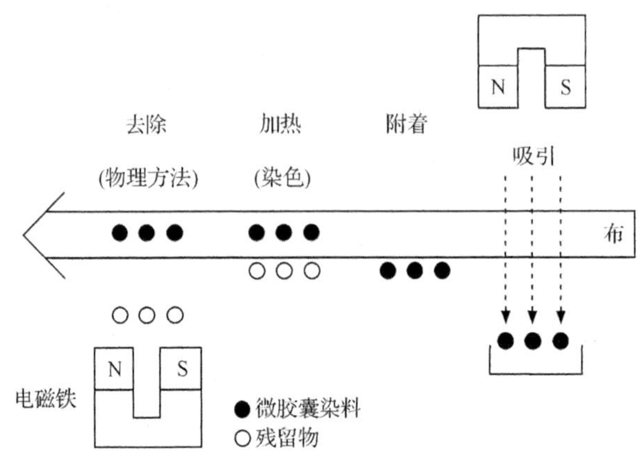

图 4-10　磁力场作用下微胶囊染料的染色工艺

（二）微胶囊染料印花

1. 多色微粒子印花

这是一种特殊的多色雪花状花纹的印花方法，采用的染料有分散、酸性、阳离子和活性染料等。由于染料储存在胶囊中，故在向纤维转移和上染固着后，呈现出微细的雪花颗粒状颜色。如果含有多种颜色的染料，则可得多色的雪花状色彩，但不能印出大的多色点花纹。采用类似的方法还可制得酸性和碱性染料的微胶囊，可分别用于涤纶、棉、腈纶、锦纶和羊毛等产品上，采用简单的工艺便可获得多色印花效果，并有很好的重现性。若用于双面多色点印花也可得到新颖的印花效果。

例如，MCP-T 染料在棉织物的印花加工（图 4-11）。

工艺流程：印花→烘燥→汽蒸（100～108℃，5～15min）→水洗→皂洗→水洗。

色浆处方：		
	MCP-T 染料	5～40 份
	碳酸氢钠	3 份
	尿素	5 份
	间硝基苯磺酸钠	2 份
	糊料（Hi—Print RC，4%）	35～60 份
	水	x
	总量	100

图 4-11　棉织物印花工艺与色浆配制

2. 微胶囊转移印花

微胶囊染料印花技术是先将染料和溶剂制成微胶囊，再加工成转移印花纸，在转移印花时，通过压力、高温或湿热作用，使微胶囊破裂，在溶剂作用下，使染料转移到织物上并固着在纤维上。这种微胶囊印花技术，可以得到深色效应，并可提高匀染性。

对于分散染料而言，已得到成功的应用，其机理在前文中已作了相应描述。

对于活性染料而言，染色时需要在碱性条件下进行，以促使染料与纤维的反应，而染料和碱剂长时间接触会被水解而失去染色价值。微胶囊活性染料恰好能够避免染料与碱的长时间接触问题，即微胶囊化的染料壁材可以有效阻隔染料与碱；即便将它们共同印在转移印花纸上，也可防止染料遭到水解；而在转移印花时使胶囊破裂，染料与碱剂再度混和在一起，随着染料的上染，碱剂发挥固色作用。

冯继红等认为采用微胶囊包囊染料，此时的微胶囊可看作是一个染料库，由于其控制释放性质，可以达到多次转移的目的。Gomes 等制备了含有酸性染料和不同浓度大豆卵磷脂的微胶囊，比较了该微胶囊型染料和普通染料对染色速率的影响效果。结果证明，该微胶囊型染料可以改善染料在染色与印花过程中的不均匀性。他还研究了采用超声波法和机械搅拌法制备羊毛染色用活性染料微胶囊的染色与印花特性。

3. 颜料微胶囊着色剂染色和印花

颜料着色剂是以颜料、有机溶剂和黏合剂为芯材，由热塑性或热固性高分子物为壁材组成的微胶囊。按壁材高分子物的性质分为热塑性微胶囊颜料着色剂和热固性微胶囊颜料着色剂。

（1）热塑性微胶囊颜料着色剂

该着色剂应用时，配制染液或印花色浆施加于织物上后，经过一定的温度处理(高于树脂的玻璃化温度)，树脂发生成膜过程，并将颜料黏合在纤维表面，完成染色或印花过程。

（2）热固性微胶囊颜料着色剂

该着色剂的基本组成和热塑性着色剂相同，不同的是所选用的树脂是可与固化剂反应形成网状结构的物质。例如，选用环氧树脂作为壁材，应用时再加入多胺化合物，成膜后则变成热固性的树脂。这种着色剂具有较高的牢度。

此外，颜料微胶囊着色剂还可以用颜料为芯材，常用的黏合剂为壁材来构造。在应用时，通过热处理过程使黏合剂发挥黏合固着作用。

4. 变色染料微胶囊染色和印花

变色染料是对光、热、湿以及压力等因素敏感的染料，受到这些因素作用后颜色会发生可逆或不可逆变化。变色染料用于染色和印花，由于多种原因需要制成微胶囊的形式。例如，一些变色染料对纤维没有亲和力，只有加工成微胶束后靠黏合剂固着在纤维上；另一些变色染料只有封闭在微胶囊中才能维持变色的条件而产生可逆变色效应；还有一些变色染料易受外界因素的干扰，也需要制成微胶囊。

二、微胶囊功能整理剂

微胶囊技术也广泛地用于纺织品功能整理加工，可获得常规整理无法得到的效果。这包括阻燃、防皱、防缩、拒水、拒油、抗静电、柔软、抗菌、杀虫、香气以及其他特殊的整理。由于微胶囊与纺织材料之间缺乏直接性，所以在应用微胶囊进行功能整理时，常使用黏合剂或反应性交联剂，以提高耐用性。

（一）微胶囊在抗菌和杀虫整理中的应用

为了提高抗菌和杀虫整理剂的耐用性和相容性，或者使其便于整理加工，通常将抗菌和杀虫剂制成微胶囊后进行应用。该方法是将抗菌剂(或杀虫剂)和癸二酰氯混溶后，在高速搅拌下慢慢滴入含己二胺和二氨基苯及碳酸钠的水溶液，使该抗菌剂(或杀虫剂)分散颗粒界面发生缩聚反应，形成聚酰胺壁材，芯材为抗菌剂(或杀虫剂)。应用时可通过涂层加工，或与黏合剂等一起应用，使微胶囊固着在织物上。如果耐用期不需要很长，也可浸轧织物，使微胶囊破裂，抗菌剂(或杀虫剂)渗入织物后，立即起抗菌或杀虫作用。

另外，将高效除臭剂的草药制成微胶囊应用于长统袜后，其药性可保持很长时间。例如，由维生素 C 和海草浸渍物制成的微胶囊整理后的长统袜，在穿着过程中可帮助皮肤保持润湿，有较好的医疗价值。利用艾蒿提取物制成的微胶囊处理，固着在锦纶织物上，可使锦纶织物具有保湿性、抗菌防臭等功能，对湿疹、痱子等皮炎和皮肤过敏症具有医疗价值，可用来制作运动衣、内衣等服装。当微胶囊数量为每平方米 200 万个以上时，可耐家用洗衣机洗涤 50 次以上。还有一种由含驱虫剂的微胶囊处理的内衣，当穿着者遭到昆虫侵袭时，大量微胶囊破裂，加速了驱虫剂的释放。

（二）微胶囊在香气整理中的应用

对香精或香料进行微胶囊化后，可以提高芳香整理的质量并使织物有持久的释香能力。香气物质微胶囊有两种，一种是开孔型，微胶囊壁有许多微孔，不断释放香气，而且温度的升高，微胶囊中的香气物质释放也加快挥发；另一种是封闭型的，正常情况下微胶囊中的香气物质很少释放，但由于微胶囊的壁材是脆性的，在受压或摩擦时破裂而释放出香气。

例如，采用复凝聚技术，用明胶和瓜尔豆胶包覆薰衣草油或松油开发的芳香微胶囊，其产品用于缎带、手帕、围巾、领带、窗帘和家具用织物的芳香整理，手工洗涤 10 次以上时，香味仍保持不变；用具有低温反应活性的有机聚硅氧烷树脂包覆茉莉油或檀香油制备的微胶囊产品，可以大大提高织物的留香期，洗涤 50 次以上仍然保留有香气；用三聚氰胺-甲醛树脂包覆芳香精油并将其用于棉织物，在 15 次循环洗涤之后仍有香味，搁置于衣架上或保存在衣柜中，其留香期可达 1 年之久；用原位聚合法结合多层造壁技术制备的缓释性及压敏型芳香微胶囊，其缓释作用明显增强，整理的织物其留香期长于 5 个月；粒径在 3μm 左右的微胶囊则可以渗透到纤维内部，其留香期可高达 1 年或 2 年。

目前已开发的芳香微胶囊主要有：蜜胺树脂芳香微胶囊、聚氨酯芳香微胶囊、天然高分子明胶芳香微胶囊、脲醛树脂玫瑰香精微胶囊等。

（三）微胶囊在阻燃整理中的应用

阻燃微胶囊是指以阻燃剂为芯材所制成的微胶囊。在阻燃整理中，由于传统的卤素、有机磷是阻燃剂，在燃烧时散发出大量烟雾和有毒气体。有的阻燃剂挥发性大，耐热性差，或存在迁移性；有的对纤维没有亲和力，很难固着在纤维上；有些则是非水溶性的，需要溶解在有机溶剂中进行加工。因而在应用时都不同程度地存在一些弊端。对于混纺织物，由于各种纤维在结构上存在差异，需要使用不同的阻燃剂进行整理，而这些阻燃剂彼此又互相干扰，不能采用常规的方法一起应用。将这些阻燃剂微胶囊化以后进行应用，则不仅能够克服上述弊端，而且可使混纺织物的阻燃整理一次完成，大大缩短整理工艺。

据研究，通过界面聚合法，用聚氨酯、有机硅树脂、聚烯烃、环氧树脂、聚酰胺或聚酯包覆防火剂和抗静电剂等物质制备的微胶囊，可以使纺织品具有很好的阻燃、隔热和抗静电效果；以聚乙酸乙烯树脂为壁材，将阻燃化学品和遇火体积膨胀的膨胀剂两者加以微胶囊化，对阻燃有效；以磷酸二氢铵为芯材，以聚氨酯为壁材合成的微胶囊，可以赋予织物永久的阻燃效果；将功能不同的几种助剂包裹在同一个胶囊内，可以制成多功能阻燃材料；以硅酸盐、有机硅、环氧树脂、含氟高聚物等胶囊材料进行微胶囊化的阻燃剂，可适用于高温加工。

（四）防皱和拒水整理剂微胶囊的应用

将含有整理剂的微胶囊悬浮体施加于织物（如涤棉织物）后，于 100℃烘干，再经轧辊压，使微胶囊破裂，微胶囊的芯材溶液可渗透入织物，再于 60℃烘干和 130℃焙烘 3min，织物就可获得良好的防皱或拒水性能。

（五）调温微胶囊的应用

调温纺织品是一种新型的智能纺织品，是用调温微胶囊对纺织品进行后整理或将调温微胶囊加入纺丝原液中纺丝制成调温纤维再经织造加工而成。这类纺织品在穿着时具有良好的抵抗热冲击的效果，既可以吸收外界以及人体散发出来的热量，起到降温作用；也可在外界环境降温时释放热量起到保温作用。

调温微胶囊是以特殊的聚合物为壁材，以相变材料为芯材制成的微胶囊，作用机理是：当外界温度高于相变材料的相变点时，相变材料吸收热量而发生固相变成液相的变化，储藏能量；当温度下降，低于相变材料的相变点时，又从液相变成固相而释放热量。科研人员对调温微胶囊的应用前景十分看好。

三、微胶囊的其他染整应用

1. 紫外线吸收剂微胶囊

20 世纪 90 年代，日本首先开发了防紫外线织物。目前，提高纺织品防紫外线性能的途径大致有四类：一是直接选用抗紫外线性能较好的纤维为原料来生产纺织品，如涤纶纤维等；二是改变面料的组织结构，如增加面料的厚度和密度等；三是在纤维纺丝时添加陶瓷微粒以反射紫外线，达到防紫外线的作用；四是对织物进行防紫外线后整理，如将织物浸轧紫外线整理剂，或在织物表面进行紫外线整理剂的涂层整理等。

使用防紫外线整理剂处理织物后，不仅使织物具有较强的吸收紫外线的能力，对人体产生良好的保护作用，而且还可提高染料的日晒牢度，但是有一些紫外线吸收剂对纤维没有亲和力，容易挥发和被洗去，如将其制成微胶囊后使用，则可大大提高使用的耐久性。

2. 化学消毒剂微胶囊

这种微胶囊的制备方法采用界面聚合法和有机相分离法，芯材包括了固体反应性化学消毒剂，壁材则选用半渗透性的聚合物，这种壁很薄，只有 1～10 μm，对消毒剂是不渗透的，但可以有选择地快速透入有毒化学药剂，而且囊壁能保护芯材不受热、湿和光的分解作用，以达到长期和最佳的消毒效果。此微胶囊为中和有毒的化学药剂提供反应场所。可通过树脂整理用丙烯酸类黏合剂均匀地施加在织物上，所得织物经过反复洗涤和紫外线照射后依然可以保持消毒能力。

3. 脱毛剂微胶囊

美国一项专利介绍了一种能自动去除体毛的尼龙袜。该发明采用微胶囊技术将液体的脱毛剂制成压敏性微胶囊并涂于袜子上，不仅有利于脱毛剂与袜子的结合，而且不会改变织物原有的干燥外观。在穿着过程中，当袜子紧贴皮肤时，由于毛发产生的压力和摩擦作用使微胶囊破裂，在围绕毛发的区域内脱毛剂有选择地释放，而迅速破坏毛发的蛋白质结构，并在正常的服装穿着期内溶解毛发。该发明克服了先前各类毛发去除方法的不足，可以使用那些难以长期直接施加于皮肤上的化学药品，能延长脱毛剂与毛发的持续接触时间，提高了使用效率，同时因壁材的封闭作用而不散发异味。

4. 漂白剂微胶囊

漂白剂都是稳定性较差的氧化剂，漂白开始阶段，由于浓度高分解速度很快，不仅造成浪费，还容易引起漂白的纺织品过度损伤。在自动水洗机中洗净织物时，也常需加入少量漂白剂。为了控制漂白剂的释放均匀，提高它的稳定性和利用率，减少织物局部损伤，也可对漂白剂进行微胶囊化。

5. 黏合剂微胶囊

在黏合剂工业，需要无溶剂型的、在室温下可短时间黏合的以及对自动机械可简易地进行自动黏结的黏合剂。把微胶囊技术用于黏合剂，可获得具有快速固化功能的染整黏合剂，将满足织物后整理的一些加工要求。

6. 纤维微胶囊

利用中空纤维作为微胶囊壁材的新型微胶囊，称为纤维微胶囊。芯材有香料、抗菌剂、阻燃剂、药剂、除臭剂等。纤维微胶囊在食品方面也有应用，例如，益生菌在极端环境条件下的存活能力很低，因此可采用膳食纤维微胶囊包埋益生菌。

微胶囊技术作为一种纺织领域染整加工的新型应用技术，以其优越的特性，推动了纺织品向高附加值、高档化、多样性等方向发展。随着科学技术的进步，微胶囊技术将朝着可控缓释、耐用持久、效果稳定、超细化的方向发展。

习　题

1. 微胶囊材料的制造方法有哪些?
2. 微胶囊材料的优越性能体现在哪些方面?
3. 微胶囊材料在纺织上有哪些应用?
4. 写出多色点微胶囊印花的原理和工艺过程。

参考文献

邓春雨，徐卫林. 2005. 微胶囊技术及其在纺织领域中的应用. 针织工业，(6)：40-43.

冯继红，陈水林. 2004. 微胶囊技术在纺织行业中的应用. 化工新型材料，(4)：47-48.

关新杰，张海燕. 2011. 微胶囊技术在染整工艺中的应用. 染整技术，(6)：18-21.

国栋，郭虹，翟玉春. 2005. 微胶囊技术及其在涂料中的应用. 材料与冶金学报，(9)：4-7.

胡大艳，郭建生. 2005. 微胶囊技术在织物整理上的应用. 山东纺织经济，(6)：66-69.

黄利利，徐小茗，钟毅，等. 2008. 微胶囊化分散染料的拼染. 纺织学报，29(1)：73-76.

黄玲，邱白玉. 2006. 微胶囊整理剂在纺织品后整理中的应用. 毛纺科技，(3)：57-50.

江天. 2003. 微胶囊技术及其在新型功能织物开发中的应用. 产业用纺织品，(6)：3-7.

吕世静，李宗锋. 2007. 微胶囊技术在纺织品功能整理中的应用//第七届功能性纺织品及纳米技术研讨会论文集，291-293.

宋心远，沈煜如. 1999. 新型染整技术. 北京：中国纺织出版社.

苏峻峰，王丽，任立新. 2003. 微胶囊技术及其最新研究进展. 材料导报，(9)：141-147.

唐志翔. 2003. 微胶囊技术在纺织品方面的应用. 染整科技，(3)：47-53.

王广金，褚良银，陈文梅，等. 2004. 多孔膜微囊载体固定微生物的性能研究//第一届全国化学工程与生物化工年会论文.

王晓文,郑昊,罗艳,等. 2007. 分散染料微胶囊/活性染料涤棉一浴法染色工艺初探. 东华大学学报, 33(4): 468-471.
徐冬梅,张可达. 2003. 微胶囊的功能及应用. 精细石油化工,(6):55-57.
郑利梅,刘润泽,柳冰,等. 2007. 微胶囊技术应用于纺织染整研究进展. 广州化工,35(5):6-13.

第五章　无水染色及少水染色技术

第一节　超临界流体技术在染整加工中的应用

传统织物印染需大量用水和化学助染剂，属高耗能、高污染行业。超临界流体技术是能够让印染业完全摘下“污染帽”的新型无水染色技术。该技术如在全国推广，则每年可节水 20 亿 t、减少污水排放 18 亿 t，减少用电、用气、助剂、治污等成本投入总计 574 亿元。超临界流体染色可以代替水作为染色介质对纺织品染色，染色完成后剩余染料和二氧化碳均可回收并循环使用。

超临界二氧化碳流体染色技术在涤纶纤维和某些高性能纤维的染色中的应用效果最佳。全球第一例超临界无水染色实验始于 1989 年，随后由德国西北纺织研究中心(DTNW)和德国 Jasper 公司于 1991 年制造了第一台实验室规模的超临界无水染色实验机。近年来，在此技术方面的研究十分活跃，也有了突破性进展，但在大规模应用方面还需要进一步努力。

一、超临界二氧化碳流体的性质与制备

(一) 纺织品染色最基本的要素

纺织品染色最基本的四个要素是纺织纤维材料、染料、染色所需的化学品和助剂、染色介质。作为染料上染纤维的介质，它必须具有以下功能：①分散和溶解染料(有足够的溶解能力)，形成染料溶液；②润湿纤维和对纤维发生溶胀或增塑，加快染料对纤维的吸附和扩散；③溶解染化料和助剂，使它们在染色时充分发生作用；④赋予染料良好的染色性能，包括高的染色亲和力、上染速度、匀染性和染色牢度。

超临界流体具备了上述染色介质的性能。在超临界状态下，超临界流体处于半液气状态，使超临界流体既具有液体的溶解能力，又具有气体的扩散能力。超临界流体既可以溶解染料，又可以轻易地渗透至纺织品内部，完成染料溶解、吸附、上染的工艺过程。当染色周期完成后，通过降压使超临界流体气化，原先溶解在超临界流体中的染料以干粉形式沉降而得以回收，气化后的气体也可以通过回收系统得以回收，整个染色过程在密封系统中进行，不产生废水和废气，即零排放。

（二）超临界二氧化碳流体的特性

二氧化碳是一种无色、无臭、不可燃的气体，分子呈直线形，氧原子分别在碳原子的两侧对称分布，因此不显极性。它的沸点很低，在常温时为气体；当温度和压力超过二氧化碳的临界温度(31.1℃)和临界压力(7.39MPa)，即超过临界点 CP 后，二氧化碳则转变为超临界流体状态（图 5-1）。

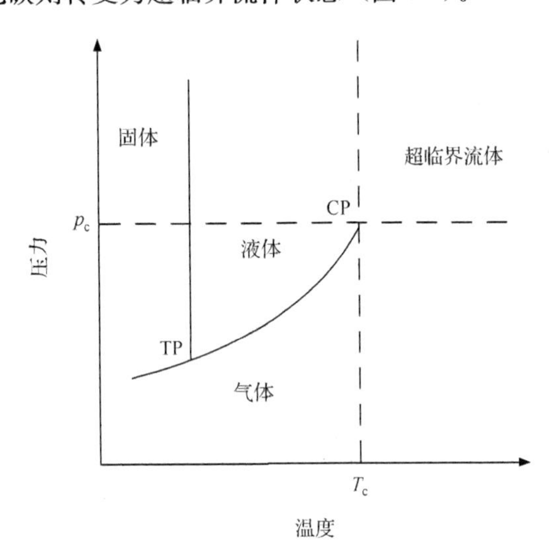

图 5-1　二氧化碳的 p-T 状态图

p_c、T_c 为临界压力和临界温度；CP 为临界点；TP 为固、液、气三相交点

处于超临界流体的二氧化碳和气体一样，可以均匀地分布在整个容器中，通过控制压力，可以达到接近液体的密度(0.3～1g/cm³)。超临界流体的密度为气体的数百倍，但其黏度与气体相当，它的扩散系数是气体的 1%左右，但比液体大数百倍(表 5-1)。这表明溶解分散在超临界流体中的物质扩散容易，超临界流体对物体具有很强的渗透作用。在化学性质方面，超临界二氧化碳流体的性质和非极性的有机溶剂相似，因此对非极性或疏水性纤维有较强的溶胀和渗透能力，对低极性和非极性物质有较高的溶解能力，但是对极性物质的溶解能力不高。

表 5-1　超临界二氧化碳流体和气体及液体性质的比较

物理特性	气体(常温、常压)	超临界流体	液体(常温、常压)
密度/(g/cm³)	0.0006～0.002	0.2～0.9	0.6～1.6
黏度/(mPa·s)	10^{-2}	0.03～0.1	0.2～0.3
扩散系数/(cm²/s)	10^{-1}	10^{-4}	10^{-5}

超临界流体的临界压力和临界温度因分子结构而异，分子极性越强，相对分

子质量越大，临界温度越高，临界压力则越低。一些物质的临界压力和临界温度见表 5-2。

表 5-2　一些物质的临界压力和临界温度

物质	临界温度/℃	临界压力/MPa	临界密度/(g/cm³)
二氧化碳	31.1	7.39	0.464
乙烷	32.3	4.94	0.23
丙烷	96.9	4.32	0.22
丁烷	152	3.85	0.223
正己烷	234.2	3	0.234
氨	132.3	11.28	0.24
乙烯	9	5.11	0.22
苯	288.9	4.89	0.302
甲醇	240.5	7.9	0.302
乙醇	243.5	6.43	0.276
一氯三氟甲烷	28.8	3.95	0.578
水	374.4	22.98	0.334

鉴于超临界二氧化碳流体所具有的超常性质，可将其应用于纺织品加工系统中，如纱线的上浆、织物的退浆、棉纤维上蜡质的去除、羊毛的脱脂、合成纤维和天然纤维的染色、织物的荧光增白和防紫外线整理等方面。

1. 分散染料在超临界流体中的溶解度

从理论上来说，流体密度的增大会降低分子间的平均距离，从而增强了溶质和溶剂分子间的相互作用。对于超临界流体来说，物质的溶解度是溶剂密度的函数。图 5-2 定性说明了分散染料在超临界二氧化碳流体中的溶解度和温度、压力的关系。A→B 是超临界状态。

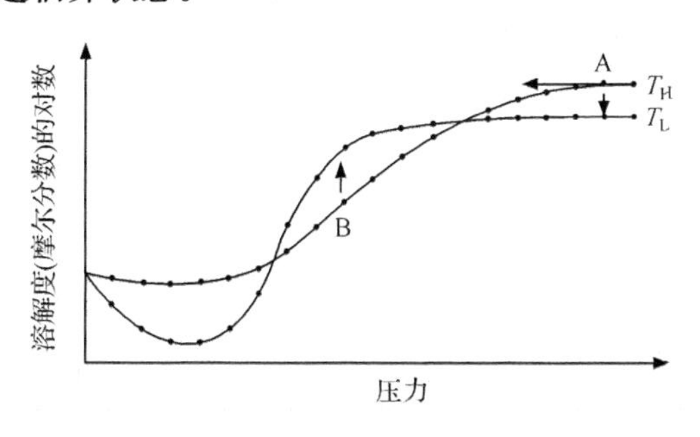

图 5-2　分散染料在超临界二氧化碳流体中的溶解度性质

分散染料在超临界二氧化碳流体中的溶解特性十分复杂，不仅有压力和温度的双重影响，而且还有反转现象。在对数坐标下，以溶解度(物质的量浓度)对压力作图，不同的等温线会相交，所有用于超临界二氧化碳流体的染料都有这个现象，这是由温度和压力两个因素竞争产生的。

在超临界区域内，当压力较低且保持不变时，温度微小的提高就会导致密度急剧下降，于是导致溶解度的下降。随着压力的增大，流体的密度也会随之增加，最终导致该溶质的溶解度随压力升高而增大。

必须注意，任何一种染料的溶解度曲线都是由其自身性质决定的，如相对分子质量、升华热、熔点等。

2. 影响分散染料在超临界二氧化碳流体中的其他因素

染料在溶液和聚酯纤维中分配的过程很复杂，不仅取决于其在超临界二氧化碳流体中的溶解度，而且取决于它对纤维的亲和力、扩散系数，还有二氧化碳的温度和密度。在高温时，聚酯膨胀得更多，因此会有更多的染料进入纤维内部。以蒽醌和偶氮分散染料对聚酯(PET)纤维在超临界二氧化碳流体中进行染色实验，取得了与水染一样的色度和牢度，并发现超临界二氧化碳流体能溶胀纤维并降低纤维的玻璃化温度，即可以降低染色所需的温度。

染料结构和官能团与溶解度的关系非常关键。极性小的染料溶解度大，染料中—OH、$—NH_2$、$—NO_2$、$—OCH_3$、—COOH 等基团，不仅增加了染料的极性，而且使染料分子通过氢键形成大分子团，降低了染料在超临界二氧化碳流体中的溶解度和扩散能力。此外，染色过程中二氧化碳与纤维的最佳质量比为 5～10。质量比过大将导致染料分子扩散系数下降及操作费用提升；过小，则不能为染色过程提供充足的溶解染料。因此，有必要对大量的分散染料进行研究，其中一些可能适合水染色，而另一些可能不适于水染却更适用于超临界二氧化碳流体染色。

染料在超临界二氧化碳流体中的溶解度对染色的均匀性也很重要。迄今为止，超临界二氧化碳流体染色过程一直在寻求溶液中最大的染料浓度，这对于缩短染色时间很重要。

二、超临界二氧化碳流体在染整中的应用

(一) 超临界二氧化碳流体无水循环染色系统

超临界二氧化碳流体染色机构成如图 5-3 所示，其染色过程由以下几步构成。

1) 染料进入系统由染料罐、加压器、单向阀、加料器组成。首先把染料注入染料罐，系统开始工作后开启加压泵，设定染料罐压力进口，当系统中的压力

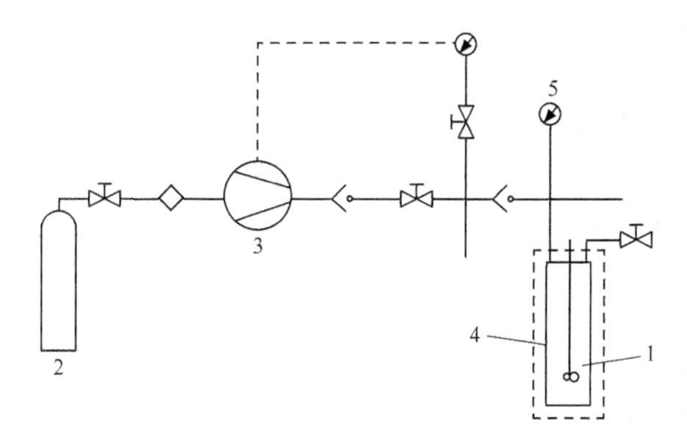

图 5-3　实验室超临界二氧化碳流体染色机示意图

1. 搅拌器；2. 气体罐；3. 薄膜式气体；4. 高压罐；5. 液体压力计

低于进口时，单向阀自动关闭，染料注入阶段完成，染料注入量的多少可由计量罐控制。

2）染色循环系统由染色反应罐、循环泵、控制阀组成。当系统压力达到工作压力以后，二氧化碳已经处于超临界流体状态，染料同时注入完成，关闭控制阀，进入循环染色阶段。利用循环泵将染料-超临界二氧化碳流体在染色反应罐中循环流动，使染料与纺织材料充分接触，循环预定的时间后，关闭控制阀进入二氧化碳收集阶段。

3）二氧化碳回收系统由二氧化碳回收罐、二氧化碳压缩机组成。当染色过程结束后，打开控制阀，以柱塞泵将二氧化碳流体打到二氧化碳储罐，剩余的气态二氧化碳排入真空二氧化碳回收罐中。回收罐中的二氧化碳可再次压缩成液体，排入二氧化碳储罐。待反应器中二氧化碳排尽，打开端盖，取出被染物，染色完成。

4）多余染料与二氧化碳分离并沉淀在罐底，可以进行回收。

5）用二氧化碳流体对染色后的织物进行反复清洗，浮色染料(非极性染料，如分散染料)将完全被二氧化碳流体吸附，再经过 3)、4)过程，对浮色染料回收。在大多数情况下，即使不进行还原清洗，染色织物也具有较高的摩擦牢度，对某些不易清除的未固着的染料粉末，可以用二氧化碳在较低温度下清洗，使其从纤维表面分离下来，不必用水进行洗涤或还原清洗。

（二）超临界二氧化碳流体用于前处理

传统的以水为介质的上浆和退浆工艺耗能多，并产生大量污水。以超临界二氧化碳流体为介质的上浆和退浆能显著降低能耗和污水的产生，但由于传统的浆料不能直接溶于超临界二氧化碳流体中，因此必须开发适合于此体系的新浆料。

例如，以低极性氟化物为基础的浆料，被应用于涤/棉混纺纱线的上浆工艺。据报道，该浆料在超临界二氧化碳流体中可溶，上浆后的涤/棉混纺纱线耐磨性比传统的淀粉/PVA浆料高3倍以上。此外，利用超临界二氧化碳流体的洗涤萃取作用，可以彻底去除织物上的浆料，且浆料和二氧化碳几乎全部被再循环利用。上浆和退浆工艺流程如图5-4所示。

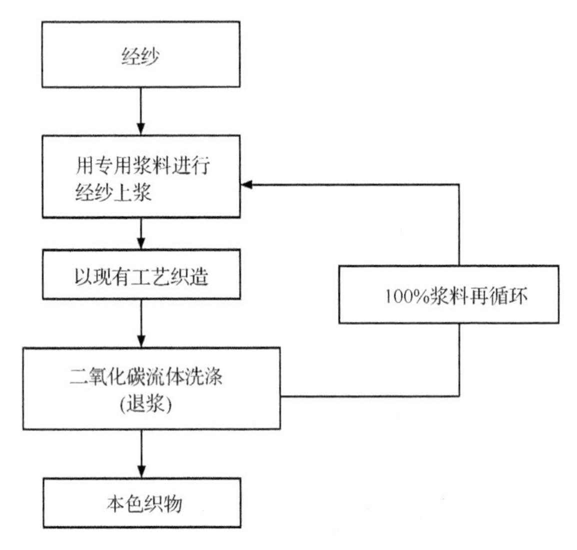

图5-4 上浆和退浆工艺流程

研究表明，用超临界二氧化碳流体洗涤原毛，可获得很纯净的羊毛纤维。工作示意图如图5-5所示。

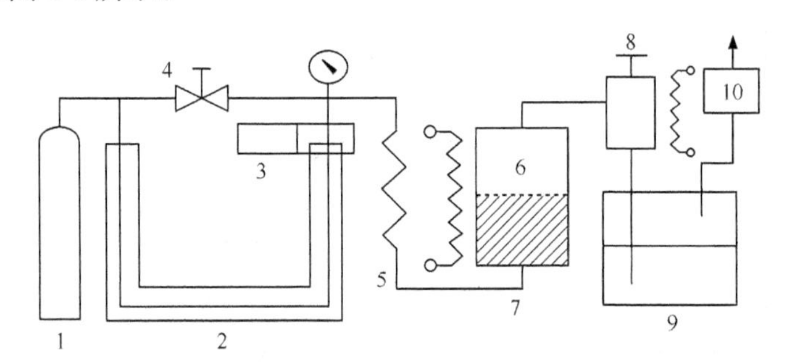

图5-5 超临界二氧化碳萃取羊毛脂简化流程图

1. CO_2 钢瓶；2. 循环冷却器；3. 加压泵；4. 调压阀；5. 预热器；6. 萃取器；7. 压力表；8. 减压阀；9. 玻璃接受器；10. 湿式流量计

将一定量的粗羊毛脂(羊毛脂中非皂化物)装入萃取器内，开动循环冷却器、预热器及加热器，使系统达到制定的工作状态，开启二氧化碳钢瓶，二氧化碳由加压泵抽出，经预热器加热到所需温度后进入萃取器，实验所需的压力由调压阀调节，分离出的物质积累在浸于冰浴中的玻璃接受器中，相应的二氧化碳的流量由湿式流量计测定。

实验结果证明，在不同压力下粗制羊毛脂的色调随着压力的升高逐渐变成浅的黄褐色，在一定压力下超临界萃取得到的羊毛脂与用物化法脱色得到的精制羊毛脂的颜色几乎相同，同时，臭味也随着压力的升高逐渐变淡。由此可知，通过采用超临界二氧化碳流体萃取法精制粗制羊毛脂是可行的。

（三）超临界二氧化碳流体用于合成纤维染色

超临界二氧化碳流体对分散染料具有良好的溶解能力，因此可以用于合成纤维尤其是涤纶纤维的染色加工中。其染色原理如下：

1）对分散染料的溶解能力比水高得多，染料溶解度高，不仅可提高上染速度，还可提高匀染和移染性。

2）超临界二氧化碳流体的黏度极低，分子间作用力小，染料在其中的扩散阻力小，大致介于气体和液体之间，染料分散速度快，有利于染料渗透和发生移染，从而大大提高了匀染和透染程度。

3）超临界二氧化碳流体作为染色介质，对涤纶纤维有较强的增塑作用，可以降低纤维玻璃化温度，增加纤维内的自由扩散体积，所以染色温度较低，涤纶可在常压 100℃以下染色。

4）染色过程中不需要加入其他助剂。

分散染料制备时，加入了大量的分散剂，以保证以水为介质染色时的良好分散性，但所使用的分散剂多是阴离子型的，这些分散剂在超临界二氧化碳流体中不但分散作用不强，甚至很难溶解，因此超临界二氧化碳流体介质染色时所选用的分散染料不需要添加分散剂。

超临界二氧化碳流体的染色过程十分简便，通常需在 20～30 MPa 的高压下进行，染色温度则需要根据织物（或纤维）而定，一般温度控制在 80～160℃，对于染料在纤维内难扩散而耐热性又好的纤维，染色温度可高达 300℃。

索全伶等采用超临界二氧化碳流体对涤纶织物染色，研究了染色的主要工艺参数，如温度、压力、染色时间等，如图 5-6～图 5-8 所示。

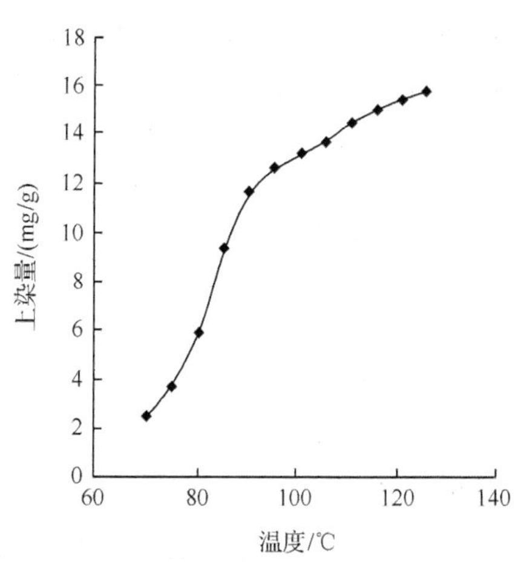

图 5-6 温度与上染量的关系

分散红 2%（质量分数）；染色时间为 1h；压力 28 MPa；上染量=染料质量/纤维质量

从图 5-6 中可以看出，在压力不变

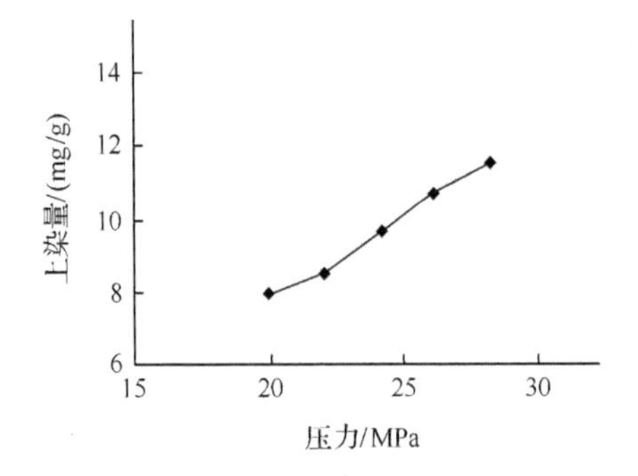

图 5-7　压力和上染量的关系
(其他条件同图 5-6)

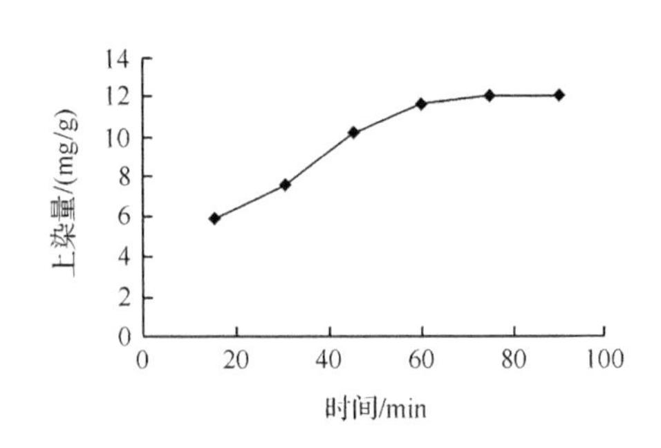

图 5-8　超临界二氧化碳流体染色时间与上染量的关系
(其他条件同图 5-6)

的情况下，随温度升高，分散染料的上染量不断增大。表明随着温度升高，增强了纤维大分子链段的动能，染料的上染量增幅很快；当温度超过 110℃后，上染量的增幅减小，在温度超过 120℃后，上染量几乎接近饱和。

从图 5-7 可以看出，上染量随压力的增加而升高。研究指出二氧化碳压力在 80～200 MPa 范围内，溶解物质的浓度与二氧化碳流体密度成比例关系。一般在临界点附近时，压力对二氧化碳流体密度的影响是巨大的，在一定的温度下，随压力升高，二氧化碳流体密度增大，染料的溶解度增大，有利于传质推动力的增加，扩散速率增大，织物的上染量提高。

从图 5-8 可看出，1h 的染色，上染量就已达到饱和，再延长时间上染量并不再增加。传统的涤纶高温高压法染色时间需要 3～4h，而超临界二氧化碳流体染色的整个过程只需其时间的一半。二氧化碳的损耗率约为 2%～5%，未上染的染料可回收再用或另外利用。同时，染色物的染色牢度也和传统染色类似。

超临界二氧化碳流体染色方法，已被应用于涤纶(包括微纤维)、锦纶、氨纶、三醋酯纤维染色，其中以涤纶和锦纶纤维的染色效果最佳。丙纶具有很强的疏水性，在以水为介质的染色体系中，染料难扩散进入纤维实现染色，但若选用对丙纶有较高亲和力的染料，并采用超临界二氧化碳流体染色方法，则可获得较好的染色结果。芳纶是一种耐高温、但难染色的聚酰胺纤维，实验证明用超临界二氧化碳流体体系能够得到比较满意的染色效果，当然需要合理选用染料。

对于分散型的荧光增白剂，可以看成是分散染料，因此同样可以以超临界二氧化碳流体为介质进行荧光增白整理。其他化学品如 UV-稳定剂，甚至香料也可以通过超临界二氧化碳流体为介质施加到织物上，达到功能整理的目的。

(四) 超临界二氧化碳流体用于天然纤维染色

羊毛、棉、亚麻等亲水性天然纤维在超临界二氧化碳流体体系中因难以有效膨化，所以需要对纤维进行适度的预处理，进而使用在超临界二氧化碳流体中具有良好溶解能力的染料（如分散染料）染色。

1. 超临界二氧化碳流体中的棉纤维染色

对于棉纤维，先用苯甲酰氯、聚乙烯醇、苯甲酰胺等对棉纤维进行浸泡处理，然后利用分散染料进行超临界二氧化碳流体染色实验，取得了很好的色度和洗脱牢度，认为有机溶剂与棉纤维的羟基进行了酯化反应而减小了其极性，有利于分散染料与其结合。研究证实，经过预处理后的天然纤维，均可获得较好的水洗牢度和较高的染料上染率。

此外，在超临界二氧化碳流体中添加甲醇可以增加溶剂的极性，从而提高分散染料与棉纤维及羊毛的结合能力。这种方法虽然实验取得了良好的染色效果，但是上染的染料在水中容易洗脱。

2. 超临界二氧化碳流体中的毛纤维染色

对于羊毛纤维，通过改性处理消除纤维中部分氢键、范德华力、二硫键等不利于染色的结构，提高纤维及制品对分散染料的吸附性和渗透性。以羊毛为研究对象，使用 Cr^{3+}、Al^{3+}、Fe^{2+}、Cu^{2+}、Sn^{2+} 等金属离子进行常规处理，然后选用溶于超临界二氧化碳流体且具螯合作用的染料如媒染黄 12、媒染红 11 和媒染棕进行染色实验，也取得了良好的染色效果。但上述的预处理有机溶剂使用量大，甚至具有毒性，因此未来的发展必须寻求合适的溶剂作为预处理剂或对纤维进行优化设计，使其有利于染色的进行。

3. 超临界二氧化碳流体中的麻纤维染色

传统染色中，麻纤维因具有高的结晶度和取向度，所以染深性和染色牢度等性能方面存在一定的缺陷，对此人们探讨了超临界二氧化碳流体在麻纤维染色中的应用。首先也是引入功能性基团对苎麻纤维进行改、变性研究，包括碱·苯甲酰氯改性，碱·乙酸酐改性，碱·溴异丁基酰溴改性，阳离子改性，四苯硼钠吸附，尿素润湿，纤维素酶水解，邻苯二甲酸酐脂化法等改、变性后，一定程度上消除麻纤维的极性。

例如，对麻织物进行疏水性有机硅表面处理。采用有机硅整理剂 FK，用量为 20～70g/L。先用冰醋酸调节 pH＝5.0，浴比为 1∶10，再加入有机硅整理剂，采用二浸二轧，轧余率为 75%，100℃时烘 5min，水洗后 65℃烘干。之后，用分散染料在超临界二氧化碳流体中染色。压力为 20～30MPa，温度为 100～140℃，时间为 30～90min，动程为 3～7mm。

工艺流程：染罐预热→放入织物→升压→染色→降压→取出织物→产品检测。

利用有机硅(硅树脂)能在纤维表面成膜的特性，增加纤维表面在超临界二氧化碳流体体系中对分散染料的亲和力，使染料更容易上染。

4. 超临界二氧化碳流体中的麻纤维脱胶

由于超临界二氧化碳流体的高渗透和萃取能力，使半纤维素、木质素和果胶能部分溶解到超临界流体中，然后通过降温、减压将黏结于原麻纤维单纤外层的胶质除去，从而降低纤维中的胶质含量。王建明等对大麻纤维的脱胶率进行了实验研究，实验结果如图 5-9～图 5-11 所示。

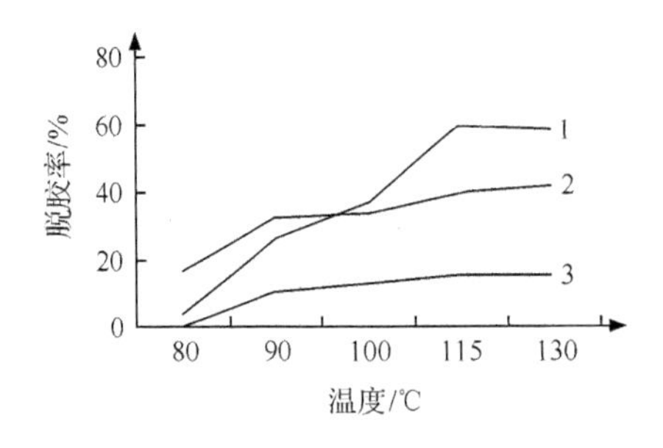

图 5-9　温度变化对麻纤维脱胶率的影响
1. 果胶；2. 半纤维素；3. 木质素

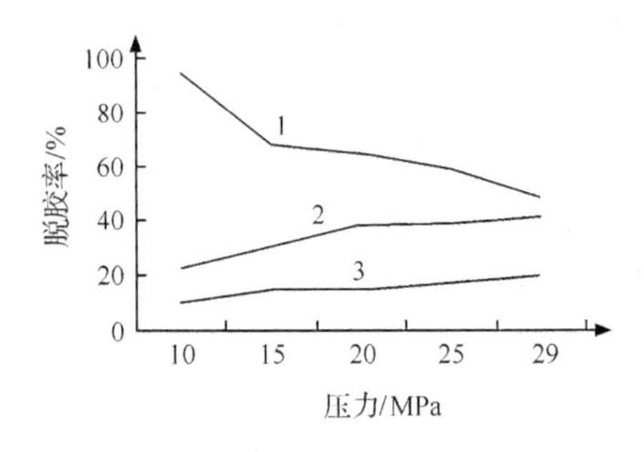

图 5-10　压力变化对麻纤维脱胶率的影响
1. 果胶；2. 半纤维素；3. 木质素

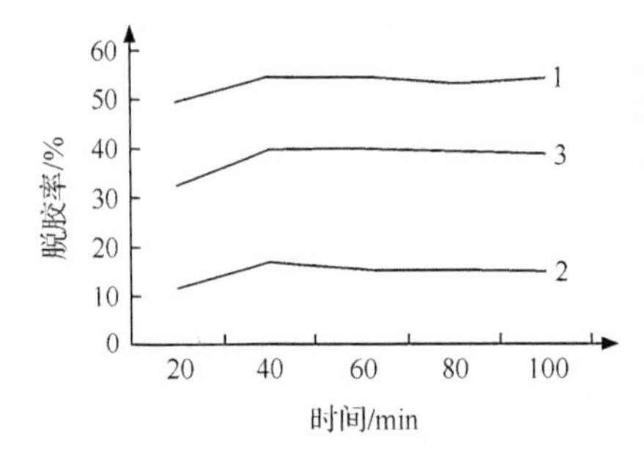

图 5-11　处理时间对麻纤维脱胶率的影响
1. 果胶；2. 半纤维素；3. 木质素

从图 5-9 中可以看出，纤维中各胶质含量随温度的升高而降低，胶质的去除在高温时较好，综合经济条件和实验结果考虑，温度选择在 115℃。

从图 5-10 中可以看出，纤维中半纤维素和木质素含量随压力的升高而降低，而果胶的含量随压力的升高而升高，果胶的去除在低压下较好，所以果胶的去除选择压力为 10 MPa，半纤维素和木质素的去除在高压下较好，所以半纤维素和木质素的去除选择压力为 29 MPa。

从图 5-11 中可以看出，处理时间对麻纤维胶质的含量影响不大，随着时间的延长，各胶质脱胶率先升高，当处理时间超过 40min 之后，整个曲线几乎不再变化，延长处理时间对脱胶效果几乎没有影响。

在实验过程中发现，麻纤维中果胶的去除效果好，而木质素的去除率不是很高，还有待进一步研究。

总之，利用超临界流体在不同温度、压力条件下的膨化溶解能力，可以使大麻纤维内部的部分杂质与纤维大分子之间的黏附疏松，溶解到超临界流体中，经过超临界萃取而使纤维上的大部分杂质去除。

目前，困扰超临界二氧化碳流体应用技术的主要问题是生产设备成本高，而且是高压系统，一次性投资大。此外，相适用的染料与助剂品种还不够完备，有关染色工艺也有待进一步深入研究。

第二节　低浴比染色技术

一、溢流染色清洁生产技术

溢流染色机和气流染色机目前正朝着高品质、手感好、适用性广、工艺流程短、节水、小批量及大载量、自动化控制和符合生态环保等方面发展。

喷射染色机通常定义为喷嘴压力为 2～3kg/cm^{2}的染色机。其特点是喷嘴压力大，喷射出的液流产生足够大的推力推动织物运行。由于布速快，在单位时间内染液与织物交换频繁，从而改善了匀染效果，并能避免产生永久性皱印。这类设备较适用于纯化纤织物或梭织物的染色。对结构疏松的织物，由于产生较大的连续摩擦和拉力作用(织物受到液流较大推力的冲击并被夹带)，易造成起毛起球和拉长现象。喷射染色机不但可用于织物的染色，还可用于织物的退浆、预缩和涤纶织物的碱减量处理等。

而喷嘴压力介于 1～2kg/cm^{2}的染色机，则通常称为溢流染色机。由于喷嘴液流对织物的冲击轻微，溢流染色机的应用比喷射染色机和缓流染色机更广泛。根据不同染色温度的需要，溢流染色机又可分为高温高压型和常温常压型。

溢流染色机从诞生之日起，就以其相对低的浴比(1∶15 左右)向环保染色迈出了一大步。目前常规的溢流染色机浴比已降至 1∶7～1∶8，但仍偏高，染色周期也较长。由于浴比较大，织物在运行过程中会携带大量水分，增加了自重，也易造成过度拉伸及起毛现象。

目前，溢流染色机已优化成长管 L 型及圆筒 U 型或 O 型两种主要形式。L 型染色机的储布槽为长型且平卧，浴比要略大于 U 型或 O 型染色机。

为降低溢流染色机的染色浴比，应尽量降低循环管路中的水量，特别是储布槽中的水量。U 型或 O 型溢流染色机降低浴比的发展历程经过了 3 个主要阶段：①织物全浸染型：织物几乎全浸渍在储布槽的染液中，浴比为 1∶10～1∶15。②织物部分浸染型：织物在储布槽内运行，染液在隔层中快速循环，仅部分织物浸在染液中。染色浴比降到 1∶7～1∶10，但仍偏大。③布液完全分离：保留了染液快速循环隔层，其创新之处是在隔板上辟有许多缝隙，使流入储布槽中的染液及织物上多余染液通过该缝隙快速回流到染液夹层中，即快速进入管路循环系统进行循环。染色浴比降到 1∶3.5～1∶4。

二、小浴比气流染色机

气流染色机与溢流染色机的主要区别在于溢流染色机的织物运行靠液流推

动，而气流染色机则采用空气动力系统推动织物。气流染色机也有独立的液流循环系统。气流雾化染色是将气流和溢流在喷嘴处混合，由于没有液流循环，因而可以实现超低浴比，织物在雾化状态的染液中染色。雾化染色适合加工超细纤维织物和化纤仿真类织物。气流染色机以其高速、小浴比的特点，已被越来越多的染整厂应用。

喷嘴是气流染色机的核心部件，分圆形和方形两种。圆形喷嘴适合加工超细纤维、化纤仿真类针织物和机织物；方形喷嘴则适合加工厚重织物，以及易产生纠缠的绳状机织物。

气流染色机以产生的气流作为输布介质，驱动织物在染槽中高速运行，织物出喷嘴后经过一扩展形的输布管，由于气体膨胀，使绳状织物展幅。在此基础上，有两组多喷淋管向织物表面喷淋染液，使染液在织物表面均匀分布，并可防止织物产生折皱和黏搭印。由于在升温过程中，空气密度随着温度升高而降低，若离心式的输送泵转速保持不变，则气流量会相应减小，布速减慢，所以气流染色机采用电子控制变频器跟踪，以补偿温度对气流速度的影响，保证织物以一定速度运行。

气流传动的织物速率要高于液流系统，而且织物受到的张力较小。与常规喷射染色机相比，它具有如下优点：生产所需时间短，染色时间能缩短 50%以上；蒸汽和水可节约 50%(根据被处理织物的吸水能力，浴比平均为 1∶3 或更低)；染色重现性好，洗涤处理用水能降低到最低程度。

当染色循环比较慢时，折叠的织物及未折叠织物与染液的交换不均匀，易造成染色鸡爪印。气流染色机染色织物运转速度一般都超过 350m/min，当织物传送速度超过 300m/min 时，也不会产生不匀的问题，且立式染色机比卧式染色机具有更多的优势。

由英国 Longclose 生产的 Airsoft 气流染色机，是在原有气流染色机的基础上，经改造添加织物抛松处理机构，技术关键部分是位于染色机内部的一个空气滑管。织物的运送动力来源于这个空气滑管内气流对织物的推力，推力大小主要取决于织物湿态下的透气性。透气性越差，推力越大，织物运送速度越快。织物的运送还与重量有关，重量越轻，织物运送速度越快。织物以 60～600m/min 的速度传入空气滑管，与从喷嘴吹出的循环定向气流相遇。空气将染液雾化生成高速空气垫，并将织物运送至空气滑管单元。这时织物被高压气流控制，在管内充分舒展、打开，在气流雾化条件下进行染液交换。织物在可控状态下被直接送到储存区，从而保证染液与织物进行高效的染液内部交换，浴比进一步减小，保证了染色织物的质量。

气流染色机工艺实践表明，织物的加工质量优、手感好、设备的适用性广、流程短、节电、节水、自动化程度高、符合生态环保要求。

三、冷轧堆染色技术

冷轧堆染色是近年来备受关注的一种染色方式。活性染料冷轧堆染色工艺流程短、设备简单、成本低，特别适合小批量、多品种生产，并且具有染料得色率高、能耗低、准备周期短、重现性好、污染小等优点。但冷轧堆染色目前仅局限于活性染料染色，而且冷轧堆染色的质量受到诸多因素的影响，如纤维和坯布的质量、前处理的质量等，而国内许多染厂因管理和工艺流程的原因，还不能够保证这些相关过程的质量，所以容易造成冷轧堆染色质量不稳定。

实施冷轧堆染色加工时，需要从以下几方面着手解决染色质量问题。

1. 染料选用

根据染料特性确定工艺处方与堆置时间（表 5-3）。活性染料由于活性基团不同，反应性存在差异，应根据染料的反应性来确定碱剂的种类及用量，同时调整堆置时间。

表 5-3　各类活性染料的冷轧堆工艺

活性基团	染料名称	碱剂种类与用量	堆置时间/h
二氯均三嗪	国产 X 型	纯碱 3～30g/L 或纯碱与小苏打混合	2～4
一氯均三嗪	国产 K 型	烧碱（38°Bé）20～30mL/L 或烧碱（38°Bé）25mL/L 加硅酸钠（38°Bé）60mL/L	8～24
乙烯砜	国产 KN 型	烧碱（38°Bé）10～25mL/L 或烧碱（38°Bé）20～35mL/L 加硅酸钠（38°Bé）60mL/L	2～6
二氟一氯嘧啶	Drimarene K	烧碱（38°Bé）0～15mL/L 加硅酸钠（38°Bé）60mL/L 纯碱 10～40g/L	4～6 或 6～12 或 18～24
一氟均三嗪	Cibacron F	烧碱（38°Bé）4～8mL/L 加硅酸钠（38°Bé）40mL/L 纯碱 10～30g/L	6～12 或 24

2. 布面温度

织物前处理后烘干温度不能太高，否则将影响轧染液稳定性，前处理半制品必须充分冷却至室温后才能进行后续加工。可在进布处加透风架，使织物冷却。

3. 轧余率

轧染机的主要结构是两根均匀轧辊，工作前调好左、中、右轧余率以防止左右色差。一般在实际生产中将轧余率控制在 75%，差值不得超过 2% 。

4. 染槽温度

染液与碱液分别配制，在染色前通过比例泵按设定比例混合，注入浸轧槽染色。在溶解染料时以低温化料为好，如果用热水，需待温度降低后再与碱液混合。染槽最佳温度为25℃，温差太大，极易造成色差。

5. 堆置时间

若堆置时间不足，染料与纤维尚未充分结合、反应，得色浅；若堆置时间充分，则基本不会造成色差。一般织物染色后被卷绕在A字架上，匀速转动，室温下丝光织物的最短固色时间为4～6h，为保证每只染料都能达到固着平衡，堆置时间为10～12h。考虑到拼色染料反应不同，为使所用染料充分固着，可适当延长堆置时间。

冷轧堆工艺最早且应用较多的主要是天然纤维素纤维，如棉、麻的染色。由于其技术的巨大优势，国内外许多学者也逐渐将其应用于羊毛、蚕丝等蛋白质纤维上，所选用的染料既可以是活性染料也可以是1∶1和1∶2型金属络合染料，取得了较好的效果。

羊毛冷轧堆染色典型的轧液工艺配方为：活性染料xg/L，尿素300g/L，乙酸调节染液的pH，润湿剂10g/L，亚硫酸氢钠20g/L，增稠剂10g/L。

尿素的主要作用为：①与染料及润湿剂形成复合物；②与亚硫酸氢钠一起溶胀纤维；③在染料形成复合物前增加染料的溶解。润湿剂的主要作用为：①润湿纤维；②与染料及尿素形成一个复合物。增稠剂有助于染料-尿素-润湿剂复合物的分散。

汽巴公司也开发了活性染料冷轧堆染色工艺，将冷轧堆配方（活性染料xg/L，琥珀酸二辛酯钠盐1g/L，碳酸钠20g/L，海藻酸钠12g/L，轧液率90%）于25～27℃卷堆48h，然后用40～50℃热水冲洗10min，再放于含29FIL非离子洗涤剂的平幅洗机中80℃洗15min，去除未固着的染料，然后用纯碱调节pH至8.5～9.0，40℃洗5min，再用20℃水洗5min(水中1g/L乙酸)染得深而均匀的颜色，湿牢度很好。冷轧堆工艺节能，其难点是堆卷处的温湿度必须严格控制，否则批与批之间的色重现性很难控制。

染色过程为：染液准备→染液输送→浸轧染液→室温堆置→水洗后整理。以活性染料为例具体阐述如下。

1）染液准备。染液包括染料液和助剂液，染料液和助剂液分别按染色工艺要求用软水化料并搅拌均匀后存放在不同的储液桶中待用。

2）染液输送。将染料液和助剂液按4∶1的比例混合输入轧液槽，染液的温度为15～35℃。槽中液位传感器监视染料的输送量。

3）浸轧染液。试样连续、平整地运行浸入轧液槽内的染液中吸收染液，然后被拉离染液并经过一对均匀轧辊后由收卷架上的中心驱动辊平幅卷取收卷，收卷张力为 10～200N；该对均匀轧辊通过挤压试样，保持轧液率为 60%～110%，运行车速 10～70m/min(与比例计量泵的供液速率有关)。

4) 收卷。要求恒线速度、恒张力，张力可根据试样要求调解(一般为 10～200N)，速度和轧辊的线速度同步，试样表面无附加摩擦，内外带液均匀一致，布面平整。经过收卷后的试样至一定直径左右换卷。

5) 堆置。收卷后的试样连同轴头立即用薄膜严密包覆，然后在转动状态下堆置 5～24h(根据染料的反应性和染色物的深浅而定)，转动速度 4～8r/min，环境温度 15～35℃，以保证染液不会因重力作用而转移。

6) 最后进行水洗后整理。

目前，冷轧堆染色技术已经成熟，关键问题是必须要确保各道工序的质量。

羊毛冷轧堆染色虽然具有很多的优点，但是也存在一定的局限性，即堆置时间过长。这样导致整个染色周期较长，目前研究方向是采用微波固色，缩短羊毛堆置的时间。

将微波技术用于染色中的染料固色，可降低能源的消耗。利用微波进行染色的原理是，当浸轧染料溶液的织物受到微波照射后，由于纤维中的极性分子(如水分子)的偶极子受到微波高频电场的作用，因而发生反复极化和改变排列方向(如 2450mHz 时，在 1s 内有 24 亿 5 千万次的偶极子旋转运动)，在分子间反复发生摩擦而发热，这样可迅速地将吸收电磁波的能量转变为热能。与此同时，一些染料分子在微波作用下，也可发生诱导而升温，从而达到快速上染和固色的目的。

微波染色的加热速度快，没有热量损失和织物污染问题。微波具有热效应和非热效应，内外同时加热，使织物在短时间内达到内外同热的效果，织物的染色均匀性大大改善，上染率高，色度指标高，色牢度好；由于微波染色高效节能且易于控制，故便于纺织行业实现自动控制和连续生产。因此微波染色是羊毛新型环保染色技术的一个新的研究方向，在羊毛冷轧堆染色中的具有较大的应用研究价值。

第三节　涂料染色与印花

一、涂料染色

早在 20 世纪 60 年代就有关于涂料染色的研究，涂料染色经历了 50 余年的发展。涂料染色出现了一些性能优良的助剂，能明显改善浅、中色涂料染色后织物的手感和色牢度等问题。

涂料染色应该称为颜料着色，它是借黏合剂将颜料黏着在纤维表面获得均匀颜色的加工过程，是有机颜料以一定的比例用分散剂和渗透剂调和组成工作液，借助于黏合剂机械地固着于纤维上的染色方法。在涂料染色过程中，涂料和黏合剂均匀地分散在染液中，通过浸轧而附着于纤维上。在烘燥过程中，染液中的水分被蒸发，颜料微粒被黏合剂均匀地黏附在织物表面，形成皮膜。皮膜中掺杂着颜料颗粒，当温度进一步升高，反应性黏合剂的交联基团与纤维上活泼基团发生交联反应，同时黏合剂在纤维表面形成三维空间的网状结构，从而将颜料固着在纤维上完成染色过程。

与染料相比，涂料印染具有工艺简单、色谱齐全、色泽鲜艳、耐光耐气候牢度好、拼色方便、重现性好、污染小、成本低以及适合于各种纤维织物等优点，已广泛应用于棉、涤棉、麻等纺织面料的染色。

目前，涂料印染产品还存在一些不足之处，主要表现为染深色织物时的手感较粗硬、色泽鲜艳度较低、得色不足、摩擦牢度较差等方面，因而限制了其适用范围。在轧染工艺过程中，还存在如黏辊、泳移、色变、布面含有残留甲醛及质量稳定性等方面的问题。提高涂料轧染颜色深度、牢度和手感是涂料染色的主要研究方向。

针对天然纤维涂料染色牢度不佳的问题，研究提出了天然纤维阳离子接枝改性的预处理加工方法，即通过阳离子改性剂对纤维进行预处理，使纤维对带有负电荷的涂料具有亲和力，从而明显提高涂料的上染效果。

涂料浸染工艺还可以产生石洗、磨白、碧纹等多种效果，在成衣染色、纱线染色、针织物染色等领域也有广泛应用。

近年来，围绕涂料染色又发展了一些新工艺，如涂料染色印花一步固色法（即涂料染色→烘干→印花→焙烘）和涂料染色整理一步法（即染色烘干后的织物经树脂、防水、拒水、阻燃、涂层等加工后再焙烘的工艺，可大大缩短工艺流程，节约能源，很有发展前途）。

（一）涂料染浆的组成和性质

涂料染色液的组成主要包括颜料、润湿剂（如甘油等）、扩散剂（如平平加O等）、保护胶体（乳化剂）及少量水、黏合剂、交联剂、柔软剂、防黏辊剂等。应用于纺织品的涂料，需具备以下特点。①细度为200～500nm，并且颗粒均匀，分散性好、不易凝集；②应该不溶于水、火油和干洗溶剂；③耐酸、碱、氧化剂和还原剂；④有良好的耐光、耐干热色牢度；⑤颜料、黏合剂及交联剂电荷相容性要好。

1. 分散剂

涂料中分散剂的选择很重要。分散剂的种类和用量决定着涂料的储存、使用稳定性以及颜料粒子的表面特性。分散剂有阴离子型、阳离子型和非离子型等。

目前涂料染色工艺常用的是阴离子或非离子涂料分散液，颜料粒子表面通常带负电。

2. 超细颜料

颜料分子的组成、晶体结构和颜料颗粒的大小及分布对涂料一系列性质有着决定性影响。颜料粒径的大小、性状及分布则决定反射光的质和量，是产生颜色的充分条件。

颜料颗粒的粒径越小，比表面积越大，随着比表面积的增大，吸收和散色能力增强，遮盖力提高；但颗粒过细会造成部分光线产生绕射的现象，使遮盖力下降，透光率上升。颜料的粒径对色调也有一定的影响，随着粒径的增大，主波长红移，色调偏向红光；粒径减小，主波长蓝移，色调中蓝光增强。

此外，颜料粒径及分布对着色力、饱和度以及色牢度的影响也极为显著。粒径大，光散射减弱，吸收率下降，着色力低，耐摩擦、耐水洗等牢度变差。粒径分布宽，则饱和度下降，色泽萎暗。

同普通涂料相比，超细颜料具有比表面积大、着色强度高、颜色鲜艳纯正等优点。选用颗粒细、分布窄而匀、各项性能稳定的涂料可以有效地提高涂料的印染效果。因此，超细颜料的制备和应用越来越受到重视。

3. 阳离子改性剂

对天然纤维素纤维进行阳离子接枝进而改变其离子特性的方法，一般称为阳离子改性处理。这类助剂被称为阳离子改性剂，也称为接枝剂、固色增深剂等。

常用的阳离子改性剂主要为胺化的环氧衍生物，如缩水甘油基三甲基氯化胺(glytahc A)、聚酰胺表氯醇(PAE)型聚合物、氯代三嗪型季铵化合物、*N*-羟甲基丙烯酰胺、聚表氯醇(PECH)-二甲基胺等。目前，人们对聚表氯醇(PECH)-二甲基胺的研究较多，也有较好的应用效果。它们都含有阳离子性的氨基，特别是季铵盐，而且大多属反应型的化合物，一方面能与纤维牢固的键合，另一方面又使纤维呈阳电荷性。

4. 涂料印染黏合剂

涂料染色用黏合剂的性能对染色产品的加工和质量具有重要影响，应具有良好的渗透性、不易泛黄、分散稳定性好、常温下的结膜速度不应过快、不黏结导辊、与染液中其他助剂的相容性好、织物手感柔软，对涂料的黏结牢固、染色牢度高的特点。

一般可以将涂料印染黏合剂分成三类：溶剂型黏合剂、水分散型黏合剂和乳液型黏合剂。目前，乳液型黏合剂已成为涂料印花和染色黏合剂的主要类型。这种类型的黏合剂采用乳液聚合方法制备，平均分子量较高，一般在10万以上，高的可达100万，它的化学稳定性、储存稳定性、机械稳定性好，乳液颗粒直径在0.05～0.2μm，其中0.05～0.1μm占80%以上的应用性能较为理想。乳液中粒子的电性依据聚合时所选用的分散剂而定。在大多数乳液聚合中，常选用非离子性或非离子和阴离子混合型分散剂，即呈电中性或弱负电性，很少采用阳离子性乳化剂。

总之，涂料染色用黏合剂应具备以下条件。

1）能在织物上形成无色透明、黏着力强的皮膜。

2）皮膜经过加热、日光(特别是紫外线)照射不泛黄，耐老化。

3）皮膜要求具有耐挠曲、耐折皱、不发硬脆折、不吸附有色物质、不发黏和良好的弹性。

4）无毒性，有良好的储存稳定性，耐热、耐冻，在室温下不结皮、不凝结。

5）有适当的结膜速度，较好的流变性。

为了开发符合生态纺织品要求、穿戴舒适的生态涂料染色黏合剂，可选用无甲醛的交联单体替代含甲醛的交联单体，并复配有机硅柔软剂以改进涂膜的柔顺性，分散剂也需要选用不含 APEO 的表面活性剂。

此外，核壳型黏合剂也引起人们的浓厚兴趣，它是由性质不同的两种或两种以上共聚单体组分，通过多阶段共聚或连续变化聚合制得，从核心到壳层共聚组成呈不均匀分布的一种乳液。核壳型黏合剂为硬包软结构，即核层为软单体的聚合物，其玻璃化温度较低；壳层为硬单体的聚合物，其玻璃化温度较高。这种结构的黏合剂由于其外层玻璃化温度较高，在室温下较难结块成膜，还可提供耐磨性、不粘性和耐溶剂性，同时由于其含有玻璃化温度较低的组分，焙烘成膜后，可以提供给印花织物足够的柔软性、黏附性等。核壳型黏合剂与具有同组分的乳液共聚物相比，具有产品性质稳定、使用不堵网、不黏辊筒、布面不发黏、刷洗牢度高等优点，适用于各种纤维的涂料印花及涂料染色。

阳离子聚合物乳液体系虽不常用，但其表现出的某些特性也引起了人们的注意。它的特性主要表现在：对于带负电荷的表面具有较强的黏结力，可牢固吸附；一般游离基引发剂引发时产生负电离子，与阳离子乳液正电荷中和造成破乳胶凝、不易引发、降低聚合速率等问题；阳离子聚合物乳液采用乳液聚合方法实施，生产安全，对环境无污染，以及体系黏度低，易传热，可达到高的聚合反应速率和可制得较高分子质量聚合物的乳液产品；阳离子聚合物乳液体系由于带正电荷，可在酸性环境中应用。因此，阳离子黏合剂具有广阔的发展空间。

（二）涂料染色工艺举例

1. 涂料轧染工艺

轧染设备可采用热熔染色机或树脂整理机等。轧染时，轧液率不能太低，以免表面干燥结膜；但过高，则易黏皮辊。在染色过程中，为避免黏辊和泳移，应严格控制烘干条件，可先进行红外线预烘，再进行热风烘干。

在加工水洗褪色布时，浸轧后不需烘干，轻度水洗后再经交联剂处理，以提高产品的牢度。采用涂料轧染时，通过选择具有良好相容性的黏合剂和整理剂，可将染色与防皱、抗静电、阻燃等整理进行同浴浸轧加工。

一般涂料轧染工艺流程为

轧染(二浸二轧)→红外线预烘→热风烘干(70～100℃)→焙烘(150～160℃，2～3min)

纱线涂料轧染的工艺流程为

轧染(二浸二轧)→吸液→湿分绞→红外线预烘→热风烘干→焙烘

2. 棉型针织面料的荧光涂料染色浸染工艺

近几年，市场对棉以及混纺针织面料荧光染色产品的需求逐年增加。

(1) 纤维改性预处理

荧光涂料色浆是由荧光颜料、分散剂和润湿剂组成的浆状物。由于荧光颜料颗粒的细度为0.1～0.3μm，其具有较强的阴离子性，能在水中获得良好的分散和润湿。其对纤维没有亲和力，按照常规染料的染色条件是不能染色的。它必须在织物染色前通过一种特殊的改性处理，使织物表面带正电荷，由于涂料分散体带负电荷，荧光颜料吸附到纤维上去，再通过特殊的树脂或者黏合剂进行固化，使荧光颜料在纤维上获得良好的牢度。

预处理液配方为：纤维改性剂 SPD01 4%，pH 6，浴比 1∶25，70℃，20min。

(2) 荧光涂料染色工艺过程实例

荧光涂料染色配方为：全棉氨纶汗布，荧光涂料橘红 HB04 7%，荧光涂料橘黄 HB02 6%，黏合剂 AH-2 30 g/L，浴比 1∶25，60℃，20min。

生产设备为 GM38A 常温溢流染色机(无锡)。

工艺流程及工艺条件为

前处理练漂→(除毛酵素)→纤维改性处理(70℃，20min)→水洗1～2遍(室温冷水)→荧光染色(60℃，20min)→水洗 1～2 遍(室温冷水)→浸泡固着剂(室温)→脱水→烘干→定形

3. 树脂法改善涂料染色性能的工艺举例

(1) 树脂法提高染色牢度的机理

常用抗皱树脂属于 *N*-羟甲基衍生物，在酸性条件下，既能与黏合剂分子中的羟基、醛基、酰胺基、氨等给电子基团反应，也能自身交联缩聚形成高聚物，还能与纤维素大分子中的羟基发生交联反应，最终形成三维网状结构，如图 5-12 所示。

由此可见，在涂料染色中加入树脂整理剂，除赋予织物抗皱效果以外，还可进一步促使黏合剂的交联，从而提高涂料的染色牢度。

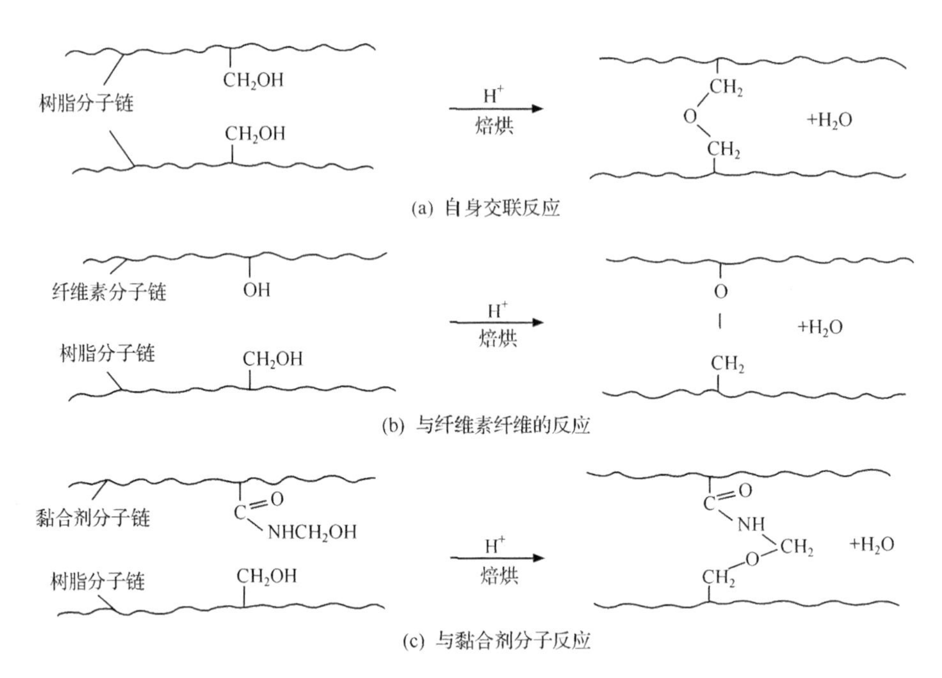

图 5-12 树脂自身交联及与纤维素纤维和黏合剂分子的反应

(2) 中深色染色工艺举例

工艺流程如下

处方：黏合剂 30g/L，2D 树脂 10g/L，涂料(蓝 FFG) 60g/L，交联剂 EH 5g/L，氯化镁 2g/L。

一步法：织物→浸轧色浆(二浸二轧，轧余率 60%～70%)→烘干(100℃)→焙烘(160～170℃，2min)。

两步法：织物→浸轧色浆→烘干→浸轧色浆(可加柔软剂)→烘干→焙烘(160～170℃，2min)。

与常规的一步法工艺相比，采用两步法涂料染色的牢度有一定的提高(表 5-4)。两步法染色织物的深度与一步法染色织物的深度非常接近，但织物手感却明显下降，需加一定量的柔软剂以改善染色后织物的手感，以有机硅柔软剂为好。

表 5-4 涂料染色方法对染色牢度的影响

方法	摩擦(纯棉织物)		摩擦(T/C 织物)		K/S 值
	干摩/级	湿摩/级	干摩/级	湿摩/级	
一步法	2～3	2～3	2～3	2	6.2213
两步法	3	3	3	3	6.1762

二、涂料印花

涂料印花是借助于黏合剂作用，将对纤维没有亲和性和反应性的涂料机械地固着在纺织品上的印花工艺。除转移印花外，涂料印花是唯一不需要洗涤工序的印花工艺。涂料印花后免去了气蒸工序，减少了废水的排放，是一项可持续发展的清洁生产技术。

影响涂料印花品质和环保性的主要因素包括织物的前处理要求、涂料选择、黏合剂选择、印花设备选择、焙烘条件的选择、其他助剂的应用等。涂料印花的关键技术是涂料粒径的纳米化、工艺的不断优化以及无甲醛黏合剂的研究。

涂料色浆一般由涂料、黏合剂、乳化糊、增稠剂、保护胶体、吸湿剂等组成。涂料是由各种颜料粉末加水、湿润剂、分散剂等表面活性剂及保护胶体等研磨调制而成，其稳定性除颜料粉末本身特性外，主要取决于它的分散体系。

涂料印花色浆的应用性能（如着色强度、遮盖力和色牢度等），主要取决于其中所含颜料分子的化学结构。一般而言，粒径越小，印花色浆的着色强度、光泽和遮盖力等越好，有利于提高印花色浆的应用性能（表 5-5）。对于颜料浆，不仅要求其色谱齐全、色泽鲜艳、着色力高、粒度细而均匀，而且要求其不易沉淀、具有稳定的化学性质和良好的坚牢度。另外，涂料颗粒的外观有规则圆形与不规则多角形之分，以规则圆形的较为理想。

表 5-5　涂料（红 T-N01）粒径对印花效果的影响

编号	1#	2#	3#	4#
粒径/μm	1.71	2.21	1.01	0.51
干摩/级	3	3	3	4
湿摩/级	2	2～3	2～3	3
K/S 值	2.32	2.37	2.69	3.05

从表 5-5 中可以看出，纳米涂料对纤维具有一定的结合力，即使不用黏合剂也具有一定的色牢度，纳米涂料的摩擦牢度明显高于亚纳米涂料。纳米涂料印花后织物的颜色深度远大于亚纳米涂料，具有更鲜艳的颜色和更纯正的色光。黏合剂用量对纳米涂料印花牢度的影响程度小于亚纳米涂料。

扩大涂料在国内印染行业中的应用，需要解决的关键技术问题有以下几点。

（1）涂料的超细化。目前国内生产的涂料粒径大且分布不均，颜色性能较差。

（2）涂料染色新技术的开发。用纤维阳离子改性技术解决超细涂料的上染、匀染和固色问题，开发用于各种织物的超细涂料染色新技术。

（3）开发涂料喷墨印花技术，促进喷墨印花技术在国内的产业化进程。

第四节　纺织品喷墨印花技术

喷墨数码印花机一体机是由复印机技术加数码技术发展而来。其原理是通过各种数字化手段、印花软件系统编辑修改后形成所需要的图案，再由专用的软件控制打印机，将染料/颜料墨水直接喷印到各种材质上，获得印有高精度图案的产品。

喷墨数码印花机一体机具体如下应用优势。

1）反应速率快，缩短了工作周期。以往一个产品从设计、打样到交货需要几天甚至几十天，但应用了数码印花技术1～2h成品就可到手，并且生产批量不受限制，真正实现小批量、多品种、快速反应的生产过程。

2）满足个性化需求。数码印花的出现将最大限度地满足人们的个性化需求，只要充分发挥创作才能，设计样稿可以在计算机上任意修改，计算机上的效果，就是成品后的效果。从这个意义上说，数码印花技术的出现会带动一个新的市场，刺激新一轮的消费需求。

3）色彩丰富，图像清晰逼真。传统印花印10套色以上就很困难；数码印花色彩丰富，采用四色加专色，可印出1670万种颜色，极大地拓展了纺织品的设计空间，提升了产品档次。精度分辨率可以一般可以达到360dpi、720dpi，最高可以达到1440dpi；花纹精细，层次丰富而清晰，艺术性高，立体感强，为一般方法印花所不及，并能印制摄影和绘画风格的图案。

4）不需要制版、晒版、制作筛网，节省了大量时间。花样设计和变化可以在计算机屏幕上进行，色泽的匹配可以用鼠标来进行；没有制作筛网的费用；减少了时间和节省了印花的材料；减少了劳动力的开支。

5）绿色环保、降低污染。因省去了筛网，不用水或少用水，废水污染大大降低。数码印花由计算机控制，按需喷墨，既不浪费，喷印过程中也不产生噪音，实现了无污染的绿色生产过程。

6）操作简单，稳定性强。数码印花的全过程都由计算机控制，从接单到制作，不受环境和人为因素的影响，图案以数字格式存储，保证了印花色彩的一致性。正品率高，转移时可以一次印制多套色花纹而无须对花。

数码印花技术的出现和成功应用无疑是纺织业中的一次重大技术革命，带来的经济效益和社会效益将对纺织生产产生深远的影响。

一、喷墨印花原理

纺织品喷墨印花，是将含有色素的墨水在压缩空气的驱动下，经由喷墨印花机的喷嘴喷射到被印基材上，由计算机按设计要求控制形成花纹图案。根据墨水系统的性能，经适当后处理，使纺织品具有一定的牢固和鲜艳度。实际操作中，先用扫描仪器或数码相机数字化输入图稿，然后应用图形软件或专业的印花分色与设计软件处理图稿，最后再通过喷印控制软件将数字化信息传输到数码喷印机，喷射出图文花型。

根据墨水喷射技术的不同，目前应用于纺织品喷墨印花的技术主要有两种类型，即连续喷墨 CIJ(continuous ink jet)和按需喷墨 DOD(drop on demand)。此外，还有静电气流式按需喷墨印花系统和用于旗篷、帷幕、地毯和广告行业等的阀门(valve)喷墨 DOD 系统。

数码喷墨印花技术成功所必需三个要素是，优良的硬件(印花机)、优良的染料(大色域)和相关软件。在开发喷墨印花机的同时，染料商也在积极开发和生产不同的特殊染料以配合喷墨印花机的使用。用于喷墨印花的印墨配方或色浆组成必须符合严格的物理和化学标准，具有特定性能，才能形成最佳液滴，得到优良的图像和色泽鲜艳度。不同的喷墨印花机和不同的喷墨方式，所用印墨不尽相同，很难制成通用的印墨。有些生产厂甚至在喷头上装有芯片，必须使用他们生产的印墨，这又给印墨的研究开发带来不必要的困难。

1. 墨滴的形成

喷嘴喷出的墨滴对图案的质量非常重要。图 5-13 中液滴的流出速度为 0.38mL/min，直径为 212～250μm 的二氧化钛球形颗粒在液体中所占的体积分数从左至右依次为 0、0.02、0.1、0.25。当液体中不含有球形固体颗粒时，形成的液滴是很规则的球形，液滴分离后形成的颈部非常细。随着固体颗粒含量的不断提高，形成的液滴逐渐变得不规则，液滴更像梨形，分离后的颈部变得断断续续，呈卫星状，产生卫星液滴。

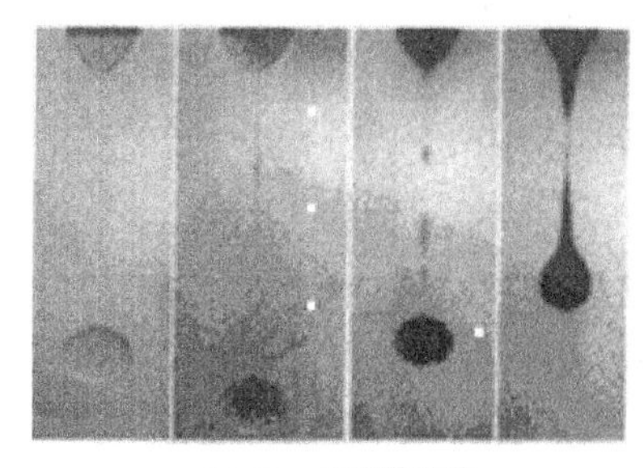

(a) 5mm毛细管喷出

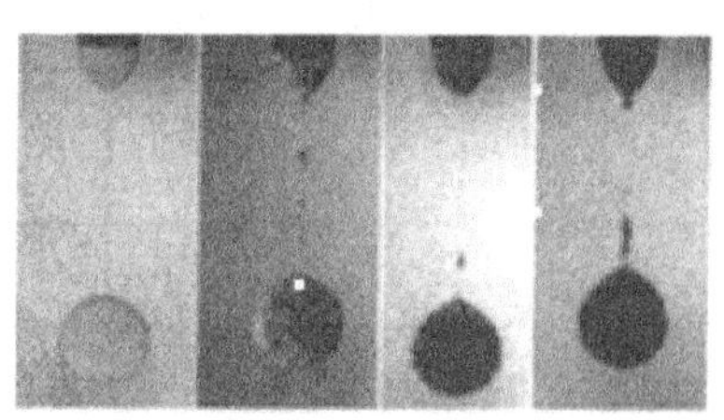

(b) 2mm毛细管喷出

图 5-13　由不同直径毛细管喷出的液滴形

2. 墨滴与织物的相互作用

从喷嘴喷出的墨滴与织物表面碰撞，在织物表面形成图案。喷墨印花图案的质量不仅与墨滴的形状有关，而且还与墨滴与织物的相互作用有很大的关系。墨滴与织物的相互作用主要包括两个部分，即碰撞与吸收。

表5-6是蒸馏水滴在三种不同基质表面碰撞后液滴形状随时间变化的序列图。从表中可以看出，碰撞前(时间为0ms)水滴均为规则的球形。当时间为5ms时，水滴在聚氟乙涂层硅片和六甲基二硅胺烷涂层硅片上的铺展基本上达到了最大铺展。然而，水滴在未涂层硅片上的铺展直到时间为9ms时才达到其最大铺展。水滴在未涂层硅片上的最终铺展直径远大于其他两种表面，这是因为水滴在未涂层硅片上的接触角远小于水滴在其他两种表面上的接触角。因此，喷墨印花织物的表面特性和墨水的表面张力是影响喷墨印花图案质量的重要因素。

表5-6 蒸馏水滴在三种不同基质表面碰撞后的铺展情况

时间/ms	聚氟乙烯涂层硅片	六甲基二硅胺烷涂层硅片	未涂层硅片
0.0		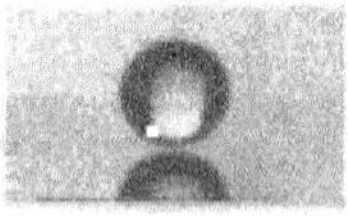	
5.0			
9.0		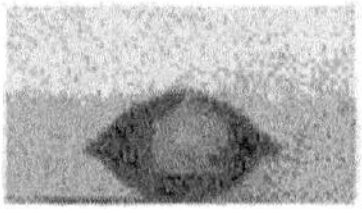	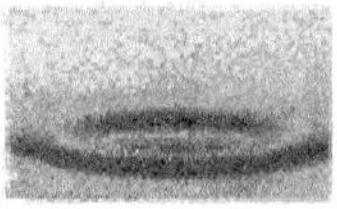
800			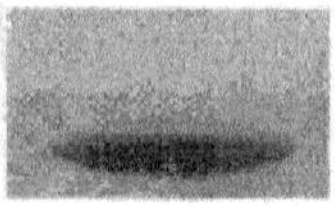
接触角	100°	75°	33°

表5-7是水滴在涤纶长丝纤维表面碰撞后的碰撞情况。从表中可以看出，在同样粗糙的涤纶纤维表面上液滴碰撞的位置不同，所形成的液滴形状也不相同。在碰撞之前(t=0.0ms)，蒸馏水滴在不同基质上呈球形；当碰撞时间为5ms时，液滴在两种位置上无论是纤维的纵向还是横向均得到最大铺展；当碰撞时间为9ms时，液滴进入收缩阶段；当碰撞时间大于等于800ms时，液滴与纤维的碰撞达到平衡状态。但是，液滴在涤纶纤维之间碰撞后所形成的铺展直径大于在纤维中心碰撞后所形成的铺展直径，这说明墨滴与纤维表面相互作用的位置也直接影响喷墨印花图案的质量。

表 5-7　水滴在涤纶长丝纤维表面碰撞后的铺展情况

时间/ms	0.0	5.0	9.0	800
在涤纶长丝纤维间的碰撞				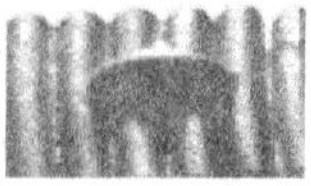
在一根涤纶长丝纤维中心的碰撞				

上述研究结果说明，影响喷墨印花图案质量的因素主要是墨水的组成、表面张力、织物的表面特性和墨水与织物的碰撞位置等。墨水的性质是由组成墨水的各种成分（如色素、添加剂等）决定，而织物的表面性质则由织物的纤维种类、织物组织和前处理工艺决定，墨滴的大小、墨滴与织物的碰撞位置和碰撞速度是由印花机本身的性能决定的。

3. 按需喷墨印花原理

此种喷墨印花机如同它的名称所述的那样，只有在需要时才喷射油墨液滴到基质物上。油墨是不带电荷的，DOD 印花通过一定的方式对油墨施加突然的机械、静电、热振动等作用使油墨产生液滴。按需喷墨印花是根据图案需要产生墨滴的，分为压电式、气泡式和阀门式等不同的喷墨方式。

与连续喷墨印花不同的是，按需喷墨印花只能达到每一像素一滴液滴，即每个像素只能有一滴油墨，或是无油墨。如前所述，它的半色调是通过采用点子的矩阵以形成超级像素而得到的。房宽峻编著的《数码喷墨印花》对此部分内容有详述，故在此不进行论述。

4. 连续喷墨印花原理

连续喷墨印花，油墨是在高压下强制通过一个小喷嘴，直径分布在 10～100μm 的范围内。出来的油墨液流分成细小的液滴。在非激发状态下，由于液体流的表面张力，喷射的液流以不均一的速度自发地形成液滴。然而，在通常情况下，这种液滴是由电压转换器在高频下激发储存器而被强制形成，这样导致以有规则的受控方式形成细小液滴。

液滴产生后，需要有选择地加以控制，以便形成图像。液滴的电致偏移是最常用的技术。在喷射附近放置带电的电极，使液滴带可变的电荷。当带电液滴通过一对施加有高电压的电极板(即偏移板)时，在电场的作用下，带电液滴就发生偏移。

(1) 偏转阀式连续喷墨

连续喷墨系统中，连续的墨滴流从直径为 10～100μm 的喷嘴中喷出，产生的墨滴流用一个空气阀使之有选择地喷射到基质上形成印花图案，这就是最早的连续喷墨印花的原理，如图 5-14 所示。

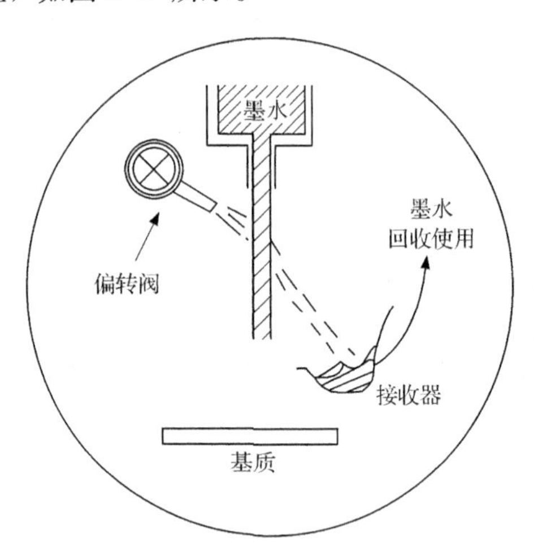

图 5-14　偏转阀式连续喷墨印花原理

偏转阀式连续喷墨印花使用的墨水黏度很高，在 0.1～0.4Pa·s 范围内。由于这种印花方式的给墨量很大，印花速度高达 15m/min，但分辨率仅 20dpi 左右，限制了它的应用领域。

(2) 二位连续喷墨

二位连续喷墨的原理如图 5-15 所示。在泵的作用下，储墨器中的印花墨水根据输入的电信号，以墨滴的形式从喷头中连续喷出，经过静电场后，使墨滴有选择地带上电荷，这些带电荷的墨滴在高压偏转电极板的作用下发生偏转，被收

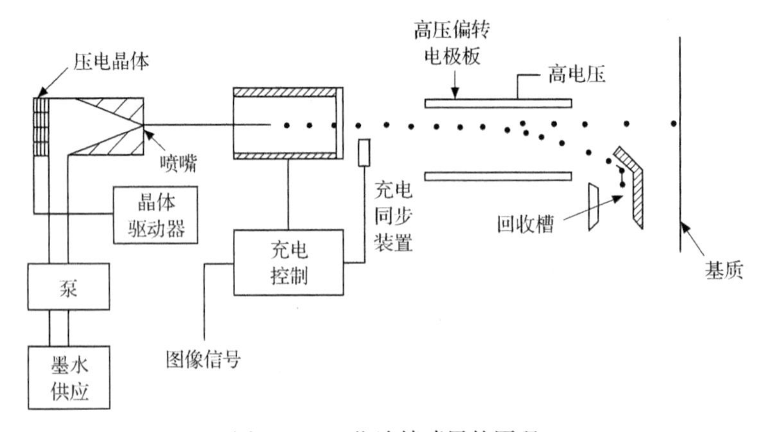

图 5-15　二位连续喷墨的原理

集后返回储墨器中重新使用，未带电荷的墨滴直接喷射在织物上形成图案。在这种连续喷墨装置中，通常情况下会使用频率高达 1×10^6 Hz 的压电晶体产生超声波来激发墨水，使之形成均匀连续的墨滴流。

二位连续喷墨的墨水是以水或醇作溶剂的，黏度要达到 1.5mPa·s，表面张力在 35mN/m 以上。为了保证墨水的可喷射性能和印花质量，墨水中固体颗粒的粒径要小于 1μm，其电导率要大于 500μs，盐的含量要小于 100mg/kg。二位连续喷墨装置的结构简单，可靠性高，但是这种印花机的速度比较慢。

(3) 多位连续喷墨

多位连续喷墨与二位连续喷墨的区别是前者使墨滴带不同的电荷，当这些墨滴通过偏转电极板时，可发生不同的偏转，从而在基质的多个位置上形成图案，如图 5-16 所示。墨水的黏度必须在 3～8mPa·s 范围内，如果墨水的黏度太大，墨滴就很难形成；如果太小，则形成的墨滴不稳定。墨水的表面张力需大于 32mN/m，墨水中的最大固体颗粒大小不能超过 1μm，墨水的电导率要大于 1000μs。

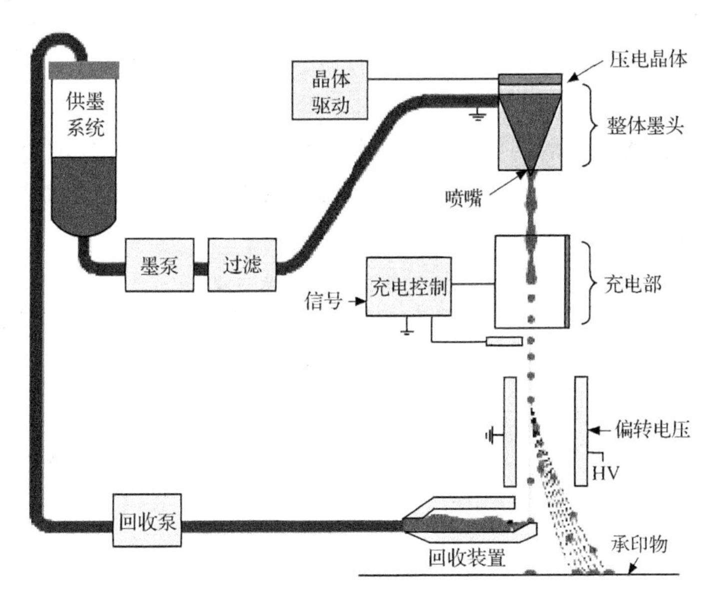

图 5-16　多位连续喷墨原理

多位连续喷墨的优点是可靠性高，喷嘴很少堵塞；墨滴较大，单位时间内为织物提供的墨水多，有利于提高印花图案的颜色深度和饱和度；与按需喷墨相比，多位连续喷墨每秒产生的墨滴数更多，因此印花速度更快。多位连续喷墨的缺点是印花分辨率比较低，并且需要墨水回收系统，会增加喷墨装置的制造费用。多位连续喷墨的印花机喷墨速度快高达 $200m^2/h$ 以上，一般采用 8 色喷头，幅宽为1.85～3.2m。

二、喷墨印花墨水

喷墨印花墨水是数字喷墨印花生产的主要耗材，开发喷墨印花墨水，已成为喷墨印花技术发展必不可少的组成部分，也是当前纺织用精细化学品领域的研究热点。

喷墨印花专用墨水应具备以下性能，①表面张力相对于喷墨打印墨水要高，一般要求在30～50mN/m之间；②黏度相对要小，一般要求在1～10Pa·s之间，最好在4Pa·s以上；③由于喷嘴的口径均为50μm，油墨体系粒径均值要小于0.5μm，最大值不大于1μm；④油墨必须具有导电和带电的能力。

喷墨印花墨水一般由色素、水、有机溶剂和添加剂(如防菌剂、分散剂、pH调节剂、保湿剂)等组成。与纸张用喷墨打印墨水相比，织物用喷墨印花墨水除对色素纯度、不溶性固体颗粒粒径以及墨水的黏度、表面张力、电导率、稳定性、pH和起泡性等有具体要求外，还要求墨水喷射到织物上形成图案后，必须兼顾一定程度的印透和防渗化，具有良好的耐水洗等色牢度，且不能影响织物手感。按照使用的色素，喷墨印花墨水可分为染料墨水和颜料墨水。

1. 染料墨水

染料墨水是将纯化后的染料溶解或分散在水中，再添加相应的溶剂、防腐剂等助剂配制而成。染料墨水具有很强的色彩表现力，印花图案更加细腻、逼真。染料墨水相关情况见表5-8。

表5-8　染料墨水的相关情况

类别	水溶性	组成	用途
活性染料墨水	活性染料、表面活性剂、杀虫剂、pH缓冲剂、去离子水	用于棉、麻、黏胶等纤维素纤维，羊毛、蚕丝等蛋白质纤维的印花	经过滤等转化处理，以去除杂质，防止染料结晶析出，提高稳定性
酸性染料墨水	酸性染料、表面活性剂、杀虫剂、二甘醇、丙三醇、去离子水	羊毛、蚕丝、锦纶等纤维的印花	同上
分散染料墨水	分散染料、分散液、硫二甘醇、二甘醇、异丙醇、去离子水	涤纶、锦纶、醋酯纤维等合纤的印花	分散染料的超细加工和在水中的稳定分散

2. 颜料墨水

颜料是一种不溶于水和大多数有机溶剂的色素材料，在应用于纺织品的印花和染色前，需先与分散剂和其他添加剂一起粉碎加工，制成颗粒细小且具有足够分散稳定性的水性分散体系。颜料对任何纤维都没有亲和力，必须借助黏合剂固着在纤维上。颜料墨水在不同的棉质织物上进行喷墨印花，颜色深度可以达到中深色要求。棉织物、天丝织物比蚕丝织物、涤纶织物具有较好的印制效果。颜料在纺织领域中的应用范围非常广泛，几乎适合所有纤维织物的印花和染色，如棉、毛、丝、麻、涤纶、锦纶、腈纶及其混纺产品等。

三、喷墨印花工艺过程

目前数码喷墨印花技术主要分为活性数码印花、酸性数码印花、涂料数码印花、分散热转印和分散直喷五种。按照过程划分为两类：数码转移印花和数码直喷印花。

纺织品喷墨印花工艺随所用的染料和纤维品种而异。毛织物用酸性染料、活性染料；涤纶织物用分散染料；纤维素纤维目前研究最多的是活性染料。数码喷墨印花工艺过程如图 5-17 所示。

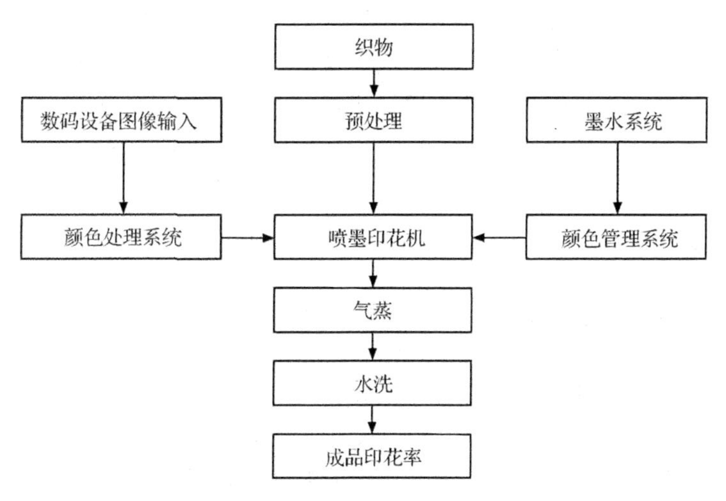

图 5-17　数码喷墨印花工艺流程

织物印花前处理是将织物浸轧液含渗透剂、碳酸氢钠、海藻酸钠糊的溶液。目的是使织物有好的透印性，并有一定程度的防渗化。

气蒸是染料扩散和固着的工艺过程，一般采用常压气蒸（120℃，80min）。

由上述工艺过程可以看出，喷墨印花过程和常规印花不同的是，除印花方式不同外，还需要不同的织物准备过程。

一般来说，用于喷墨印花的织物应具备以下条件。

1）对油墨或色浆吸收快，能够抑制染液的渗化；

2）容许油墨液滴重叠，黏着的液滴不会流动和渗化；

3）油墨液滴印上后保持细小而且大小一致的状态；

4）油墨液滴形状呈圆形，圆周光滑；

5）白度好；

6）油墨中的染料上染和固着均要求充分，色光纯正。

从上述各点可以看到，防止油墨中的染料渗化是获得良好精细花纹的先决条件，这一点比常规印花要求要高得多。防止渗化的措施主要有以下几种途径。

1）织物印前经过特殊处理；

2）改进油墨组成，减少渗化；

3）从改善油墨和织物两方面来防止渗化。

由此可知，对喷墨印花加工来说，由于油墨的组成是染料生产厂决定的(商品供应)，所以对织物进行特殊的前处理是减少渗化，这是提高印制效果的主要措施。

第五节　转 移 印 花

我国开发纺织品转移印花技术，起始于20世纪70年代。80年代初中期，北京纺织科学研究所科研人员采用热气相技术，将分散染料转印到涤纶织物上，并逐渐推广到全国各地应用。自从转移印花问世以来，主要应用于涤纶纺织品。这种印花技术的主要优点是无水工艺，没有污水和化学品排放，是一种有利于环保的印花方式。

一、升华转移印花

这是最常用的一种方法，利用分散染料的升华特性，使用相对分子质量为250～400、颗粒直径为0.2～2μm的分散染料与水溶性载体（如海藻酸钠）或醇溶性载体（如乙基纤维素）、油溶性树脂制成油墨，在200～230℃的转移印花机上处理10～30min，则分散染料升华变成气态，由纸上转移到织物上。印花后不需要蒸化、水洗等后处理过程，可以节约能源和减轻污水处理的负荷。

升华转移印花法又称为干法转移印花法，以在纯涤纶织物上的效果最好，涤棉混纺织物上因棉纤维不被分散染料着色，得色要比纯涤纶织物浅，块面大的花型还有“雪花”（留白）现象。纯锦纶织物也能转移印花，但得色量较低，湿处理牢度较差。

近年来，分散染料转移印花也用于天然纤维，为了使分散染料升华后可吸附、扩散及固着在天然纤维纺织品上，印花前必须对纺织品进行预处理，包括化学改性和预溶胀处理。一般来说，这种预处理后分散染料可以上染天然纤维，但牢度和颜色鲜艳度不如聚酯纤维织物，需要仔细选用染料或开发新的分散染料。此法另一不足之处是印花前需要经过预处理，不仅增加了一道加工工序，预处理也存在许多生态问题，例如处理剂的毒性危害，耗能耗水，会产生污水等。

升华转移印花法存在的生态问题除了色浆中的染料和助剂外还需大量的转移纸，这些转移纸印后很难再回收利用。

2003年，北京服装学院的科研人员在经过数年的努力后，发明了国际首创的“无纸热转移印花机”，该机使用金属箔为热转移印花基材。特制的金属箔可以像纸一样，先承印花纹图案，然后将花纹转移至织物上，在热转印后可重复使用，基本上无损耗。以金属箔取代纸，可避免造纸和废纸再生带来的环境污染，还能降低15%以上的生产成本，具有十分良好的工业应用前景。

二、泳移转移印花

转移纸油墨层中的染料根据纤维的性质选定。织物先经固色助剂和糊料等组成的混合液浸轧处理，然后在湿态下通过热压泳移，使染料从转移印花纸上转移到织物上并固着，最后经汽蒸、洗涤等湿处理。染料转移时，在织物和转移纸间需要有较大的压力。泳移法又称为湿法转移法。例如活性染料等一些离子型染料的湿态转移印花。不足之处也是要耗费大量的转移纸，印花后还经过水洗，在耗水同时又产生污水。

近年来，也有研究使用水溶性染料印在承印物上，被转印织物润湿后，在轧压时，水溶性染料溶解并使图案转移到湿的天然纤维织物上，因为在室温下转印，故亦称冷转移印花，其工艺流程如下(图5-18)：

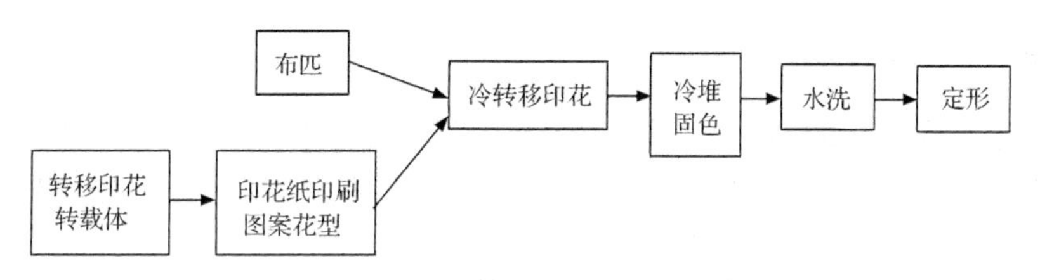

图5-18　冷转移印花流程图

应用COTTONART-2000活性转移印花机，可将活性染料转移到棉、麻、丝、毛、黏胶等纤维上，适用于机织、针织、无纺布的转移印花。其工作运行示意图如图5-19所示。

冷转移印花技术是环保、清洁生产的技术，是一个重要工艺方向。

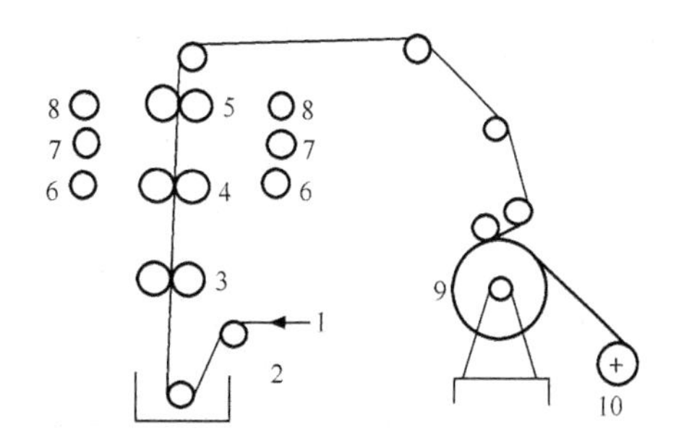

图5-19　CottonArt-2000转移印花机运行示意图

1. 前处理后的半制品；2. 浸液槽；3. 第1道均匀轧车；4. 第2道均匀轧车；5. 第3道均匀轧车；6. 转移印花纸供应辊；7. 转移印花送纸备用辊；8. 剥离纸卷取辊；9. 卷布装置；10. 塑料衬膜供给装置

三、熔融转移印花

转印纸的油墨以染料与蜡为基本成分，通过熔融加压，将油墨层嵌入织物，使部分油墨转移到纤维上，然后根据染料的性质做相应的后处理。在采用熔融法时，需要较大的压力，染料的转移率随着压力的增加而提高。

四、油墨层剥离转移印花

使用遇热后能对纤维产生较强黏着力的油墨，在较小的压力下就能使整个油墨层自转印纸转移到织物上，再根据染料的性质做相应的固色处理。

目前，在全世界印花织物中，天然纤维占72%，而棉纤维类又占天然纤维的80%以上，如果转移印花在天然纤维上得到工业化的突破，实现天然纤维气相转移印花，或者湿转移印花，那将是染整工业上的一大进步。

第六节　泡沫染整技术和气雾染色技术

泡沫染整加工属于低给液率加工技术，已有几十年的研究开发历史。随着能源、水资源问题的日益严峻，泡沫整理技术越来越得到人们的重视，作为一种节能、节水的新型加工技术，已被应用到印染行业的许多加工环节。

一、泡沫染整技术

泡沫染整加工的优点之一是可降低烘干所需的能源。研究表明，采用泡沫染整加工可以将烘干温度降至65℃，减少烘干能源成本约50%。同时，织物加工速度提高40%，化学品用量减少60%～70%。

泡沫染整加工的另一主要优点是减少耗水量。采用泡沫染整加工，用水量减少30%～90%；排污量也相应减少，污水处理成本降低50%～60%。与传统印花相比，泡沫印花质量更高，图案更清晰，手感更柔软。通过控制染料的渗透量，还可在浅色上叠印深色，使湿布浸轧(湿-湿)工艺成为可能。如果泡沫印花后织物无需中间烘干，就可直接进行泡沫后整理。

耐久压烫树脂烘干时的泳移，是棉织物传统整理过程中最为严重的问题之一，而采用泡沫整理，因带液率减小，泳移程度会大大降低。

(一) 泡沫染整加工原理

泡沫加工的实质是将染整工作液通过发泡，用空气来代替部分水，将整理剂、染料或涂料的工作液制成一定发泡比的泡沫，使其在泡沫半衰期内能稳定地到达织物表面，在施泡装置系统压力、织物毛细效应及泡沫润湿能力的作用下，迅速破裂排液并均匀地施加到织物上。

泡沫染整加工系统还可以控制工作液在被加工织物中的渗透距离。既可以使工作液只停留在织物表面，也可以使工作液浸透织物。因此，可以对织物两面进行不同的加工，更可以将织物的两面染上不同的颜色等。

泡沫加工过程为

发泡→施加泡沫→泡沫迅速破裂被织物吸收→烘干→(焙烘)→后处理

泡沫染整的这些优点使织物湿加工总体成本大大降低。目前较成熟的泡沫工艺有泡沫整理、泡沫印花、泡沫染色等。

1. 泡沫的产生

泡沫是由大量气体分散在少量液体中形成微泡聚集体，并经液体薄膜相互隔离，而形成的一种微小多相的黏状不稳定体系。

泡沫形成的过程：气泡首先在含有表面活性剂的水溶液中，被一层表面活性剂的单分子膜包围，当该气泡冲破了表面活性剂溶液与空气的界面时，第二层表面活性剂包围着第一层表面活性剂膜，而形成一种含有中间液层的泡沫薄膜层，在这种泡沫薄层中含有纺织品整理所需的化学品液体，当相邻的气泡聚集在一起时，就成为泡沫(图 5-20)。

图 5-20　气泡的形成过程

1. 空气泡；2. 表面活性剂分子；3. 泡沫层；4. 夹层液体

泡沫形状主要有球形和多面体两类，如图 5-21 所示。球形泡沫是气泡在液体中一个接一个地分布，是液体分散剂内成堆的独立气泡。当气泡超过最致密的球形分布(气体体积分数高于 74%)时，就变成多面体泡沫。因此，多面体泡沫是气体聚集群体。泡沫整理工艺中，一般使用多面体泡沫。

泡沫是热力学不稳定体系，有自发破裂的倾向。泡沫的稳定性是指泡沫保持其所含液体及维持自身存在的能力，主要取决于排液的快慢和液膜的强度。气泡间的液体在压力和重力的作用下总在不断地被排出，液膜逐渐变薄，这是由气、液相对密度和界面两侧之间的压差引起的。体相黏度大的液体，排液速度慢，因而泡沫较稳定。当排液至一定程度，即气泡液膜薄至一定程度时，气泡是否还稳

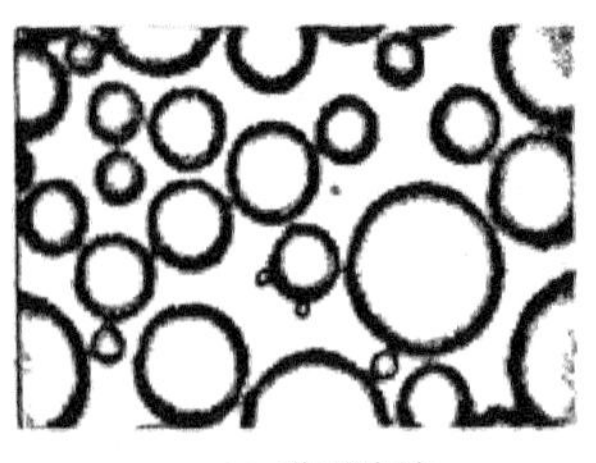
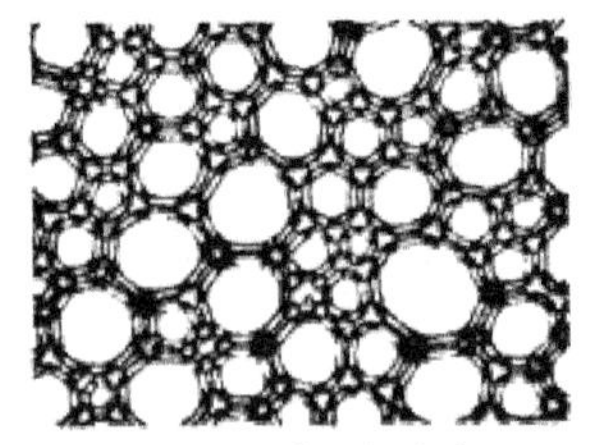

(a) 球形泡沫　　(b) 多面体泡沫

图 5-21　气泡的形状

定，主要取决于界面保护膜的黏度、膜强度、气体透过能力等因素。成功的泡沫加工，很大程度上依赖于泡沫的稳定性。如果泡沫不稳定，它会迅速破裂排液，织物带液率便难控制；若泡沫太稳定，会发生化学品与染料渗透不充分和织物带液率偏低的现象。

2. 泡沫的类型

(1) 稳定性泡沫

稳定性泡沫即使在烘干后也不会破裂，而且能保持它们的结构。它们通常能稳定保持在纺织品底层的表面上，织物透气性好。适当控制泡沫尺寸时还可获得良好的防水性。

稳定泡沫涂层厚度一般为 0.3～1.0mm，并且在烘干后必须压碎，在许多场合下还需要使用轧光机高压压碎，普通压碎和轧光机压碎的压力程度不同。压碎后，施加的聚合物就附着在纺织品底层上，从而获得一定的坚牢性。典型的稳定性泡沫整理加工是用于各种类型窗帘的涂层整理，也可用于多孔、可透气的户外服装的整理加工。通过泡沫整理，纺织品膜具有很强的水蒸气渗透性及防水性，且耐高达 50 次的水洗。

(2) 半稳定性泡沫

半稳定性泡沫施加在纺织品上后会部分破裂，但在烘干后，仍能看出织物上的泡沫整理液痕迹。因此，可以利用半稳定性泡沫实施双面不同功能的加工，如在织物一面施加阻燃整理剂，另一面施加柔软剂或氟碳化合物整理剂等。

(3) 不稳定性泡沫

不稳定性泡沫施加于纺织品上后会立即破裂，泡沫中的化学品会立即渗透到纺织材料内部，烘干后看不到泡沫痕迹，可用于染色、功能整理等加工环节。

不稳定性泡沫能应用于封闭体系时，泡沫通过泡沫搅拌器产生，然后被传输到给液器上，通过给液器上的裂缝持续、均匀分布在织物上。

3. 泡沫的性能指标

泡沫的性能有泡沫密度、泡沫稳定性、泡沫均匀度、泡沫润湿性、泡沫内气泡大小、泡沫流变性等。

（1）泡沫密度

泡沫密度是指单位体积的泡沫质量或发泡率。其计算公式如下

泡沫密度=(泡沫质量，g)/(泡沫容量，cm^3)

发泡率是指 1kg 的液体可以产生的泡沫体积（L）。例如，泡沫密度 0.05g/cm^3相当于 50 g/L，即发泡率为 1∶20。发泡率越低，则泡沫含液量越高；发泡率越高，则泡沫含液量越低。发泡率的大小取决于被加工织物种类、车速等因素。

发泡比是指发泡前一定体积的液体质量对发泡后相同体积的泡沫质量之比。

（2）泡沫的稳定性

泡沫是亚稳系统。稳定时间过短，由泡沫发生器形成的泡沫未输送到织物表面就已中途破裂，造成给液不匀；若稳定时间太长，涂覆到织物上的泡沫又不能很快均匀破裂，也会造成加工不匀。

泡沫的稳定性可用两个指标来进行描述，即半衰期和第一液滴时间。半衰期是一定体积的泡沫排液至质量减少一半时所需的时间。第一滴液时间是泡沫发生破裂产生第一滴液体的时间。

（3）泡沫大小的均匀度

泡沫也要尽量均匀，只有泡沫达到均匀，才能使整理达到均匀。

（4）泡沫的润湿性

由泡沫或者由泡沫破裂以后释放的液体所产生的良好润湿性对于那些尚未经充分前处理的或者是组织结构紧密的织物尤为重要。

（5）泡沫的大小

泡沫要尽量地小。一般地说，泡沫越小，越接近多面体结构，也就越稳定。泡沫起着载体的作用，泡沫壁的厚度以及泡沫的大小直接影响着泡沫携载染化料的能力，一般要求泡沫的直径在 8μm 左右。

（6）泡沫的流变性

在实际应用中泡沫流变性如同泡沫的稳定性一样也是重要的参数。但是泡沫的流变性至今仍无适当的测试表达办法。

4. 泡沫染整用化学品的基本要求

在泡沫体系中，除必需的发泡剂外，还含有发泡协同助剂以及染整加工所必需的染化料，体系内各试剂间的作用复杂。因此，对发泡体系中的化学品提出了更高的要求。

（1）发泡剂的选择

发泡剂必须满足以下几个条件。①对 pH 不敏感；②与其他组分相容；③具有很好的渗透力；④不影响加工织物的性能；⑤对染色牢度影响小。

发泡剂能有效控制泡沫的直径并具有良好的润湿性。

表面活性剂是比较有效的发泡剂，一般阳离子型的表面活性剂发泡能力差，阴离子型和非离子型的表面活性剂发泡能力较好。阳离子型有烷基叔胺、季铵盐、甜菜碱及其衍生物等；阴离子型有月桂醇硫酸酯钠盐、十二烷基磺酸钠和十二烷基硫酸钠等；非离子型有 C11～C15 直链仲醇、C10～C16 直链伯醇和 C8～C12 烷基苯酚的聚氧乙烯醚等。阴离子型发泡剂的泡沫速度慢，形成泡沫较为稳定，而非离子型发泡剂的发泡性好，润湿性也好，但泡沫稳定性差。

对于不同的泡沫染整加工，应采用相应类型的发泡剂，但必须注意发泡剂与染化料间的相容性。

(2) 稳定剂(稳泡剂)的选择

稳定剂必须满足以下几个条件。①能增加泡沫的稳定性；②具有很好的渗透力；③与其他组分相容；④组成的溶液具有假塑性和触变性，黏度良好；⑤对染整加工织物的手感和性能无不良影响。

第一类稳定剂是增黏型稳定剂，主要是通过提高发泡液的黏度来减缓泡沫的排液速率，延长泡沫半衰期，从而提高泡沫的稳定性。属于此类物质的有聚乙烯醇(PVA)、羧甲基纤维素(CMC)、羟乙基纤维素(HEC)等。

第二类稳定剂其主要作用是提高泡沫薄膜的质量，增加薄膜的黏弹性，减少泡沫的透气性，从而提高泡沫的稳定性，例如，在 SDS 中加入正十二醇就是属于这种类型。

实际使用过程中，经常将上述两类稳定剂混合使用，既提高了发泡液的本体黏度，又提高了泡沫液膜的黏弹性，大大增加了泡沫的稳定性。

(3) 增稠剂

增稠剂也属于稳泡剂，通过它来进一步提高溶液的黏度来提高泡沫的稳定性。常用增稠剂有天然胶类、淀粉衍生物、纤维素衍生物、合成聚合物、PVA、丙烯酸共聚物等。

(4) 渗透剂

为了提高泡沫对织物的润湿性，必要时还可在工作液中加入一些渗透剂。

(二) 传统泡沫染整加工设备

泡沫整理设备由泡沫发生器和泡沫施加器两大部分组成。

发泡装置包括有空气供给装置、液体供给装置、发泡器、泡沫输出系统。

泡沫施加装置大致可以归纳为：刮刀式、辊筒式、橡毯真空抽吸式、网带式、圆网式和狭缝式等。

一般，工厂在采用泡沫染整加工方式时，无需添置整套专用设备，仅需将常规的浸轧部分更换成泡沫施加装置，再添置泡沫发生器，便可进行连续化的泡沫染整生产加工。

（三）泡沫染整加工技术的应用

1. 泡沫上浆

泡沫上浆是以泡沫为介质对经纱进行上浆的一种新工艺。经纱泡沫上浆是利用可以产生泡沫的浆液均匀地分布在经纱上，黏附于经纱的泡沫浆经过压浆辊时，泡沫在轧点处破裂，气体溢出，浆液附着在经纱上，使经纱获得可织性。普通浆料上浆时，浆料溶解或分散在水中，以水为介质将浆料传送到织物上；而泡沫上浆工艺中，泡沫是传送介质。处理过程为：

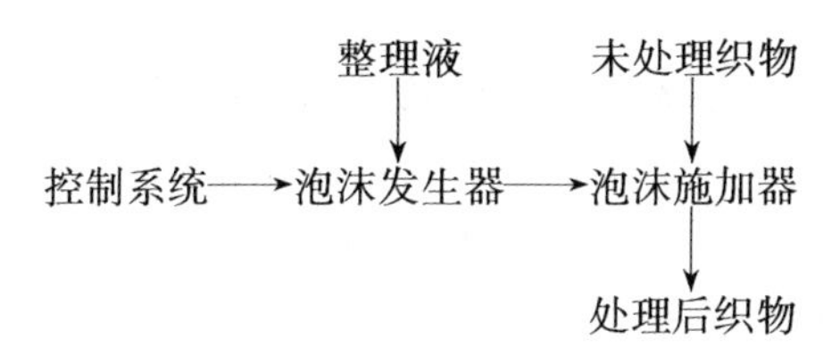

2. 泡沫丝光

泡沫丝光是指使用泡沫的方法对织物进行丝光处理。泡沫丝光存在的主要问题是耐碱起泡剂和耐碱渗透剂的选择。采用泡沫丝光，由于泡沫丝光时织物上的碱量较少，要达到与常规丝光相同的效果，必须加大碱液的浓度，一般应大于250g/L。但是，在如此高浓度碱中，常规起泡剂和增稠剂大多会沉淀，很难形成泡沫。

以下是对牛仔布泡沫丝光的工艺研究。

丝光牛仔面料光泽度高，制成牛仔服装后再经过特殊水洗加工可以获得独特的效果。泡沫丝光是在浓碱液中加入起泡剂，用机械方法注入空气使溶液发泡形成泡沫，再均匀施加到牛仔布上。含碱泡沫和纤维表面接触后，很快破裂变成强碱液并由毛细管效应被纤维吸收。此外，泡沫破裂时会产生较大的冲击力，也有助于碱液渗入纤维内部。

（1）丝光起泡剂

由于泡沫丝光是在特定的强碱环境下进行，这就要求起泡剂有良好的耐强碱稳定性和渗透性。在大量试验的基础上，最终选定表面活性剂为仲烷基磺酸钠(SAS 60)、异构十三碳醇聚氧乙烯醚磷酸单酯与双酯的混合物(TO-9 磷酸酯)、异辛醇硫酸钠(PT 808)和十二烷基二甲基甜菜碱(BS-12)。取 NaOH 250g/L，表面活性剂 10g/L，测试不同表面活性剂在一定发泡比下的起泡高度和半衰期，结果见表 5-9。

实验研究，也可以将多种表面活性剂进行复配，再配制成泡沫丝光液，由于协同效应，复配后的各发泡指标稍有提高。

表 5-9　各表面活性剂的发泡指标对比

表面活性剂	发泡比	起泡高度/mm	半衰期/s
SAS 60	5.45	145	175
TQ-9 磷酸酯	6.09	156	162
PT808	5.15	151	183
BS42	4.65	130	179

(2) 泡沫丝光工艺

工艺流程为

退浆→ 烧毛→ 泡沫给湿→ 拉斜渗透→ 喷淋水洗→ 烘干→ 预缩

泡沫丝光设备只需在传统浓碱丝光设备上增加一台发泡机。传统丝光时，织物是在浓碱溶液中浸轧，而泡沫丝光则是织物从泡沫层中穿过后进行轧压。如果进行单面丝光，则可以将泡沫液涂覆在织物表面。结果显示，传统丝光织物的钡值约 135，而泡沫丝光织物的钡值可达 140 以上，说明泡沫丝光的效果更加充分。

3. 泡沫染色

首先用泡沫发生器将染液泡沫化，然后通过施泡机的施加棒均匀地施加于织物表面，再通过轧车挤压，可以使染料在织物中渗透，达到染色效果。

工作过程简图如图 5-22 所示。

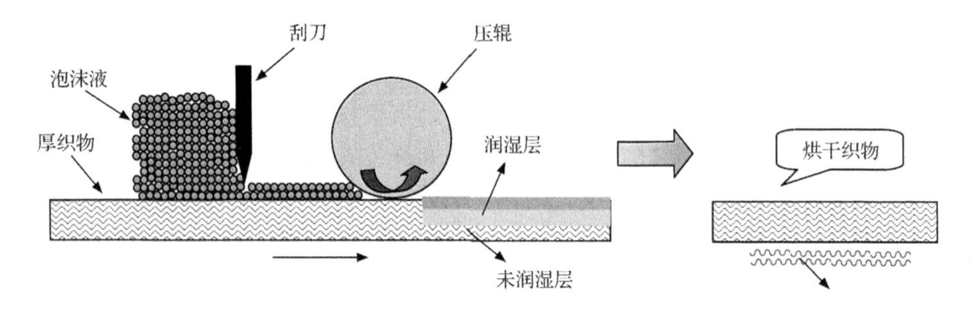

图 5-22　泡沫染色工作过程简图

泡沫染色的优点体现在以下几方面。

1) 由于浴比小，可以大大节约染色过程中的用水量。常规染色织物带液率一般为 60%～80%，泡沫染色织物带液率一般为 10%～40%，可减少染色废水处理量，降低对环境的污染。

2) 显著降低各种助剂(如盐、碱和染料)的用量。

3) 缩短加工时间。

4) 提高织物表面得色量。当泡沫与纤维表面接触后，泡沫染色的染液对织物的渗透性较差。因泡沫内的染料浓度高而水分少，来不及渗透到纤维内部就均匀地破裂在纤维的表面，使织物的表面得色量增加。

5）减少染料泳移，提高织物的匀染性。利用泡沫染色法进行还原染料悬浮体染色，可使悬浮体在织物上均匀分布，提高悬浮体染色的匀染性能。将泡沫染色与常规轧染相比可发现，染色后织物的摩擦牢度、汗渍牢度、水洗牢度以及日晒牢度基本相同。

泡沫染色目前主要存在着匀染性问题。其影响因素为染料本身的特性、泡沫施加的均匀性和泡沫的稳定性。

1）染料本身的特性。染料的直接性越高，匀染性越差，反之越好。

2）泡沫施加的均匀性。有的泡沫施加装置是产生泡沫后直接施加到织物上，然后再通过轧辊，使泡沫破裂。该装置的缺点是会产生由于泡沫不均匀而引起的色差，但是当染液发泡后，泡沫通过窄小的狭缝，让大泡沫提前破裂，可以提高泡沫的均匀性。

3）泡沫的稳定性。泡沫稳定性高则不易破裂，经过轧辊后仍有部分泡沫没有破裂，再经蒸箱后会产生泡沫圈，影响均匀性；泡沫稳定性太差，在通过轧辊前，就已经破裂，不仅使带液量增加，而且也会造成不均匀的带液量。泡沫稳定性差可以通过提高车速，使泡沫施加到织物上后以更短的时间经过轧辊，然而这样虽然可以增加均匀性，但这样也会降低带液量，会使着色变浅。

4. 泡沫印花

在泡沫印花加工中，由于刮刀和轧辊等对泡沫施加的压力及纤维和毛细管作用使泡沫破裂，染料由于没有糊料的载体，就立即停留在原处，这样就构成了其精细的印花效果，所以要求泡沫色浆一旦触及织物，必须尽快破裂，以保证印花质量。

如果泡沫不稳定，在印花前便发生破裂，色浆黏度将下降，就无法实现泡沫印花；若泡沫稳定性太高，印花后泡沫在织物上不能均匀地破裂，会给印花质量造成影响。

以泡沫涂料印花工艺应用为例，配方为增稠剂(聚丙烯酸类）5g，黏合剂(丙烯酸脂一丙烯腈一羟甲基丙烯酰胺共聚物乳）40g，海藻酸钠 2g，十二烷基硫酸钠 10g，十二烷醇 10g，氨水 5g，总溶液 1kg。

按上述配方制成 1kg 泡沫溶液后，再与涂料色浆混合，制备好的印花色浆，可用圆网印花机印于织物上，印花织物经烘干后在 150℃热处理 3min。在涂料印花时，因发泡剂会与涂料一起被黏合剂固着，影响印花色泽鲜艳度。目前尚在研究中的易蒸发掉的发泡剂和稳定剂备受关注。图 5-23 是斯托克 FP-Ⅱ型泡沫印花系统。

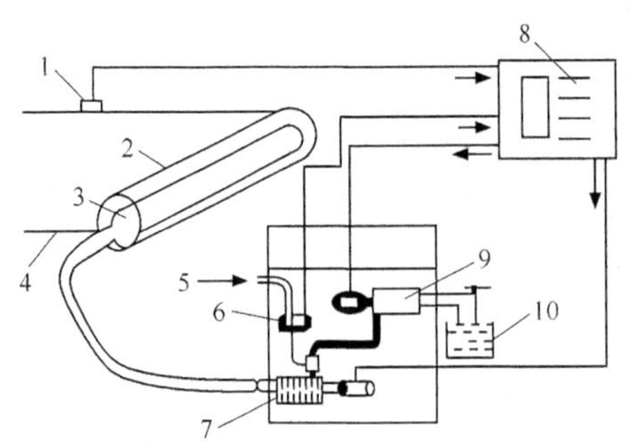

图 5-23　FP-Ⅱ型泡沫印花系统

1. 印花车速传感器；2. 圆网；3. 泡沫印花刮刀；4. 织物；5. 压缩空气入口；6. 空气计量器；7. 动态泡沫发生器；8. 计算机控制台；9. 液体计量泵；10. 印花色浆桶

与传统印花相比，泡沫印花质量更高，图案更清晰，手感更柔软。若通过控制染料的渗透量，可在浅色上叠印深色，实现湿—湿加工工艺，在泡沫印花后，织物无需中间烘干就可直接进行泡沫后整理加工。

5. 泡沫整理

泡沫整理技术可应用于纺织品的各种后整理加工中，如拒水拒油整理、亲水整理、柔软整理、阻燃整理、抗皱整理、防缩整理、抗菌整理、抗紫外线整理等，既可以对织物进行单面整理，也可以实现双面不同功能的整理加工。

(1) 树脂整理

棉织物防皱整理中存在的致命问题是织物的强力和耐磨性降低，然而大量试验发现，整理时整理剂施加不均匀是主要原因之一，而这种不均匀主要是由于织物焙烘过程中整理剂发生泳移。

使用浸轧→预烘→焙烘的处理方式时，约 28%的整理液会发生泳移，而泡沫整理因带液率减小，泳移程度会大大降低，可以使泳移量降到 10%以下，因而大大提高了织物的强力。此外，在达到相同整理效果的同时，使用泡沫整理的方法比常规浸轧的方法节省树脂及助剂用量约 10%～30%，而且还可改善织物的手感。

(2) 泡沫防水透湿整理

目前，常规的拒水整理均采用浸轧法，织物两面都有拒水性，吸汗能力差，穿着不舒适。但是，采用泡沫整理法可以加工出一面有拒水效果另一面有吸汗和排汗功能的双面整理织物。双面泡沫整理的技术关键是在整理时控制泡沫的密度和施加量，不使整理剂渗透到反面。

在涂层法防水透湿加工中，也同样可以采用泡沫涂层法，它是将聚氨酯和聚丙烯酸酯的混合物分散在水中，然后使其形成泡沫，并通过添加稳定剂使泡沫稳定，然后使其用涂覆在织物的一面，干燥后就形成一种微孔涂层。通过控制形成的微孔大小，则可以使水蒸气分子渗透，而液态水不能透过。最后，织物经低压碾轧，使涂层与织物很好地黏合。当泡沫直径相对较大时，还可进一步用含氟拒水拒油整理剂处理以改善其防水性能。这种涂层过程不使用有机溶剂，生产方式比较环保。

(3) 泡沫阻燃涂层整理

对面料进行阻燃加工的方式有多种，如浸轧阻燃液、直接背涂、发泡涂层等，但目前国内通常使用的是前两种。浸轧阻燃液易造成色变、手感发硬、鸡爪印、产生盐析等；直接背涂会影响手感，而且透气性差。如果利用泡沫涂层整理方式，则可以使阻燃整理剂在纤维表面或织物的一侧富集，显然对提高阻燃效果有利。例如，对厚重织物，以乙烯类聚合物为涂层黏合剂，加入溴类及氮磷类阻燃剂等充分搅拌，按一定发泡比发泡，使低黏液体发泡增稠，经涂层刀的挤压，泡沫破碎成低黏液体，渗入织物内，随后再经过烘干、焙烘即可获得阻燃织物。与传统工艺相比，泡沫阻燃整理既简化工艺流程，又降低生产成本，而且织物阻燃效果较好、手感柔软、透气性好。

泡沫整理的最大特点是可以对织物进行单面整理，或进行双面不同的整理。例如，纺织品一面做防水、防油、防沾污的整理，另一面做亲水整理，用通常的加工方法是很难做到的，而泡沫整理则可以，这是泡沫染色整理最大的亮点。

二、气雾染色技术

气雾染色技术是符合“绿色纺织业”发展方向的新型染色技术，是纺织品精加工染色工艺上的重大突破。由于浴比的超临界而被称为环保染色。

气雾染色是超低浴比染色，纯棉织物浴比为 1∶4，因此，纺织品染色所消耗的水、蒸气、染化料降低到最低临界点，达到最小污水排放量。通过对气雾染色和溢流染色的比较得出，气雾染色用水消耗比溢流染色降低 30%以上，用气消耗降低 25%，染料和助剂分别降低 10%～20%和 50%以上，减少污水排放量 30%，废水中 COD 含量减少 20%以上。每吨布气雾染色排放废水 838t，而溢流染色排放废水 165t，因此可以节省加工成本和废水处理成本。在此基础上，气雾染色的染色质量好，无折皱、无色花，布面平整美观，完全符合使用要求。

国外已开发出一种气流雾化染色技术，这种技术是在染色过程中，将染料助剂与气流混合后通过高温雾化装置，直接将雾化后的染料以气态形式喷洒在织物上。织物运行完全依赖于气流循环。循环气流能使运行完全依赖于气流循环。循环气流能使运行的织物变得平整。所以，当雾化的染料与织物接触后，由于不断地冷凝，染料在织物表面不断扩张、渗透到纤维内部。如此反复进行一直到染色完成为止。

气雾染色工艺不足之处是，气雾染色工艺电耗比传统染色工艺高，气流雾化染色机上风机耗电量大，需将计算机集成模块更新，保证高效、高质，进一步缩短工艺时间。

习　　题

1. 什么是超临界二氧化碳流体？有什么特性？
2. 超临界二氧化碳流体染色技术为什么适合涤纶纤维？
3. 如何采用超临界二氧化碳流体对天然纤维染色？
4. 气流染色和溢流染色相比有哪些特点？
5. 涂料染色和涂料印花有哪些不同点？
6. 涂料印染目前存在哪些问题？
7. 数码印花和传统印花相比有什么特点？
8. 现阶段使用数码印花尚存在哪些问题？
9. 简述按需喷墨印花的工作原理和连续喷墨印花的工作原理。
10. 谈谈你对泡沫染整原理的理解。泡沫拒油拒水整理有什么特点？泡沫印花有什么特点？
11. 谈谈你对气雾染色原理的理解。气雾染色有什么特点？

参 考 文 献

白鹏，毕伟. 2007. 超临界二氧化碳染色技术的研究进展. 染整技术，(6)：33-37.
陈进国，吴赞敏. 2008. 茶叶绿素对大豆蛋白复合纤维超临界 CO_2 染色的研究. 毛纺科技，(7)：8-11.
陈立秋. 2008. 超临界二氧化碳染色的技术进步. 纺织导报，(6)：87-91.
陈立秋. 2002. 新型染整工艺设备. 北京：中国纺织出版社.
杜方尧，李昌华. 2005. 气雾染色技术的探讨. 针织工业，(12)：47-50.
房宽峻. 2008. 数字喷墨印花技术. 北京：中国纺织出版社.
高丽贤，郝新敏. 2006. 麻纤维超临界二氧化碳流体脱胶研究. 毛纺科技，(8)：30-34.
滑钧凯，忻浩忠. 2005. 服装整理学. 北京：中国纺织出版社.
姜灯辉，李维维，王邵辉，等. 2009. 低给液泡沫染整加工技术. 印染，(4)：38-41.
开吴珍. 2005. “超临界流体染色”技术进展及其原理. 纺织信息周刊，(15)：6-9.
黎珊，任庆功. 2010. 纤维素纤维的新型染色技术研究进展. 染整技术，(11)：21-29.
李佳宁，索全伶. 2007. 涤纶织物在超临界二氧化碳流体中的染色研究. 染整技术，(7)：1-4.
李珂，张健飞. 2009. 纺织品泡沫染整加工技术. 针织工业，(3)：36-40.
马学亚，冯森. 2010. 低碳生态的单面染色工艺. 中国纺织报，20111123.
乔欣. 2012. 超临界二氧化碳染色的原理及其进展. 上海毛麻科技，(1)：10-12.
沈国先. 2008. 负离子保健床上用品的开发. 现代纺织技术，(2)：13-16.
宋心远，沈煜如. 1999. 新型染整技术. 北京：中国纺织出版社.
文水平. 2011. 牛仔布泡沫整理. 印染，(21)：31-34.
薛朝华，贾顺田. 2008. 纺织品数码喷墨印花技术. 北京：化学工业出版社.
余一鹗. 2002. 改善涂料印花纺织品手感、色牢度方法. 印染助剂，(4)：61-66.
余志成. 2004. 涤纶织物在超临界二氧化碳中的染色性能研究. 纺织学报，(8)：18-21.
展义臻. 2009. 纺织品物理生态染色技术. 针织工业，(7)：41.
章杰. 2005. 我国环保染料和助剂开发现状. 染整技术，(2)：32-35.
赵雪，何瑾馨，展义臻. 2009. 羊毛冷轧堆染色技术研究进展. 毛纺科技，(4)：20-26.
赵雪，朱平. 2007. 生态纺织品印花技术. 染整技术，(2)：22-29.

第六章　功能染料及其应用

功能染料又称专用染料，是一类具有特殊功能性和特殊专业性的染料。这种特殊功能来自其分子在光、热、电场作用下发生的物理或化学变化，如对光的吸收和发生荧光的特性等。

功能染料正处在迅速发展的阶段，目前尚无统一的分类方法。通常，可按功能分为如下五类。

变色异构染料：光变色、热变色、电变色、湿变色、感压(压敏)变色染料；

能量转化染料：发光、太阳能转化、激光、有机非线性光学材料用染料等；

信息及显示记录用染料：液晶、滤色片、光信息记录用、电子复印、喷墨打印(印花)用染料等；

生化及医用染料：生物着色用染料、医用染料等；

化学反应用染料：催化用染料、链终止用染料等；

目前应用于纺织染整领域的功能性染料主要有光变色染料、荧光染料、热变色染料、红外线吸收和伪装染料、湿敏染料、电致变色染料、特殊有色聚合物、金属离子染料、溶剂变色染料、远红外保温涂料等。

第一节　光变色染料

一、光变色染料的特点

物质颜色随光照而变化称为“光致变色性”或“光敏变色性”，简称光变色性。一般在光的照射下，分子可发生互变异构、氧化、还原、开环、闭环等光化学反应的染料都具有光变色性。

实际应用的光变色染料，要求有良好的稳定性、高度的耐曝光疲劳性、曝光时发生的化学反应灵敏度高等性能。光致变色分可逆型和不可逆型两类。用于纺织品的光变色染料一般是可逆的，而且对变色灵敏性和牢度要求均较高。

例如，利用俘精酸酐制得的三原色，下式中 X＝O 为黄色，X＝S 为红色，X＝NPh 为蓝色。

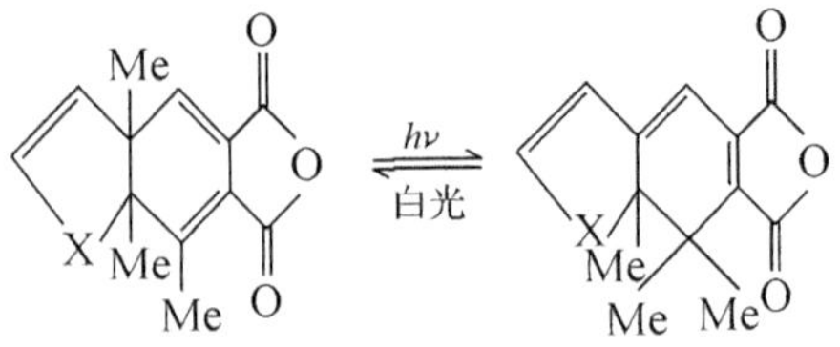

无色　　有色

利用螺吡喃衍生物开闭环，实现发色。

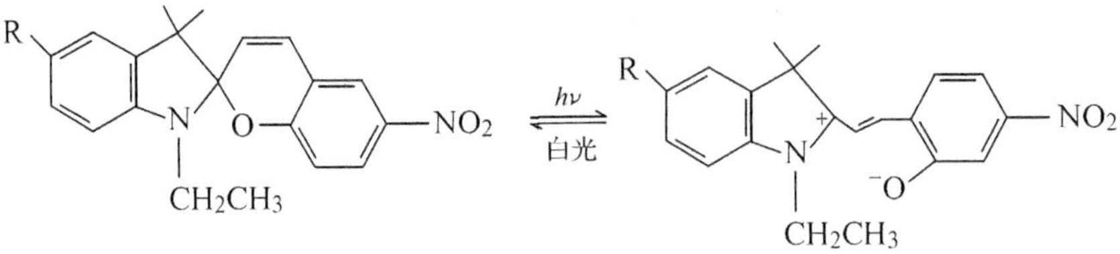

无色　　红色

二、光变色染料的变色途径

光变色染料是指具有光变色现象的染料。引起光变色的途径主要有以下几种。

1. 结构异构化

异构化是指改变有机化合物的结构而不改变其组成和相对分子质量的过程。结构异构化包括反式/顺式异构化和互变异构化等。反式/顺式异构化的典型化合物是偶氮染料和靛类染料，光能促使其分子内顺式和反式结构排列的变化，一般这类化合物的颜色变化不大，如 4，4-二甲氨基偶氮苯、硫靛等溶液在光照下发生顺反异构的转换，产生不同的颜色。互变异构化，即为氢原子移动的互变异构光变色，其典型化合物为 1，4-二羟基蒽醌和亚水杨基苯胺类等，这类化合物在光照下会发生分子内氢原子的转移，可由无色或浅黄色变为醌式的橙红色。

(1) 偶氮染料

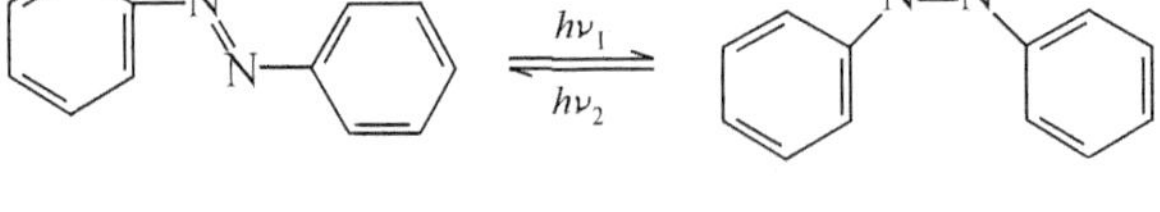

(2) 靛类染料

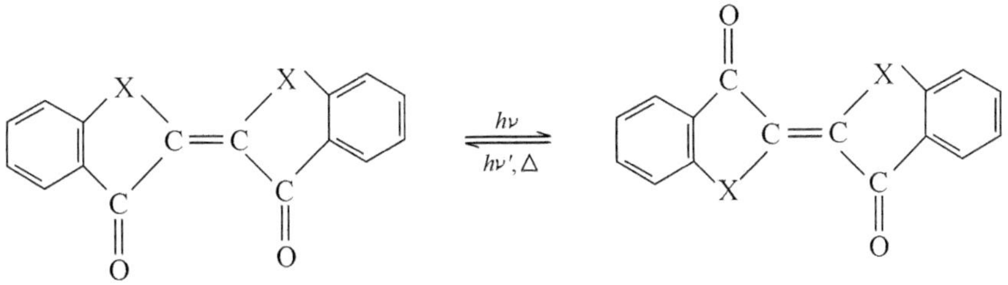

$h\nu$ ⇌ $h\nu', \Delta$

(3) 1,4-二羟基蒽醌染料

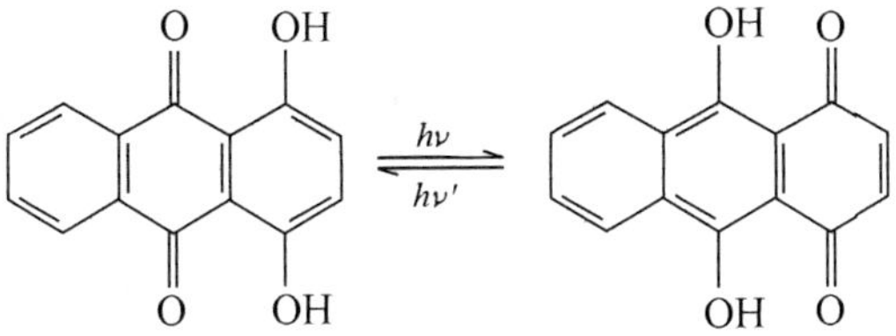

$h\nu$ ⇌ $h\nu'$

2. 离子化

具有代表性的是螺吡喃类化合物和三芳甲烷染料。它们经光激发，使共价单键发生断裂，电荷转移产生一个稳定的化学构型变化。该类化合物一般由无色变为有色，变化明显。

(1) 螺环苯并吡喃

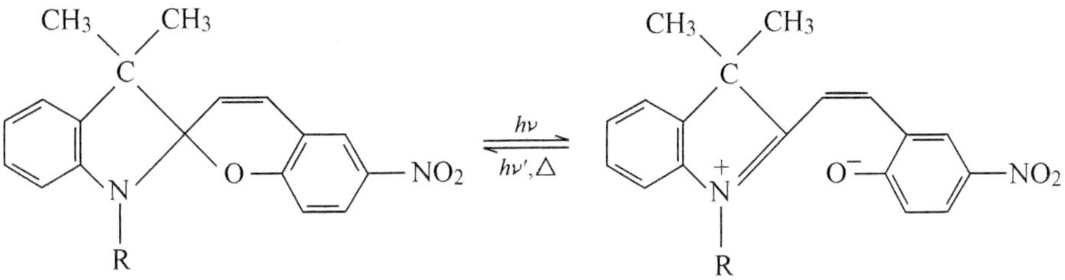

$h\nu$ ⇌ $h\nu', \Delta$

螺环苯并吡喃　　部花青

(2) 三芳甲烷染料

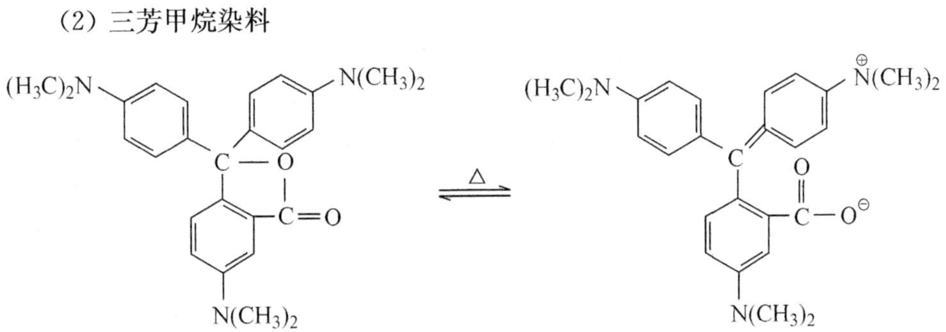

Δ ⇌

(墨绿色)　　(棕绿色)

3. 价键变化

在降冰片二烯中，D 为供体基团、A 为受体基团，在光照下碳碳双键会发生变化从而导致颜色发生变化。

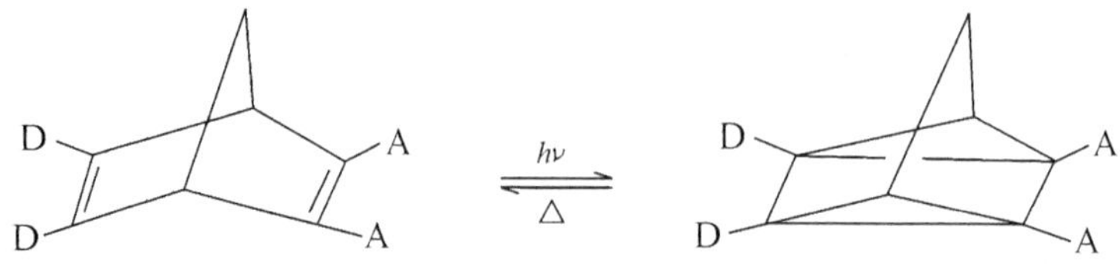

4. 氧化还原反应

有些物质在光照下能发生氧化还原反应，从而颜色发生变化，如下列物质可由黄色变为绿色。

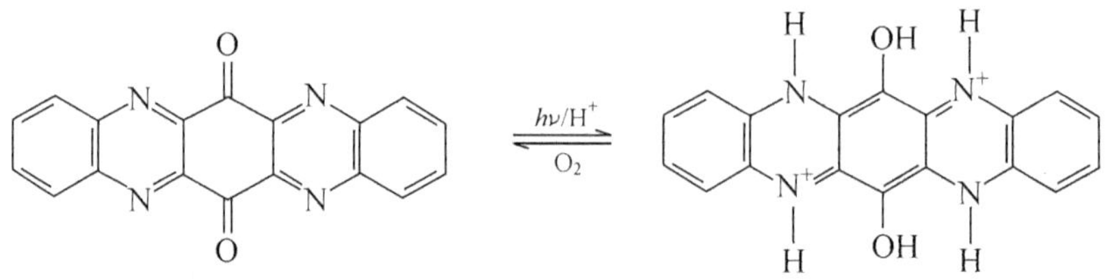

5. 均裂反应

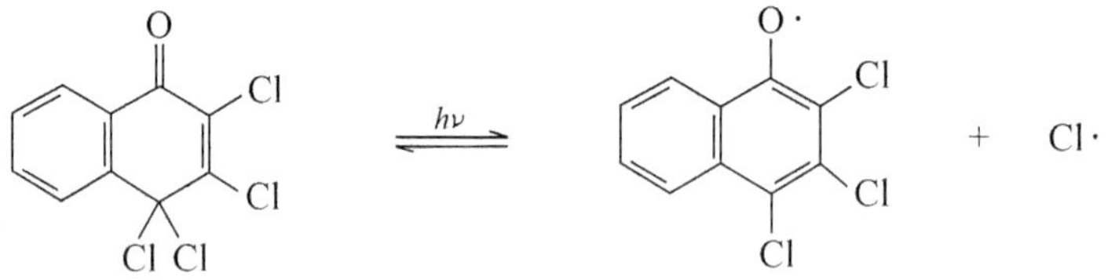

三、光变色染料在染整中的应用

光变色染料主要有氯化银、溴化银、二苯乙烯类、螺环类、降冰片二烯类、俘精酸酐类、三苯甲烷类衍生物、水杨叉缩苯胺类化合物等。目前光变色染料已发展为四种基本色：紫色、蓝色、黄色、红色。这四种基本色的光变色染料的初始结构均为闭环型，即印在织物上没有色泽，在紫外线照射下才变成紫色、蓝色、黄色、红色。也可以和一般色染料拼混一起使用，如用光敏染料红与涂料蓝拼混后印花，织物表面呈现蓝色，在紫外线照射下则变成蓝紫色，但这种变色印花必须事先经打样试验，因为有些极性较强的涂料会把光变色染料开环后的结构稳定住，使其不再可逆。

曾有人将光变色染料加入到聚合物切片中进行纺丝，以期获得光变色纤维，但效果不够理想。因为光变色染料在固相中的变色效果不理想，而且分散于聚合物中，其性能受到聚合物分子和微结构的影响，因此，需要对聚合物的种类和纤维微结构加以选择和控制，同时还受到纺丝的条件限制。

随着微胶囊技术的发展，变色染料用于纺织品加工成为可能，制成微胶囊的光变色材料可以应用于纺织品的印花或深层加工，为了增强光变色效果，这种变色材料最好印在黑底色上。例如，用吲哚碘化物与硝基水杨醛缩合成环，合成了一种具有良好性能的螺环类光变色染料，并以此染料为芯材、以改性天然高分子物质为壁材，通过相分离-单凝聚法制备了一种可用于各种纤维染色或织物印花的变色灵敏、色泽鲜艳、耐水、耐酸碱的光变色物质；用绿色环保型螺环类微胶囊变色染料及低温型黏合剂，配制了一种性能较好的能够用于真丝绸印花的印花浆。

目前，由于稳定性、耐光牢度以及价格等因素，光敏染料的商品化还有一定困难，并且在微胶囊化时，乳化剂、分散剂、壁材等对光变色性均会有影响，有许多问题值得继续研究。由于光敏染料具有广阔的市场前景，得到了各国的重视，所以它的发展和推广势在必行。

将光变色染料粉末混合于树脂液等黏合剂中，再对织物进行印花处理，获得光变色织物。这种方法对纤维无选择性，适用于机织物和针织物。

用于纺织品印花加工的变色涂料应满足手感柔软、耐洗涤性好、摩擦牢度好、适于印花加工。可通过选用合适的黏合剂、交联剂、柔软剂和微胶囊技术达到上述要求。

光变色染料的品种多样，只有具有一定的牢度才能用于纺织品染色，一般不需改变常规的染色工艺及设备，关键在于对变色染料的选择，以获得满意的染色效果和变色效果。研究表明，在染料染色过程中，加入螺环类光致变色化合物，可使染色后的产品具有原有螺环类光致变色主剂的特性。

需要注意，有时用普通染料染色，如用活性染料三原色染色的棕色针织棉布，也会出现光致变色现象，并且有时颜色复原速度较慢，这种现象在高温湿润季节比较多发，特别是在长时间卤素灯照射后更容易出现颜色复原延迟或不能复原，导致这种光致变色现象的主要原因是活性染料黄。

第二节 荧光染料

一、荧光产生的机理

荧光，又作“萤光”，是自然界一种常见的光致发光的冷发光现象。当某种常温物质经某种波长的入射光(通常是紫外线或 X 射线)照射，吸收光能后进入激发态，且立即退出激发态并发出比入射光波长长的出射光(通常波长在可见光波段)；而且一旦停止入射光照射，发光现象也立即消失。具有这种性质的出射光就被称为荧光。根据不同的激发能，可将荧光分为不同的类型，由高速电子束激发后发射的荧光称为电子荧光；由 X 射线激发产生的荧光称为 X 荧光；由化学和电化学反应引起的荧光称为化学或电化学荧光。一般所说的荧光现象是指组成物质的分子吸收紫外线或波长较短的可见光后发出各种颜色和不同强度的可见光。

荧光化合物受到紫外线、电和化学能激发后，电子从基态跃迁到激发态，然后经过辐射衰变释放出光子回复到基态而产生荧光。各种物质分子具有不同的结构，因此具有不同的能级，如图 6-1 所示。

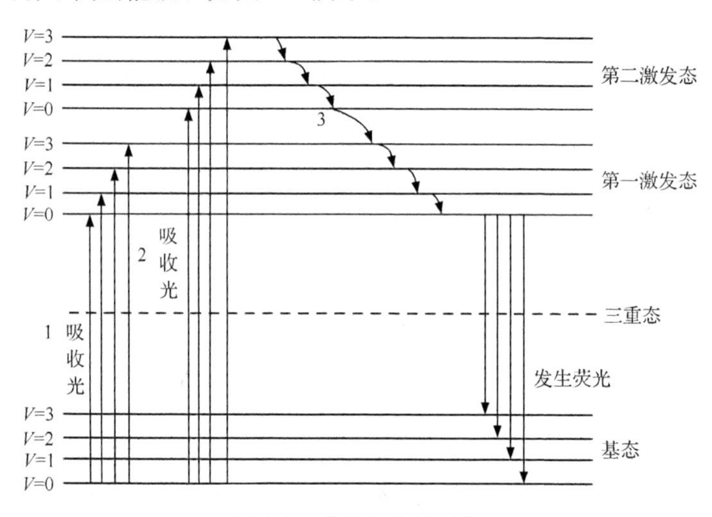

图 6-1　荧光产生的过程

荧光染料能发射荧光是因为室温下大多数分子均处在基态的最低振动能级，当被光线照射时，该物质的分子吸收了和它所具有的特征频率相一致的电磁辐射后，由原来的基态能级跃迁至第一电子激发态或第二电子激发态中各个不同的振动能级和转动能级上，产生对光的吸收。随后通过辐射跃迁，在通常情况下大多数分子急剧下降至第一电子激发态的最低振动能级，这一过程中它们和同类分子或者其他分子撞击消耗了能量，因而不发光。由第一电子激发单重态的振动能级再回到基态振动能级时，以光的形式释放能量，所发出的光称为荧光。

二、荧光染料的结构特点

荧光染料一般具有较长的共轭体系，并且常含有若干稠环，构成一种刚性结构，这种结构具有高吸光系数和高荧光量子产率，把分子内热运动所产生的能量损失减到最小，因此结构的刚性程度直接影响染料的荧光发射光谱。

荧光染料能够产生荧光的最基本条件是它发生多重性跃迁时所吸收的能量小

于断裂最弱化学键所需要的能量。其次，在化合物的结构中必须有荧光基团，如—CO—、—OC—NH—、—CH ═CH—、—NO、—CS—、—N ═N—等。荧光的发射强度主要与染料的分子结构有关。荧光化合物的荧光强度由分子中的荧光基团及能使吸收波长改变并伴随荧光增强的助色团如—NH_2、—NHR、—OR、—NHCOR等决定。

三、荧光染料的应用

（一）香豆素类染料

香豆素是一类应用最广泛的荧光染料，由肉桂酸内酯化而成，有荧光效率高和Stokes频移大等特点。香豆素的结构母核为：

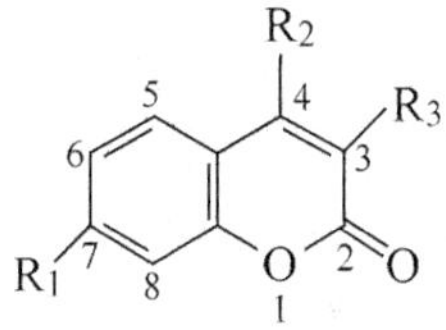

香豆素类染料主要是在3位上引入苯并咪（噁、噻）唑基团，而在7位引入二乙氨基。这类染料可使合成纤维产生艳丽的带强烈荧光的黄色，具有良好的耐光牢度、耐升华牢度和耐晒牢度。

该类染料属性能优良的荧光染料，具有发射强度高、色光鲜艳、荧光强烈等特点。在纺织品领域，主要用于涤纶及其混纺织物的染色和印花，如交通警察、维修及清洁人员着装上的醒目标志（安全衣），以及学生安全服饰等，也用于高档伞具、箱包、运动服、领带及室内外装饰材料等。

（二）1,8-萘酐衍生物

人们早知道，1,8-萘酐衍生物具有荧光特性，当其4位有供电子基团时，可与吸电子的羰基形成分子内的电荷转移，产生强烈的荧光。

C. I. 分散黄11(a)是最早出现的以1,8-萘酐为母体的荧光染料。它是由硝基1,8-萘酐与2,4-二甲基苯胺在高沸点溶剂中进行亚胺化反应后再将硝基还原制得的，可用于乙酸酯、聚酯和聚酰胺纤维的着色。1,8-萘酐与不同的胺类化合物反应，可制得不同种类的荧光染料，如(b)是活性染料，可用于棉纤维的着色；(c)则是丝绸染色专用的酸性染料；将1,8-萘酐与邻苯二胺的衍生物在乙酸中缩合，可得到含苯并咪唑环的分散染料(d)，它色光鲜艳并能用于印花。4位羟基取代的1,8-萘酐具有酚类化合物的性能，所以常被用作生产偶氮染料的偶合组分，所制得的偶氮染料色谱从黄色一直到蓝色，该类染料的着色强度非常高，如(e)染聚酯纤维可得到色彩饱满且艳丽的红色。

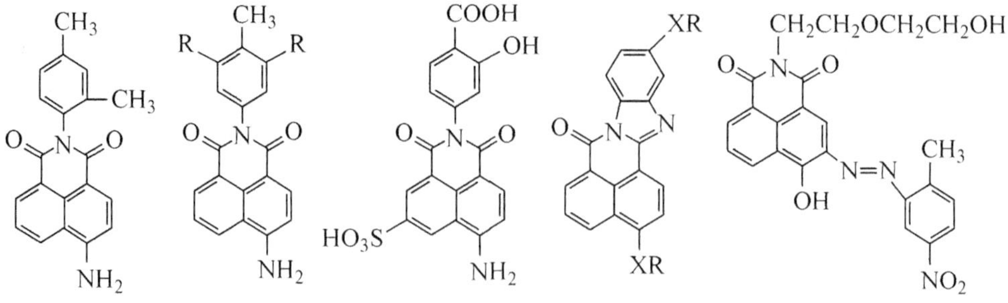

(a)　(b)　(c)　(d)　(e)

R表示烷基，X表示卤素，(d) 中的XR表示卤代烷基

（三）罗丹明类衍生物

罗丹明及其衍生物也是纺织品最早应用的荧光染料，可以染丝绸、涤纶、锦纶等天然或合成纤维，它具有引人注目的色彩效果，如荧光黄网球就是用荧光黄染料染网球表层纤维材料制成的。吖啶染料作为罗丹明的杂环氮系列染料，也能产生强烈的绿色荧光，可以作为荧光探针。

三芳甲烷染料一般都没有荧光，而当其含有吡喃环时都有强烈的荧光，可能是由于氧桥链的作用增加了分子的平面刚性。在罗丹明分子中引入平面刚性结构，其荧光量子产率接近1。

第三节　热变色染料

一、热变色染料的特性

热变色染料是功能染料中变色异构类染料中的一种，具有“热变色性”或“热敏变色性”。热变色是指一些化合物或混合物在受热或冷却时能够发生颜色变化，变化过程是一个物理(热致)化学(反应变色)过程。根据其组成的物质种类和性质分为热变色无机染料、热变色有机染料和液晶热变色染料；根据热变色性质又可分为可逆热变色染料和不可逆热变色染料。当温度变化时，染料颜色发生变化，温度复原时，颜色又恢复为原来色泽，这种热变色染料称为可逆热变色染料。用于纺织品的热变色染料或颜料要求是可逆性的，而且对变色灵敏性和牢度都有较高的要求。

二、可逆热变色染料的种类及其变色机理

（一）无机可逆热变色染料的变色机理

引起无机可逆热致变色的原因有多种，但主要是由于温度变化导致晶型转

变、得失结晶水、电子转移、配位体几何构型变化所造成的颜色变化。

1. 晶型转变

无机可逆热变色染料是利用物质在一定的温度作用下晶格发生位移，由一种晶型转变为另一种晶型而导致颜色改变；当冷却到一定温度后晶格恢复原状，颜色也随之复原。晶型转变又分为重建型转变和位移型转变。破坏原子键合，改变次级配位使晶体结构完全改变原样的转变称为重建型转变。虽有次级配位的转变，但不破坏键，只是结构发生畸变或晶格常数改变，这类转变称为位移型转变。

2. 得失结晶水

这类物质多数是带结晶水的 Co、Ni 的无机盐。含有内结晶水的物质当加热到一定温度，失去结晶水引起颜色变化；当冷却时重新吸收环境中的水汽，逐渐恢复到原来的颜色。

3. 电子转移

有些可逆热变色染料是由电子在不同组分中的转移引起氧化还原反应，从而导致颜色的变化。

4. 配位体几何构型变化

物质在温度变化时，配位体的几何构型发生可逆变化，从而导致颜色发生变化。例如，$[(C_2H_5)_2NH_2]_2CuCl_4$，变色温度 43℃，颜色在绿色和黄色之间可逆变化，主要是由结构或配位数的变化引起的。再如 $[(CH_3)_2CHNH_2]CuCl_3$，52℃以上显橙色，52℃以下显棕色，这是由于温度升高时，$CuCl_3^-$ 阴离子中配合物的几何构型改变引起的。这类可逆材料变色性状稳定，耐热性好，色差较大。

研究水溶液中二价金属阳离子的三芳甲烷螯合物的热变色性发现，加热会引起颜色的明显变化，也是由于配位体几何形状变化引起的。温度变化时，随着染料金属络合物结构变化，颜色也发生变化。这种变化可用下式表示：

$$AH \xrightleftharpoons{\text{温度变化}} A^- + H^+$$

式中，AH 表示羟基未参加配位的络合物，A^- 表示羟基参加配位的络合物。

研究固态聚合物介质中酞菁类染料金属螯合物的热变色性发现，只有当温度超过聚合物玻璃化温度后才发生较强的可逆热变色。当温度超过玻璃化温度后，聚合物内无定形区的大分子链段会发生较激烈的运动，吸附在其中的染料金属螯合物相应发生运动，这样才能发生上述的配位体几何形状变化，并伴随发生热变色。

（二）有机可逆热变色染料的变色机理

1. pH 变化机理

这种新型可逆热变色材料由酸碱指示剂、一种或多种使 pH 变化的羧酸类及胺类可熔性化合物组成。其变色机理主要为：组成物中导致 pH 变化的可熔性化合物随着温度变化而熔化或凝固的同时，由于介质的酸碱变化或受热引起分子结构变化，从而产生物质可逆而迅速的变色。实质上紫内酯遇到酸性物质，内酯分子转变为酸分子，中心碳原子由 sp^3 杂化态转为 sp^2 杂化态，形成了大 π 体系，无色化合物变成有色化合物。

例如，较早用于纺织品变色印花的三芳甲烷类结晶紫内酯及其衍生物(酸性物质选用双酚 A)，它在一定介质中，可得到随温度变化的可逆变色体系。反应式如下：

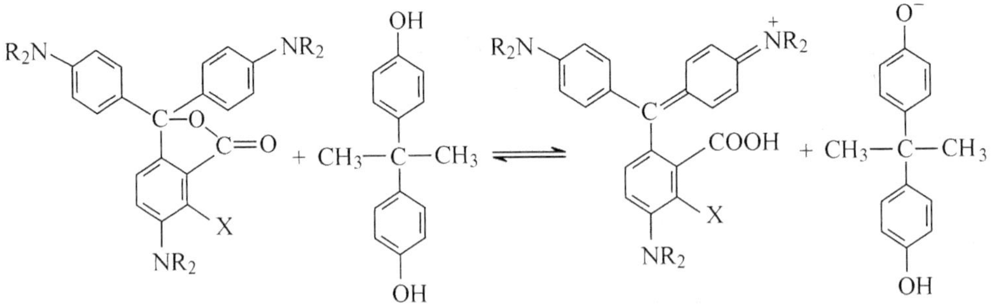

达到特定温度时，双酚 A 放出质子，得到电子，结晶紫内酯开环，分子重排，共轭双键贯通，和双酚 A 形成离子结合，从而呈现颜色，所显现的颜色随取代基 R 和 X 的不同而不同。当升到一定温度后，显色剂双酚 A 结合质子，则隐色染料结晶紫内酯闭环消色。隐色染料和显色剂的变色体系只有在特殊的溶剂内才能具有变色效果，所显颜色随取代基而不同。例如，取代基都为 H 时，显紫色；R 为 CH_3，X 为 $N(CH_3)_2$时，显蓝紫色；R 为 CH_3，X 为 OCH_3时，显蓝色。当双酚 A 不电离放出质子时，结晶紫又将变为内酯结构，成为无色化合物。因此，只要通过适当方法控制双酚 A 的电离，就可形成可逆变色体系。

2. 电子得失机理

具有这一变色机理的有机可逆热变色物质，由电子供体、电子受体及可熔性化合物三部分组成，通过电子的转移而吸收或辐射一定波长的光，表观上反映为物质颜色的变化。其中，电子供体决定变色颜色，电子受体决定颜色深浅，可熔性化合物决定变色温度。例如，低温时无色结晶紫内酯 CVL 供给双酚 A 电子显蓝色，高温时发生熔融现象，无色结晶紫内酯 CVL 保留电子而显淡蓝色，即显色凝固与熔融消色现象的转变是随着组成物相转变而变化的，其变色温度位于组成物中熔融性化合物的熔点附近。

通常，电子供体和电子受体的氧化还原电位接近。利用温度变化时，二者氧化还原电位相对变化程度不同，使氧化还原反应的方向随着温度改变而改变；同时，通过电子供体和电子受体之间电子的给予和接受，分子结构发生变化，从而导致体系的颜色发生可逆变化。在反应中电子的给予和接受随温度呈可逆变化。

（三）液晶可逆热变色材料

液晶是介于固态与液态之间的中间态物相，即为三维有序的空间结构和各向异性的均质熔融物质。按形成条件把液晶分为溶致液晶和热致液晶两大类，溶致液晶是指溶于溶剂形成液晶态物质；热致液晶是指在加热条件下形成液晶态物质。热致液晶按光学组织结构不同又可分为近晶型液晶、向列型液晶和胆甾型液晶三种。而利用热特性，依靠温度变色的主要是胆甾型液晶。一般固体受热到一定温度，会熔融成透明的各向同性液体，但有些有机化合物加热时，并不形成各向同性的液体，而是形成不透明的液体，只有继续加热才会形成各向同性的液体。这种不透明的液体显示出半固体和半液体的特性，是一种稳定的中间相，具有各向异性特点，因此称为液晶。晶体、液晶和各向同性液体的关系可表示如下：

$$\text{晶体}\xrightarrow{T_1\text{（熔点）}}\text{液晶}\xrightarrow{T_2\text{（转变点）}}\text{各向同性液体}$$

对于胆甾型液晶而言，分子的组合如同一沓薄膜分层排列，各层间的分子排列方向不同，呈一定夹角。胆甾醇液晶受到白光照射会呈现彩虹状颜色，随温度和压力的变化，颜色从红到紫变化，而且是可逆变化。液晶热敏变色是因为结构随温度变化引起对光的反射和透射性能的变化。当一束白光照射在胆甾型液晶上时，由于这类液晶具有螺旋体结构特征，它对白光发生选择性吸收和反射某波长的偏振光，反射光和透射光颜色不同，且这种颜色随分子螺旋结构的伸长或缩短而变化。螺旋结构对外界因素(如温度)非常敏感，螺旋结构的伸缩随温度变化，使反射光和透射光波长也随之变化，产生不同颜色。另外，即使螺旋结构不发生伸缩变化，液晶本身的光学各向异性也会产生颜色变化。

因此，胆甾型液晶可在某一温度范围内，随着温度的变化，在整个可见光范围内进行可逆显色，即

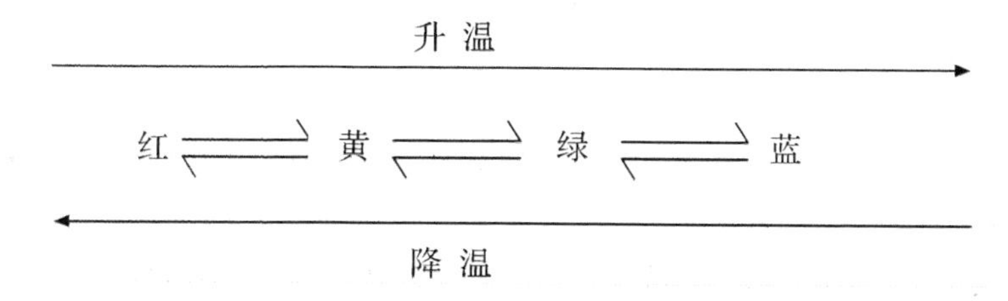

这种特性可用于纺织品热变色印花。纺织品用热变色液晶最适宜的变色温度宽度为5℃左右，符合环境温度及人体各部位温度变化。用于纺织品印花的液晶主要是胆甾型的酯类化合物，如胆甾醇壬酸酯和胆甾醇油酸酯等。应用胆甾型液晶于纺织品或服装上，外界温度或体温的变化引起服装颜色多变，产生了新颖的

视觉效果。

三、热变色染料的应用

热变色染料分为无机类和有机类。无机类主要是一些过渡金属化合物，有机类则主要是液晶和隐色体发色物质。目前的热变色染料已发展到 15 种基本色，并且各色都能相互拼混，色谱齐全，也可与色涂料相互拼混，因此热变色染料不仅可以由有色变为无色，也可以由一种色泽变为另一种色泽，变色的温度停留时间也越来越灵敏，由原来的变色停留温度大于 10℃，到现在的变色停留温度小于 5℃。

由于热变色有机染料对温度敏感性远大于热变色无机染料，而且颜色浓艳，所以用于纺织品的热变色染料主要是有机类染料。

热变色染料的应用实例如表 6-1 所示。

表 6-1　热变色染料的应用实例

产品	基质	用途
印制制品	各种薄膜	浴室绘画材料、吹气玩具、电池检验器、包装用薄膜、浴罩、塑料成形用薄膜、墙壁装饰材料
	纤维制品	毛巾、头巾、T 恤衫、滑雪服装、手套、电灯罩、人造花
	陶瓷	瓷杯、茶碗、瓷砖
	玻璃	杯子等
植绒产品	纤维制品	纺织品及服装
	聚氯乙烯膜	玩具、布制玩具、坐垫套
色料	聚酯 聚醚	塑料玩具、橡皮、其他文具、塑料聚合物、杯子、汽车用品、电气组件、壁材、床用材料、食品容器、装饰品、其他杂品
变色纱	棉、丝等纱线	假发、刺绣品
变色长绒织物	纤维制品	布制玩具、地毯
变色聚氨酯泡沫	聚氨酯泡沫	玩具、杂品

用于纺织品印花加工的变色染料，应满足手感柔软、耐洗涤性好、摩擦牢度和耐光牢度好的加工要求。

对于热变色染料，无论是液晶还是其他隐色体染料，对纤维都没有亲和力，所以用于纺织品时，一般要通过涂料借助黏合剂来提高黏着牢度。为了易于应用和提高它的稳定性，最好先将它制成微胶囊后再应用，并且最好是固着在黑底色上才有好的效果。但是应用过程中如果黏合剂等高分子材料用量过多，又会降低它的颜色鲜艳度和产品的手感。所以目前只能用于个别品种小面积花型的加工，如T恤衫、领带、游泳衣、装饰品及少数运动衫等，还难以大范围推广使用。

热变色涂料以其新颖别致的印花效果引人注目，同时也展现出巨大的发展潜力，如用于军队的隐蔽服，超温、毒气泄漏等情况的报警服，防伪等。目前，由于存在加工困难、耐气候牢度差、价格高等缺点，其应用范围较小，因此必须进行以下几方面的探索：开发低温变色涂料，微胶囊化，开发相应的配套助剂，降低成本。

第四节　红外线吸收染料和红外线伪装染料

一、红外线吸收染料和红外线伪装染料的特性

太阳光谱上红外线的波长大于可见光，波长为0.75～1000μm。红外线可分为三部分，即近红外线，波长为0.75～2.5μm；中红外线，波长为2.5～25μm；远红外线，波长为25～1000μm。近红外线又称短波红外线，穿入人体组织较深，约5～10mm；远红外线又称长波红外线，多被表层皮肤吸收，穿透组织深度小于2mm。

红外线吸收染料是指对红外线有较强吸收的染料。与通常染料一样，红外线吸收染料也有特定的π电子共轭体系，所不同的是它们的第一激发能带较低，能够有效吸收红外光。实验研究表明，分子链越长，所吸收的波长也越长；如果染料分子足够长，它就能吸收红外线波长的光。

红外线伪装染料所指的是红外线吸收特性和自然环境相似的染料，实际上和普通染料差别不大，有特定的颜色。可伪装所染物体，使它们不易被红外线探测装置发现，主要用于军事装备和作战人员的伪装。

二、红外线吸收染料和红外线伪装染料在染整中的应用

（一）红外线吸收染料在染整中的应用

1）印花。印花法将红外线吸收染料粉末混合于树脂液等黏合剂中制成色浆，对织物进行印花处理，获得光变色织物。

2）染色。红外线吸收染料对纤维或织物进行染色，需注意解决染色牢度问题。

3）后整理。采用后整理使纤维或织物具有红外吸收性能。

（二）红外线伪装染料在染整中的应用

1）染色。部分还原染料具有一定的红外线伪装能力，因此常用于加工纤维素纤维红外线伪装产品，其染色工艺与常规染色相同，表6-2是一些用还原染料

拼染可获得的某些红外线伪装的颜色。对于羊毛、合成纤维织物由于适用的红外线伪装染料品种有限，拼混染色较难达到要求，需要采用其他方法。

表 6-2　一些还原染料拼混的红外线伪装颜色

颜色	染料名称
浅棕	C. I. 还原棕 6(Cibanone Brown F3B) C. I. 还原棕 1(Cibanone Brown FBR) C. I. 还原橙 15(Cibanone Golden Orange F3G)
深棕	C. I. 还原棕 35(Cibanone Yellow Brown FG) C. I. 还原黑 27(Cibanone Olive F2R) C. I. 还原红 24(Cibanone Red F4B)
浅绿	C. I. 还原绿 28(Cibanone Green F6F) C. I. 还原黑 27(Cibanone Olive F2R) C. I. 还原橙 15(Cibanone Golden Orange F3G)
深绿	C. I. 还原绿 28(Cibanone Green F6G) C. I. 还原黑 27(Cibanone Olive F2R) Cibanone Brilliant Green F4G
灰色	C. I. 还原黑 30(Cibanone Grey F2GR) C. I. 还原棕 35 或 C. I. 还原橙 15 C. I. 还原黑 27(Cibanone Olive F2R)

2）印花。将红外线伪装颜料和黏合剂等进行筛网印花是一种较可行的方法，由于具有伪装特征的颜料种类较多，且不受纤维类别的限制，所以一些难以通过染色加工获得红外线伪装的纺织品都可采用印花方法，但同样需要解决手感硬、摩擦牢度差等问题。

3）本体着色。选用某些红外线伪装颜料添加入化学纤维纺丝液中，获得本体着色红外线伪装颜色，如果再进一步经过传统的染色方法，则可以获得更多的红外线伪装颜色。例如，聚酯纤维可通过熔纺，选用炭黑获得本体着色纤维，再用分散染料染色，则可获得更多色彩的红外线伪装纺织品。同理，本体着色纤维的纺织品还可以结合颜料印花来获得红外线伪装的颜色。

4）涂层。将红外线伪装颜料添加到涂层浆中，通过涂层方式可获得具有红外线伪装颜色的织物。

5）红外荧光着色。要求伪装物在夜间具有较低的可见和红外线反射率，但在白天则相反，此时可选用红外荧光染料。该染料在 650～700nm 的反射率明显增加，其反射率曲线形状与叶绿素的十分相似，具有很好的红外线伪装功能。例如，腈纶织物可用红外荧光染料(C. I. 碱性蓝 3 等)染色，再用炭黑等颜料印花，可获得性能良好的红外线伪装纺织品。

第五节　其他功能染料

一、湿敏染料

随湿度变化而变色的染料叫湿敏变色染料。湿敏变色染料变色的主要原因是空气中的湿度能够导致染料结构变化，从而对日光中可见光部分的吸收光谱发生改变。例如，可将钴盐制成涂料印花色浆用于加工湿敏变色纺织品。应用时，在色浆中加入与之相配的黏合剂及增稠剂，通过黏合剂将变色体牢固地黏附于织物上。为了使变色灵敏，变色体容易捕获周围的水分子，以及在外界条件变化时也很容易释放其捕获的水分子，因而常加入一定的敏化剂帮助变色体完成这一过程，有时还加入一定的增色体，提高变色织物的色泽鲜艳度。

目前湿敏变色染料在应用方面还存在一些问题，主要是变色灵敏度和颜色深度较低，水洗牢度不够好，且对酸、碱敏感。例如，现已应用的湿敏变色印花浆，由变色体钴复盐、敏化剂、增色体、成膜剂(即黏合剂)及增稠剂组成。该类可逆变色印花的适应性不强，只能用于不需要经常洗涤或不洗涤的场合，如窗帘、帷幕、易潮损货物的“湿标”、货物的防伪标志、印刷悬挂的印刷品等。

二、电致变色染料

电致变色是指材料的光学属性(反射率、透过率、吸收率等)在外加电场作用下发生稳定而可逆的颜色变化现象，体现出颜色和透明度的可逆变化。当染料的瞬间偶极矩方向被电场改变时，其颜色也改变的一类染料被称作电致变色染料，或称电敏染料。如果用纺织材料为基材，将这种电致变色的功能染料制成所需的产品，如大型彩色显示器、遮光材料等，必将拓展纺织品的应用领域，是开发功能性纺织品的一个重要研究方向。

具有电致变色性能的材料称为电致变色材料，可分为无机电致变色材料和有机电致变色材料。无机电致变色材料的典型代表是三氧化钨，由其开发的电致变色器件已经产业化。有机电致变色材料主要有聚噻吩及其衍生物、紫罗精类、四硫富瓦烯、金属酞菁类化合物等。以紫罗精类为功能材料的电致变色材料也已经得到实际应用。

三、有色聚合物

有色聚合物是指本身具有发色体系的聚合物。事实上，有色聚合物可用于塑料或纤维原液中的着色，也可用染色、涂层、涂料印花和发泡印花方式应用于变色纺织品的加工。由于功能高分子染料的耐高温性，耐溶剂性和耐迁移性，可提高被染色纺织品的耐摩擦性和耐洗涤性，可用于食品包装、玩具、医疗用品等需要耐热迁移的材料的染色；还可应用于皮革染色、彩色胶片和光盘等染色。

四、金属离子染料和溶剂变色染料

金属离子染料是指可以和金属离子螯合，引起颜色变化的一类染料。利用染料母体与不同金属离子络合后颜色的不同而实现变色，通常这种变色是不可逆的。利用这种染料可以获得多色的染色或印花产品，同一染料和多种金属离子在纺织品的不同部位产生络合作用，形成多色效应，或在纺织品的局部络合某种金属离子，实现局部异色效应。因此在纺织和服装工业中具备一定的应用前景。

溶剂变色染料是指颜色随溶剂的极性不同而变化的一类染料。它们在不同极性的溶剂中结构并不发生变化，而是电子分布有所变化，引起颜色变化。溶剂变色染料可用于织物、服装的着色，使这些纺织品遇水或其他溶剂时产生变色效应，开发前景乐观。

五、远红外保温涂料

使用具有很强发射红外线特性的无机陶瓷粉末以及一些镁铝硅酸盐加工而成的涂料，被人们称为远红外保温涂料。远红外保温涂料主要用于加工阳光蓄热保温织物。此外，通过涂料印花或涂层加工，它还可赋予织物放射红外线的功能，使织物具备良好的隔热性或保温性。

生产远红外织物的途径主要有：整理法——将远红外保温涂料加入到后整理液中，如涂层加工；将远红外保温涂料加入到合成纤维纺丝液中，纺出功能性纤维后再织成织物。

功能染料的研究与开发，扭转了被认为是“夕阳工业”的染料工业的局面，使古老的染料工业焕发出青春。功能高分子染料用量少，作用效果好，耐溶剂性和稳定性较强，在酸碱指示剂、光电显示材料、印染、彩色胶片、核酸适配体亲和色谱、光电化学电池的电极增敏膜以及激光光盘记录材料、液晶显示、国防科技等许多领域有广泛的应用前景。

习　　题

1. 请简述功能染料的概念及其分类。
2. 光变色染料的特点和性质是什么？
3. 光变色染料的变色途径有哪些？举例说明。
4. 荧光染料的性质及与普通染料的共同点是什么？

5. 荧光是如何产生的？荧光染料具有什么性质？
6. 请简述荧光染料的分类及其应用。
7. 什么是热变色？热变色染料的性质是什么？
8. 可逆热变色染料分为哪几种？分析其变色机理。
9. 热变色染料的用途是什么？
10. 红外线吸收染料和红外线伪装染料的性质各是什么？
11. 红外线伪装染料主要应用于哪几个方面？
12. 红外线伪装染料的应用方法有哪些？
13. 湿敏染料变色的原因是什么？
14. 什么是电致变色染料？
15. 什么是金属离子、溶剂变色染料？

参考文献

陈大伟. 2010. 新型橙色阳离子荧光染料的合成及其在真丝绸上染色性能的研究. 苏州大学硕士学位论文.
陈孔常. 1993. 功能性染料的工业概况. 染料化工,30(6):14-18.
程侣柏. 1991. 功能染料导论(连载二). 染料工业,28(3):49-54.
程侣柏. 1991. 功能染料导论. 染料工业,28(2):44-48.
戈金元. 2004. 光致变色染料:中国，03120754.
功能染料的分类与开发途径. http://www. jxhg. gov. cn. 精细化工在线.
功能染料及其在纺织染整上的应用前景. http://www. e-dyer. com/zhuanlan/30127. html. 印染在线.
功能染料在功能纺织品和生物医疗中的应用. http://wenku. baidu. com.
黄慧华. 2006. 几种变色染料的变色机理以及在纺织品上的应用. 化纤与纺织技术,(1):24-28.
金春华，王利婕. 1997. 光致变色材料及其应用. 现代商贸工业,(9):36-37.
李文戈，朱昌中，王文芬,等. 1997. 可逆热致变色材料. 功能材料，28(4):337-341.
刘鲜红，孙元，边栋材,等. 2007. 热致变色纺织品的应用和研究进展//第七届功能性纺织品及纳米技术研讨会论文集，杭州:447-450.
柳波，沈永嘉，董黎芬. 1995. 1,8-萘酐衍生物及其应用. 上海化工，20(4):34-38.
庞先杰，傅传斌. 1996. [$(C_2H_5)_2NH_2$]$_2CuCl_4$ 的合成和低温可逆热色变化研究. 广东化工,(4):36-37.
热敏变色有机染料的变色机理. http://info. china. alibaba. com/news/detail/v0-d1000111813. html.
宋心远. 1999. 新型染整技术. 北京:中国纺织出版社.
万震，王炜，谢均. 2003. 光敏变色材料及其在纺织品上的应用. 针织工业,(6):87-89.
万震，王炜，谢均. 2003. 热敏变色材料及其在纺织品上的应用. 丝绸,(8):44-46.
王海滨，刘树信,霍冀川,等. 2006. 无机热致变色材料的研究及应用进展. 中国陶瓷，42(4):10-13.
吴玉鹏，高虹. 2012. 热致变色材料的分类及变色机理. 节能,(1):17-20.
习智华，赵振河，狄群英. 1998. 热敏变色涂料变色原理及发展. 印染助剂,15(1):1-6.
薛迪庚. 1991. 湿敏性变色涂料:中国,CN1048555A.
殷锦捷. 1996. 压敏、热敏染料的主要品种及特点. 染料化工,(6):25-28.
张团红，胡小玲，管萍,等. 2006. 可逆示温材料的变色机理及应用进展. 涂装与电镀,4(4):14-20.
张先亮，陈新兰. 1999. 精细化学品化学. 武汉:武汉大学出版社.

智双，温卫东，杨桂芳，等. 2005. 香豆素类染料的荧光光谱性能及应用性能研究. 染料与染色，42(4)：24-26.

Adel J, Mronga N, Schmid R. 1998. Goniochromatic luster pigments with aluminum coating: US, 5733364.

http://chemyq.com/xz/xz8/75776vncfd.htm. 变色染料. 化工引擎.

Mronga N, Sehmid R. 1995. Brilliant pigments with multiple coatings: EP, 0668329.

第七章　纳米技术在染整中的应用

第一节　纳米材料的基本特性

纳米技术是20世纪80年代新崛起的一门高新技术。随着纳米技术的兴起，在纺织品原有结构物性和功能性基础上加入了纳米技术的内容，从而产生了纳米纺织品。

广义纳米纺织品是所有包含纳米尺度物质的纺织品的统称，包括在聚合物合成或纺丝过程中添加各种功能粒子材料加工而成的纺织品、在后整理工艺中加入纳米粒子的纺织品以及通过特殊的加工手段使其具有纳米尺度表面形貌等特殊功能的纺织品。狭义纳米纺织品主要是指采用细度在纳米尺度(1～100nm)内的纤维制成的纺织品。

利用纳米技术对传统纺织品进行性能提升得到的具有特殊功能的纳米纺织材料具有较大的开发价值和发展前途。

一、纳米材料的定义

纳米(nanometer)是一种长度计量单位，$1nm=10^{-9}m$。纳米材料是指粒径在1～100nm、介于固体和分子之间的亚稳中间态物质。按通常关于微观和宏观的划分来看，纳米材料既是非典型的微观系统也是非典型的宏观系统，它是一种典型的介观系统。事实上，不同领域对尺寸的界定也不尽相同。提到纳米纤维时，一般是指纤维的直径为纳米级。有些人把直径小于1μm的纤维称为纳米纤维，而有些人则定义直径小于0.3μm的纤维为纳米纤维，也有文献将纳米纤维定义为直径为纳米级、长度大于1μm的物质。

二、纳米材料的物理效应

纳米材料具有一系列新异的物理化学特性，涉及体相材料中被忽略或根本不具有的基本物理化学问题。纳米微粒具有壳层结构，这一特殊结构导致其具有以下四个方面的效应。

(一) 小尺寸效应

当微粒尺寸与光波波长、德布罗意波长以及超导态的相干长度或透射深度等物理特征尺寸相近或更小的时候，微粒符合周期性的边界条件受到破坏，因此在光、热、电、声、磁等物理特性方面都会出现一些新的效应，称为小尺寸效应。

（二）表面与界面效应

纳米微粒的表面积很大，在表面的原子数目所占比例很高，大大增加了纳米粒子的表面活性；表面粒子的活性不但引起微粒表面原子输运和构型的变化，同时也引起表面电子自旋构象和电子能谱的变化。利用这一效应，可在纤维纺织品制造应用中提高催化剂的催化效率、吸收光波能力、吸湿率和添加剂(杀菌、抗紫外等)的功能效率等。

（三）量子尺寸效应

粒子尺寸降低到与光波波长的尺寸相近或更小时，费米能级附近的电子能级由准连续变为离散能级的现象称为纳米粒子的量子尺寸效应。当能级间距大于热能、磁能、静磁能、静电能、光子能量或超导态的凝聚能时，量子尺寸效应能导致纳米粒子的磁、光、电、声、热、超导等特性与常规材料有显著不同。

（四）量子隧道效应

微观粒子具有隧道效应，隧道效应是指微小粒子具有在一定情况下贯穿势垒的能力。电子具有粒子性和波动性，因此可产生此种现象，就像里面有了隧道一样可以通过。这种效应将是未来微电子器件的基础。

小尺寸效应、表面界面效应、量子尺寸效应和量子隧道效应是纳米粒子与纳米固体材料的基本特性，也是纳米微粒和纳米固体出现与宏观特性“反常”的原因。这一系列效应使纳米材料在力学、光学、催化、热学、生物活性以及化学反应性等方面显示出特殊性能，通过应用性能不同的纳米粒子可开发出防紫外、抗菌、抗静电、拒水、拒油、阻燃和防皱等各种性能优异的纺织品，同时也对实现印染加工的清洁生产、优化染整工艺、提高产品质量和开发高附加值产品等起到推动作用。

三、纳米材料的特性

（一）力学性能

由于纳米晶体材料有很大的比表面积(表面积与体积的比值)，杂质在界面的浓度便大大降低，从而提高了材料的力学性能。纳米材料晶界原子间隙的增加和气孔的存在，使其杨氏模量减小了30%以上。此外，由于晶粒减小到纳米量级，使纳米材料的强度和硬度比粗晶材料高4～5倍。而高模量的纳米结构材料所对应的颗粒尺寸并不是越小越好，而是有一个最佳范围。

（二）电学性质

由于晶界上原子体积分数的增大，纳米材料的电阻高于同类粗晶材料，随着颗粒尺寸的减小，电阻温度系数下降。可以认为，纳米金属和合金材料的电阻随温度变化的规律与常规粗晶材料基本相似，其差别在于纳米材料的电阻高于常规材料。电阻温度系数强烈依赖于晶体尺寸。当颗粒小于某一临界尺寸(电子平均自由程)时，电阻温度系数可能由正变为负。

（三）磁学性质

金属材料中的原子间距随粒径的减小而变小，因此，当金属晶粒处于纳米尺度时，其密度随之增加，金属中自由电子的平均自由程将会减小，导致电导率的降低。由于电导率按 $\sigma \propto d^3$(d 为粒径)规律急剧下降，因此原来的金属良导体实际上已完全转变成为绝缘体，这种现象称为尺寸诱导的金属-绝缘体转变。

纳米材料与粗晶材料在磁结构上也有很大的差异，通常磁性材料的磁结构是由许多磁畴构成的，畴间由畴壁分隔开，通过畴壁运动实现磁化，而在纳米材料中，当粒径小于某一临界值时，每个晶粒都呈现单磁畴结构，使矫顽力显著增长。

（四）热学性质

与粗晶材料相比，纳米材料的比热容较大，纳米金属或合金材料的定压比热容 C_p 值比同类粗晶材料高 10%～80%；纳米微粒的熔点、开始烧结温度和晶化温度均比常规粉体低得多。由于颗粒小，纳米微粒的表面能高，比表面原子数多，表面原子近邻配位不全，活性大以及体积远小于大块材料，纳米粒子熔化时所需增加的内能小得多，这就使得纳米微粒熔点急剧下降。

此外，纳米材料还具有一系列特殊的光学性质及化学与催化性质等。

四、纳米材料的结构

纳米结构可定义为至少有一维的尺寸在 1～100nm 区域内的结构。构成纳米结构的基本单元包括纳米粒子、纳米层、纳米管、纳米棒、纳米须、纳米晶、纳米非晶、纳米簇等。通常，将这些纳米结构形象地称为纳米构筑单元，如果这些构筑单元具有某一方面的特定功能，也称为纳米功能单元。

纳米材料的结构一般分为两个层次，纳米粒子的结构和纳米块体材料的结构。块体材料又可分为纳米粒子压制而成的三维材料、非晶态固体经过高温烧结而形成的纳米晶粒组成的材料、金属形变造成的晶粒碎化而形成的纳米粗晶材料以及用球磨法制成的纳米金属间化合物或合金。

五、纳米材料的维度

假若材料有 i 维处于纳米尺度范围，则称此材料为 $3-i$ 维纳米材料。按照广义纳米材料的定义，只能取 $i=3$，2 或 1，分别对应于零维、一维和二维纳米材料。

1）零维纳米材料。该材料在空间三个维度上尺寸均为纳米尺度，如纳米微粒、原子团簇等。

2）一维纳米材料。该材料在空间两个维度上尺寸为纳米尺度，如纳米丝、纳米棒、纳米管等，统称为纳米纤维。

3）二维纳米材料。该材料只在空间一个维度上尺寸为纳米尺度，即超薄膜、多层膜、超晶格等，超薄的织物可视为二维纳米材料。已经由静电纺织制得的纳米纤维组成的无纺布就是一个实例。

目前研究和生产最多的纳米材料是零维纳米材料，如纳米银粉、纳米碳酸钙等。由单相纳米微粒构成的固体材料，称为纳米相材料。

第二节　纳米材料的制备

目前，国内对纳米纤维的研究多集中于在纤维中加入纳米粉体制备功能化纤维的思路，对高技术含量的纳米级直径纤维的研究才刚起步。

一、纳米粉体材料制备的基本方法

（一）化学制备法

化学制备法中包括溶胶-凝胶法、水热法、溶剂热合成技术、化学沉淀法、化学还原法、热分解法、微乳液法、高温燃烧合成法、模板合成法、电解法等。其中，溶胶-凝胶法是使反应物在一定条件下水解成溶胶，进一步聚合成凝胶，凝胶干燥后，经热处理制得所需纳米粒子；水热法是在高温高压环境中，采用水作为反应介质，使通常不溶或难溶的物质进行溶解反应，并进行重结晶；溶剂热合成技术是利用有机溶剂代替水作介质，采用类似水热合成的原理制备纳米微粉。

（二）化学物理合成法

化学物理合成法有喷雾法、化学气相沉积法、爆炸反应法、冷冻-干燥法、超临界流体干燥法、γ 射线辐照法、微波辐照法、紫外线辐照法、反应性球磨法等。喷雾法是将溶液通过各种物理手段雾化，再经物理、化学途径转变为超细微粒子；化学气相沉积法是指一种或数种气体通过热、光、电、等离子体等的作用发生反应析出超微粉的方法；爆炸反应法是在高强度密封容器中发生爆炸反应而生成产物纳米微粉；冷冻-干燥法是将金属盐的溶液雾化成微小液滴，快速冻结为粉体，加入冷却剂使其中的水升华气化，再经焙烧合成超微粒。

（三）物理方法

物理方法指采用光、电技术使材料在真空或惰性气氛中蒸发，然后使原子或分子形成纳米颗粒。物理方法还包括球磨、喷雾等以力学过程为主的制备技术。

二、纳米复合染整助剂的制备与应用

传统的染整加工主要以湿加工为主，大多数的染整助剂为液态，通常需要溶解或分散在水相中进行应用。因此，欲制备纳米复合染整助剂，并将其较好地应用于染整加工中，最好将纳米粒子溶解或分散在水相中制备成液态型助剂，以便均匀地施加到织物上。

对于染整行业而言，如何有效地利用这一新材料和新技术，需要特别关注两个方面的问题：一是纳米材料在功能纺织品中产生作用的机理需要人们深入而广泛的研究；二是解决纳米材料在使用过程中的分散方法及分散稳定性的问题。

纳米材料的比表面积大，而纳米复合染整助剂表面活性很强，容易相互吸附而发生团聚。因此，如何将纳米粒子有效地分散在工作液中是纳米复合染整助剂开发的难点之一。悬浮在液体中的纳米微粒受到范德华力的作用而容易发生团聚。此外，纳米粒子之间的量子隧道效应、电荷转换、界面原子的局部偶合产生的吸附和纳米粒子巨大的比表面产生的吸附也能促进纳米粒子的团聚。但是在纳米微粒表面形成的具有一定电位梯度的双电层又有克服范德华力等作用的效果，从而阻止颗粒团聚，因此，悬浮在液体中的微粒是否团聚主要取决于上述两方面作用力的大小。当范德华引力等作用在微粒间的吸引力大于双电层之间的排斥力时，粒子就会团聚；反之，粒子不发生团聚。

鉴于纳米粒子在液体中的不稳定性，纳米粒子分散体系环境的选择非常重要，当将纳米粒子分散到液相中时，应充分考虑可能影响分散的各种因素。分散体系的 pH 和液体中电解质的含量，均对纳米粒子的团聚有很大的影响。例如，将纳米二氧化钛（TiO_2）经超声波振荡分散在乙二醇中静置 48h 后，发现在酸性环境中的纳米 TiO_2溶胶体系稳定性最差；当体系的 pH 在中性或略偏碱性时则比较稳定。另外，如果体系中电解质的浓度增加，也会极大地降低 TiO_2的分散稳定性。

在研究锑掺杂二氧化锡（ATO）时发现，随着 pH 的增加，ATO 颗粒越易分散，粒径越小。这是因为当水相呈酸性或碱性时，ATO颗粒因其半导体性质而带有一定量的电荷，整理剂中粒子之间存在静电排斥作用。调节pH可以改变粒子之间的作用力，控制颗粒团聚，获得稳定的分散。因此，在纳米粒子的分散过程中一定要适当控制体系的pH和电解质的含量。

（一）分散剂的选择

在纳米粒子的水分散过程中，选择合适的分散剂至关重要。正确选择分散剂有利于分散过程的进行，能有效地防止纳米粒子的团聚，并且制得的纳米粒子分散体系稳定性好。否则，不但不利于纳米粒子的有效分散，而且所得的分散体系稳定性较差。一个优良的分散剂应满足以下要求：分散性能好，能防止纳米粒子之间相互团聚；与分散体系中的物质有适当的相容性；热稳定性良好；不影响制品的性能；无毒、价廉。分散剂可单独使用，也可采用几种复合使用，或者添加少量的阴离子表面活性剂，使体系具有位阻和双电层的双重作用，会获得最佳的分散效果。

（二）纳米粒子的分散技术

1. 研磨分散

利用三辊机或多辊机的辊子之间转速的不同，反复研磨，达到分散纳米粒子的目的。

2. 球磨分散

通过球磨机中磨球与磨球间及磨球与缸体间的相互碰撞作用，使接触磨球的粉体粒子被撞碎或磨碎，同时使混合物在磨球的空隙内受到高度湍动混合作用而被均匀地分散并相互包覆。研究发现球磨对纳米粒子比表面积的分布有较大的影响，球磨时磨球的直径越小，所得纳米粒子的尺寸越小，并且尺寸分布范围也越小。

3. 砂磨分散

砂磨机可连续进料，纳米粉体的预混合液体通过圆筒时，在筒中受到激烈搅拌的砂粒给予它们猛烈的撞击和剪切作用，使纳米粒子很好地分散开。选用不同种类的常用表面活性剂作为分散剂与反絮凝剂配制成纳米 SiO_2 溶液，经高速砂磨机连续砂磨10h，可以达到稳定状态。

4. 高速搅拌和超声波分散

要求转速达1500r/min以上，利用搅拌机强大的剪切力把纳米粒子均匀地分散在液体中；超声波振荡破坏了聚集体中小微粒之间的吸附作用和范德华力，从而使小颗粒分散于分散剂中。如单纯采用高速搅拌分散，则需转速在5000r/min以上的高速搅拌机。

将纳米炭黑置于水中并加入适当的表面活性剂，用转速2000r/min的搅拌机和超声波振荡器对分散液作用20min，静置后取上层清液重复搅拌，然后再进一步静置，直至清液中不再有沉淀生成，即得到涤纶高温高压染色的渗透剂。

在含有多羟基的有机溶剂中加入适量的高分子分散剂搅拌溶解，然后加入TiO_2或ZnO粉体，用高剪切搅拌器和超声波振荡器分散，再加入表面处理剂，升温、反应若干小时，最后用冰醋酸调节pH为5～6，即得到性能稳定的纳米TiO_2或ZnO分散液。

（三）纳米粒子的改性

将纳米粒子分散到液相中时，物理分散方法的效果有时不是很显著，为进一步提高纳米粒子的分散稳定性、相容性以及适应多种应用场合，通常对纳米微粒表面进行修饰，即通过各种物理化学方法，使表面添加剂与颗粒表面发生化学反应和表面包覆，从而改变纳米微粒表面的结构和状态，实现对纳米微粒表面的控制。

1. 表面物理修饰

常见的表面物理修饰方法是通过范德华力、氢键或配位键等，将异质材料吸附在纳米微粒的表面，防止纳米微粒团聚。表面活性剂对无机纳米微粒的表面修饰称为表面包覆。这种表面包覆体系一般是由表面活性剂、助表面活性剂、碳氢化合物和电解质水溶液组成的热力学稳定体系。在这个体系中，由表面活性剂和助表面活性剂组成的单分子层界面所包围形成的胶束相当于一个微型反应器，这个微型反应器拥有很大的界面，可以增溶各种不同的化合物，是非常好的化学反应介质，大小在几纳米至几十纳米之间。氧化物的表面包覆过程一般是将一种反应物增溶于微型反应器中，另一种反应物以溶液的形式存在于水相中，后者穿过微反应界面进入反应器中与前者作用，形成晶核并长大，其粒径由微型反应器的尺寸决定。最终产物为包覆有表面活性剂分子的粒子，表面活性剂分子亲水端与微粒表面的金属原子相连，有机碳链向外。在氮气的保护下，利用超声波分散方法将纳米粒子分散于水中，进而采用乳液聚合方式制备出粒径为80～100nm，厚度为70nm的纳米聚苯乙烯核壳复合粒子。

另一种纳米微粒表面物理修饰法是将一种物质沉积到纳米微粒表面，形成无化学结合的异质包覆层，这种方法称为表面沉积法。纳米TiO_2粒子表面包覆Al_2O_3就属于这一类型。

2. 表面化学修饰

通过纳米微粒表面与处理剂之间发生化学反应，改变纳米微粒表面的结构和状态，达到表面改性的目的。这种表面修饰方法在纳米微粒表面改性中占极其重要的地位。由于纳米微粒比表面积大，表面键态、电子态不同于颗粒内部，配位不全导致悬挂键大量存在，这就为使用化学反应方法对纳米微粒表面修饰提供了有利条件。纳米微粒经化学改性之后，分散到液相体系中形成染整助剂，具有非常好的分散稳定性。表面化学修饰大致分为偶联剂法、酯化反应法和表面接枝改性法。

(1) 偶联剂法

一般无机纳米粒子表面能比较高，与表面能比较低的有机体亲和性差，两者相容困难，导致界面上出现空隙。但纳米粒子表面经偶联剂处理后，可与有机物产生很好的相容性。硅烷偶联剂是最具代表性的一种偶联剂。

(2) 酯化反应法

金属氧化物与醇的反应称为酯化反应。利用酯化反应对纳米粒子表面修饰改性可使原来亲水疏油的表面变为亲油疏水的表面。例如，将纳米氧化钛放入醇溶液中，首先超声振荡，再于氮气环境下加热处理。从红外谱图中看出二氧化钛粒子表面发生了变化。表面修饰以后的二氧化钛粒子分散效果明显好于简单振荡而未修饰的粒子；处理后体系中粒子粒径略有增加，但分布比较均匀。

(3) 表面接枝改性法

通过化学反应将高分子链接到无机纳米粒子表面的方法称为表面接枝法。表面接枝改性法可以充分利用无机纳米粒子与高分子各自的优点，实现优化设计，制备出具有新功能的纳米微粒。纳米微粒经表面接枝后，大大提高了其在有机溶剂中的分散性，可根据需要制备纳米粒子含量大、分布均匀的纳米复合染整助剂。

总之，纳米颗粒的表面修饰，可以有效地改善或改变纳米微粒的分散性、耐久性和表面活性，使其表面产生新的物理、化学及光学特性，满足开发生产染整助剂的需要。

(四) 纳米复合染整助剂的检测方法

纳米粒子的分析检测手段比较多，但在纳米染整助剂的检测分析中，基于简单操作、成本经济等各方面因素的综合考虑，较常用的手段有扫描电子显微镜(SEM)、透射电子显微镜(TEM)、红外光谱(IR)、原子力显微镜(AFM)、粒度分析仪和紫外分光光度计等。对于分散于助剂乳液中的纳米微粒，其粒径大小是否还处于纳米级范围之内，是其是否具有纳米效应的关键。为此，必须检测分散在乳液中的纳米粒子的粒径。目前，纳米助剂粒度分析主要有电镜统计观察法和激光粒度分析法。

1. 电镜观察法

纳米颗粒的粒度分析可以采用 SEM 和 TEM 两种方式进行观测，这也是当前最常用的方法，它们能够直接观察颗粒的大小和形状，但可能会有较大的统计误差。由于电镜法是对样品局部区域的观测，所以在进行粒度分布分析时，需要多幅照片的观测。

2. 激光粒度分析法

目前，在颗粒粒度测量仪器中，激光衍射式粒度测量仪已得到广泛应用。其显著特点是测量精度高，测量速度快，重复性好，可测粒径范围广，可进行非接触测量。因此，该项技术也广泛地应用于乳液中纳米粒子粒径的分析检测。

3. 红外光谱

红外光谱主要是通过测定内振动和转动能级跃迁的信息来研究分子结构。纳米粒子经表面修饰改性后，可以用 IR 进行测试。例如，利用 Nicolet560 型红外光谱仪对纳米银-聚苯乙烯粒子进行分析发现，粒子表面的确有新的基团生成。

4. 紫外分光光度法

分光光度法是一种比较简捷的检测方法。溶液中微粒粒径的大小会影响溶胶体系透过紫外线波长的大小。如果粒径小，则体系吸收的紫外线向短波方向移动；反之，则向长波方向移动。粒子粒径的分散均匀程度，会影响吸收峰的峰形。若粒子的粒径分布均匀，则光线的透光率增强，吸收峰的峰形变窄。

第三节　纳米纤维的制造与应用

一、纳米纤维的制造方法

纳米纤维主要包括两个概念：一是严格意义上的纳米纤维，即纳米尺度的纤维，一般指纤维直径小于 100nm；另一个是将纳米微粒填充到纤维中，对纤维进行改性而开发的功能纤维。采用性能不同的纳米微粒，可开发出抗菌、阻燃、防紫外、抗静电、电磁屏蔽等各种功能性纤维。

纳米纤维结构非常微小，无法用普通的生产技术生产，常用的有以下几种特殊加工方法。

（一）静电纺丝法

静电纺丝法即聚合物喷射静电拉伸纺丝法，是一种制备直径为 10nm～10μm 超细纤维的重要方法。该方法使聚合物溶液或熔体带上几千至上万伏高压静电，带电的聚合物液滴受电场力作用在一端封闭的毛细管的 Taylor 锥顶点被加速。当电场力足够大时，聚合物液滴克服表面张力形成喷射细流；细流在喷射过程中溶剂蒸发或冷却，落在接收装置上固化，形成类似非织造布状的纤维毡。用静电纺丝法制得的纤维比用传统纺丝方法要细很多，直径一般在数十到上千纳米，如图 7-1 所示。例如，利用静电纺丝技术，采用溶液纺丝方法，通过改变溶质/溶剂的化学组成和聚合物相对分子质量，控制纺丝流体的黏弹性、电性质和固化速率。

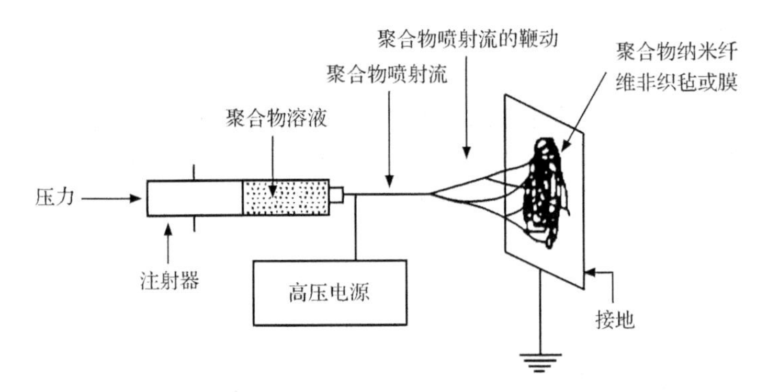

图 7-1　静电纺丝法示意图

静电纺丝法拓展了纳米纤维的应用领域，纳米非织造布可用作屏蔽材料、分离膜、医用敷料、新型轻质复合材料和智能材料等。大量的实验表明，在纺丝液中加入适当的表面活性剂，可纺出更均匀的纳米纤维，如图 7-2 所示。

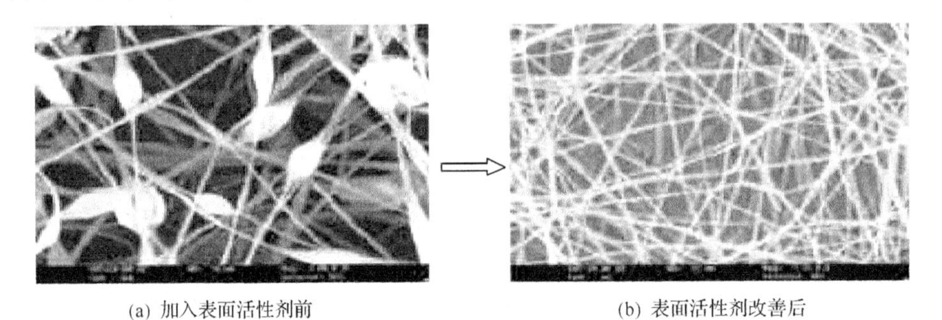

(a) 加入表面活性剂前　(b) 表面活性剂改善后

图 7-2　表面活性剂加入前后纳米纤维的均匀度

中国纺织科学研究院利用静电纺丝技术制得了直径为数百纳米的聚丙烯腈纤维毡。天津大学制得了聚丙交酯、丙交酯/已内酯共聚物的纳米纤维，纤维直径达700～900nm。天津工业大学成功制备了聚乳酸纳米纤维和聚己二酸己二醇酯纳米纤维，如图 7-3 所示，纤维直径达到 200～600nm。

静电纺丝技术是得到纳米纤维最重要的途径，但当前的静电纺丝技术还不成熟，有待于系统深入地研究，进一步的研究将集中在以下几个方面：①对静电纺丝过程进行系统深入的理论研究；②研究带电纺丝液纺程上各点电场的评价方法；③通过溶液性质和工艺参数的选择以及纺丝设备的设计来控制纤维直径；④从力学性能、分子取向、孔隙率和比表面积方面表征纳米纤维及其最终产品的性能；⑤研发适合不同最终用途的纳米纤维材料的卷装形式，如非织造布静止式、纱线整经轴旋转式卷装形式等。

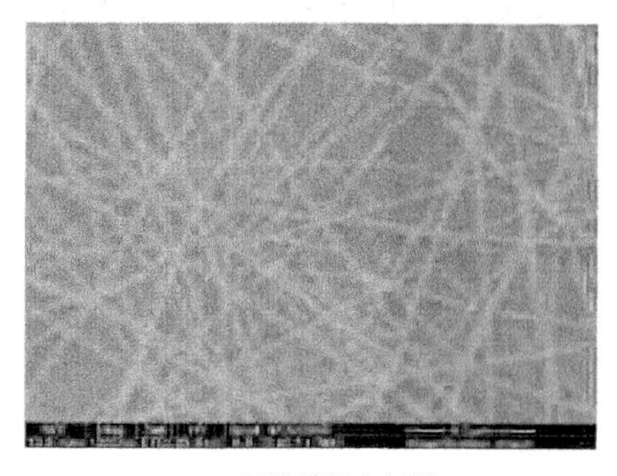
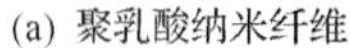

(a) 聚乳酸纳米纤维

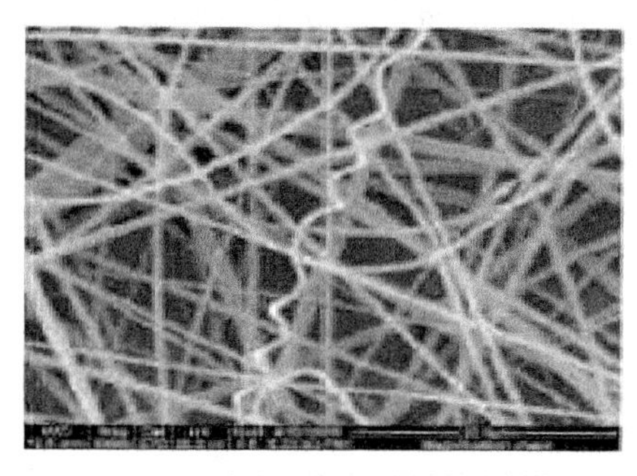

(b) 聚己二酸己二醇酯纳米纤维

图 7-3　天津工业大学制备的纤维

（二）海岛型双组分复合纺丝法

为扩大功能纤维品种，降低功能性添加剂的使用量，可使用复合纺丝法来实现功能化。将纳米微粒与聚合物混合纺丝是一种非常实用的方法，并且可以制得多种功能的纺织品。

海岛型复合纺丝技术是一种生产超细纤维的方法。该方法将两种不同成分的聚合物通过双螺杆输送到经过特殊设计的分配板和喷丝板，纺丝得到海岛型纤维，其中一种组分为“海”，另一种为“岛”，“海”和“岛”组分在纤维轴向上是连续、密集、均匀分布的。这种纤维在制造过程中经过纺丝、拉伸，制成非织造布或各种织物以后，将“海”的成分用溶剂溶解掉，便得到超细纤维。当采用25个“岛”时，纤维直径均为2μm左右。海岛型复合纺丝技术的关键设备是喷丝头，不同规格的喷丝头组件可得到不同细度的纤维。用该方法生产的超细纤维的直径一般在1000nm以上。美国 Hills(希尔斯)公司开发了一种新型超微细旦纤维纺丝技术，该技术是利用新型组件在普通的喷丝板孔密度下纺制海岛型纤维，这种喷丝板有198孔，孔间距为6.4mm×6.4mm；制得的每根纤维有900个“岛”，在经过充分拉伸和溶掉“海”后，得到900根纤维，纤维直径约为300nm。该纤维的纺丝加工几乎与普通的聚合物熔纺工艺完全相同。一般地，岛/海聚合物的比例可在（50∶50）～（70∶30）之间变化。

（三）聚合法

聚合法是在合成聚合物的过程中，直接形成纳米级纤维，即在聚合物合成阶段中加入纳米材料。在此阶段除常规的聚合物之外，还可添加其他可参与反应的单体原料，实现化学改性，或共混入其他聚合物或固体粒子等实现物理改性。例如，在聚合过程中直接制成聚乙烯纳米纤维的方法，通过在蜂窝结构的硅石纤维内使用茂金属催化剂进行乙烯聚合，硅石纤维起给聚合后的聚乙烯分子链集束导向的作用。该方法可以制备直径为30～50nm(约为普通纤维直径的0.1%)的结晶型纤维。因为其聚乙烯链是伸直而非折叠的，所以这种聚乙烯纤维具有较高的强度，分子质量比普通的聚乙烯高10倍，由于聚合过程是在硅石纤维孔中进行的，因此抑制了分子链的支化。高强度聚乙烯纳米纤维可用于汽车部件、电子设备、绳索、钓线和体育设施等。

(四) 原纤化方法

原纤化方法是把长链多孔结构的纤维，如纤维素纤维，分裂为纳米尺寸的原纤或微原纤。研究采用原纤化方法将Lyocell纤维原纤化成纳米纤维，这种方法生产的纳米纤维具有中等的强度，但纤维间尺寸和形态的差异较大，其技术关键在于Lyocell纤维的纺制条件，如溶剂的浓度、温度及溶剂的类型等对原纤化效果都有影响。

(五) 分子喷丝板纺丝法

分子喷丝板纺丝技术是对传统纺丝技术的挑战，它将完全颠覆目前使用的聚合物纺丝设备。分子喷丝板由盘状物(discotics)构成的柱形有机分子结构的膜组成，盘状物在膜上以设计的位置定位。盘状物是一种液晶高分子，由近年来聚合物合成化学发展而来。聚合物分子在膜内盘状物中排列成细丝，并从膜底部将纤维释放出来。盘状物特殊的设计和定位使其能吸引和拉伸某种聚合物分子，并将聚合物分子集束和取向，从而得到所需结构的纤维。盘状物系统一定要根据所需纤维的结构设计。以膜形式设计的分子纺丝机械，必须使盘状物可以按需要的方向精确同步旋转，同时保持盘状物在膜上的相对位置不变。盘状物旋转可以通过磁场来实现，在合成的盘状物中镶入金属原子，使其对外部磁力场的改变反应敏感。盘状物具有像电动机一样的功能，使聚合物纺丝变得更有效、更容易。

分子喷丝板纺丝有以下两种工艺：①聚合物熔体或溶液纺丝；②单体纺丝。前者是在大环膜的上部提供聚合物流体，含大环系统的复合膜只作喷丝板使用。后者在膜上部提供的是聚合物单体，膜的第一层可以使单体反应形成聚合物链，聚合物链被牵引通过大环系统，形成纳米纤维。

二、几种典型的纳米纤维

纳米科学作为一门新兴的边缘交叉学科，在各个领域的应用尚刚起步。近年来通过向合成纤维聚合物中添加某些亚微米级或纳米级无机粉末，经过纺丝得到具有某种特殊功能的纤维。另外，利用纳米纤维材料的特殊功能开发了一些多功能、高附加值的功能性纺织品。目前国内外用静电纺丝制备纳米纤维和对纳米纤维性能及应用的研究已经成为热点。

纳米材料在应用过程中遇到的最主要的问题是分散性差和易凝聚。纳米材料比表面积大，表面活性大，极易凝结，难以固体形式存在，目前一般以液相的形式存在于胶体或其他液体中，因此纳米材料在应用过程中首先要解决的问题是载体的问题。随着纳米材料制备合成技术的不断发展和纳米材料基础理论的日趋完善，纳米纤维的应用将遍及纺织等工业的各个领域，它对纺织品及其他领域的研究开发的促进作用是无法估量的。

到目前为止，利用静电纺丝技术制备的纳米传统纺织用化学纤维有纳米聚丙烯腈纤维(腈纶)、纳米聚对苯二甲酸乙二酯纤维(涤纶)、纳米脂肪族聚酰胺纤维(锦纶)、纳米醋酯纤维素纤维等。

国外近年来在纳米纺织纤维方面的研究很活跃，如开发能用于服装的纳米纺织纤维材料，利用纳米纺织纤维的低密度、高孔隙度和大的比表面积做成多功能防护服。

(一) 纳米碳纤维

纳米碳纤维是指具有纳米尺度的碳纤维，依其结构特性可分为实心纳米碳纤维和空心纳米碳纤维(碳纳米管)。

碳纳米管的直径为纳米级，一般为几十纳米、几纳米，最细的已达 0.5nm；其长度为微米、毫米级，一般为几百微米、几毫米，最长的已达 3mm，符合纳米纤维的定义，是一种真正意义上的空心纳米碳纤维。

碳纳米管具有奇异的特殊性质，碳纳米管有极大的强度、极高的柔性；金属与碳纤维在大角度弯曲时将会在晶粒界面上断裂，而碳纳米管能够弯曲成大角度然后又重新变直不会受损；同时碳纳米管还具有很大的电流容量和热导率。虽然碳纳米管具有十分卓越的力学性能，但是当其达不到制备宏观器件所需的长度时，就阻碍了它的应用。开发“宏观长度碳纳米管技术”，已成为世界上许多科学家的攻关方向。就“宏观长度碳纳米管”来说，不一定要让碳纳米管本身达到宏观长度，而只要在宏观尺度上，让碳纳米管发挥作用、使材料性能有突出增长的技术，都被认为是“宏观长度碳纳米管技术”。将碳纳米管均匀地分散到某种树脂中，采用某种方法，将含碳纳米管的树脂抽成纤维，这是人们首先想到并成功实现的“宏观长度碳纳米管技术”。在这种复合材料纤维中，碳纳米管的含量多少决定了纤维的性能，含量越高，性能越好。由于碳纳米管是纳米级的，所以纤维也有可能做成纳米级的。例如，单壁碳纳米管/聚乙烯醇复合凝胶状纤维比蜘蛛丝韧性强 3 倍。

图 7-4 展示了剑桥大学的科学家们研发的碳纳米管纤维纱线。这种纱线源自直径为 30nm、长为 30μm 的多壁碳纳米管；这种纺纱技术有点像自由端纺纱。

虽然该技术仍处在实验室研究阶段，但随着研究的深入和完善，该技术必将具有广阔的应用前景。

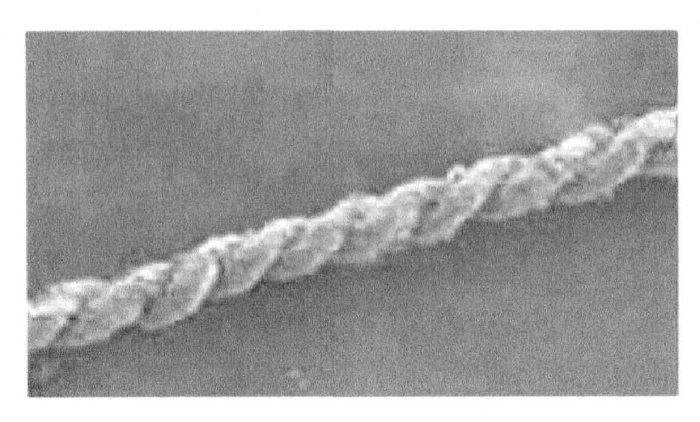

图 7-4　碳纳米管纤维纱线

碳纳米管和实心纳米碳纤维具有强度高、质轻、导热性良好及导电性高等特性，潜在应用于储氢材料、高容量电极材料、高性能复合材料及燃料电池电极等高性能产品。

（二）纳米生物纤维

纺织科学与技术的迅速发展，大大促进了对生物纤维材料的仿生制备技术的发展，加快了新型生物纤维材料的应用进程。纳米生物纤维处于纳米纤维研究领域的前沿地位。

人体结构中的不少组织均和纤维相关，如骨骼具有纤维结构，神经具有纤维的传导功能，皮肤类似非织造布，血管是粗细不一的中空纤维网络，肌肉是纤维丝束等。近年来，科学界对蜘蛛丝的研究大大启发了人们对纳米生物纤维的研究思路，蜘蛛丝是一种直径达到纳米尺度的天然纤维材料，它的这种特征带来了很多神奇的特性，其形成机理为纳米生物纤维的制备带来了灵感，如静电纺丝法等。

（三）纳米导电纤维

自 1996 年 Reneker 等将聚苯胺溶解在硫酸中进行静电纺丝制得聚苯胺纳米纤维以来，人们便开始了纳米导电聚合物的研究，并取得突破性进展。典型的纳米导电纤维有聚苯胺类纳米纤维、聚吡咯类纳米纤维、苯胺/吡咯共聚物纳米纤维、聚 3-甲基噻吩纳米纤维等。

纳米导电纤维的研究才刚起步，绝大多数研究还仅涉及纺丝成形方面，对纤维的结构与性能的表征还很缺乏，应用方面的研究就更罕见。

纳米纤维除了用于服装材料外，由于具有极大的比表面积，在成形的网毡上有很多微孔，因此有很强的吸附力以及良好的过滤性、阻隔性、黏合性和保温性。纳米纤维的这些特性可应用于制作吸附材料和过滤材料，如应用于亚微米微粒的过滤，能有效地用于原子工业、无菌室、精密工业等。

三、纳米纤维的应用

纳米纤维以其独特的性能被广泛地应用在服装、食品、医药、能源、电子、造纸、航空航天等领域。

（一）服装

由于纳米纤维织物具有很多微孔，能允许蒸汽扩散，具有可呼吸性，又能挡风和过滤微细粒子，用纳米纤维制作多功能防护服，实现了对生物武器和化学武器及生物化学有毒物质的防护，而其可呼吸性又保证了穿着的舒适性。

目前的“Nano-Dry”和“Nano-Care”技术是纳米技术在服装上的成功应用。“Nano-Care”是一种超双疏性界面材料，可使棉织物具有疏油、疏水、防皱功能，且不影响织物的手感和透气性，使用这种材料生产的纺织品和建筑材料，不沾油污，无需洗涤。其原理是将两种不同粒子组合在一个界面上。这一技术的诞生将使石油工人的衣服不再污迹斑斑，也使研制生产水陆两用服装成为可能。

将“Nano-Dry”技术应用到合成纤维上，改善了锦纶、涤纶织物的亲水性，具有吸汗和排液的功效。

（二）医学工程材料

纳米技术成功地用于骨折修复及骨癌治疗方面。据报道，医疗用纳米材料可以在纳米水平上模拟人骨的一些关键特征，并自行组装成三维结构，其中包括可促进矿化的胶原纳米纤维和矿物纳米颗粒。胶原是人体中最多的蛋白质，存在于人体心脏、眼球、血管、皮肤、骨骼中，并为这些人体组织提供所需的强度支撑。当植入医用纳米纤维时，它们在骨折处形成一种类似胶质的凝胶，或为其他组织的再生提供支架，此时如果材料中含有羟基磷灰石，纳米纤维便会引导矿物晶体在胶原纤维周围生成一个类似于天然骨骼的结构。基于其化学结构，纳米纤维凝胶将参与天然骨骼细胞的构建，从而有助于骨折修复。

目前已研制成功一种新型可生物降解的纳米纤维弹性材料，由这种材料制成的管状结构显示出了与血管、外神经组织同样良好的机械性能。

利用静电纺丝工艺生产出的蛋白原（存在于血液中的可溶性蛋白质）纳米纤维束制成的织物，可以放置在伤口上以减少失血、促进自然愈合。用这种方法制造出的胶原质人造血管的尺寸小于现用的1/6。

（三）能源

碳纳米管作为新的超级氢吸附剂是一种很有前途的储氢材料，它的出现将推动氢/氧燃料电池汽车及其他用氢设备的发展，并有可能做成燃料电池驱动车。随着能源危机和环境污染的日益严重，如何有效利用氢能成为解决这一问题的关键，但储氢环节一直没能突破。1998年，美国Rodriguez等报道，纳米石墨纤维在12MPa下的储氢容量高达23.33L/g，比现有的各种储氢技术的储氢容量高1或2个数量级。

（四）航空航天

美国的航空领域为了防止SARS和恐怖袭击，引进了纳米纤维制品。为飞机环境控制系统安装了病毒和病原菌纳米过滤网；为医院、建筑物等安装了加热、空气流通和空调系统。设计的纳米过滤网可以滤除大小如SARS病毒和炭疽热等以空气为媒介的病原菌。纳米过滤工艺的核心是超级过滤器，它可以延长航空飞行的时间，保证了含细小颗粒物质空气的有效净化。在设计中使用了多孔纳米过滤介质，过滤介质被电场包围，电场导致空气媒介颗粒物质垂直于空气流动方向，保持悬浮运动状态而不被离子化，有效地增加了电子间范德华力的相互作用。在高效的空气过滤系统中，这一设计能够有效地滤除细菌、病毒、烟雾、灰尘、气味和其他亚微米级的颗粒物质。新的纳米材料能有效地过滤0.05μm以上的化学或生物污染颗粒物质。现在安装在飞机上的HEPA过滤系统不能满足过滤亚微米级颗粒的需要，纳米产品能满足这项要求。另据报道，在航天领域中，已经利用纳米纤维研制出了质量轻的光学镜片。

（五）其他

纳米纤维应用于电子、造纸等领域。例如，将聚亚胺酯纳米纤维网作为压力传感器，与晶体管和微波振荡器组成检测系统，应用于微型机电设备中。纳米纤维膜结构骨架已经应用于面巾纸领域。

第四节　纳米材料在染整中的应用

一、纳米粉体应用于抗紫外线织物

（一）纳米微粒的紫外线屏蔽性能

从光学原理上讲，当光照射到物体上，光的一部分被物体表面反射，一部分被物体吸收，其他则透过物体。具有紫外线防护功能的纤维及制品，当紫外线照射时，除其中一部分从纤维织物上的孔隙通过外，其他不是被紫外线防护剂反射，就是选择性吸收紫外线并将其能量转换成热能而释放，以达到将紫外线阻断的目的。

紫外线防护的方法有多种，常用的紫外线屏蔽剂，主要有无机化合物和有机化合物两类。紫外线屏蔽剂对紫外线吸收后，使之转变为热能或波长较短的电磁波，以达到防护效果。

（二）纳米粉体应用于抗紫外线织物

目前比较常用的是苯酮类和苯并三唑类。有机类紫外线屏蔽剂对产品寿命、生态环境及织物性能(如织物白度、色牢度、手感、透气、吸湿等)有一定影响；无机类紫外线屏蔽剂，一般采用不具活性的陶瓷或金属氧化物粒子与纤维或织物结合，达到对紫外线的反射和散射，粒径一般为 0.01～22μm。粒子过大对纺丝质量、纱线和织物手感都会造成影响；粒子过小，对紫外线的反作用减弱；当粒子尺寸接近纳米级，会出现优异的光吸收特性，能大量吸收紫外线，达到优良的紫外屏蔽作用。无机纳米粉体具有化学稳定性、热稳定性好，非迁移性，无味、无刺激、使用安全和杀菌除臭等功能；与同等剂量的有机紫外线防护剂相比，对 UVA、UVB 都有屏蔽作用，效果明显。

纳米粉体的粒径一般为 1～100nm，纳米粉体多种多样，如 Al_2O_3、MgO、ZnO、TiO_2、SiO_2、$CaCO_3$、高岭土、炭黑、多种金属等。研究表明，二维纳米材料(如碳纳米管)的抗紫外线性能要明显好于球形的纳米粉体。当这些纳米粉体的尺寸与光波波长相当或更小时，由于小尺寸效应导致光吸收显著增强，尺寸越小对短波紫外线的吸收能力就越强，但由于纳米粉体的比表面积大、表面能高，容易发生团聚，很难分散。

纳米粉体在纺织材料中主要有两种功效：一种是在聚合或纺丝过程中加入纳米粉体，使其渗入到纤维内部，达到抗紫外线的效果；另一种是防紫外线后整理，将纳米粉体加入到浸轧液或涂层剂中，进行浸轧或涂层整理，使纳米粉体进入纤维之间，或在织物表面形成一层薄膜，达到防紫外线效果。

目前，一般选用金属氧化物纳米粉体对织物进行抗紫外线整理。纳米粉体具有常规材料不具备的特殊光学性质，并普遍存在“蓝移”现象，对紫外线有反射作用、吸收作用，且光学反射谱重复性好，添加到织物中可以达到屏蔽紫外线的目的。通常采用 ZnO 作紫外线屏蔽剂，它的禁带宽度为 3.2eV，可以吸收波长为 388nm 的紫外线。当 ZnO 的粒度为 10nm 时，它的禁带宽度增加到 4.5 eV 以上，可以较好吸收 200～320nm 波长的紫外线。

通过纳米粉体反射光谱和纳米树脂薄膜紫外线透过率的测试，筛选出的纳米粉体应用到棉织物上，使织物抗紫外线性能符合抗紫外线标准要求。研究结果表明，丙烯酸树脂对 UVC 波段吸收较强；二甲苯含量对紫外线透过率有一定影响；对于相同厚度的膜，二甲苯比例越大，紫外线透过性能越好。随着纳米粉体含量增加，纳米膜抗紫外线效果会增强。对于 ZnO、TiO_2 纳米粉体，波长 320nm 的紫外线透过率与纳米粉体含量呈负指数关系，当添加量达到 4%以后，棉织物的紫外线透过率在 0.5%以下。

纳米粉体经筛选和分散后添加到黏合剂中，对棉织物进行涂层整理，利用其对紫外线具有较强的吸收性能，可大大提高织物的抗紫外线性能，经多次洗涤持久性较好，达到了抗紫外线辐射的要求。

二、纳米材料用作抗菌剂

1. 抗菌剂及其分类

抗菌剂是指能够抑制细菌繁殖，破坏其生存环境，且有效持续发挥作用的药剂。抗菌剂分为有机抗菌剂和无机抗菌剂两大类。其中有机抗菌剂又包括天然的和合成的两类，无机抗菌剂主要包括金属、金属离子及氧化物等。通常所说的抗菌包括抑制、杀灭、消除细菌分泌的毒素以及预防等内容。由于无机抗菌剂具有热稳性强、功能持久、安全可靠的特点，加上近年超微细技术的发展，使纳米级的无机抗菌剂能够批量生产，并可共混或复合引入化纤中，这样就确保了抗菌化纤的产业化。

2. 纳米抗菌剂

光催化特性是纳米半导体材料的重要特性之一。常见半导体化合物材料有 TiO_2、ZnO、ZnS、CdS 及 PbS 等，考虑到安全及成本等因素，以 TiO_2、ZnO 的实用性较好，其中 TiO_2 的使用最为普遍。

半导体的吸收波长阈值大都在紫外区域。当光子能量高于半导体吸收阈值时，半导体的价带电子发生带间跃迁，即从价带跃迁到导带，从而产生光生电子（e^-）和空穴（h^+）。此时吸附在纳米颗粒表面的溶解氧俘获电子形成超氧负离子（$\cdot O_2^-$），而空穴将吸附在催化剂表面的氢氧根离子和水，氧化成氢氧自由基（$\cdot OH$）。而超氧负离子和氢氧自由基都具有很强的氧化性，能将绝大多数的有机物氧化至最终产物 CO_2 和 H_2O。在反应过程中这种半导体材料也就是光催化剂本身不发生变化。

大量的研究表明，在纳米 TiO_2 中添加部分纳米 ZnO 或在纳米 ZnO 中添加部分纳米 TiO_2，其处理织物的抗菌效果比单一纳米材料的抗菌效果好，说明纳米 TiO_2 和 ZnO 之间存在纳米协同效应。这是由于纳米 TiO_2 和 ZnO 的表面原子所处的环境和禁带宽度不同，粒子的表面效应存在差异，因此对光尤其是紫外线的吸收有其特征的波段。当纳米 TiO_2 和 ZnO 复合物处理棉织物后，能在更宽的波段范围内吸收紫外线，分解出更多的自由移动的带负电的电子和带正电的空穴，形成光生电子-空穴对，它们与周围的水和氧反应生成更多的 O^{2-}、HO·、HOO·和 H_2O_2，从而更有效地把细菌杀死，使织物的抗菌效果得到提高。

纳米 TiO_2作为杀菌剂还具有以下几个特点：一是即效性好，如银系列抗菌剂的效果在 24h 左右发生，而纳米 TiO_2仅需 1h 左右；二是 TiO_2是一种半永久维持抗菌效果的抗菌剂，不像其他抗菌剂随着抗菌剂的溶出效果逐渐下降；三是有很好的安全性，与皮肤接触无不良影响。把纳米级超微细 TiO_2分散到纺丝原料中再纺出化学纤维，做成的纺织品具有很好的抗菌性能，且价格便宜，因此，纳米 TiO_2作为目前主要的抗菌、除臭剂被广泛应用于功能纤维中。

某些金属粒子(如银纳米粒子、铜纳米粒子)具有一定的杀菌性能，其与化纤复合纺丝，制造出抗菌的功能纤维，比一般的抗菌织物具有更强的抗菌效果和更多的耐洗次数。例如，超细抗菌粉体可赋予树脂制品抗菌能力，对各种细菌、真菌和霉菌起到抑制作用。在合成纤维中加入 1%这种粉体就能制得具有良好可纺性的抗菌纤维。

三、纳米材料用作抗静电剂

化纤制品在加工和使用过程中，由于静电摩擦带来很多不便，纳米颗粒为解决化纤静电问题提供了新的途径。因为纳米颗粒具有超导电性，即电阻非常低，所以如果在化纤制品中加入少量纳米微粒，如将纳米 TiO_2、Fe_2O_3、ZnO、Cr_2O_3等具有半导体性质的粉体掺入到纺织纤维中，或将其加入到整理剂中对纤维或织物进行后整理，就会产生良好的静电屏蔽性能，大大降低静电效应。

四、纳米远红外技术

具有远红外功能的纤维在吸收人体发出的远红外波长后，可反射回人体表皮，增加皮下微循环，促进人体的血液循环和新陈代谢，具有保暖和保健双重作用。

远红外添加剂应具备的条件首先是功能性强，低温比辐射率高，其次是要有较小的粒径且化学性能稳定、无毒。目前，远红外添加剂主要采用具有远红外辐射性能的陶瓷粉。通常选用两种或两种以上的远红外粉进行混配使远红外发射性能适合人体需要，达到最佳效果。

具有远红外辐射效果使用最多的是氧化物和碳化物，应该注意的是，某些金属氧化物可能具有天然放射性，因而不适用。

在合成纤维中加入纳米 TiO_2等远红外吸收剂的远红外织物，加工成保暖内衣和医疗保健服装，市场潜力大，产品的附加值较高。另外，人体释放的红外线大致为 4～16μm 的中红外频段，在战场上，如果不对这一频段的红外线进行屏蔽，很容易被非常灵敏的中红外探测仪器发现，使战争环境中人员的生命受到威胁。而纳米 TiO_2 等超微细粉体材料具有很强的吸收中红外频段的特性，如将其填充到纤维中，由于它的比表面积大，对红外线和电磁波的吸收率比常规材料大得多，这就减少了其反射率，使红外探测器和雷达接收到的反射信号变得微弱。

纳米粉体用于纺织品还可用作消光剂、抗老化剂、拒油拒水剂等。

五、纳米材料在印染中的应用

由于纳米材料的表面活性极强而对染料粒子的强吸附，形成的屏蔽作用大大提高了染料的色牢度、耐候性等。将纳米材料进行某种接枝改性，使它具有纤维的亲和性，再对织物进行后整理，可以赋予织物特异性能。

涂料印染中，使用的化学助剂主要有黏合剂、涂料色浆、印花糊料等，这些都是亲水性的，因此，要求纳米材料能均匀地分散在水中，同时要有很好的分散稳定性。纳米材料在涂料印染中的应用特性主要表现在：纳米材料的小尺寸效应和宏观量子隧道效应使其产生淤渗作用，可以渗透至高分子材料的不饱和键并结合成立体网状，从而提高材料的强度、弹性、耐磨性、耐水性；纳米材料独特的光学特性，对紫外线和红外线有很高的反射性，从而达到很好的屏蔽作用，使织物和染料具有良好的光稳定性和热稳定性；利用纳米材料的抗菌除臭性能，涂料印染的织物有永久的抗菌除臭、防霉性能。

六、纳米染整助剂的使用方法

在染整加工过程中，目前比较常用的方法有浸渍法、浸轧法及涂层法。

(1) 浸渍法

浸渍法是一种比较简单的染整生产方法，其工艺比较简单，也无需任何复杂的设备，生产加工简单易行。将棉织物浸泡在一定浴比的纳米抗紫外整理剂中，一段时间后取出，高温烘干，即得到纳米抗紫外织物。

(2) 浸轧法

浸轧法是染整加工中最常用的一种方法。目前纳米助剂多采用此法施加到织物上。在真丝防皱整理过程中采用浸轧纳米助剂法，织物经二浸二轧后烘干、焙烘即可，所得织物的折皱恢复角效果改善明显，织物的断裂强度不但没有下降，反而有所上升。例如，采用二浸二轧的方式，以纳米 TiO_2 催化马来酸酐，用于真丝的防皱整理，织物浸轧工作液后，先预烘，再高温焙烘，最后皂煮、水洗并烘干。经测试发现，纳米 TiO_2 的催化效果要明显地好于过硫酸钾（$K_2S_2O_8$）和次磷酸钠（NaH_2PO_2）。说明纳米 TiO_2 在织物防皱中具有潜在的应用前景。

(3) 涂层法

在涂层剂中加入适量纳米助剂，借涂布器在织物表面进行精细涂层，然后经烘干及必要的热处理后，在织物表面形成一层薄膜。这类方法虽使耐洗性及手感受到影响，但对纤维种类的适应面广，处理成本较低，对应用的设备和技术要求不高。并且，近年来，人们也利用溶胶-凝胶法开发出了一种新的溶胶型整理剂，采用涂层法涂施到织物上形成凝胶，起到了改善织物各种性能的目的。

利用纳米材料的优异特性，人们开发了许多新型功能的纳米复合染整助剂，如将纳米二氧化钛作为织物防皱整理催化剂的同时，还赋予了织物许多优异的性能。例如，纳米氧化钛可作为光催化剂降解室内有机气体污染物，起到净化环境的作用，还可改善织物的拒水、拒污性能。但是，由于无机纳米粒子与织物纤维之间的化学亲和力较差，难以产生化学结合，使得整理后的纺织品水洗牢度不够好，因此需要进一步探索与其他助剂同浴整理的可行性，研究改善两者之间亲和力的方法，进一步提高纺织品整理效果的稳定性。

纳米技术应用于纺织染整助剂的开发是一个比较新颖的课题，在研究过程中不可避免地会出现各种各样的问题，因此在研究中需要广泛借鉴相关学科领域的先进技术，及时解决出现的问题。另外，纳米技术应用于染整加工的研究与开发还处于初始阶段，许多专业术语需要全行业的统一，助剂功能的评价指标也有待于制定相对统一的标准。

习　题

1. 什么是纳米、纳米材料、纳米纤维和纳米纺织品？
2. 纳米材料的基本制备方法有哪些？
3. 纳米技术用于天然纤维织物和合成纤维织物有什么不同？应该注意哪些方面？
4. 在真丝抗皱整理中可用哪些类型的助剂？纳米助剂有什么优势？
5. 纳米技术在纺织品功能整理中有哪些应用？
6. 纳米技术用于抗紫外线整理的机理是什么？
7. 列举几种可用于纺织品抗菌整理的纳米助剂。
8. 纳米助剂为什么可作为抗静电剂？
9. 后整理过程中，如何制作纳米纺织品？
10. 思考纳米技术将来还可以用于纺织品染整的哪些方面。

参考文献

高绪珊. 2004. 纳米纺织品及其应用. 北京：化学工业出版社.
郭雪峰. 2010. 纳米材料及其在纺织领域中的应用. 现代纺织技术，(2)：54-56.
韩静. 2006. 纺织领域中纳米技术的应用. 中国纤检，(1)：26，42.
何秀玲，郭腊梅. 2003. 纳米材料在纺织领域的应用. 棉纺织技术，(11)：670-671.
贾艳梅，等. 2011. 纳米 TiO_2/柞蚕丝素对柞蚕丝绸的整理. 丝绸，(10)：4-6.
江海风. 2010. 含纳米 TiO_2 毛织物的抗菌性能研究. 毛纺科技，(1)：4-7.

李明珠，等. 2011. 隔热降温抗紫外纺织品. 印染，(21)：28-29.
刘吉平，田军. 2003. 纺织科学中的纳米技术. 北京：中国纺织出版社.
覃小红. 2011. 纳米技术与纳米纺织品. 上海：东华大学出版社.
王进美. 2009. 纳米纤维工程. 北京：化学工业出版社.
王硕，许海育，闵洁. 2012. 纳米ATO涤纶抗静电整理液分散性能的研究. 印染助剂，(4)：23-24.
张辉. 2011. 基于纳米粉体的织物抗紫外线研究. 纺织高效基础科学学报，(3)：189-193.
张正君，等. 2009. 纳米 TiO_2 用于织物的抗菌整理. 针织工业，(2)：67-69.
郑皓，等. 2011. 抗菌防霉剂的研究进展及其在纺织品中的应用. 纺织学报，(11)：154-160.
钟智丽. 2006. 纳米纤维的应用前景. 纺织学报，(1)：108-110.
Nayak R，Padhye R，Amold L. 2010. 静电纺丝技术的最新进展. 国外纺织技术，(10)：27-28.
Yi L. 2004. 纺织纳米技术. 国外纺织技术，(8)：34-35.

第八章　稀土在染整中的应用

第一节　稀土的来源及应用

一、稀土的来源

“稀土”一词源于芬兰化学家加多林(John Gado-lin)。1787 年瑞典军人阿伦尼乌斯从一位矿工工头手里得到了一块形似沥青的重质矿石，后来辗转落到加多林手里。1794 年，加多林从这块后来被称作硅铍钇矿的矿石中分离出一种白色物质，经证明这种白色物质含有一种新的“元素”Y_2O_3(钇土)。当时受古希腊哲学思想中世间万物皆由空气、水、火和土构成的影响，把金属氧化物都称为“土”，并认为这些“土”都是不能继续分离的元素。虽然这类“土”在地球上储量非常巨大，但冶炼提纯难度较大，显得较为稀少，得名稀土。

稀土是金属氧化物，不是元素。大多数稀土金属呈现顺磁性，在 0℃时具有比铁更强的铁磁性。铽、镝、钬、铒等在低温下也呈现铁磁性，镧、铈的低熔点和钐、铕、镱的高蒸气压表现出稀土金属的物理性质有极大差异。钐、铕、钇的热中子吸收截面比广泛用于核反应堆控制材料的镉、硼的还大。稀土金属具有可塑性，以钐和镱为最好。除镱外，钇组稀土较铈组稀土具有更高的硬度。

稀土或稀土元素是元素周期表中最大的一族，在天然产出的 83 个元素中，稀土占大约 1/5，包括钪、钇和 15 个镧系元素(其中的钷为人工放射性元素)。除钪外，其他 16 个元素化学性质极相似，在矿物中总是共生在一起，很难将它们分离开来获得纯净的单一元素化合物，并且它们的化学性质十分活泼。

二、稀土的分类

稀土金属位于元素周期表的第 5 周期以下，是化学元素周期表中镧系元素——镧(La)、铈(Ce)、镨(Pr)、钕(Nd)、钷(Pm)、钐(Sm)、铕(Eu)、钆(Gd)、铽(Tb)、镝(Dy)、钬(Ho)、铒(Er)、铥(Tm)、镱(Yb)、镥(Lu)，以及与镧系的 15 个元素密切相关的两个元素——钪(Sc)和钇(Y)共 17 种元素组成，称为稀土元素(rareearth)，简称稀土(RE 或 R)。

稀土是有重要战略价值的元素。为了更有效地研究和利用它们，根据它们在物理、化学性质上的差异和分离工艺的要求，一般把它们分为轻稀土和重稀土两个元素组，轻稀土(又称铈组)包括镧、铈、镨、钕、钷、钐、铕、钆；重稀土

（又称钇组）包括铽、镝、钬、铒、铥、镱、镥、钪、钇。

也有把它们分成轻稀土、中稀土和重稀土三个元素组的。把镧、铈、镨、钕、钐称为轻稀土；铕、钆、铽、镝称为中稀土；钇、钬、铒、铥、镱、镥称为重稀土。

三、稀土元素的主要物理化学性质

稀土元素具有典型的金属特性，多数呈银灰色。其晶体结构多呈密排六方或面心立方结构，除钐（菱形结构）和铕（体心立方结构）外。除镱外，钇组稀土金属的熔点（1312～1652℃）都高于铈组稀土元素，而沸点则铈组稀土元素高于钇组稀土金属（除镥外）。

稀土元素的金属活泼性仅次于碱金属和碱土金属元素，而比其他金属元素活泼。在17个稀土元素当中，按金属的活泼次序排列，由钪、钇、镧递增，由镧到镥递减，即镧元素最活泼。稀土元素能形成化学稳定的氧化物、卤化物和硫化物。稀土元素还可以和氮、氢、碳、磷发生反应，易溶于盐酸、硫酸和硝酸中。

稀土易与氧、硫、铅等元素反应生成熔点高的化合物，因此在钢水中加入稀土，可以起到净化钢的效果。由于稀土元素的金属原子半径比铁的原子半径大，很容易填补在其晶粒及缺陷中，并生成能阻碍晶粒继续生长的膜，从而使晶粒细化而提高钢的性能。

稀土元素具有未充满的4f电子层结构，并由此而产生多种多样的电子能级。因此，稀土可以作为优良的荧光、激光和电光源材料以及彩色玻璃、陶瓷的釉料。

稀土离子与羟基、偶氮基或磺酸基等形成结合物，使稀土广泛用于印染行业。而某些稀土元素具有中子俘获截面积大的特性，如钐、铕、钆、镝和铒，可用作原子能反应堆的控制材料和减速剂。而铈、钇的中子俘获截面积小，可作为反应堆燃料的稀释剂。

稀土具有类似微量元素的性质，可以促进农作物的种子萌发，促进根系生长，促进植物的光合作用。

四、稀土元素的应用领域

目前稀土元素的应用蓬勃发展，已扩展到科学技术的各个方面，尤其现代一些新型功能性材料的研制和应用，稀土元素已成为不可缺少的原料。

（一）稀土元素在传统产业领域中应用

1. 农业领域

目前有稀土农学、稀土土壤学、稀土植物生理学、稀土卫生毒理学和稀土微量分析学等研究领域。稀土作为植物生长、生理调节剂，对农作物具有增产、改善品质和抗逆性三大特征，同时稀土属低毒物质，对人畜无害，对环境无污染。合理使用稀土，可使农作物增强抗旱、抗涝和抗倒伏能力。当前，我国农田施用稀土面积达5000万～7000万亩/a(1亩≈666.7m^2)，为国家增产粮、棉、豆、油、糖等6亿～8亿kg，直接经济效益为10亿～15亿元，年消费稀土1100～1200t。

2. 冶金工业领域

稀土在冶金工业中应用量很大，约占稀土总用量的1/3。稀土在铸铁中作为石墨球化剂、形核剂和对有害元素的控制剂，对铸件的机械性能有很大改善，主要用于钢锭模、轧辊、铸管和异型件四个方面。稀土元素容易与氧和硫生成高熔点且在高温下塑性很小的氧化物、硫化物以及硫氧化物等，钢水中加入稀土，可起脱硫脱氧改变夹杂物形态作用，改善钢的常低温韧性、断裂性、减少某些钢的热脆性，并能改善热加工性和焊接件的牢固性。

稀土金属添加至镁、铝、铜、锌、镍等有色合金中，可以改善合金的物理化学性能，并提高合金室温及高温机械性能。

3. 石油化工领域

稀土可用于石油裂化催化剂，其特点是活性高、选择性好、汽油的生产率高。目前稀土在这方面的用量很大。

4. 玻璃工业领域

稀土在玻璃工业中可用于玻璃着色、玻璃脱色和制备特种性能的玻璃。用于玻璃着色的稀土氧化物有钕(粉红色并带有紫色光泽)、镨(玻璃为绿色制造滤光片)等；二氧化铈可将玻璃中呈黄绿色的二价铁氧化为三价而脱色，避免了过去使用砷氧化物的毒性，加入氧化钕可以进行物理脱色；稀土特种玻璃如铈玻璃(防辐射玻璃)、镧玻璃(光学玻璃)。

5. 陶瓷工业领域

稀土可以加入陶瓷和瓷釉中，减少釉的破裂并使其具有光泽。稀土更主要用做陶瓷的颜料，由于稀土元素有未充满的4f电子，可以吸收或发射从紫外、可见到红外光区不同波长的光，发射每种光区的范围小，导致陶瓷的颜色更柔和、纯正，色调新颖，光洁度好，如黄色、紫罗兰色、绿色、桃红色、橙色、棕色、黑色等。稀土氧化物可以制造耐高温透明陶瓷(应用于激光等领域)、耐高温坩埚(冶金)等。

6. 电光源工业领域

稀土作为荧光灯的发光材料，是节能性的光源，特点是光效好、光色好、寿命长。比白炽灯可节电75%～80%。

（二）稀土元素在高新技术产业中应用

1. 显示器的发光材料

稀土元素中钇、铕是红色荧光粉的主要原料，广泛应用于彩色电视机、计算机及各种显示器。目前，我国年产彩电红粉 300～400t，计算机显示器红粉 50～100t，以满足国产 3500 万支彩显管和近百万台显示器的需求。

2. 磁性材料

钕、钐、镨、镝等是制造超级永磁材料的主要原料，其磁性高出普通永磁材料 4～10 倍，广泛应用于电视机、电声、医疗设备、磁悬浮列车及军事工业等高新技术领域。

3. 储氢材料

稀土与过渡元素的金属间化合物 $MMNi_5$（MM 为混合稀土金属）和 $LaNi_5$ 是优良的吸氢材料，被称为氢海绵。其最为成功的应用是制造二次电池——金属氢化物电池，即镍氢电池。其等体积充电容量是目前广泛使用的镍镉电池的 2 倍，充放电循环寿命和输出电压与镍镉电池一样，但避免了镉污染。

4. 激光材料

稀土离子是固体激光材料和无机液体激光材料最主要的激活剂，其中以掺 Nd^{3+} 的激光材料研究得最多，除钇铝石榴石（YAG）、铝酸钇（YAP）玻璃等基质外，高稀土浓度激光材料有望成为特殊应用领域的材料。

5. 精密陶瓷

氧化钇以及稳定的氧化锆是性能十分优异的结构陶瓷，可制作各种特殊用途的刀剪；可以制作汽车发动机，因其具有高导热、低膨胀系数、热稳定性好、在 1650℃下工作强度不降低等特性，导致发动机具有功率大、省燃料等优点。

6. 催化剂

稀土除用于制造石油裂化催化剂外，广泛应用于很多化学反应。例如，稀土氧化物 LaO_3、Nd_2O_3 和 Sm_2O_3 用于环已烷脱氢制苯；用 $LnCoO_3$ 代替铂催化氧化氨制硝酸，并在合成异戊橡胶、顺丁橡胶的生产中作为催化剂。汽车尾气需要将 CH、CO 氧化，对 NO_x 进行还原处理，以解决目前城市空气污染问题。稀土元素是汽车尾气净化催化剂的主要原料。

7. 高温超导材料

近几年研究表明，许多单一稀土氧化物及某些混合稀土氧化物是高温超导材料的重要原料。目前，我国在稀土超导材料的成材研究方面取得了有意义的突破。

第二节 稀土在纺织前处理中的应用

近年来，稀土在纺织工业领域也逐渐被重视并得以运用。目前已应用于羊毛、亚麻、纯棉、真丝、黏胶、人造棉、腈纶等各种天然纤维、合成纤维及其制品的加工中。

织物的前处理是印染加工的第一道工序，可去除纤维上的杂质、浆料、油污等，对稳定提高后续工序(染色、印花、后整理)的产品质量起着重要作用。有研究发现，稀土能显著改善前处理效果，如手感变好，提高了织物的白度、毛效等。具体表现在以下几个方面。

1. 稀土对织物具有良好的增白效果

一方面由于去除杂质的作用，白度得以提高。稀土元素能使纤维上有色物质活化，使其与漂白剂的反应容易进行，降低漂白反应的活化能，即对织物的漂白反应有活性催化作用。另一方面，稀土本身对光的吸收也是一个重要的原因。其对光具有选择吸收的能力。稀土元素本身的最大吸收波长为580nm的黄光，所以当稀土在织物表面存在时，对黄光具有选择吸收的能力，增加了织物的白度。

2. 稀土可提高织物的毛效

稀土对很多种纤维都具有活化作用，使纤维膨化、结构松弛。目前的研究发现，经稀土溶液处理后，羊毛纤维表面的鳞片结构明显松弛，丝绸、棉、麻等纤维表面的缝隙增大增多。在利用稀土处理蓖麻及其混纺织物后，稀土具有较强的反应活性及催化能力，反应速率快，能降低反应活化能，使杂质与色素加速活化而被去除。这正是由于稀土未充满的外层电子的强络合作用，使其与含有氧、氮、硫等孤对电子的被裂解杂质容易形成络合物，经洗涤被分散在溶液中，从而改善和提高了织物的毛效，降低了织物的刺痒感。

3. 稀土元素可提高织物的强力

由于稀土元素具有较强络合作用，其进入纤维的无定形区，借助配位键、共价键形成络合物，从而起到交联剂的作用，使织物的强力得以提高。

有研究证明，稀土金属离子的处理会对丝素的结构产生作用，一方面形成的络合物，阻碍了丝素分子间以β折叠方式的有序排列，从而降低了丝素表面的结晶度；另一方面会使得氨基、羧基与稀土形成络合物，从而使纤维的吸湿性有所降低，但下降幅度很小。丝纤维经稀土处理后会形成牢固的配位键，稀土充当交联剂的作用，增加了丝素分子抵抗外力的能力，使丝素保持较高的强力。

此外，当稀土金属离子与丝素非晶区分子中—OH、$—NH_2$、—CONH—的氧氮原子发生配位作用时，将促使丝素分子链段距离拉大而增加织物的弹性，织物的抗皱性也能得到改善。

稀土化合物溶液可以作为渗透剂、还原剂使用，使织物手感柔软、光泽明亮、变形小、起球少，提高织物的白度和弹性，改善膨松度，产生抗静电效果，节约泡丝助剂。

第三节　稀土在染色中的应用

20世纪80年代，我国研究人员开始了将稀土作为染色助剂应用于纺织品染色的研究。经过30多年的努力，已取得了非常大的成绩。目前稀土染色助剂多是以高分子稀土络合物、稀土氧化物或稀土盐为主要成分的多组分、多功能染色助剂。其优点在于：适应性强，能广泛应用于各种天然纤维、化纤及其混纺织物的染色；可以节约染料8%～20%，能取代全部或大部分染色助剂，减少染料用量和媒染工艺中铬的使用量，从而减少铬污染；提高均染性和染色牢度；色泽鲜艳度提高、色光纯正、手感柔软，改善了织物外观；有利于拼色染料的相容性，使拼混染料染色物色泽均匀，提高染色物的染色质量。

但是，由于稀土助染工艺中所使用的氯化稀土在空气中易潮解，稀土的加入使工艺比原来复杂。稀土在染色工艺中的作用涉及的因素多，不同稀土对不同结构染料的作用效果不同，对于不同的染料是否适合加稀土和加入量及方式没有统一的标准，从而导致稀土在染色工艺中未能得到广泛应用。

一、稀土在染色中的作用机理

从稀土的染色机理来看，稀土与染料分子中的羟基氧原子、偶氮基的氮原子间存在络合作用，从而使染料相对分子质量增大，导致染色色泽加深，染料和纤维非极性部分之间的分子间作用力增大，上染率和色牢度也因此有一定程度的提高。稀土在染色过程中的作用体现在稀土对染料的作用和对纤维或织物的作用。

当稀土化合物溶于水时，会发生电离，形成带正三价的稀土离子，又由于染料中存在—OH、—NH_2、—N═N—、—COOH等含有π电子或孤电子对的基团，与稀土离子形成配位键，从而使稀土离子与染料间形成大分子络合物。络合物的中心离子为稀土离子，络合物的配位体为染料。这种络合物使染料分子中的电子只要受到较低的能量辐射即可被激发，使得吸收光波的波长较长，吸光系数变大，从而颜色加深，产生增深效应，稀土离子可与纤维上的羟基络合，为染料上染增加染座，进一步与染料结合形成多元络合物，因此加入稀土能提高上染率，节约染料。纤维在染液中一般带负电荷，若在染色时加入稀土，带正电荷的稀土离子对带负电荷的纤维具有较大的引力，中和了纤维表面的负电荷，使染料容易上染。此外，稀土离子的作用又类似于阳离子固色剂，一定程度上减少染料的溶解，使纤维与染料之间结合较牢固，从而提高了染料的湿处理牢度。

（一）稀土元素的增深作用机理

稀土元素在染色时能起增深作用，可以节约染料。原因之一是稀土元素离子类似其他金属离子，对纤维有强烈的渗透作用，同时还与纤维上存在的极性基团(如—OH、—CN等)发生作用，从而削弱了纤维大分子间的作用力，使纤维的性质发生变化——结晶度下降(化纤织物还可降低其玻璃化温度)。另因稀土离子向纤维内部的扩散，碰撞纤维的分子链，使纤维发生膨化，纤维的微隙增大，这样纤维吸附染料的量增加。原因之二是稀土离子与纤维、染料有强烈的络合作用，容易形成染料-稀土-纤维的大络合物，增加纤维对染料的吸着量，从而有助于染料分子对纤维的扩散和固着，使染料的上染性能提高。

(二) 稀土元素的匀染作用机理

稀土元素在染色中能起匀染及简化工艺的作用，是因为在稀土工艺中稀土离子与染料和纤维发生络合作用，形成D-Ln-F和D-Ln等形式(其中，D为染料分子，Ln为稀土元素，F为纤维)，使染料分子增大，结构复杂，直接性增加，所以较正常工艺的“吸附”要快。表现在升温曲线上，稀土工艺的曲线斜率要大。对化学纤维而言，吸附加快就减轻了原工艺中染料在玻璃化温度(Tg)上染的现象，同时降低染色温度，使匀染性提高，染色时间缩短。另一原因在于稀土离子与纤维分子作用，使纤维分子间的作用力减弱，Tg降低。随着温度的升高，纤维分子链段运动加剧，染料进入纤维内部的可能性增加，且染料与纤维上染座的碰撞机率增加，使染料在较低温度就有可观的上染率，达到平衡上染百分率的时间就可缩短，染色温度降低。

例如，稀土用于分散染料上染涤纶，缩短了保温时间；而上染率的提高使残液中染料量减少。稀土用于腈纶的染色得色均匀，减少了色差和色花，具有优良的匀染效果，可替代部分缓染剂1227，节约了染化料和助剂用量，所以染织物色泽鲜艳，色光纯正。原工艺拼色难以达到的色光，采用稀土染色可以得到解决。在锦纶染色中加入稀土后，一方面，由于稀土离子具有相当的活性而被锦纶纤维所吸附，使纤维的正电荷增加，更易于吸附酸性染料阴离子；另一方面，稀土与染料形成络合物，使染料的亲水性下降，也有利于上染率的提高。有学者研究了锦纶高弹纱稀土低温染色工艺，确定了先中性、后酸性浴的一浴二步法低温染色新工艺。结果表明，该工艺可实现锦纶纤维的低温深浓色染色，其染色效果达到或超过传统温度为95℃左右的染色效果，从而保证锦纶高弹纱的弹性，同时有利于节能、节水和减少纤维损伤。

(三) 稀土元素提高织物染色牢度的作用机理

由于稀土元素和染料分子形成络合物，染料分子增大，结构复杂，对纤维的范德华力增大，即对纤维的直接性提高；另一方面，染料和纤维通过稀土离子以配位键结合，从而使染色牢度提高。这类似于用铜盐处理直接染料，媒染剂处理酸性染料的染色，从而使染色牢度大大增加的原理。

（四）稀土在天然染料染色中的媒染作用机理

用稀土作为媒染剂对织物进行媒染染色是植物染料-稀土-织物三者形成稳定络合物的过程。稀土离子起络合作用，它作为中心离子与作为配位体的带负电的染料阴离子络合。用稀土元素作为媒染剂对织物进行媒染染色是植物染料-稀土-织物三者形成稳定络合物的过程。稀土离子起络合作用，它作为中心离子与作为配位体的带负电的染料阴离子络合。稀土离子的电子结构为$(n-1)d^4ns^2$，可以失去3个电子，原子半径比其他过渡元素大，在其周围可容纳较多的配位体，配位数多为6，具有形成络合物的强烈倾向。稀土离子通过静电引力与有机配位体形成配位键。在稀土离子与含羧基的柠檬酸所形成的络合物中，显示出部分共价的特性。稀土与植物染料形成的络合物的稳定性大致与柠檬酸相同。因此植物染料-稀土-纤维之间相互作用形成了稳定的络合物，从而获得较好的上染效果。

二、稀土在染色方面的应用

（一）稀土对蛋白质纤维染色的作用

1. 稀土对羊毛纤维染色的作用

羊毛本身含大量活性基团，如—NH_2、—COOH、—S—S—等。—NH_2在酸性条件下，不能直接与稀土离子发生作用，但能与络合离子$Re(SO_4)^+$等发生作用形成$RNHRe(SO_4)$。稀土离子与羧基形成的盐较稳定，大部分羧基可被稀土离子封闭。

稀土也可与胱氨酸结合，对羊毛的弹性及定形的效果具有重要的作用。胱氨酸高温下水解产生的半胱氨酸，其上的O原子及巯基的S原子能与稀土离子键合形成螯合环化合物，如图8-1所示。

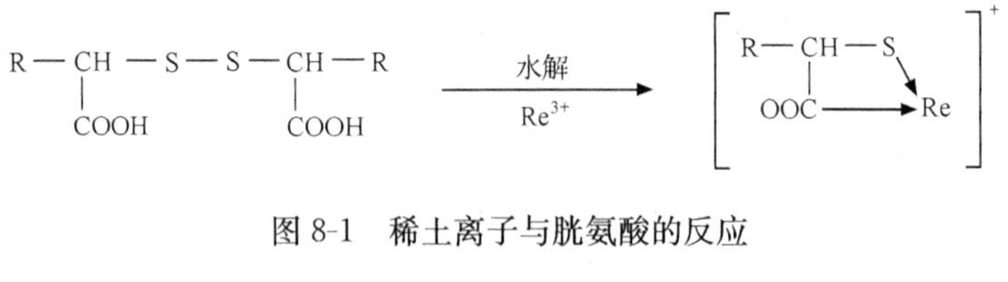

R—CH(COOH)—S—S—CH(COOH)—R $\xrightarrow[Re^{3+}]{\text{水解}}$ [R—CH(OOC→Re)—S→Re]$^+$

图8-1 稀土离子与胱氨酸的反应

羊毛经过稀土处理后其白度明显增加，同时羊毛的形态也发生了明显变化，即羊毛鳞片变得舒展平滑，紧贴于毛干并具有光泽，减少了对光的漫反射。

2. 稀土在蚕丝织物低温染色中的应用

传统的真丝绸高温(95～98℃)染色，易产生灰伤病疵。实验表明，若在弱酸性染料的真丝绸染色中加入氯化稀土，可在较低温度80℃下进行染色，可以减轻灰伤病疵，并且染色助剂用量减少，上染率和水洗牢度都有一定的提高。

研究发现，氯化稀土加入的时间节点是影响染料上染效果的一个重要因素。过早地加入氯化稀土，会使染料与稀土离子在溶液中生成溶解度较低的螯合物，会影响染料对纤维的上染；但是加入时间过晚，稀土的作用也得不到充分的发挥，上染率提高幅度也不明显。实验表明，在染色开始 30min 后再加入氯化稀土具有明显的效果。因为此时染浴温度较高，约为 80℃左右，丝纤维已充分膨化，有利于稀土离子渗透到纤维内部，同时因一部分染料已上染纤维，也降低了染料与稀土在染浴中结合凝聚的危险。

氯化稀土用量为 0.1%(质量分数)，染色温度为 80℃，从温度-上染率曲线(图 8-2)可见，对于稀土染色法多数染料在 75～80℃时，上染率即可达 80%～90%或 90%以上，温度再升高，提高上染率效果已不明显。

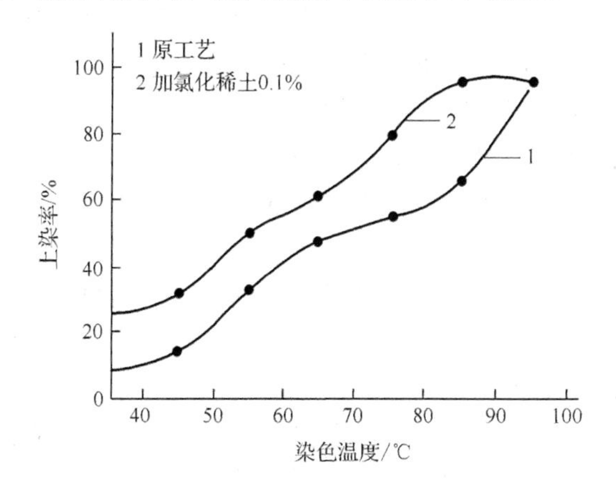

图 8-2　染色温度与染料上染率的关系

精练真丝双绉；pH=4.8～5.3；弱酸性绿 3GM2.15%；弱酸性蓝 5GM0.25%；氯化稀土适量；渗透剂 JFC；平平加 O

一定温度下，稀土离子进入丝素纤维后，能改变纤维分子的原排列形式，使丝纤维充分膨化，有利于稀土离子渗透到纤维内部，并与羧基、氨基螯合，从而增加了染料上染纤维的位置(形成新的染座)。因此，染料的上染能力增强，可以实现低温染色。

稀土的作用不单是降低了染料上染丝织物的活化能，同时稀土离子在丝纤维上的吸着是不可逆的。稀土和亚氨基二乙酸的配合物的稳定常数约为 10 个数量级，从热力学角度来看稀土离子和丝纤维的结合是牢固的。实验表明，在添加氯化稀土弱酸性染料染真丝绸过程中，可减少一半以上渗透剂和匀染剂用量。

同时，加入氯化稀土后使织物的水洗牢度有所提高。因为 Re^{3+} 属于硬酸，可与纤维上的—COO^- 和染料中的—SO_3^- 形成键能较大的化学键，封闭了染料中的水溶性基团，此外稀土离子有较大的配位数，还可与纤维上的极性基团—NH_2、—OH等配位，增加染料与纤维之间的结合力，从而提高水洗牢度，见表8-1。

表 8-1　氯化稀土对染色牢度的影响

样品	皂洗牢度		汗渍牢度	
	褪色	黏色	褪色	黏色
不加稀土	3～4	2～3	4	4
加0.1%氯化稀土	4	3～4	4～5	4～5

3. 稀土在羊毛低温染色中的应用

染色时长时间的沸染会在一定程度上造成羊毛的损伤，因此羊毛低温染色成为了一项研究课题。稀土作为一种新型染色助剂，已应用于纺织纤维及其织物的染色中。在羊毛染色中添加稀土能降低染色温度提高染色的匀染性、色泽鲜艳度和染色牢度，并改善手感。国外对此的研究较少。国内有相关的报道，基本方法是先用乙二胺等预处理剂对羊毛进行预处理，再添加稀土进行低温染色；也有报道是先用稀土对羊毛进行预处理，再进行低温染色预处理后再染色，会使生产过程延长，增加生产循环周期。

近年来，国内外许多染色专家进行了羊毛低温染色的研究和应用，主要有甲酸法、尿素法、溶剂法、前处理法和表面活性剂法等，虽有一些成效，但多数因成本高、对纤维的损伤大、或有公害、或对设备有特殊要求，而不能进行工业化大生产。相比之下，稀土助剂法实施简单，综合效果较好。研究表明，在固定染色温度75℃以下，采用混合稀土与匀染剂共同作用，对弱酸性染料染色的传统染色工艺进行优化。稀土助剂用于山羊绒染色的工艺图如图8-3所示。

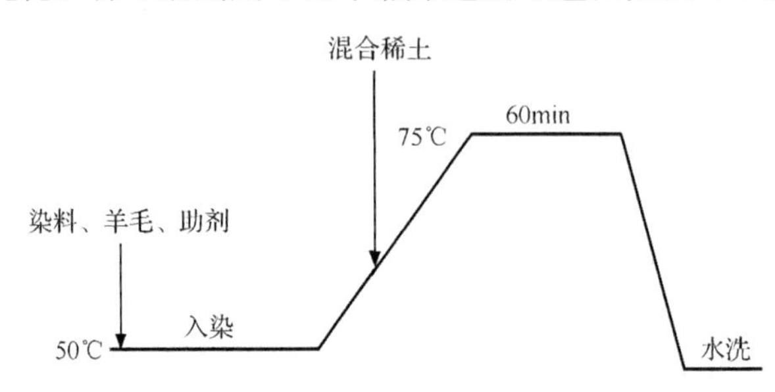

图 8-3　山羊绒低温染色工艺

弱酸性染料；混合稀土0.2%；平平加O用量0.1%，渗透剂SP-2用量0.3%；pH4.5，浴比1∶50

与羊毛常规染色工艺相比，采用优化后的羊毛弱酸性染料稀土低温染色工艺，染料的上染率可达到90%以上，织物匀染性得到增强。

（二）稀土在丝、棉、麻染色中的应用

实践表明，稀土溶液在丝织物的染色中，除具有加深色度作用外还有很强的促染效果，染色时间比常规染色略有缩短。与常规染色工艺相比，稀土染色的丝织物色牢度提高。但是稀土染色对染料具有一定的选择性，部分弱酸性、中性染料与稀土相遇时会出现凝聚现象，使用时必须注意。

将稀土作为助染剂用于活性染料的纯棉染色时，虽可提高上染率，但在碱性条件下稀土容易生成氢氧化物沉淀，其效果不如酸性染料染毛织品或阳离子染料染腈纶纤维显著。

现已研制出可适应碱性染色条件的新型稀土助染剂——有机稀土配合物。所选用的有机配体是多价配位体的柠檬酸(CA)和二乙基三胺五乙酸(DTPA)，这些多元有机酸同金属离子能生成非常稳定的螯合型配位化合物，如稀土离子和柠檬酸形成的1∶1型离子型螯合物，稳定性好，即使在pH较高的条件下，稀土离子也不会沉淀出来。

姜黄用于苎麻织物染色，可染得鲜艳深浓的黄色。该染色液用稀土作媒染剂，可以提高上染率，使织物获得较好的染色牢度，并可提高天然植物染料染色的成品酸、碱稳定性及日晒牢度。在用苏木、槟榔、黄连、栀子等植物染料对苎麻织物进行染色的实验中，用稀土媒染剂，也同样收到了良好的效果。

（三）稀土在腈纶纤维染色中的应用

在腈纶纤维染色中使用稀土染色助剂发现，稀土不但能防止染料过度上染，具有相当的缓染作用，同时又能使上染率提高，即具有一定的促染效果，还能提高染料的配伍性，这是因为稀土离子与—COO^-结合，吸附在亲核基—CN周围，减缓了染料对纤维的快速吸附。

腈纶纤维由三种单体聚合而成，其第三个单体是酸性基团，在水中能电离，使纤维具有阴离子染座，对阳离子染料有静电引力，即腈纶对阳离子染料有较大的亲和力。但在腈纶纤维的二级转变温度（即玻璃化温度）以下，纤维没有充分膨化，阳离子染料难以向纤维内扩散，所以上染很少。一旦到达玻璃化温度，纤维大分子链段运动，产生较多的空隙，阳离子染料就迅速上染，这样在83～88℃之间染料集中上染，很容易产生色花。所以常规染色中往往加入阳离子缓染剂。使用阳离子缓染剂后延迟了染料的上染，使上染温度提高、染色时间延长。

应用稀土染色时，由于氯化稀土在水中电离产生的稀土离子是典型的活泼金属离子，有强烈的渗透作用，使纤维膨化加剧，能先于阳离子染料吸附于腈纶纤维中电离的磺酸基、羧基和氰基上，使染色开始时上染速率下降，有缓染作用。随着染色的进行，染料扩散到纤维内部并将稀土离子取代下来。实验研究发现，

由于加入稀土后，腈纶纤维的玻璃化温度有所下降，故从 65℃起就应控制升温速率，染色最高温度也有所下降，视染色深度而定：浅色可控制在 80℃；中色为 85℃；对染深色产品，温度控制适当高些，为 90℃。染色时间比原工艺也可缩短。

用稀土对腈纶染色时，温度降低，时间缩短，染色质量有所提高，手感柔软，可纺性提高，有明显的经济效益。

（四）稀土在涤纶纤维染色中的应用

涤纶纤维分子中含大量—C═O 基团，对稀土离子有较强的吸收率。染色加入稀土后，稀土-染料-纤维之间形成以稀土离子为中心，染料及纤维为配位体的络合物，可提高染料对纤维吸着和扩散作用，从而提高染料上染性和固着性。有关数据表明，在涤纶的染色过程中采用稀土染色助剂，可减少 10%～30%的染料用量，废水排放中 COD 下降约 50%，还可将染色温度由原来的 130℃降低到 120℃，且染料织物的色泽鲜艳，色光纯正，手感丰满，纤维的起毛现象也有所改善，有利于提高产品质量和生产效率，降低能耗及生产成本。

（五）稀土在锦纶纤维染色中的应用

锦纶染色中加入稀土后，由于稀土离子具有活性而被锦纶纤维所吸附，使纤维的正电荷增加，更易于吸附染料阴离子；另一方面，稀土可封闭染料结构中的水溶性基团，提高湿牢度。实际生产表明，锦纶染色中采用稀土助染剂，不但使被染物的色度加深，有效提高了上染率，节约染料和其他助剂，缩短染色时间，而且可提高染色织物的鲜艳度和染色牢度，稳定产品的质量。

（六）稀土助剂在混纺纤维染色中的应用

在毛腈混纺纤维的染色中，采用稀土作为助染剂，可显著提高染料的均染性，减少染料及防沉剂、表面活性剂、缓染剂等染化料的用量，改善被染物的光泽鲜艳程度，同时还缩短了染色时间，有效提高了生产率。

第四节　稀土在纺织品后整理中的应用

稀土可用于纺织品的化学整理，经稀土盐类处理过的纺织品的疏水性提高，具有防腐、防蛀、防酸、阻燃、抗菌等性能，提高织物折缝的持久性，减缓由于皱折、光照和发霉引起的损坏。用含铈的氯化物、硝酸盐或硫酸盐喷涂过的丙烯酸类纤维，可制成防火织物；氧化镧可以作为丝绸和人造丝增重的化学药品。

一、稀土在抗菌整理中的应用

天然纤维织物因其服用的舒适性而深受消费者欢迎，但服装在穿着时，皮肤表面的汗液、皮脂、油垢等代谢物及外部污垢会黏附在纤维上，这些污染物可与皮肤上的细菌及微生物作用产生低级脂肪酸（如异戊酸、壬酸、癸酸）和挥发性化合物而散发恶臭，并导致纤维保温性下降，透气性下降，影响服装的穿着舒适性，所以需要对织物进行抗菌防臭整理。稀土化合物及稀土有机配位物由于具有比较好的抗菌、抗炎、防臭等生物活性，很早就用于医学领域作为抗菌剂。

稀土离子的多元配合物能使织物具有耐久的抑菌性能是与稀土离子的特性分不开的。稀土离子具有较高的电荷数（+3 价）和较大的离子半径（85～106 pm），因而在织物的抗菌整理过程中，稀土离子可能与织物中氧、氮等配位原子形成螯合物，同时又与抑菌剂形成配合物或螯合物，使抑菌剂牢固地与织物结合；与此同时，不同抑菌剂之间以稀土离子为联结点，产生协同抑菌作用，致使织物又具有广谱的抑菌效果。例如，稀土盐类及其配合物对抗菌防臭具有显著的抑制作用，同时能提高织物的色泽鲜艳度和白度。

二、稀土在阻燃整理中的应用

研究表明，稀土在阻燃整理中能参与阻燃剂、树脂、棉纤维之间的交联，能提高阻燃效果和织物强力，特别经 50 次洗涤后，阻燃效果更是明显。其原因是：阻燃液浓度高，在浸轧中难以进入棉纤维不可及区域，同时在酸性高温条件下对棉纤维有脆化性，从而降低阻燃效果和纤维强力。在阻燃整理液中加入稀土后，由于稀土元素的金属离子带正电荷，而且它的分子特别小，能够进入纤维的各个区域，并且稀土元素特殊的化学活性有生成络合物的强烈倾向，可以使纤维、稀土、阻燃剂进行复杂的络合，从而达到提高阻燃效果和纤维强力的目的。

三、稀土在发光纺织品中的应用

发光织物可通过发光纤维或普通织物后整理制得。利用稀土材料作为发光体，经过特种纺丝工艺制成的具有夜光性的蓄光型纤维，是一种新型功能纤维，该纤维在有可见光条件下具有各种色彩；在无光的条件下，也能够发出各种颜色的光。此纤维不需任何包膜处理，其发光体可长期经受日光曝晒，在高温和低温等恶劣环境或强紫外线照射下，不发黑、不变质，可与聚酯、聚丙烯、尼龙、聚乙烯等许多聚合物一起生产。稀土发光纤维制成的纺织品在白天与普通纤维具有完全一样的使用性能，不会使人感到有任何特异之处。

有研究表明，采用稀土铝酸盐发光材料和纳米级助剂，经过特种纺丝工艺制成具有夜光性的蓄光型聚酯长丝，它只需吸收可见光 10min，便能将光能蓄储于纤维之中，在黑暗中持续发光10h以上，且可无限次地循环使用，克服了传统夜光织物涂层不透气、易脱落的缺点。

将稀土发光化合物溶解于适当的溶剂中，然后与树脂液等黏合剂混合，制成发光色浆，通过涂层加工方式，也可以得到具有发光性质的发光纤维或织物。但由于发光化合物仅吸附于纤维的表面，所以耐洗性、耐溶剂性、耐酸碱性均存在缺陷。

四、稀土在抗皱整理加工中的应用

天然织物如棉织物具有易起皱等缺点，需经过树脂整理提高其抗折皱性能。稀土在苎麻及其混纺织物树脂整理中的应用实验证明，稀土与2D树脂及其助剂有很好的相容性，但与某些整理剂(如NF-l无醛整理剂)无相容性。可见，稀土整理工艺对整理剂有一定的选择性。稀土在树脂整理工艺中的最佳方式是稀土与整理剂可以同浴使用，对于纯麻织物焙烘温度宜控制在160℃，对棉麻和涤麻织物可控制在180℃，稀土用量控制在20～35g/L范围内。

由于稀土离子有类似活性金属离子的作用，所以稀土离子在织物的树脂整理中可以代替$MgCl_2$而作为催化剂使用，稀土在树脂整理中的作用原理可概括为，稀土以其独特电子层结构，与树脂单体在织物上产生了相互作用；或以电子跃迁过程中释放的能量引发或活化树脂单体；或是通过获取孤对电子的形式与纤维和树脂单体中的氧、氮形成络合物直接参与树脂与纤维的交联反应；这种反应在一定程度上加强了纤维与树脂的架桥作用，从而使稀土工艺整理的织物比常规工艺整理的具有更高的弹性和较低的强力损失；或者是以路易斯酸的方式释放出质子促进交联反应的进行。上述作用的结果，使被整理产品的弹性、手感、强力和白度等与常规树脂整理相比均得到进一步的提高和改善。

习　题

1. 简述稀土的由来。
2. 稀土元素有哪些物理化学性质?
3. 如何制备稀土助剂?
4. 稀土助剂在羊毛染色中起到什么作用?
5. 稀土助剂在染天然纤维和合成纤维中有什么不同?
6. 稀土助剂对织物进行抗静电处理的机理是什么?
7. 列举几种新型稀土助染剂。
8. 稀土在丝绸、棉、麻染色中的作用是什么?
9. 稀土可赋予织物哪些功能?
10. 稀土元素将来可用于织物染整的哪些方面?

参考文献

程广梅. 1994. 稀土在真丝绸染色中的应用及效果. 丝绸,(4):37.

顾浩. 2006. 负离子功能整理在涤纶装饰织物上的应用. 针织工业,(6):41-44.

洪杰. 2012. 稀土在纺织品抗紫外线整理中的应用. 纺织导报,(4):83-84.

黄翠蓉,向新柱. 2002. 丝/麻交织物的稀土整理. 印染助剂,(6):43.

黄晓钟. 2005. 稀土在纺织印染领域中的应用. 应用天地,(6):25-27.

霍春芳,刘进荣,张冬艳,等. 2000. 稀土抑菌剂的研究现状. 内蒙古工业大学学报,19(2):144-147.

林蕴和,郑利民. 1990. 稀土元素在真丝染色中的应用及机理探讨. 纺织学报,(7):24.

林紫英,叶幸愉. 1991. 稀土在直接染料染色及固色中的应用. 丝绸,(10):29.

邵学广,赵贵文. 1995. 稀土在染色中的应用及作用机理研究. 化学通报,(5):50.

唐士诚. 1992. 涤纶及涤黏混纺织物稀土染色研究. 毛纺科技,(3):46-50.

王翔. 1992. 稀土在染整加工中的作用原理探析. 漂印染整,(6):31-34.

王旭,杨原梅. 2011. 稀土对酸性媒介染料上染羊毛的作用研究. 染整技术,(12):26-28.

武汉大学化学系. 1989. 稀土元素分析化学(上). 北京:科学出版社.

武晓伟,施亦东,陈衍夏,等. 2007. 稀土纳米 TiO_2 在棉织物上的抗菌性能. 印染,(6):11-13.

稀有金属应用编辑组. 1985. 稀有金属应用(第二版). 北京:冶金工业出版社.

谢长怡,王爱倩. 1991. 稀土在真丝针织物染色中的应用. 针织工业,(1):5.

杨百春. 1995. 稀土金属离子处理丝素涂膜涤纶的作用研究. 苏州丝绸工学院学报,(1):6.

殷辉,李美真. 2010. 稀土对活性兰纳素染料上染羊毛的影响. 毛纺科技,(9):4-6.

张春清,张友平,杜庆华. 2001. 稀土在棉织物前处理短流程中催化机理的探讨与应用. 黑龙江纺织,(2):9-20.

张幼珠,熊桂莲. 1998. 稀土在生丝浸渍中的应用研究. 江苏丝绸,(3):8.

张幼珠. 2001. 稀土元素在真丝织物整理中的应用研究. 印染,(12):5.

张裕,申晓萍. 2005. 稀土发光纤维的特性与应用. 中国纤检,(5):45-46.

赵贵文,刘超. 1996. 稀土在棉纤维预处理中的应用研究. 稀土,(2):22.

郑光洪,冯西宁,易立新. 1992. 稀土在苎麻及其混纺织物树脂整理中的应用研究. 印染,18(4):5-9.

郑雄. 2001. 稀土发光材料在印染加工中的应用研究. 染色工业,38(1):36-39.

郑子樵,李红英. 2003. 稀土功能材料. 北京:化学工业出版社.

周谨. 2002. 稀土在织物染色及后整理中的应用综述. 四川丝绸,(4):26-31.

周文常. 2011. 壳聚糖/稀土在苎麻织物染色中的应用. 毛纺科技,(3):27-31.

周振兴,杨原梅,葛静静,等. 2011. 壳聚糖与稀土在羊毛低温染色工艺中的应用. 毛纺科技,39(3):10-13.

Lewis J, Wilkins R G. 1960. Modern Coordination Chemistry. New York: Interscience Publishers Inc.

第九章　纺织品功能整理新技术

纺织品的功能整理涵盖面非常广泛，使纺织品获得遮蔽、保暖等常规性能与功能的加工技术都可看作功能整理。功能整理更加注重提高纺织品的使用性、防护性和舒适性。进入21世纪，纺织品的功能整理别开生面，主要表现在以下三个方面。

(1) 在已有整理方法的基础上，整理工艺进一步得到优化、改进，织物性能获得显著提高，同时工艺中存在的缺陷得到不同程度地弥补或改善；

(2) 受生活方式、生活水平、生活环境的影响，对纺织品提出了更多的新功能要求；

(3) 更多地融合了其他学科和领域取得的科技成果。

鉴于上述特点，同时考虑有些整理在前面各章已经有较为详尽的叙述，本章对典型的、进展显著的、有市场潜力的一些功能整理技术予以介绍。

第一节　功能纤维及功能纺织品

功能纤维和功能纺织品是代表材料、化工、纺织及相关领域科技发展水平的纤维材料和纺织产品，是纤维、纺织、染整、服装、精细化工等领域的新的研究方向。产品应用领域广阔，包括民用领域、生产领域和军工领域等领域。

(一) 吸湿放湿性纤维

为提高合成纤维的吸湿放湿性，使其类似于天然纤维，人们想了许多办法。常用方法是，在分子结构中引入亲水基团，纤维表面接枝共聚赋予纤维亲水性，纤维后处理，改变纤维的结构等。例如，日本Unitika纤维公司开发的吸湿放湿性纤维Hygra，属于吸水性聚合物纤维，通过分子间的交联，形成网络结构，从而增强了吸湿放湿性；采用芯鞘复合纺丝技术纺制的芯鞘复合纤维也是一种吸湿放湿性能很好的纤维，汗(气态、液态)被纤维芯部的吸水聚合物吸收，纤维表面是常规尼纶，湿时触感尚好。

(二) 生物活性纤维——海丝系列纤维

生物活性纤维是指能保护人体不受微生物侵害或具有某种保健疗效的纤维。新型纺织纤维——海丝系列纤维(seacell fiber 和 seacell active fiber) 具有保健、护肤、抗菌等功能，是生物活性纤维素纤维。

海丝纤维是用纤维素和海藻制成的新型保健和医疗专用纤维，它是再生纤维素纤维。海丝纤维采用溶剂纺丝法 Lyocell 工艺生产，在纺丝液制备前或制备过程中加入海藻成分。海丝纤维成纱性能好，染色均匀，色彩鲜艳。它是一种纤维素纤维，与黏胶纤维相比其光泽和悬垂性好。

海丝活性纤维(seacell active fiber)是利用海丝纤维具有优良的金属或金属离子吸收性能。采用金属银将海丝纤维进行活化，就形成了海丝活性纤维。

（三）珍珠纤维

珍珠纤维含有多种氨基酸和微量元素，纤维表面光滑凉爽，有珍珠般光泽，既有珍珠养颜护肤的功效，又有黏胶纤维吸湿透气、服用舒适的特性。珍珠纤维表面均匀分布着珍珠微粒，长期与皮肤接触，具有珍珠清火败毒、嫩白肌肤、抗紫外线的功效。珍珠纤维具有优良的吸湿回潮率，舒适的手感和服用性能，适宜制作高档内衣等贴身衣物。

（四）芳香型纤维

芳香型纤维在纺织服装行业的应用相当广泛，可制成服装和室内装饰品，带给人愉快的享受，起到调节精神的作用。例如，芳香家用纺织品不仅具有纺织品的防护、保暖和装饰的功能，还增添了嗅觉上的享受、杀菌和净化环境及医疗保健作用。

目前芳香型纤维的制备方法主要有下面三种。①微胶囊法；②共混纺丝法，将纺丝温度较低的成纤聚合物与沸点较高的芳香剂共混纺丝，如芳香型聚丙烯纤维；③复合纺丝法，以复合纺丝技术制得的芳香型纤维通常是皮芯型结构，即将芳香剂与熔点相对较低的聚合物捏合后放入芯层，而皮层材料则通常是聚丙烯或聚酯。

（五）防辐射纤维

高能辐射线主要包括中子射线、α 射线、β 射线、γ 射线、紫外线、红外线、电磁波、宇宙射线、激光和微波等。对上述射线有防护作用的聚合物纤维主要含有芳杂环聚酰亚胺和聚酰胺，如聚酰亚胺纤维、聚间苯二甲酰间苯二胺纤维等。

1. 抗紫外线纤维

抗紫外线纤维又称耐光性纤维。紫外线对生命的成长起到了重要的作用，能有效地促进维生素的生成，具有杀菌作用；但过度地照射不仅对地球环境产生影响，而且会对人体皮肤、眼睛等部位造成很大的危害。

抗紫外线纤维是指本身具有抗紫外线破坏能力的纤维或含有抗紫外线添加剂

的纤维。腈纶为优良的抗紫外线纤维；而锦纶抗紫外线的能力较差，因此需要在制造锦纶的聚合物中加入少量的添加剂(如锰盐和次磷酸、硼酸锰、硅酸铝及锰盐-铈盐混合物等)，这样制得抗紫外线锦纶。目前的抗紫外线涤纶主要采用粒径小于 1μm 的抗紫外陶瓷材料，在聚合阶段或纺前加入聚酯中，多数是用 TiO_2 或 ZnO 系列陶瓷微粉。对于棉纤维，可采用浸制渍有机系(如水杨酸系、二苯甲酮系、苯并三唑系、氰基丙烯酸酯系等)紫外线的吸收剂。

2. 防微波辐射纤维

防微波辐射纤维是指对电磁波具有反射性能的纤维。微波是一种频率很高的电磁波。长期受到微波辐射的工作人员，他们的收缩压、心率、血小板和白细胞的免疫功能等都会受到一定程度的影响，并会引起神经衰弱、眼晶体混浊等症状。金属材料是理想的防微波辐射的材料，但因其笨重而很少有人穿着。

一般利用金属纤维与其他纤维混纺成纱，再织成布，可制成具有良好防辐射效果的防微波织物。其中所用的金属纤维既可以是纯粹由无机金属材料制成的纤维(如不锈钢纤维)，也可以是在金属纤维的表面上涂一层塑料后制成的纤维，还可以是镀金属纤维(如镀铝、镀锌、镀铜、镀镍、镀银的聚酯纤维等)。防电磁波辐射的织物应具有防微波辐射性能好、质轻、柔韧性好等优点，并达到使微波透射量仅为入射量的十万分之一。这种防护面料主要用作微波防护服和微波屏蔽材料等。

3. 防 X 射线纤维

X 射线常用于医疗器械，检查人体内脏的某些疾病或用于工业产品的质量检测。长期接触 X 射线会对人体的性腺、乳腺、红骨髓等产生伤害，若超过一定的剂量还会造成白血病、骨肿瘤等疾症，给人的生命带来严重的威胁。

防 X 射线纤维是指对 X 射线具有防护功能的纤维。防 X 射线的材料一般含铅，采用这些防护产品，不仅笨重，而且铅氧化物有一定毒性，会对环境产生一定程度的污染。新型的防 X 射线纤维是利用聚丙烯和固体 X 射线屏蔽剂复合制成的。由防 X 射线纤维制成的具有一定厚度的非织造布对 X 射线的屏蔽率，随着 X 射线仪上管电压的增加而有所下降；而它的屏蔽率又随着非织造布平方米重量的增加而有一定程度的上升。这种聚丙烯基防 X 射线的非织造布，对中低能量的 X 射线具有较好屏蔽效果，当定重为 600g/m^2 以上时，对中低能 X 射线的屏蔽率可达到 70%以上。因此，可以通过调节织物的厚度或增加它的层数提高防护服的屏蔽率。

4. 防中子辐射纤维

防中子辐射纤维是指对中子流具有突出抗辐射性能的特种合成纤维，在高能辐射下它仍能保持较好的机械性能和电气性能，并同时具有良好的耐高温和抗燃性能。中子虽不带电荷，但具有很强的穿透力，它在空气和其他物质中，可以传播更远的距离，对人体产生的危害比相同剂量的X射线更为严重。由防中子辐射纤维制成的屏蔽服，其作用就是要将快速中子减速和将慢速热中子吸收。

通常的中子辐射防护服装只能对中低能中子防护有效。将锂和硼的化合物粉末与聚乙烯树脂共聚后，采用熔融皮芯复合纺丝工艺已取得成功。由于纤维中锂或硼化合物的含量高达纤维重量的30%，因而具有较好的防护中子辐射效果，可加工成机织物和非织造布，定重为430g/m^{2}的机织物的热中子屏蔽率可达40%，常用于医院放疗室内医生与病人的防护。采用硼化合物、重金属化合物与聚丙烯等共混后熔纺制成皮芯型防中子、防X射线纤维，纤维中的碳化硼含量可达35%，可加工成的织物，用在原子能反应堆周围，可使中子辐射防护屏蔽率达到44%以上。

5. 核辐射防护服

RST-辐射屏蔽防护服是美国辐射屏蔽技术研究开发的一种改性聚乙烯(PE)和聚氯乙烯(PVC)的新技术，采用该技术改性的聚乙烯和聚氯乙烯具有抗核辐射能力，可以用作核辐射屏蔽材料。这种聚合物衬层采用屏蔽材料，使用钽材料制成，钽的物质衰减系数、对抗γ射线、X射线和β放射物方面都与铅相当，可以有效地对辐射进行吸收。这种服装的重量仅是传统铅服装的1/5，它的抗辐射能力在现有的防护服装之上。

（六）磁性纤维及制品

地球就是一个巨大的磁场，磁场就如同空气、阳光一样是不可缺少的。随着社会的发展和生存环境的变化，地球磁场不断受到来自各方面的干扰，人们逐渐处于缺磁状态，长期处于这种状态，会造成人体机能和抗病能力下降。

磁性保健纤维和织物，是在合成纤维的纺丝过程中将永磁微粒材料均匀地植入纤维内部并与纤维有机地结合在一起，因而该产品耐洗涤、耐摩擦，属于永久型磁疗产品。这是一般采用涂层、粘贴磁片等方法制得的磁性保健品所无法比拟的，从根本上解决了磁疗产品难洗涤的问题。

磁性纤维制品的磁性强度一般采用磁通量表示，单位为mvb。优质的磁性纤维织物平均磁通量大于0.35mvb，磁性微粒N极和S极在织物内部呈无序排列，有的部分同极叠加造成磁性增强，有的部分异极叠加造成磁性减弱，磁力线网膜疏密会随衣着的平展和折皱而变化，这种动态的变化正好引起磁性织物磁性大小的变化，从而很好地起到了交变理疗刺激作用。

（七）纳米硒纤维

纳米硒英文名称为NANO-Se。硒是人体必需的微量元素，是人体内多种酶的活性中心，在生命中起着抵御疾病、延缓衰老、增强免疫功能的作用。硒具有护肝、抗癌、保护心血管、调节激素分泌、拮抗重金属、辅助放化疗、治疗白内障、清除过剩自由基等许多生物功效。

纳米硒聚酯纤维采用溶液纺丝方法制备。将纳米粒子以一定的比例(1%～7%)和特定工艺加入到聚合物中制备纺丝液。

(八) 阻燃纤维

采用新一代纤维阻燃技术——溶胶凝胶技术，使无机高分子阻燃剂在黏胶纤维有机大分子中以纳米状态或以互穿网络状态存在，既保证了纤维优良的物理性能，又实现了低烟、无毒、无异味、不熔融滴落等特性，同时具有阻燃、隔热和抗熔滴的效果，其应用性能、安全性能和附加值大大提高，可广泛应用于民用、工业以及军事等领域。

经国际权威检测机构通用公证行（SGS）检定，阻燃纤维的极限氧指数 LOI 值≥28%；阻燃纤维安全性好，纤维遇火时不熔融，低烟不释放毒气；阻燃纤维具有永久性的阻燃作用，洗涤和摩擦等不会影响阻燃性能。如果以再生的天然植物为原料，废弃物可自然降解。

(九) 远红外纤维

远红外纺织保健制品是近年来国内外重点发展的功能性纺织新产品。其技术原理是通过浸染法、涂层法和纺丝法三种载附工艺，将远红外材料载附到织物上，通过吸收人体热量，辐射出远红外线作用于人体，产生共振吸收及穿透皮层组织，直接作用于血管和神经，触发人体自身提供引起组织兴奋所需能量，产生非热效应，导致毛细血管扩张，微循环血流量增加，起到改善人体体表微循环，促进新陈代谢，提高人体表温，使织物的保温性提高，传热系数降低，具有明显的医疗、保健、防寒作用。

研究表明，涂层法制作远红外织物具有粉料载附量大，在织物表面成膜性好，易与人体直接作用，载附牢固耐洗，物品远红外辐射率高，穿用性能好，同时制作工艺简单，生产成本低。

(十) 负离子纤维

负离子纤维(anion fiber)是一种具有负离子释放功能的纤维，由该纤维所释放产生的负离子对改善空气质量、环境具有明显的作用，特别是负离子对人体的保健作用，已越来越多地被人们接受。负离子的功能作用主要体现在以下三方面，①去除自由基，过多的自由基是导致人类疾病、衰老、死亡的杀手；②净化空气杀菌；③除臭。

目前，负离子纤维的制成主要是通过在纤维的生产过程中，添加一种具有负离子释放功能的纳米级电气石粉末，使这些电气石粉末镶嵌在纤维的表面，通过这些电气石发射的电子，击中纤维周围的氧分子，使之成为带电荷的负氧离子(通常称为负离子)。

市面上的负离子纤维主要有黏胶负离子纤维、涤纶负离子纤维、丙纶负离子纤维、腈纶负离子纤维等。

(十一) 玉石纤维

玉石纤维(jade fiber)是一种凉爽的保健型纤维，它是运用萃取和纳米技术，使玉石和其他矿物质材料达到亚纳米级粒径，然后熔入纺丝熔体之中，经纺丝加工而制成。用玉石纤维制成的织物具有优良的保健性能，玉石中含有丰富的对人体有益的矿物质和微量元素，长期贴附在人体的皮肤上，进行释放，能改善血液微循环，促进新陈代谢，从而达到预防疾病、消除疲劳的作用。玉石纤维还能够降温。研究表明，温度在 32℃以上时，玉石纤维织物相对能降温 1.2～2℃，还有天然的抗菌作用。

用玉石纤维与抗紫外线纤维混纺是一种很好的尝试，例如，采用 50%抗紫外线纤维和 50% 玉石纤维生产的面料，具有优越的紫外线遮蔽性，抗紫外线效果非常明显。

(十二) 抗菌中空涤纶纤维

抗菌中空涤纶纤维是仿北极熊毛发的中空结构而研制的一种差别化纤维。这种纤维不仅具有良好的回弹性、蓬松性和保暖性，而且还具有抗菌性和较强的抗紫外线能力，对人体的皮肤具有保健功能。抗菌中空涤纶纤维具有中空结构，并且在涤纶分子中含有抗菌物质，纤维体现出质轻、蓬松性好。由于纤维的中腔结构，能起到隔热保温的功能。

(十三) 保温印花纺织品

织物通过后整理加工能实现保温功能。后整理助剂必须是水溶性的或者是乳液状的，做成印花浆料后赋予到织物上去。例如，陶瓷粒子、碳粒子等保温材料做成印花浆料更有利于加工。保温功能的纺织品服装有两个概念，即防止人体热量散逸的消极保温织物和从外部吸收热量的积极保温织物。人体散发的热能，以辐射方式最多（表 9-1)，因此设法减少这种辐射的散发，保温效果好。

1. 远红外线保温功能印花纺织品

远红外线保温功能的材料是陶瓷粉末中的一些无机的氧化物和碳化物，具有很强的发射红外线的特性。例如，氧化锆(ZrO_2)、氧化铝(Al_2O_3)、碳化锆(ZrC)、碳化硅(SiC)、氮化硅(Si_3N_4)以及一些镁铝硅酸盐都有较强的发射和反

表 9-1　人体向外散发的热能

散发方式	比率/%	散发能量/J
辐射	43.8	4953
传导	30.8	3488
对流	20.7	2336
其他	4.7	536
合计	100	11313

射红外线的能力。目前已发现周期表第Ⅳ族过渡金属元素的碳化物都具有吸收光照射后将高能辐射线转换成热能的性质。远红外线保温功能的纺织品印花织物，不仅具有保温功能，同时也具有抗菌、防臭效果，所以常用于制作内衣、内裤、护膝、护腹、坐垫、袜品、被子等。

2. 相变材料调温功能印花

用相变材料制成的纤维，温度高于相变点时，其固相转变为液相而吸收热量，即降温。温度低于相变点时，其液相转变为固相而放出热量，即升温。此种相变保温纤维已用作宇航员的服装和帽子。

相变材料一般也制成微胶囊后做成印花浆，通过涂料印花加工工艺印制在织物上。其涂料印花用的黏合剂选择是关键，不仅牢度好，手感好，而且相变材料的微胶囊与黏合剂相容性要好。相变材料保温功能的纺织品印花织物常用于制作夏天的服装。

（十四）陶瓷纤维

陶瓷纤维是一种无机耐火纤维，是将陶瓷物质渗入成纤高聚物中共混而制成的纤维。陶瓷纤维的范围很广，包括以金属氧化物、碳化物、氮化物、氧化铝、硅酸铝、碳化硅、氮化硼、铁酸钾等原料为主而制成的纤维。纤维基质可以是聚酯、聚酰胺、聚丙烯、聚乙烯等，根据不同的用途可选用不同的陶瓷物质。陶瓷纤维具有耐高温、耐腐蚀、高强度、高模量、热传导系数小等优点，现已广泛应用于冶金、化工、建材、航空航天、汽车等行业的耐火、隔热、防火、高温过滤和劳动保护等领域。

（十五）自发光纤维

在合成纤维纺制过程中加入少量蓄光剂(主要成分为氧化铝和一些稀土元素)制成。特点是产品经自然光或灯管光照射 10～20min 后，可在黑暗处持续发光 8～10 h，发出的光色多为淡黄、绿、黄等颜色。在发光过程中光的发出、吸收可永久进行。在非织造布行业，可以用其制成各种缝编和针刺产品，应用于特殊部门或特殊部位，如各种安全标识等变色部位。

（十六）变色纤维

变色纤维是一种具有特殊组成或结构、在受到光、热、水分或辐射等外界条件刺激后可以自动改变颜色的纤维。

变色纤维目前主要品种有光致变色和温致变色两种。前者指某些物质在一定波长的光线照射下可以产生变色现象，而在另外一种波长的光线照射下(或热的作用)，又会发生可逆变化回到原来的颜色；后者则是指通过在织物表面黏附特殊微胶囊，利用这种微胶囊可以随温度变化而颜色变化的功能，而使纤维产生相应的色彩变化，并且这种变化是可逆的。

变色纤维品种主要集中在光致变色上。具有光敏变色特性的物质通常是一些具有异构体的有机物，如萘吡喃、螺呃嗪和降冰片烯衍生物等。这些化学物质因光的作用发生与两种化合物相对应的键合方式或电子状态的变化，可逆地出现吸收光谱不同的两种状态即可逆的显色、褪色和变色。

（十七）高阻光聚酯短纤维

采用较细的纤维所织造的薄型织物，其透明性在某些场合成为缺点，为克服这个缺陷而开发的高阻光(不透光)纤维，用在窗帘、内衣、泳衣等领域，具有良好的不透明性和防污性。方法是将二氧化钛等无机白色微粒子添加到纺丝熔体中去，但为了获得良好的不透明性而增加微粒子的添加量的同时，要解决因添加量增加而造成的纺丝性、设备磨损和纤维质量等影响。制造工艺是采用皮芯复合纺丝的方法制得不透明的聚酯复合纤维；该纤维采用同心圆皮芯复合纺丝工艺，芯部含 6%～20%(质量分数)的二氧化钛，鞘部含小于 0.5%(质量分数)二氧化钛。据报道芯部二氧化钛质量分数为 8%～15%时，其不透明性较好，鞘部的二氧化钛质量分数必须小于 0.5%，否则对设备磨损大。

（十八）荧光防伪纤维

荧光防伪纤维又称为安全纤维，一般可分为红外荧光和紫外荧光防伪纤维。

红外荧光防伪纤维是指在红外光(波长通常为 0.7～1.6μm)激发下能发射出多种不同的颜色(红色、蓝色、绿色、黄色)的一种新型的防伪纤维。

紫外荧光纤维是指在紫外光激发下会闪烁光彩，能发射出各种不同的颜色，当紫外光消失后，又能回复到原色的纤维。它又可分为长波长(365nm)荧光纤维和短波长(254nm)荧光纤维。

目前，紫外荧光纤维的制造方法主要有熔融纺丝法、溶液纺丝法、表面涂层法等，不同的方法对生产工艺和紫外荧光化合物的要求侧重点不同。熔融纺丝法要求荧光化合物耐氧化、耐日晒、耐高温；溶液纺丝法要求荧光化合物能溶解于纺丝原液中；表面涂层法工艺比较简单，但使用时受到环境的限制。如果选择不当，会造成部分荧光粒子处于纤维的表面或与成纤聚合物的相容性差，使制品防伪纤维的机械性能下降，极易削弱甚至失去荧光防伪的功能。

含发光稀土离子的高分子材料具有稀土离子优异的发光性能和高分子化合物易加工的特点，其基本的生产工艺可分为：稀土小分子络合物直接与高分子混合得到掺杂的高分子荧光材料；通过化学键合的方式合成可发生聚合反应的稀土络合物单体，然后与其他有机单体聚合得到发光高分子共聚物，或者稀土离子与高分子链上配体基团（如羧基、磺酸基）反应得到稀土高分子络合物。

以上是几种比较具有代表性的功能纤维及其产品。对于纤维，可以通过在聚合过程中加入功能母粒；对于产品，特别是小批量生产时，也可以采用各种整理的工艺方法使功能母粒涂覆在纤维的表面，整理的方法与产品的最终用途有关。

第二节　拒水拒油整理

纺织纤维的表面能普遍较高，因此水在大部分表面洁净的织物表面都会铺展(常用纤维与水的接触角见表 9-2)，并很快渗入织物内部。在很多场合，要求织物具备拒水甚至拒油的功能，以实现某种防护或不易沾污的功能。为此，通常采用低表面能的整理剂对织物进行处理，通过降低织物表面张力实现拒水拒油功能。

表 9-2　常用纤维与水的接触角

纤维种类	棉	羊毛	黏胶纤维	锦纶	涤纶	腈纶	丙纶
接触角/(°)	59	81	38	64	67	53	90

拒水拒油整理一般仅改变纤维表面性能，而纤维和纱线之间仍保存着大量空隙，这样的织物既能透气，又不易被水(或油)浸润，穿着舒适性良好。只有在水压较高的情况下，才会发生透水现象。

一、常规拒水拒油整理

（一）光滑固体表面的润湿性

当液体滴于均匀光滑的固体表面并达到平衡时，在固-液-气三相交界处显示一定的角度，称为接触角 θ(图 9-1)。接触角是固体表面与液体间界面张力、固体表面与空气间界面张力以及液体与空气间界面张力—γ_{SL}、γ_{SG}、γ_{LG}共同作用的结果，通常用它来表示液体对固体的润湿性能。

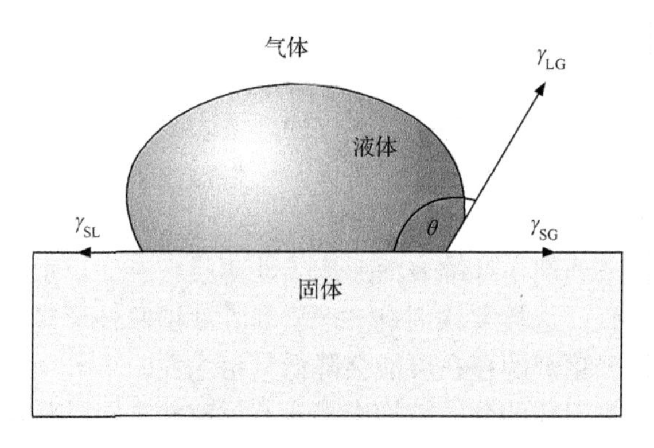

图 9-1　水在固体表面的接触角

三种界面张力之间的平衡关系如杨氏方程[式(9-1)]所示。

$$\gamma_{SG} = \gamma_{SL} + \gamma_{LG}\cos\theta \tag{9-1}$$

$$\cos\theta = (\gamma_{SG} - \gamma_{SL})/\gamma_{LG} \tag{9-2}$$

由式(9-2)可知，γ_{SG}越小，$\cos\theta$越小，则接触角越大，固体表面的疏水性就越好；表面张力高的固体表面较固体表面张力低的固体表面更易被水润湿。

习惯上将 $\theta=90°$定义为固体表面能否被水润湿的标准。当 $\theta>90°$时，固体表面不润湿；当 $\theta<90°$时，固体表面被水润湿。当 $\theta=0°$时，水完全铺展于固体表面，称为完全润湿；当 $\theta=180°$时，理论上水仅与固体表面发生点接触，称为完全不润湿。常见纤维或固体的表面张力列于表 9-3。

表 9-3　常见纤维或固体的表面张力 γ_c及液体的表面张力 γ

纤维或固体	纤维或固体的表面张力 γ_c/(mN/m)	液体	液体的表面张力 γ/(mN/m)
纤维素纤维	200	水	72
锦纶	46	雨水	53
涤纶	43	红葡萄酒	45
氯纶	37	牛乳	43
石蜡类拒水整理品	29	花生油	40
有机硅类拒水整理品	26	石蜡油	33
聚四氟乙烯	18	橄榄油	32
含氟类拒水整理品	10	重油	29

由表可知，雨水的表面张力为 53mN/m，食用油的表面张力 32～35mN/m，要实现拒水，纤维表面张力必须小于 53mN/m；而要实现拒油，则须小于 35mN/m。

（二）常规拒水拒油整理工艺

常规拒水拒油整理多采用浸轧工艺，使纤维表面覆盖拒水拒油整理剂，通过后续的焙烘工艺实现较好的耐久性。目前，染整行业采用的整理剂主要为有机硅类和有机氟类整理剂。

有机硅类拒水整理剂在纤维表面形成柔性薄膜，产生拒水效果的同时往往会使织物手感变得柔软。这类柔软剂有溶剂型和乳液型两种形式。乳液型拒水整理剂使用便捷，但是乳化剂的存在可能会降低其拒水性。

有机硅类拒水整理剂的分子结构中多含有反应性基团，整理过程中在催化剂作用下，通过氧化、水解、交联成膜，也能与纤维素分子上的羟基化学结合，达到耐久的拒水效果。

$$\text{氧化}\quad \begin{array}{c}|\\ \mathrm{O}\\ |\\ \mathrm{R-Si-H}\\ |\\ \mathrm{O}\\ |\end{array} + \begin{array}{c}|\\ \mathrm{O}\\ |\\ \mathrm{H-Si-R}\\ |\\ \mathrm{O}\\ |\end{array} \xrightarrow[\mathrm{O_2}]{\triangle} \begin{array}{c}|\quad\quad |\\ \mathrm{O}\quad\quad \mathrm{O}\\ |\quad\quad |\\ \mathrm{R-Si-O-Si-R}\\ |\quad\quad |\\ \mathrm{O}\quad\quad \mathrm{O}\\ |\quad\quad |\end{array} + \mathrm{H_2O} \tag{9-3}$$

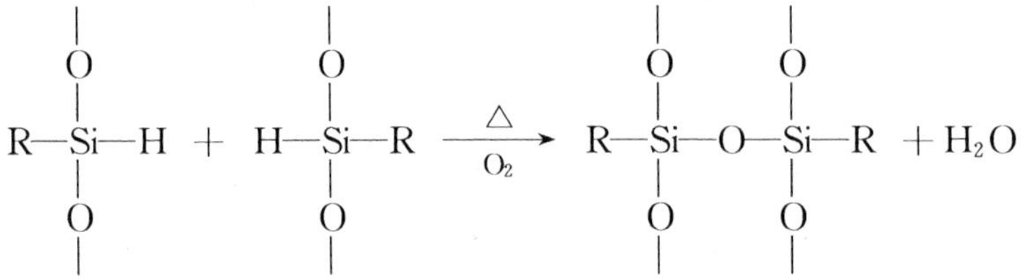

$$\text{水解}\quad \begin{array}{c}|\\ \mathrm{O}\\ |\\ \mathrm{R-Si-H}\\ |\\ \mathrm{O}\\ |\end{array} + \mathrm{H_2O} \xrightarrow{\text{催化剂}} \begin{array}{c}|\\ \mathrm{O}\\ |\\ \mathrm{R-Si-OH}\\ |\\ \mathrm{O}\\ |\end{array} + \mathrm{H_2} \tag{9-4}$$

$$\text{交联}\quad \begin{array}{c}|\\ \mathrm{O}\\ |\\ \mathrm{R-Si-OH}\\ |\\ \mathrm{O}\\ |\end{array} + \begin{array}{c}|\\ \mathrm{O}\\ |\\ \mathrm{HO-Si-R}\\ |\\ \mathrm{O}\\ |\end{array} \longrightarrow \begin{array}{c}|\quad\quad |\\ \mathrm{O}\quad\quad \mathrm{O}\\ |\quad\quad |\\ \mathrm{R-Si-O-Si-R}\\ |\quad\quad |\\ \mathrm{O}\quad\quad \mathrm{O}\\ |\quad\quad |\end{array} + \mathrm{H_2O} \tag{9-5}$$

$$\begin{array}{c}\mathrm{R}\\ |\\ \mathrm{R-Si-}\\ |\\ \mathrm{R}\end{array}\left[\begin{array}{c}\mathrm{R}\\ |\\ \mathrm{-O-Si-}\\ |\\ \mathrm{H}\end{array}\right]_n\begin{array}{c}\mathrm{R}\\ |\\ \mathrm{-O-Si-R}\\ |\\ \mathrm{R}\end{array}\qquad \mathrm{R = -CH_3}$$

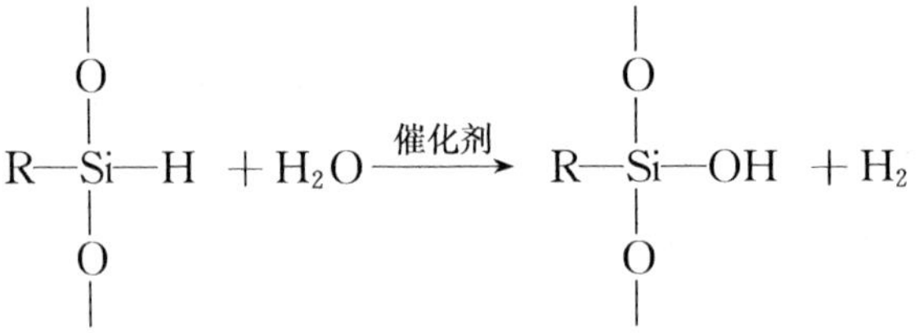

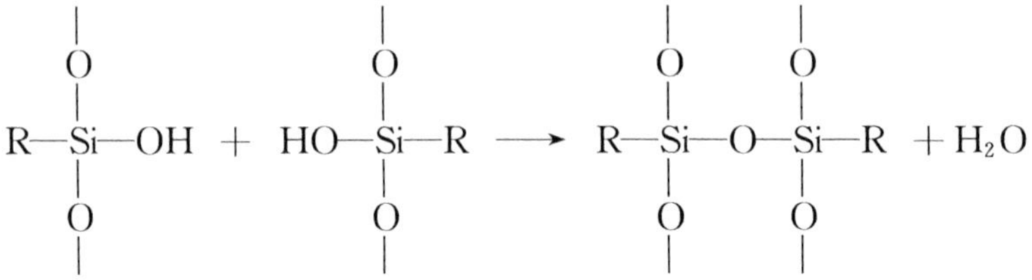

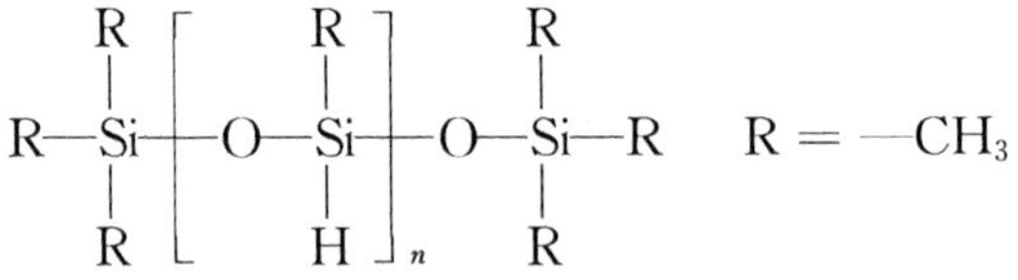

$$(HO)R-\underset{R}{\overset{R}{|}}{Si}-\left[O-\underset{H}{\overset{R}{|}}{Si}\right]_n-O-\underset{R}{\overset{R}{|}}{Si}-R(OH) \qquad R = -CH_3 \tag{9-6}$$

为了使有机硅类拒水剂整理的织物具有良好的手感，通常将两种以上不同结构的聚硅氧烷共混使用，以提高拒水效果。例如，聚甲基含氢硅烷与聚二甲基硅烷的复配使用。

典型的工艺流程为多浸多轧(二浸二轧或三浸三轧，轧余率 60%)→烘干(100～105℃)→焙烘(150～160℃，数分钟)。

有机氟类拒水整理剂通常是引入一定比例的含全氟烷基链的丙烯酸酯化合物(式 9-7)，这类整理剂可使纤维的表面能显著下降，表现出优异的疏水疏油性，是一般碳氢化合物和有机硅整理剂难以达到的，即实现真正的拒水拒油性；对织物的色光、透气性等基本不产生影响。有机氟类拒水拒油整理剂是目前拒水拒油整理加工的主流产品。

$$\left(CH_2-\underset{COOYR_f}{\overset{X}{\underset{|}{\overset{|}{C}}}}\right)_{n_1}\left(CH_2-\underset{COOR_1}{\overset{X}{\underset{|}{\overset{|}{C}}}}\right)_{n_2}\left(CH_2-\underset{A}{\overset{X}{\underset{|}{\overset{|}{C}}}}\right)_{n_3}\left(CH_2-\underset{B}{\overset{X}{\underset{|}{\overset{|}{C}}}}\right)_{n_4} \tag{9-7}$$

式中，R_f为碳原子数不小于 7 的氟碳链；R_1为碳原子数不小于 8 的碳氢链；X 为 H、CH_3或 F；Y 为磺酰胺基或亚乙基；A、B 为改善聚合物某些性能而引入的官能团。

很多研究表明，有机氟聚合物中氟组分含量越高，拒水拒油的效果越好。由于全氟烷基的表面能很低，这些侧基将优先富集在聚合物膜的表面。但是随着界面的变化这种排列会发生变化。整理过的织物经过洗涤后，拒水拒油性会不同程度有所降低，必须通过高温烘干才能恢复到原来的水平。

传统的拒水拒油整理剂多为全氟辛基磺酸类聚合物，有研究显示这类聚合物中残存的低分子量物质具有生物蓄积性和毒性。因此，许多研究者将目光转向全氟链段较短的聚合物的研究，但整理效果与目前市场上广泛采用的拒水拒油整理剂还有一定的差距。

二、溶胶-凝胶法拒水拒油整理

(一) 粗糙固体表面的润湿性

杨氏方程是建立在表面完全光滑的理想固体表面上的。在实际情况中，通常固体表面是粗糙的，液体在空气和固体共同构成的表面上的接触角与在光滑表面的接触角显然不同。Wenzel 模型和 Cassie-Baxtex 模型是常见的描述粗糙表面拒液性的两个模型。Wenzel 方程如式（9-8）所示。

$$\gamma=\frac{\text{真实面积}\ A_0}{\text{表观面积}\ A_r}=\frac{\cos\theta'}{\cos\theta} \tag{9-8}$$

式中，θ'为粗糙表面上的接触角；θ 为光滑表面上的接触角。

由于粗糙表面的真实表面积大于表观面积，而光滑表面的面积等于表观面积，因此 $\gamma\geqslant1$。由式（9-8）可知，$\cos\theta'$总是大于 $\cos\theta$。因此，当 $\theta>90°$时，表面粗化将使接触角 θ'变大；当 $\theta<90°$时，表面粗化将使接触角 θ'变小（图 9-2）。换言之，一个能润湿的体系，固体表面粗化有利于润湿；对于不能润湿的体系，固体表面粗化则不利于润湿。这里需要注意的是 Wenzel 公式适用于描述表面化学组成均一的、结构粗糙的界面。

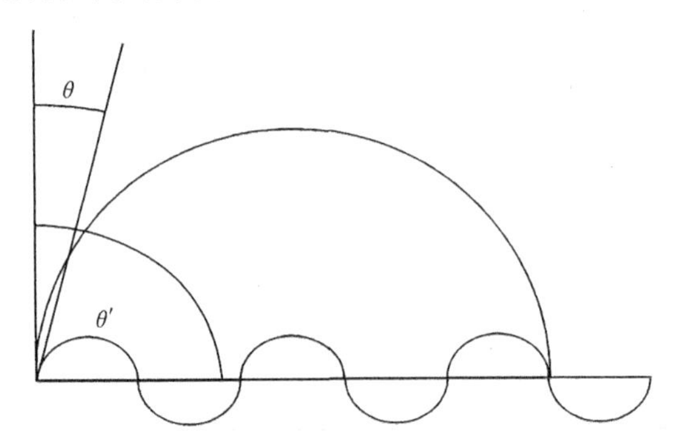

图 9-2　液体在粗糙表面与光滑表面的接触角

θ'为粗糙表面上的接触角；θ 为光滑表面上的接触角

对于界面化学组成不同的固体表面，Cassie、Baxter 等进一步认为，粗糙表面可看作一种复合表面。对于复合表面，液滴在其上的接触角取决于两种材料的比例。

$$\cos\theta_C=f_1(x,y)\cos\theta_A+f_2(x,y)\cos\theta_B \tag{9-9}$$

式中，θ_C为复合表面的接触角；θ_A为液体与由物质 A 构成的表面的接触角；θ_B为液体与由物质 B 构成的表面的接触角；f_1、f_2分别为物质 A 和物质 B 所占的面积分数，$f_1+f_2=1$。

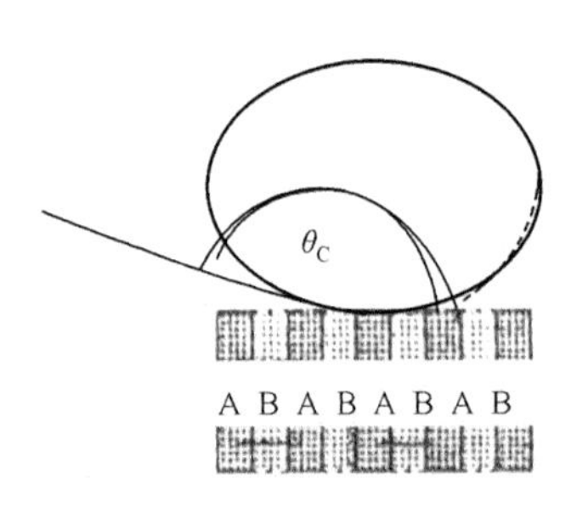

图 9-3　液滴在复合表面的接触角

图 9-3 为液滴在复合表面的接触角的示意图。例如，对于微孔表面而言，f_1为表面材料，f_2为空气。若空气与液体的接触角为 180°，则 $\cos\theta_B=-1$，代入式（9-9)得

$$\cos\theta_C=f_1\cos\theta_A-f_2 \tag{9-10}$$

由此可知，液体在复合表面的接触角 θ_C越接近 180°，材料表面的疏水性越好。

近期的一些研究认为固-液-气三相接触线对接触角的影响为关键因素，而非固体和液体之间的接触面。如果只考虑固-液、固-气和液-气界面自由能，那么三相体系在稳态附近受到扰动时，三相接触线附近的界面能量发生改变，固液界面中间部分的能量保持不变。在三相热力学平衡条件下，Nosonovsky 得到 Wenzel 和 Cassie 方程更为普遍的形式。

$$\cos\theta_r = r(x,y)\cos\theta_0 \tag{9-11}$$

$$\cos\theta_r = f_1(x,y)\cos\theta_1 + f_2(x,y)\cos\theta_2 \tag{9-12}$$

其中，粗糙因子 $r(x,y)=\sqrt{1+\left(\frac{dz}{dx}\right)^2+\left(\frac{dz}{dy}\right)^2}$，（$z$ 表示高度）。

（二）溶胶-凝胶法在织物拒水拒油整理中的应用

溶胶-凝胶法是制备材料的湿法化学中一种崭新的方法。溶胶-凝胶技术是一种由金属有机化合物、金属无机化合物或上述两者混合物经过水解缩合过程，逐渐凝胶化及进行相应的后处理而获得氧化物或其他化合物的新工艺。溶胶-凝胶法在新材料的制备、催化剂及催化载体、化学分析技术等方面受到广泛而深入的研究和应用。常用的金属醇盐见表 9-4。

表 9-4　常用的金属醇盐

元素	醇盐
Si	$Si(OCH_3)_4$，$Si(OC_2H_5)_4$，$Si(i\text{-}OC_3H_7)_4$，$Si(i\text{-}OC_4H_9)_4$
Ti	$Ti(OCH_3)_4$，$Ti(OC_2H_5)_4$，$Ti(i\text{-}OC_3H_7)_4$，$Ti(i\text{-}OC_4H_9)_4$
Zr	$Zr(OCH_3)_4$，$Zr(OC_2H_5)_4$，$Zr(i\text{-}OC_3H_7)_4$，$Zr(i\text{-}OC_4H_9)_4$
Al	$Al(OCH_3)_3$，$Al(OC_2H_5)_3$，$Al(i\text{-}OC_3H_7)_3$，$Al(i\text{-}OC_4H_9)_3$

金属盐在水中水解形成含胶粒的溶胶，经溶胶化处理后形成凝胶。

$$M^{n+} + nH_2O \longrightarrow M(OH)_n + nH^+ \tag{9-13}$$

溶胶[式(9-13)]通过脱水或在碱性条件下形成凝胶。碱性凝胶化过程如式(9-14)所示。

$$xM(H_2O)_n^{z+} + yOH^- + aA^- \longrightarrow M_xO_u(OH)_{y\,2u}(H_2O)_nA_a^{(xz-y-a)+} + (xn+u-n)H_2O \tag{9-14}$$

金属醇盐在溶胶-凝胶化过程中，同样经历水解和缩聚的过程。水解过程如式(9-15)。

$$M(OR)_n + xH_2O \longrightarrow M(OH)_xOR_{n-x} + xROH \tag{9-15}$$

醇-金属醇盐体系的缩聚反应如式(9-16)～式(9-18)。

$$2(RO)_{n-1}MOH \longrightarrow (RO)_{n-1}M—O—M(OR_{n-1}) + H_2O \tag{9-16}$$

$$m(RO)_{n-2}M(OH)_2 \longrightarrow \text{⫞}M(OR)_{n-2}O\text{⫟}_m + mH_2O \tag{9-17}$$

$$m(\mathrm{RO})_{n-3}\mathrm{M}(\mathrm{OH})_3 \longrightarrow \left[\mathrm{O}-\mathrm{M}(\mathrm{OR})_{n-3}\mathrm{O}\right]_m + m\mathrm{H_2O} + n\mathrm{H}^+ \quad (9\text{-}18)$$

由上述反应容易看出，该体系既可生成线性缩聚物，也可生成体型缩聚物。对反应条件的精确、合理的控制决定产物的结构和性能，这也是溶胶-凝胶工艺过程中需要重点研究的部分。另外一个重要环节是凝胶的干燥固化过程，不同的工艺条件也会对产物的最终性能造成影响。

用二氧化硅或金属氧化物纳米溶胶整理织物，可在织物表面形成多孔且有良好附着力的硅氧化物或金属氧化物薄膜。塑造形成的疏水性的粗糙表面，可使织物获得优越的拒水拒油性。

Satoh 等通过溶胶-凝胶法利用 2-全氟辛基三乙氧基硅烷对尼龙 66 进行超拒水处理，可使其接触角达到 149°。Mahltig 探讨了辛基三羟乙基硅氧烷和全氟辛基三羟乙基硅氧烷在溶胶-凝胶法对织物处理过程中溶剂和浓度的影响规律，使用乙醇、丙酮等有机溶剂对上述溶胶稀释后，无论是涤纶织物还是涤棉混纺织物，都可以获得良好的的拒水性，而水作为稀释剂会严重影响整理效果。张晓莉等用 TiO_2 水溶胶整理纯棉织物，织物获得一定的疏水性。例如，采用 0.1mol/L 的水溶胶整理纯棉布，其耐水压值可达到 19.7cm，淋水级数可达到 50 分。李正雄等以无机硅化物为前驱物，制备二氧化硅溶胶，通过轧烘工艺整理棉织物，然后利用十六烷基三甲氧基硅烷对整理织物进行疏水整理，织物与水的接触角可达 151.6°，棉织物断裂强力略有下降，而撕破强力提高，CIE 白度无明显变化。李懋等以正硅酸乙酯为前驱物、乙醇为溶剂、盐酸为催化剂制备溶胶，通过轧-烘-焙工艺对织物进行整理。较为系统地研究了正硅酸乙酯/乙醇/去离子水的物质的量比、酸的用量、反应的时间与温度、添加剂、焙烘温度等因素对织物拒水性能的影响。当十六烷基三甲氧基硅烷添加量为 4%（质量分数）时，织物接触角达到 139.80°，获得了一定的拒水性。

利用溶胶-凝胶法对织物进行整理目前还处在进一步研究开发阶段，存在一些问题。很多实验结果显示，整理后织物的手感劣化；如果不复合其他拒水助剂，织物的拒水整理效果很难令人满意。另外，在前驱物形成溶胶的过程中，对溶剂、溶剂配比及水解条件等需加以精确控制；处理到织物或纤维上以后，干燥固化条件也需谨慎设定。但是，随着溶胶-凝胶理论研究和实用技术的发展，作为一种能够产生精细微观结构的、应用过程相对较为简洁的技术，在纺织品功能整理方面的潜在应用价值巨大。

三、超疏水整理

（一）接触角滞后

当液滴处在倾斜的粗糙表面上时，由于接触角的滞后作用，沿液体流动的方向会呈现出两个接触角：前进接触角 θ_a 和后退接触角 θ_r（图 9-4）。前进接触角一般大于后退接触角，二者的差值称为接触角滞后。接触角滞后反映液滴在固体表面运动的难易程度。

造成接触角滞后的主要原因是固体表面对液体的吸附。固体表面的粗糙度和化学组成是影响接触角滞后的主要因素。液体对已被润湿的固体表面的吸附力大于对干燥固体表面的吸附力，从而改变固体的表面能、表面均匀性和粗糙度能有效控制接触角滞后现象。亲水性固体表面越不均匀，即越粗糙，接触角的滞后作用越严重，液滴越不容易从倾斜表面滚落。疏水性固体表面则反之，由于固体表面对液体的吸附力小，接触角的滞后作用不严重，因而液滴易从倾斜表面滚落。

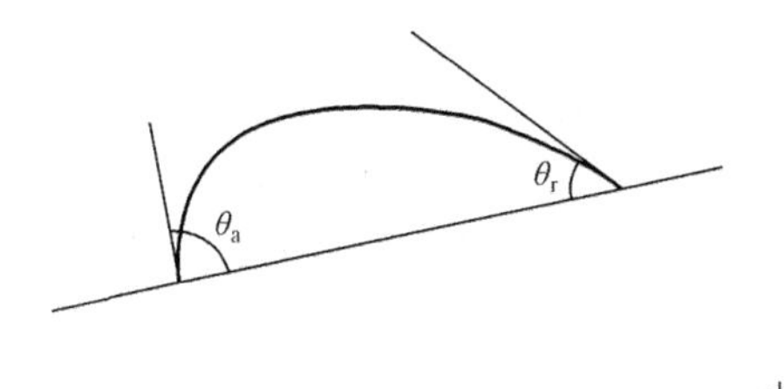

图 9-4　液体在倾斜的粗糙固体表面上的接触角

θ_a 为前进接触角；θ_r 为后退接触角

（二）超疏水表面的结构特征

固体表面要获得超疏水的效果，必须具备疏水和粗糙两个条件。一方面，荷叶等具有自洁功能的叶片表面的蜡晶和乳突构成了疏水的粗糙表面。乳突将空气封闭于其间，形成许多微小的“空气储存池”。当水滴落在这样的复合粗糙表面上时，与叶面的接触面积很小，仅为水滴覆盖面积的 2%～3%，由式(9-10)可知，接触角会很高。在粗糙的疏水表面上，液滴与表面接触的面积很小，因此二者之间的吸附力也非常小。

另一方面，乳突上的纳米结构对增强叶片表面疏水性发挥了重要作用。荷叶的乳突的阶层结构非常类似于 Koch 曲线所描述的分形结构。根据分形结构方程，通过变换粗糙因子，可用式(9-19)来描述粗糙表面接触角 θ_f 与光滑表面接触角 θ 之间的关系。

$$\cos\theta_f = f_s \left(\frac{L}{l}\right)^{D-2} \cos\theta - f_v \tag{9-19}$$

式中，$(L/l)^{D-2}$ 为表面粗糙因子；L 和 l 分别表示具有分形行为表面的上限和下限的极限尺度，对于荷叶表面 L 和 l 分别对应乳突直径及纳米结构尺寸；D 为分形维；f_s 和 f_v 分别为表面上固体与空气所占分数，$f_s+f_v=1$。

在 Koch 曲线中，D 在三维空间的值约为 2.2618，L/l 为 3^n。n 值由具体的分形结构来决定，n 值增大则表面粗糙因子也增大。由荷叶的电镜照片可以计算出 f_s 和 f_v 分别为 0.2056 和 0.7944；根据文献 θ 取 104.6°±0.5°；当 $n=0$、1、2、3、4 时，根据式（9-17）可以算得 θ_f 分别为 147.8°、149.7°、152.4°、156.5° 和 163.4°。利用这一结果，可拟合荷叶表面接触角与直径之间的关系，最终可以计算出当接触角 θ_f 为 160°时对应的乳突直径为 128nm。

江雷等通过对阵列碳纳米管(ACNT)膜及聚丙烯腈(PAN)纳米纤维的研究发现，水滴无论在 ACNT 膜表面还是在 PAN 纳米纤维表面，尽管接触角很高，但是滚动角也很大。将纳米结构与微米结构相结合后，制备出了类荷叶状ACNT膜，其上乳突的平均直径为(2.89±0.32)μm，间距平均为(9.61±2.92)μm。这时水的表面接触角约为 160°，滚动角约为 3°。实验结果说明，微米结构和纳米结构对超疏水表面起着同等重要的作用。

Barthlott 也在其申请的专利中指出，粗糙表面凸起和凹陷的尺寸对材料的疏水性影响很大。无论凸起彼此之间相距太近还是凹陷不够深，都会使表面趋于被浸润。

（三）超疏水纺织品的开发

由上述原理可知，纺织品要获得超疏水的功能，须满足两个条件。①应使纤维表面具有疏水性。通常，服用纤维的接触角均小于 90°，因此需设法使纺织品获得疏水性表面。②构建微米-纳米结构。

瑞士 Schoeller Textile AG 公司根据荷叶表面微结构并结合纳米技术，采用溶胶-凝胶技术，将纳米粒子固着于织物表面，在织物表面形成粗糙的疏水表面结构，从而获得超疏水、防污的功能，该工艺称为(纳米球)工艺。江雷等将纳米 TiO_2 微粒喷涂于织物表面，使纤维表面形成特殊的几何形状互补的凹凸相间的纳米结构，获得了超双疏(疏水、疏油)织物。由于在纳米尺寸的凹陷表面可以吸附气体分子，并使其稳定附着存在，所以在宏观织物表面上形成了一层稳定的气体薄膜，使油或水无法与织物表面直接接触，从而使织物表面呈现超双疏性。这时水滴或油滴与织物表面的接触角趋于最大，织物实现超疏水、疏油功能。

超疏水织物的加工关键是纤维表面微米-纳米结构的构建，对此已有众多的文献报道，但是真正适合服用纺织品加工的却很少。在构建超疏水表面时，必须保证纺织品的外观、物理机械性能和关键的服用性能不会受到明显的影响，且整理工艺方便可行，这些都是在技术研究开发过程中不可回避的问题。

第三节 防污整理

防污整理(SR 整理)是一种实现降低污物的沾污速度及程度和容易去除的方

法，即包括易去污(soil release)和拒污(soil repellent)两层含义。

沾污成因虽然复杂，但织物污物来源是人体皮肤分泌物和外界入侵两方面。沾污的主要原因源自纤维的疏水性和亲油性。疏水性纤维容易产生静电，吸附污物，导致织物沾污，图 9-5 揭示了各种纤维的回潮率与油沾污率的关系。亲油性则决定油性污垢能否将纤维“润湿”，从而使织物沾污。如图 9-6 所示，当液状油污的临界表面张力小于固体状纤维的临界表面张力，液状油污就能“润湿”纤维，体现出沾污纤维。

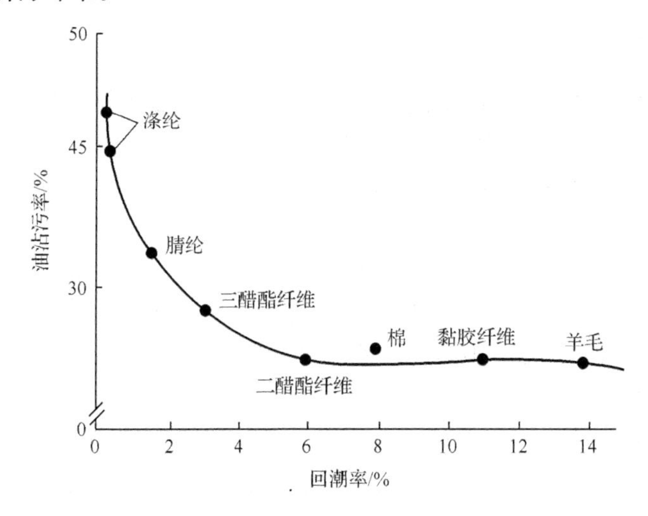

图 9-5　各种纤维的回潮率与油沾污率的关系

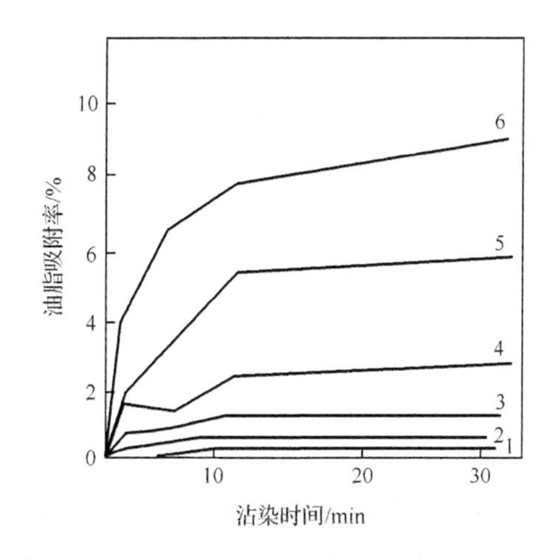

图 9-6　各种纤维的亲油性

1. 棉；2. 铜氨纤维；3. 三醋酯纤维；4. 锦纶；5. 锦纶 66；6. 涤纶

据测定，油性污垢的临界表面张力在 30×10^{-5} N/cm 左右，而涤纶的临界表

面张力为 43×10^{-5}N/cm，棉纤维则大于 72×10^{-5}N/cm，涤纶和棉纤维都容易被油性污垢“润湿”。然而，亲水性的棉纤维浸在水中后，临界表面张力下降为 2.8×10^{-5}N/cm，而疏水性的涤纶在水中的临界表面张力反而有所提高，所以涤纶沾上油性污垢后，不如棉纤维那样容易去除，而且还易被洗涤液中的污垢再次污染。

一、防污原理

（一）去污

要实现有效的防污，首先需要了解污物的特点及其在织物上的状态，其次要知道污物去除过程中起作用的关键因素。本节重点讨论织物上更为常见的液体污物的去污过程。图 9-7 是沾有液体污物的织物在洗涤液中的示意图。根据三相界面平衡原理

$$Y_{WF}=Y_{OF}+Y_{OW}\cos\theta \tag{9-20}$$

由式(9-20)可知，$\theta=0$ 时，液体污物完全扩散和润湿织物；$\theta\leqslant90°$时，液体污物能润湿织物；$90°<\theta\leqslant180°$时，液体污物将黏附于表面。

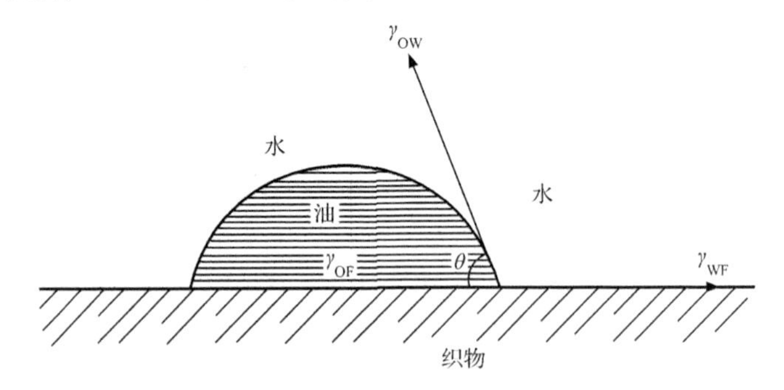

图 9-7　洗涤液中沾污织物上的各相界面张力

根据液体污物脱离织物表面的卷珠模型

$$\text{卷珠力}\ R=\gamma_{OF}-\gamma_{WF}+\gamma_{OW}\cos\theta \tag{9-21}$$

液体污物通过卷珠过程，在表面活性剂的作用下成为一个球状液滴脱离织物表面时，$\theta=180°$，卷珠力 $R>0$，即 $\gamma_{OF}-\gamma_{WF}>\gamma_{OW}$。由此可知，要使液体污物容易去除，$\gamma_{OF}$应尽可能大，$\gamma_{WF}$和 γ_{OW}要尽可能小。

γ_{OW}的值尽可能小意味着从织物上脱离下来的小油滴能稳定悬浮、分散在水相中；Y_{OW}的大小取决于洗涤剂的品种和浓度，一般情况下其值是小的。γ_{WF}分为两种情况：①对于极性纤维，由于与水的相互作用较强，γ_{WF}较小，而 γ_{OF}较大，所以这类纤维易去污；②对非极性纤维，其与水的相互作用小，γ_{OF}小，而 γ_{WF}较大，导致这类纤维上的污物、特别是油性污渍不易去除。

总之，洗涤时要使油性污物易于洗掉，纺织品必须具有低的 γ_{WF} 和高的 γ_{OF}，即纺织品极性需高，具有良好的亲水性，这是易去污整理技术的重要指导原则。在非极性纤维表面引进亲水性基团可有效提高织物的易去污性能。

（二）防再沾污

湿再沾污的产生是由于水/纤维与水/污界面的破坏，重新形成纤维/污界面。在 γ_{WF} 与 γ_{OW} 较大而 γ_{OF} 小的条件下，容易发生再沾污。疏水性纤维更易发生洗涤再沾污。

根据“卷珠”原理，提高纤维的亲水性，既能降低纤维的 γ_{WF}，又能增大纤维的 γ_{OF}；如果在洗涤液中加入适当的表面活性剂，使 γ_{OW} 降低，油污稳定地悬浮于水中，则既具有易去污性能又不易发生洗涤再沾污。

例如，将亲水性的棉纤维浸入水中，它在水中的界面张力从在空气中的大于72mN/m 降至 28mN/m，大大低于油污的表面张力，显然棉纤维上的油污易于洗除，并且不易发生再沾污；疏水性的聚酯纤维浸入水中时，它在水中的界面张力比在空气中的界面张力还要高，且大于油污的表面张力(30mN/m 左右)。因此，聚酯纤维上的油污不如棉纤维上的油污易于洗除，并且容易发生洗涤再沾污。

当聚酯纤维经亲水性整理剂整理后，亲水性得到提高，当纤维浸入水中时，其在水中的界面张力可降至 4.3～9.9mN/m，大大低于油污的表面张力，油污易于去除，而且不易发生湿再沾污。

二、防污及易去污整理

（一）常规整理

根据上述原理，对于疏水性纤维，可以通过亲水性整理提高织物的易去污性。由于亲水性提高，织物的抗静电性能、防再沾污性也会获得明显改善。整理所用的助剂多是分子链段或侧基含有大量极性基团的聚合物，如聚丙烯酸型易去污整理剂、嵌段共聚醚酯型易去污整理剂和含氟整理剂等。

1. 聚丙烯酸型易去污整理剂

这类整理剂通常为丙烯酸和丙烯酸酯共聚物的乳液，结构通式如式 (9-22) 所示。

$$\left[CH_2-\underset{COOH}{\overset{CH_3}{C}}\right]_m\left[CH_2-\underset{COOR}{\overset{CH_3}{C}}\right]_n \tag{9-22}$$

式中，$m:n$ 约为 7∶3，酸类单体通常为甲基丙烯酸或丙烯酸，酯类单体为丙烯酸乙酯、丙烯酸丁酯或甲基丙烯酸甲酯等。丙烯酸链段结合水的能力很强，在碱性条件下，羧基电离生成大量带负电荷的羧酸根离子，甚至会有一定程度的溶胀，这些作用可以有效降低纤维表面张力，提高织物的易去污性能。但是丙烯酸链段的比例不宜过高，否则影响织物的手感。整理流程一般为

两浸两轧（室温，轧液率 60%～70%）→烘干（80℃，数分钟）→热处理（160℃，3～5min)→皂洗(常规)→热水洗→冷水洗→烘干

焙烘是整理流程中的关键环节。焙烘不足，聚合物在纤维表面成膜性能不好；过度焙烘，有可能发生脱羧反应，降低易去污性能。在与防皱整理对织物进行复合整理时，一般将易去污轧液整理安排在防皱轧液后进行，这样两种整理的效果均可得到保证。

2. 嵌段共聚醚酯型易去污整理剂(简称聚醚酯)

嵌段共聚醚酯型易去污整理剂，简称为聚醚酯。这类整理剂由对苯二甲酸、乙二醇和一定聚合度的聚乙二醇缩合形成嵌段共聚物，相对分子质量为 3000 左右。

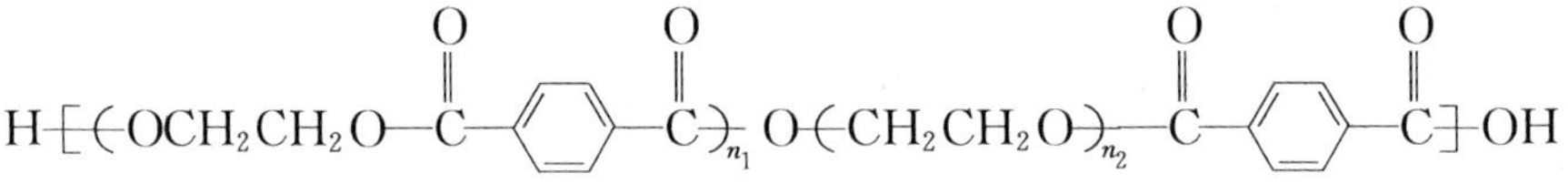

$$\mathrm{H}\left[\left(\mathrm{OCH_2CH_2O}-\overset{\overset{\displaystyle\mathrm{O}}{\|}}{\mathrm{C}}-\mathrm{C_6H_4}-\overset{\overset{\displaystyle\mathrm{O}}{\|}}{\mathrm{C}}\right)_{n_1}\mathrm{O}\left(\mathrm{CH_2CH_2O}\right)_{n_2}\overset{\overset{\displaystyle\mathrm{O}}{\|}}{\mathrm{C}}-\mathrm{C_6H_4}-\overset{\overset{\displaystyle\mathrm{O}}{\|}}{\mathrm{C}}\right]\mathrm{OH} \tag{9-23}$$

分子中含酯的链段结构与涤纶大分子相似，亲和性很好，高温下可与之结合，提供整理的耐久性；含醚链段提供亲水性，使涤纶获得易去污性能。当含醚组分与含酯组分之比为 7∶3 时，整理剂可以兼具良好的易去污性和耐久性。整理流程一般为

两浸两轧(室温，轧液率 70%)→拉幅烘干(120～130℃，数分钟)→焙烘(180～190℃，30 s)→洗涤→烘干

研究表明，按照 AATCC 130-2000 标准，经过整理后的织物去污性可从 1 级提高到 4～5 级，易去污性能良好。

3. 含氟整理剂

防污和易去污整理应同时具备三个条件，①减少纤维表面的不均匀性；②降低纤维的表面能，抑制油性污在纤维表面的自发铺展；③提高纤维表面的亲水性。

从表面上看，降低纤维的表面能和增加纤维表面的亲水性，两者是相矛盾的，因为纤维表面的亲水性是以有高表面能为条件的。应用含有低表面能的含氟链段与亲水性的聚氧乙烯链段的嵌段共聚物，可解决这对矛盾。这种亲水性含氟防污易去污整理剂的结构如图 9-8 所示。

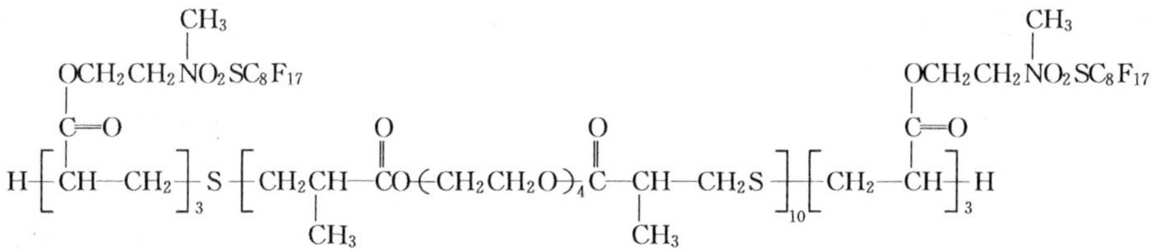

$$H{-}\!\left[CH(C(=O)OCH_2CH_2N(CH_3)O_2SC_8F_{17}){-}CH_2\right]_3\!{-}S{-}\!\left[CH_2CH(CH_3){-}\overset{O}{\overset{\|}{C}}O{-}(CH_2CH_2O)_4{-}\overset{O}{\overset{\|}{C}}{-}CH(CH_3){-}CH_2S\right]_{10}\!{-}\!\left[CH_2{-}CH(C(=O)OCH_2CH_2N(CH_3)O_2SC_8F_{17})\right]_3\!{-}H$$

图 9-8　亲水性含氟嵌段共聚物结构

亲水性含氟嵌段共聚物在空气中为使纤维表面能最低，含氟侧基会自发定向排列，占据纤维表面，这时织物是疏油的，可以抵御油性污的沾污，实现抗污功能；在水洗时，亲水的聚氧乙烯链段由于水化作用从内层移向纤维表面，含氟侧基蜷缩并移向聚氧乙烯链段的下面，纤维表面转变为亲水性，产生易去污性。这一转变过程如图 9-9 所示。

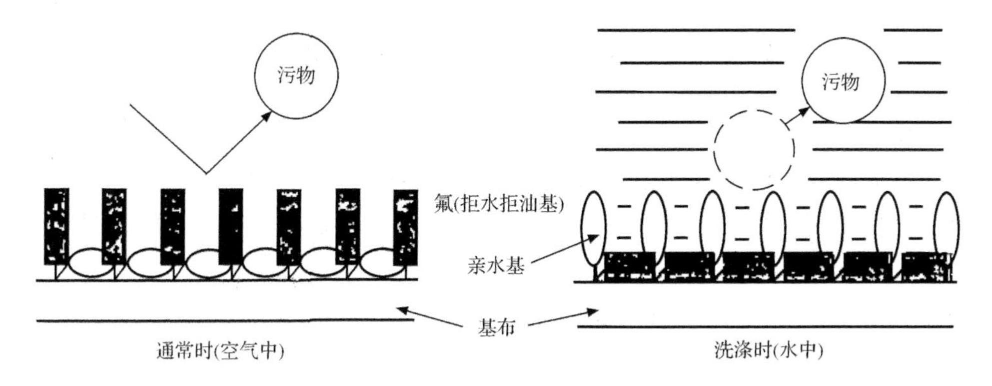

图 9-9　亲水性含氟嵌段共聚物防污-易去污作用示意图

整理采用常见的轧-烘-焙工艺，为提高整理的耐久性，需与耐久性好的拒水整理剂结合使用。值得注意的是，这种整理剂对涤/棉混纺织物的整理效果很好，而对纯涤织物的作用有限。

（二）最新研究进展

近年来，防污一易去污整理的研究主要还是集中在新型整理剂的合成与开发方面，力求提高整理效果，降低对环境的影响。

含氟丙烯酸酯共聚物合成简单，成膜性和附着性良好，表面性能低，耐候性和耐久性也很好。目前主要通过溶液聚合法和乳液聚合法合成含氟丙烯酸酯共聚物。利用核-壳复合乳液聚合、活性乳液聚合等方法，可以降低含氟化合物的用量，设计含氟化合物的结构和相对分子质量分布，获得最佳的应用性能，为高效易去污整理剂的合成开辟了新途径。

另外，值得注意的是含氟聚氨酯的合成，这是国内外含氟整理剂的重要研究方向之一。这类聚合物表面能低，拒水拒油性能好，易去污性能好，稳定性好，手感柔软，生物相容性较好。

含氟链段可以通过聚氨酯中的软链段或硬链段引入，或由丙烯酸酯链段引入。软链段引入法结构设计简单，形式多样。合成时通常含氟软链段先与脂肪族或芳香族二异氰酸酯生成异氰酸酯封端预聚体，经扩链反应后得到含氟聚氨酯。有些研究采用氟化聚环氧丁烷多元醇作为软链段制备氟化聚氨酯，但是存在如下问题：采用全氟化聚醚，合成时与其他组分相容性不良，有一定难度；采用半氟化聚醚，产物的拒水性较差。依赖合成工艺上的调和似乎难以解决这个矛盾。

要在聚氨酯硬链段中引入含氟链段，也可采用氟化的多异氰酸酯或氟化的多元醇、多元胺。但是，氟化多异氰酸酯制备较为困难，限制了其在工业上的应用。与之相比，氟化的一元醇、多元醇的研究更多一些。例如

氟化一元醇 CF_3CH_2OH，$CF_3CH_2CH_2OH$，$F(CF_2CF_2)_nCH_2CH_2OH(n=3\sim7)$，$(CF_3)_2CF(CF_2CF_2)_nCH_2CH_2OH(n=3\sim5)$，$HOCH_2CF_2CF_2OCF(CF_3)CF_2OCF=CF_2$ 等

氟化二元醇

$HOCH_2(CF_2)_2CH_2OH$，$HOCH_2(CF_2)_3CH_2OH$，$HO(CH_2)_2(CF_2)_4(CH_2)_2OH$，$H(CF_2)_4CH_2OCH_2CH(OH)CH_2OH$，$C_6F_{13}SO_2N(CH_3)CH_2CH(OH)CH_2OH$，

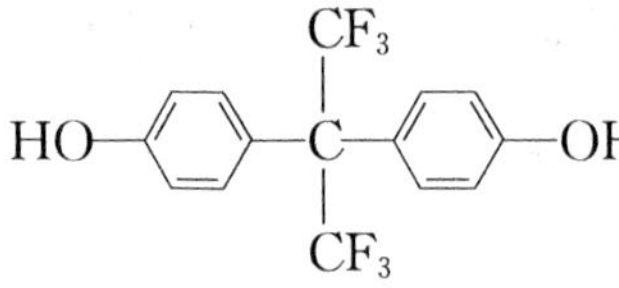

$HO-C_6H_4-C(CF_3)_2-C_6H_4-OH$ 等

氟化一元醇(胺)在聚氨酯分子中以侧基的形式存在，而二元醇(胺)与多异氰酸酯反应，最终嵌在聚氨酯分子主链上。为改善产物的加工和应用性能，避免氟化聚氨酯发脆、难溶，含氟多元醇常作为扩链剂使用，而软链段仍然要使用常规聚多元醇。如黄继庆等合成了含—C_8F_{17}侧基的聚醚型双疏-亲水聚氨酯，结构如图 9-10 所示。

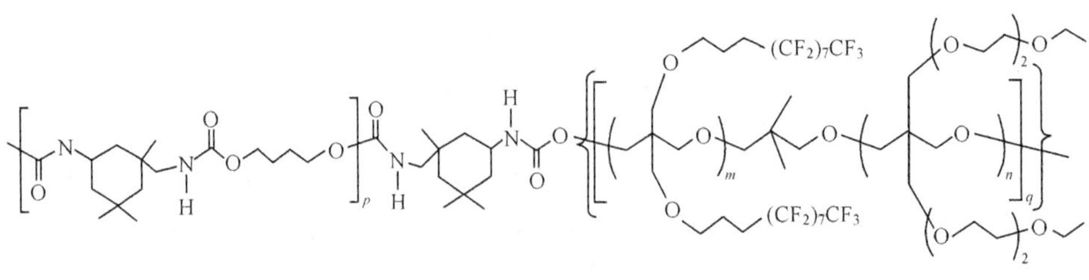

图 9-10　疏水/疏油-亲水型聚氨酯结构示意图

通过浸轧法用上述产物对棉织物整理后，液态石蜡在织物上的接触角达到 119°，表现出良好的疏油性。水在以玻璃板为基质的整理表面上的初始接触角为

108°；随着时间的延长，接触角逐渐减小，在25min内降低到25°，发生由疏水/疏油性表面到亲水性表面的转换。但该作者对产品的易去污性未作进一步报道。

氟化丙烯酸酯单体参与聚氨酯制备是另一条制备氟化聚氨酯的路线，所得产品大多为水性氟化聚氨酯-丙烯酸酯分散体。氟化丙烯酸酯单体原料丰富，合成工艺较为简单。窦蓓蕾等用甲基丙烯酸十二氟庚酯作为氟化剂，制备聚氨酯改性聚丙烯酸酯。产物经轧-烘-焙工艺整理在棉织物上，织物拒水性按照AATCC-Water repellency、spray test(2004)可达到95分；疏油性按照AATCC-Oil repellency、spray test(2004)达到6级；易去污性按照AATCC-Soil release，spray test(2004)达到5级。

第四节　防紫外线整理

紫外线是波长为200～400nm的电磁波。紫外线辐射具有杀菌、促进维生素D的合成等作用，接受适量的紫外线照射，有利于身体健康。然而从20世纪初，由于人类生产、生活大量地排放氯氟化烃化合物，造成大气平流层中臭氧含量下降，大气对日光中的紫外线辐射屏蔽能力减弱，导致皮肤癌患者及其死亡人数逐年上升。有资料显示，臭氧层每减少1%，紫外线辐射强度增大2%，患皮肤癌的可能性提高3%。因此，开发具有抗紫外线功能的纺织品具有重要的意义。

一、紫外线辐射对人体的影响

不同波长紫外线辐射对人体的危害情况如图9-11所示。

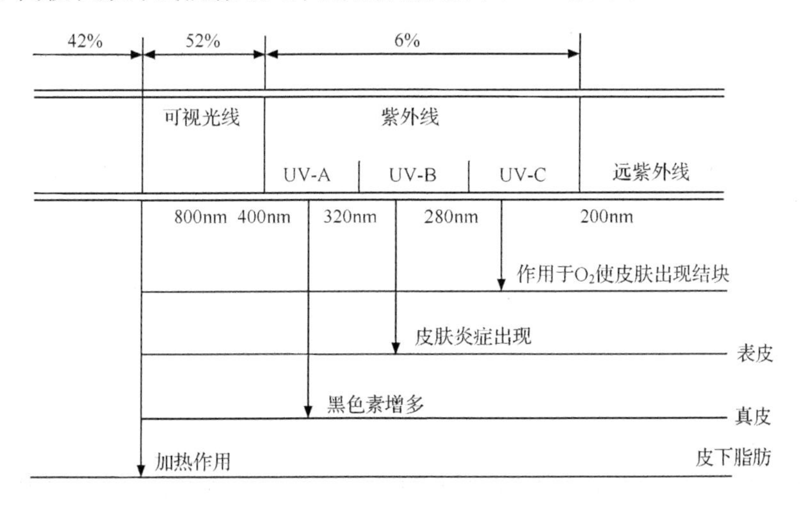

图9-11　不同波长紫外线对人体的危害情况

在波长低于 280nm 区域内，紫外线对人体的危害主要是使皮肤发红，出现局部结块；当波长达到 280nm 时，皮肤炎症出现，紫外线对人体的危害加剧；当紫外线波长在 280～320nm 之间时，经紫外线照射，人体皮肤黑色素增多，有患皮肤癌的危险。因此，对人体有害的紫外线波长主要为 200～320nm，特别是波长为280～320nm 的紫外线辐射对人体危害最大，开发防紫外线织物时应重点予以考虑。

二、织物防紫外线性能评价指标

目前，对紫外线防护产品的评价指标主要采用紫外线防护系数和紫外线透过率。

1. 紫外线防护系数

紫外线防护系数是紫外线对未防护的皮肤的平均辐射量与经测试的织物遮挡后紫外线辐射量的比值。UPF(ultraviolet protection factor)的数值及防护等级见表 9-5。

表 9-5 UPF 的数值及防护等级

UPF 范围	防护分类	紫外线透过率/%	UPF 等级
15～24	较好防护	6.7～4.2	15，20
25～39	非常好的防护	4.1～2.6	25，30，35
40～50，50+	非常优异的防护	≤2.5	40，45，50，50+

UPF 的计算如式(9-24)所示。

$$\mathrm{UPF}=\frac{\int_{290}^{400}E_\lambda\times S_\lambda\times \mathrm{d}\lambda}{\int_{290}^{400}E_\lambda\times S_\lambda\times \tau_\lambda\times \mathrm{d}\lambda} \tag{9-24}$$

式中，λ 为紫外线光波波长，nm；E_λ 为相对红斑的紫外线光谱效能；S_λ 为太阳光谱辐射度，W/(m^2 · nm)；τ_λ 为波长为 λ 时的紫外线透过率，%；dλ 为紫外线光波长度间距，nm。

对防紫外纺织品而言，λ 的 UPF 值与紫外线透过率 τ_λ 的关系如式(9-24)所示。

$$\mathrm{UPF}=\frac{1}{\tau_\lambda} \tag{9-25}$$

2. 紫外线透过率

紫外线透过率是表示有试样时的紫外线透射辐射通量与无试样时的紫外线透射辐射通量之比。常分为 UV-A 波段的紫外线透过率 τ(UV-A)AV 和 UV-B 波段的紫外线透过率 τ(UV-B)AV，其值如式(9-26)和式(9-27)所示。

$$\tau(\text{UV-A})_{\text{AV}} = \frac{\int_{315}^{400} \tau_\lambda \times \mathrm{d}\lambda}{\int_{315}^{400} \mathrm{d}\lambda} \tag{9-26}$$

$$\tau(\text{UV-B})_{\text{AV}} = \frac{\int_{290}^{315} \tau_\lambda \times \mathrm{d}\lambda}{\int_{290}^{315} \mathrm{d}\lambda} \tag{9-27}$$

由于物体对光的反射率与吸收率之和即为该物体对光的遮蔽率，那么遮蔽率与透过率的关系如式(9-28)所示。

$$\text{遮蔽率} = 1 - \text{透过率} \tag{9-28}$$

我国国标(GB/T 18830 2009)将 UPF 值和 $\tau(\text{UV-A})_{\text{AV}}$共同作为评价织物防紫外性能的指标，只有 UPF 值大于 30，并且 $\tau(\text{UV-A})_{\text{AV}}$不大于 5%时，才能称为防紫外产品。

三、织物防紫外性能的影响因素

未经整理的织物防紫外性能主要取决于织物自身屏蔽紫外线的能力。织物通常具有比较复杂的表面，它们除吸收光外，还有散射和反射光线的作用。而散射和反射作用则因单纤维表面形态、织物组织规格、色泽深浅差异和印染后整理方法不同而异。

1. 纤维种类

纤维种类不同，其紫外线透过率、紫外线防护系数(UPF)也不同。聚酯、羊毛纤维等比棉、黏胶纤维的紫外线透过率低、紫外线防护系数大。聚酯结构中的苯环和羊毛蛋白质分子中的芳香族氨基酸，对小于 300nm 的光都具有很大的吸收性，而棉织物防紫外线的能力相对较差，是紫外线最易透过的面料，因此对棉织物的防紫外线辐射整理需求最为迫切。

2. 织物结构

织物结构决定了织物的几何形态和多孔结构。织物结构包括厚度、紧密度(覆盖系数或空隙率)等。结构紧密的织物覆盖系数大，紫外线透射率低，防护性好，反之防护作用小。紫外线防护系数随着织物的密度增加而增加。对于织物的重量也有相似的规律。不同纤维未染织物的 UPF 值见表 9-6。

3. 织物颜色及颜色深度

织物上的染料对织物紫外线透过率有相当大的影响。有些染料对日光的吸收带延伸到紫外光谱区域，因此起到紫外线吸收剂作用。不同染料与紫外线透过率的关系见表 9-7。一般来说，随着颜色的加深，织物紫外线透过率随之降低，防紫外线辐射能提高。此外，化学纤维的消光处理也影响其紫外线透过率。

表 9-6　不同纤维未染织物的 UPF 值

纤维种类	织物类型	厚度/mm	单重/(g/m²)	UPF 值
棉	府绸(未漂)	0.18	107	6
棉	府绸(漂白)	0.22	110	2
麻	平布	0.14	89	18
蚕丝	缎纹绉	0.20	84	6
毛	实验织物	0.28	125	24
涤纶	实验织物	0.29	165	13
黏胶	实验织物	0.11	92	4

表 9-7　不同染料与紫外线透射率的关系

染料	0.5%(质量分数)染浴		1.0%(质量分数)染浴	
	吸尽率/%	透射率/%	吸尽率/%	透射率/%
直接黄 12	60	13.1	58	18.6
直接黄 28	80	19.9	86	29.3
直接黄 44	58	18.4	61	28.6
直接黄 106	68	19.3	58	27.6
直接红 24	80	27.6	74	37.1
直接红 28	88	38.7	89	50.7
直接红 80	74	17.3	73	24.7
直接紫 9	80	20.9	75	28.8
直接蓝 1	76	21.5	70	30.2
直接蓝 86	36	16.2	33	18.6
直接蓝 218	68	13.1	67	19.0
直接绿 26	72	22.3	65	29.2
直接棕 154	82	22.8	80	30.6
直接黑 38	76	29.8	77	40.3

总之，织物防紫外性能的一般规律是，短纤织物优于长丝织物，加工丝产品好于化纤原丝产品，细纤维织物比粗纤维织物好，扁平异形化纤织物优于圆形截面化纤织物，机织物好于针织物。

四、织物防紫外线整理方法

要提高织物防紫外能力，必须减少紫外线透过织物的量。从光学原理上讲，光射到物体上，一部分在表面反射，另一部分被物体吸收，其余的则透过物体。

因此，减少紫外线的透过量主要有两种途径。

（1）提高织物对紫外线的吸收能力。通过选用适当的纤维或用紫外线吸收剂对织物进行整理可以实现该功能。

（2）提高织物对紫外线的反射能力。可以通过选用适当的纤维和用紫外线反射剂进行整理来达到，也可以选择适当的织物结构来增强对光的反射和散射。

据此，纺织品抗紫外线技术目前主要有两大类：一是在加工生产化学纤维时，加入紫外线屏蔽剂，使生产出的纤维具有屏蔽紫外线的功能；二是通过后整理技术，使抗紫外线物质均匀地分散于在织物上形成屏蔽层。

抗紫外线后整理的方式与产品的最终用途有关。作为服装面料，考虑夏季穿着时消费者对柔软性和舒适性的要求，对于涤纶、氨纶等合成纤维织物，可选择适当的紫外线吸收剂与分散性染料一起进行高温高压染色，使紫外线吸收剂分子融入纤维内部；对于棉、麻类织物，可用浸轧法，将紫外线吸收剂固着于织物表面。

对于装饰用纺织品、产业用纺织品，可选用涂料印花或涂层法，将具有防紫外线功能的反光陶瓷材料涂在织物表面，形成一层防护层；也可用紫外线屏蔽剂或紫外线吸收剂对织物表面进行精密涂层，经烘干和热处理后，达到紫外防护功能。

（一）紫外线屏蔽剂

紫外线屏蔽剂具有吸收或反射紫外线的作用。紫外线屏蔽剂大致可分为无机和有机两类化合物。

1. 无机类紫外线屏蔽剂

无机类紫外线屏蔽剂，也称紫外线反射剂，主要通过对入射紫外线的反射或折射达到防紫外线辐射的目的。它们没有光能的转化作用，只是利用陶瓷或金属氧化物等颗粒与纤维或织物结合，增加织物表面对紫外线反射和散射作用，防止紫外线透过织物。这类紫外屏蔽剂有高岭土、碳酸钙、滑石粉、氧化铁、氧化锌、氧化亚铅等。氧化锌和氧化亚铅在 310～370nm 对紫外线的反射效果较好，二氧化钛和高岭土也有一定的作用。无机类紫外屏蔽剂耐光性、防紫外线能力优越，耐热性能好。其中，氧化锌还有抗菌防臭功能。

2. 有机类紫外线屏蔽剂

有机类紫外线屏蔽剂，也称紫外线吸收剂，主要是吸收紫外线并进行能量转换，将紫外线变成低能量的热能或波长较短的电磁波，从而达到防紫外线辐射的目的。纺织品使用的紫外线吸收剂应具有如下性质。

（1）安全无毒，特别对皮肤应无刺激和过敏反应；

（2）吸收紫外线范围广，效果良好；

(3) 对热、光和化学品稳定，无光催化作用；

(4) 吸收紫外线后无着色现象；

(5) 不影响或少影响纺织品的色牢度、白度、强力和手感等；

(6) 耐常用溶剂和耐洗性良好。

国内外紫外线吸收剂品种很多，常用的第一代产品有水杨酸酯类化合物、金属离子螯合物、薄荷酯类、苯并三唑类和二苯甲酮类等。这些紫外线吸收剂分子结构中缺乏反应性基团，在织物上的耐久性较差。第二代紫外线吸收剂在分子结构中引入反应性基团，通过与纤维分子链的侧基反应形成共价键结合在一起，提高整理的耐久性。例如，O-羟基苯-二苯基三唑的衍生物，是一种阳离子自分散型防紫外整理剂，可适用于高温染色、轧染、印花等加工环节，有优良的升华牢度和热固着性能；科莱恩公司开发的 Rayosan 系列可与纤维素纤维上的羟基和聚酰胺上的氨基反应，通常不会改变织物外观、手感、透气性，耐光牢度和耐水洗牢度较好。

（二）整理工艺

防紫外整理的工艺与纺织品的最终用途有关，大致有以下四种。

1. 高温高压吸尽法

对涤纶等合成纤维织物的紫外线屏蔽整理，可以与分散性染料高温高压染色时同浴进行。这时紫外线吸收剂分子溶入纤维内部，只要选择合适的(包括对皮肤毒性低)紫外线吸收剂即可。

2. 常压吸尽法

对于一些水溶性的吸收剂处理羊毛、蚕丝、棉以及锦纶纺织品，则只需在常压下于其水溶液中处理，类似水溶性染料染色。有些吸收剂也可以采用与染料同浴进行一浴法染色整理加工。

3. 浸轧法

由于紫外线屏蔽剂大多不溶于水，又对棉、麻等天然纤维缺乏亲和力，因此不能用吸尽法，但可以采用与树脂(或黏合剂)同浴法进行加工，将屏蔽剂固着在织物(纤维)表面。浸轧液由紫外线屏蔽剂、树脂、柔软剂等组成，但热处理后，织物易被树脂(黏合剂)覆盖，会影响整理织物的风格、吸水性和透气性。

4. 涂层法

在涂层剂中加入适量紫外线屏蔽剂，对织物进行涂层，然后经烘干及必要的热处理，在织物表面形成具有防紫外功能的薄膜。这种方法虽使织物的手感受到影响，但适用性广，处理成本低，对技术和设备要求一般不高。涂层法使用的紫外线屏蔽剂，大多是一些折射率较高的无机化合物，它们吸收紫外线的效果与其颗粒大小有关。由于紫外线屏蔽剂几乎不溶于水，如果把屏蔽剂溶于非水溶剂中进行整理加工，不仅操作不便，而且污染环境，因此生产中多对紫外线屏蔽剂进行乳化处理，使屏蔽剂均匀分散于水相中，然后对织物进行整理；或改变紫外线屏蔽剂分子结构，使其获得一定程度的水溶性。

另外，紫外线吸收剂可将紫外线能量转化为光、热后释放，自身一般是稳定的，但长时间、大剂量地紫外线照射仍然可能会引起吸收剂分子的分解。此外，为提高整理效果的耐久性，可采用微胶囊技术，将吸收剂装入微胶囊后再对织物进行整理。

第五节　防皱整理

从整理对象上讲，防皱整理可分为织物防皱整理和成衣防皱管理。织物防皱管理又有前焙烘工艺和后焙烘工艺之分。

前焙烘工艺的流程为：织物→浸轧整理液→预烘→焙烘→裁剪→缝制→压烫→包装。此方法工艺简单，可获得平整的外观和免烫效果，但是服装难以获得所需的折皱。

后焙烘的工艺流程为：织物→浸轧整理液→预烘→裁剪→缝制→压烫→焙烘→包装。

成衣防皱整理的流程为：织物→裁剪→缝制→喷洒整理液→预烘→压烫→焙烘。

棉织物在服用过程中，要保持平整、挺括的外观，需要提高织物的耐久压烫性。提高棉织物抗皱性的方法可分为物理方法和化学方法。

物理方法主要通过对织物的纤维、纱线的结构、织物组织进行调整，提高抗皱性，包括：①采用新型纤维素纤维，例如，Loycell、Modal 等，与棉纤维混纺进行织造，织物的折皱回复性能得以改善；②通过织物组织结构提高织物抗皱性，例如，采用多层、多重、复合等特殊的组织结构改善棉织物的抗皱性；③选择纱号、捻度适中的纱线，并配置合理的经、纬密度进行织造加工。

化学的方法则是通过使用防皱整理剂对织物进行整理，获得耐久的抗皱性的工艺。防皱整理剂和整理工艺都会对最终整理效果产生重要的影响。本节重点讨论化学整理方法。

一、树脂防皱整理

经过七十多年的发展历程，棉织物的树脂防皱整理工艺已经非常成熟，相关的理论问题也得到了充分的研究。在众多研究者的不断努力下，棉织物的防皱性能获得了很大的提高，目前已经发展到洗可穿和耐久压烫的水平，极大地方便了人们的生活，满足人们的要求。

但在使用树脂整理剂提高棉织物的防皱性能的同时，不可避免地带来一些负面影响，其中最为突出的问题是整理后织物强度的损失和甲醛释放。

根据防皱机理，交联剂在棉纤维的纤维素大分子之间形成了交联，当纤维弯曲变形的时候可以限制大分子的相对位移，当外力撤消后，交联将大分子“拉”回到原来的位置上。但是当纤维受到剧烈外力作用的时候，这些交联同样要限制纤维素大分子链的相互滑移，受力的大分子链段不能通过相互滑动将所受外力传递给相连的大分子，这样外力集中作用在某些大分子上，产生应力集中；当受力最大的分子链断裂后，外力再传递给其他分子链，最后造成纤维的迅速断裂，棉织物强力的下降。

另一个造成织物强力下降的重要因素是催化剂对棉纤维中纤维素大分子的水解。从纤维素的分子组成可以看出，相邻的两个葡萄糖酐通过 1，4-苷键相互连接，一个纤维素分子由 6000～7000 个这样的单元组成的长链。酸对纤维素大分子中的苷键的水解起催化作用，使聚合度降低，导致棉纤维的强力下降。目前应用最广泛、效果最好的二羟甲基二羟基乙烯脲(DMDHEU)树脂，其最有效的催化剂为酸性催化剂，为了降低酸对纤维素大分子的降解，采用潜酸性的物质作为催化剂，比较常用的是 $MgCl_2$，在高温焙烘的时候作为路易斯酸起酸性催化作用。有时为加强催化效果，促进交联反应，催化剂中还有少量的柠檬酸。在烘干与焙烘过程中，这些酸性物质使纤维素降解，造成织物强力的下降。此外，高温焙烘本身也会对织物强力造成不利影响。

为了满足织物的实用性，对棉织物进行防皱整理时，必须把强力损失控制在一定范围内。因此，应视服装的具体要求决定需要达到何种整理水平，合理确定树脂的用量，在整理过程中严格控制整理条件。另外，使用柔软剂和补强剂可以在一定程度上提高整理后棉织物的强力。

关于整理织物甲醛的释放，早已引起研究者的重视。有证据表明，甲醛不仅对人的皮肤有刺激作用，而且有致癌的可能。为此，世界上许多国家都对整理后织物的甲醛释放量作出了限制。根据我国 GB 18401—2001《纺织品甲醛含量的限定》，婴幼儿类纺织品游离甲醛的含量≤20mg/kg；非直接接触皮肤类≤200mg/kg；直接接触皮肤类≤75mg/kg；室内装饰类≤300mg/kg。

用含甲醛整理剂整理的织物，其释放甲醛的来源有，①树脂中的游离甲醛和在整理及储藏过程中，整理剂水解释放出的被吸附在织物上的游离甲醛；②未与纤维素发生交联的 *N*-羟甲基水解释放出的甲醛；③整理剂与纤维素交联水解释放的甲醛；④ $>N-CH_2-N<$ 和 $>N-CH_2-O-CH_2-N<$ 的水解，但经反

应型交联剂整理织物上两者是很少的，且 $\rangle N-CH_2-N\langle$ 很稳定，因而由这两部分释放出的甲醛很少。交联剂中存在的游离甲醛在焙烘过程中，一部分排放到空气中，一部分吸附在织物上，还有一部分作为交联剂与纤维素大分子发生反应，产生交联。研究表明，单端反应的交联剂是甲醛释放的主要来源。

一般认为，交联剂的反应活性越低，自身的水解稳定性越高，与纤维形成的交联越稳定，越不容易释放出甲醛。为此，对 DMDHEU 树脂进行醚化后，稳定性提高，可以降低整理过程中甲醛的释放量。目前大量使用的 *N*-羟甲基类的防皱树脂大多是经过醚化的 2D 树脂。对整理后的棉织物进行充分地皂洗也可以降低甲醛释放量。但是，这些措施都不能从根本上消除甲醛的释放，需要开发新的防皱整理剂或整理方法以解决这个问题。

此外，整理后织物的耐洗涤性能及吸氯问题也是值得关注的。织物的耐洗涤性直接关系到防皱效果的持久性。经研究，二羟甲基二羟基乙烯脲(DMDHEU)、二羟甲基乙烯脲(DMEU)和二羟基丙烯脲(DMPU)等防皱整理剂与纤维素交联后，由于 N 原子上没有 H 原子，在碱性介质中不会生成酰胺负离子，耐碱性水解性能好，可以满足平常的家庭洗涤。关于吸氯及氯损，如果整理剂为无氮交联剂则不存在这样的问题，而 *N*-羟甲基化合物在氯漂等含氯的处理过程中易生成氯胺，氯胺在分解过程中会放出 HCl，对棉织物造成损伤。因此，用 *N*-羟甲基化合物整理的织物应避免氯漂，整理时尽量提高交联程度也可有效地降低氯损。

总而言之，树脂整理对提高棉织物的防皱性能非常有效，配合适当的整理工艺会收到良好的效果，达到耐久压烫的水平。

二、多元羧酸防皱整理

(一) 发展状况

最常用的 *N*-羟甲基化合物由于受到甲醛问题的困扰，促使研究者寻求更加有效、安全的纤维素防皱整理剂。多元羧酸成为新的研究热点，从防皱工艺、整理剂类型、防皱机理、催化剂的筛选到整理后织物的性能都得到了广泛的研究并取得了很大的进展，是一类十分有前途的防皱整理剂。

由纤维素纤维的化学结构中可以看到，每一个葡萄糖环上都有一个伯羟基、两个仲羟基，分别处在 6 位、2 位、3 位三个碳原子上。同其他含有羟基的化合物一样，可以与酸发生酯化反应，例如

$$\text{Cell—OH} + H_3PO_4 \longrightarrow \text{Cell—O—}H_2PO_3 \qquad (9\text{-}29)$$

生成的纤维素磷酸酯具有防火功能。但是，人们一直未将其与织物的防皱整

理联系起来。直到20世纪60年代初，Gagliardi等在实验中用多元羧酸与纤维素纤维进行酯化反应，利用分子间形成酯化交联达到棉织物防皱目的。他们在实验中同时分析了不同多元酸防皱性能及织物经过整理后各项性能指标。随后，许多研究者对利用多元羧酸提高织物的防皱性能的方法进行了研究，但效果并不令人满意，而且整理织物的耐水稳定性也不好。

进入20世纪80年代，随着对多元羧酸防皱机理研究的逐渐深入，以及对高效催化剂的筛选，这种整理方法重新受到人们的重视，并取得了很大的进展。研究的重点主要集中在以下四方面。

1）通过应用红外光谱、热重分析等手段，进一步分析酯化交联的机理和历程；

2）对催化剂的作用，催化剂的种类进行深入的研究；

3）对于整理后织物的性能进行广泛的比较和研究；

4）对评价、分析整理效果的手段进行了研究。

为了提高整理效果、改善织物性能，对多元羧酸特别是丁烷四羧酸(BTCA)的整理条件及添加剂等作了细致的探索。在一般的整理工艺中，焙烘温度控制在170～180℃，焙烘时间在90～180s。适宜的添加剂对整理效果和织物性能的提高有很大的辅助作用。由于整理液的酸性较强，要求添加剂的耐酸性要好。常见的添加剂为胺类化合物，如三乙醇胺、二甲基甲酰胺、二甲基乙酰胺等。这些化合物由于自身的弱碱性，一方面起协同催化剂的作用，另一方面对纤维素有溶胀作用，有助于整理剂向纤维内部渗透和扩散。同时，这些添加剂也可以与多元羧酸反应，形成网状交联，降低因焙烘引起的强力损失，提高织物的水洗牢度。

经丁烷四羧酸整理的棉织物，免烫性能与2D树脂整理效果基本相同，而撕破强力保留率要高出13%，断裂强度要高出23%。整理棉织物时添加少量的硼酸，还可以改善织物的白度。随着合成工艺的进步和成熟，BTCA的防皱整理已经市场化，目前制约其进一步发展的主要问题是酯键的水解。

（二）多元羧酸酯化反应机理

多元羧酸中的羧基在弱碱性催化剂的催化下，与纤维素上的羟基发生酯化反应，形成酯交联。随着研究的不断深入，Welch提出在高温下多元羧酸结构中相邻的两个羧基首先脱水成酐，然后在弱碱的催化下与羟基成酯。其他研究者也证明多元羧酸与纤维素的酯化是通过酸酐这一中间体完成的。通常使用较多、效果较好的催化剂是无机磷酸盐类，尤其是碱金属盐类，包括磷酸二氢钠、磷酸氢二钠及次磷酸钠等。其中次磷酸钠对各种多元羧酸都有最好的催化效果。Lammermann提出在含磷催化剂作用下，多元羧酸的反应机理分为三个阶段。

(1) 成酐

$$R-CH(COOH)-CH_2-COOH \xrightarrow[\triangle]{-H_2O} \text{R-取代丁二酸酐} \tag{9-30}$$

(2) 酰化

$$\text{R-取代丁二酸酐} + H-\overset{\overset{\displaystyle OX}{|}}{\underset{\underset{\displaystyle R'}{|}}{P}}=O \longrightarrow R-CH(COOH)-CH_2-C(=O)-P(=O)(OX)R' \tag{9-31}$$

(3) 酯化

$$R-CH(COOH)-CH_2-C(=O)-P(=O)(OX)R' + Cell-OH \longrightarrow R-CH(COOH)-CH_2-C(=O)-O-Cell + H-\overset{\overset{\displaystyle OX}{|}}{\underset{\underset{\displaystyle R'}{|}}{P}}=O \tag{9-32}$$

从上面的反应机理中可以看出，要想在纤维素大分子之间形成交联，多元羧酸在结构上应该具有以下特征。

1) 在饱和酸中，至少有三个羧基；

2) α、β不饱和酸中至少含有两个羧基；

3) 在脂肪族不饱和酸内，羧基必须是顺式构型；

4) 在芳香族酸内，羧基必须位于相邻的碳原子上；

5) 羧基彼此之间至少间隔两个碳原子，但不能多于三个碳原子。

根据这些要求可以筛选出能作为防皱交联剂的多元羧酸，例如

$$HOOC-HC=CH-COOH$$

马来酸

$$HOOC-HC=\overset{\overset{\displaystyle COOH}{|}}{C}-CH_2-COOH$$

丙烯三酸

$$\underset{\displaystyle H_2C}{\overset{HOOC}{\diagdown}}-\overset{\overset{\displaystyle COOH}{|}}{CH}-\overset{\overset{\displaystyle COOH}{|}}{CH}-\underset{\displaystyle CH_2}{\overset{COOH}{\diagup}}$$

丁烷四羧酸

$$HOOC-CH_2-\overset{\overset{\displaystyle OH}{|}}{\underset{\underset{\displaystyle COOH}{|}}{C}}-CH_2-COOH$$

柠檬酸

具备上述结构的多元羧酸还有很多，但防皱效果好的并不多。目前，研究较多的是丁烷四羧酸、柠檬酸和丙烯三羧酸，其中效果最好的是丁烷四羧酸。

用丁烷四羧酸作为防皱整理剂同样也存在织物强损问题。一般认为强度损失来自于两个方面：水解和交联。由于酯交联产生的强力损失是可逆的，通过碱性水解可以得到恢复；而酸对纤维素造成的降解是永久性损伤，因此在整理过程中必须严格控制整理液的 pH 和焙烘温度。对于丁烷四羧酸最有效的催化剂为含磷类的化合物，这类催化剂对含硫染料及部分活性染料的染色有较大的影响。同时，如果生产的污水未经处理直接排放也将造成环境污染。为此，有的研究者采用羧酸的钠盐来替代含磷催化剂，并取得了一定的效果。

三、其他防皱整理

（一）水系聚氨酯整理

聚氨酯整理剂可在纤维表面成膜，使织物获得更加柔软的手感和弹性。国内曾将其与 2D 树脂或液氨处理相结合，用于纯棉织物的防皱整理可获得理想的免烫整理效果，但是其对织物改性的效果耐久性差，特别是不耐水洗。另外，织物的防皱性虽然得到提高，但当织物皱痕形成后又难以恢复，需经熨烫才能恢复原有的平整状态。因此，很多研究致力于新型聚氨酯的开发。织物经这类聚氨酯整理后，不仅可以抗皱，而且可以保留所需的褶裥，甚至在形变后，经过一定的热处理恢复原有的形状，即实现形状记忆。需要注意的是，形状记忆功能已经超越了织物抗皱整理的一般意义。

王建田采用封端法制备形状记忆聚氨酯预聚物，以甲乙酮肟为封端剂对预聚体中的异氰酸酯基加以保护，然后在水中分散，通过选择结晶型的聚酯二元醇作为软段来赋予聚氨酯形状记忆功能，获得水性形状记忆聚氨酯乳液。棉织物用稀释后的乳液轧-烘-焙处理后，与未经处理的织物相比，在高温下平整度显著提高，意味着织物在较高的温度下可将日常产生的折皱消除，恢复平整。

胡金莲等制备的形状记忆聚氨酯可以乳液的形式，对织物进行涂层或浸轧处理，使织物获得形状记忆性能；也可通过湿纺或熔纺制成纤维，与其他种类的纱线混纺或交织后获得形状记忆功能。例如，采用形状记忆长丝纤维与黏胶短纤维混纺成纱，混纺比为 50∶50。形状记忆纤维形变回复温度为 45～50℃。常温下纱线平直状态定形，经过反复弯曲、弯折使纱线变形，然后将纱线浸入 50℃以上的水中时，纱线很快回复为原始平直状，并具有高弹性。不施加外力，当温度下降到形变温度以下时，纱线仍保持为定形的平直状态。加工成织物后，形状记忆功能承袭下来，可用于开发功能性服装。

（二）壳聚糖整理

壳聚糖是甲壳素脱乙酰基的产物，其分子结构与纤维素相似，与纤维素有良好的吸附和相容性。壳聚糖的羟基易形成分子间氢键，成膜性强，作用于棉织物有一定的防皱免烫效果。另外，壳聚糖具有一定的抑菌作用，因此织物经壳聚糖整理后可获得抗皱、抑菌的复合功能，这也是人们感兴趣的原因之一。

有研究显示，较低浓度的壳聚糖乙酸溶液可以使棉织物的折皱回复角明显提高，分子质量较低的壳聚糖在防皱整理中更为有效。然而，壳聚糖用量较高的时候，织物手感发硬。

单纯使用壳聚糖，整理的效果和耐久性都不理想。有研究用多元羧酸与壳聚糖拼用对棉织物进行防皱整理。陈美云等利用丁烷四羧酸、柠檬酸和壳聚糖整理棉织物，织物抗皱性能大幅提高。控制柠檬酸的用量，织物白度无明显影响，织物强力保留率可控制在70%以上。水洗20次以后，折皱回复角略有下降。但是同样存在壳聚糖用量高，手感发硬的问题。侯燕等利用柠檬酸和壳聚糖对棉织物进行整理，织物防皱性能显著改善，焙烘温度升高，织物的白度和强力变差。在防臭性能测试中，以氨气为实验气体，壳聚糖浓度为0.5%、柠檬酸浓度为6%时，消臭率即达到100%。

不管采用何种整理方法，在哪个环节进行整理，要注意兼顾干湿防皱性能。在应用干态树脂交联工艺时，棉织物在浸轧树脂烘干后，需要保持一定的湿度。棉织物要维持在8%～10%，大致相当于棉纤维的标准回潮率，也有的研究推荐含湿率保持在15%左右。其主要目的是，使棉织物在整理过程中尽量接近于将来的真实服用环境，同时也可以确保织物在焙烘前保持较低的温度，利于以后的高温焙烘交联。

另外由于新设备、新技术的出现，一些工艺技术重新获得了转机和重视。例如，泡沫整理工艺的进步可能会使防皱整理的效果从技术角度获得提升，而液氨整理在麻类织物的柔软和抗皱方面可能会发挥新的作用。

第六节　防电磁波辐射整理

随着科学技术的发展，电子技术产品已深入到人们的生产和生活的各个方面。为了增加灵活性，提高使用效率，越来越多的家用和生产设备采用无线通信技术，发射功率越来越大。在享受毫无羁绊的同时，一个潜在的问题随之而来——电磁波辐射。电磁场通过致热效应和非致热效应会对人体造成不同程度的影响。致热效应会增加人体的生理负荷，而非致热效应会改变人体的生理生化效应，在中枢神经系统、心血管系统、内分泌系统等方面有所体现。长时间工作在电磁波的环境中，人们会产生疲劳、视力衰退、头痛、失眠等症状。为了预防电磁波带来的伤害，屏蔽材料的开发应运而生，防电子波辐射的仿制品加工技术受到关注。

一、电磁辐射及防护的技术要求

电磁辐射是物质的一种运动形式，是能量以电磁波形式由源发射到空间的现象，或解释为能量以电磁波形式在空间传播。自然界中的电磁波，其波长范围十分广泛，可分为无线电波、红外线、可见光、紫外线、X 射线、γ 射线等，详见图 9-12 电磁波谱。

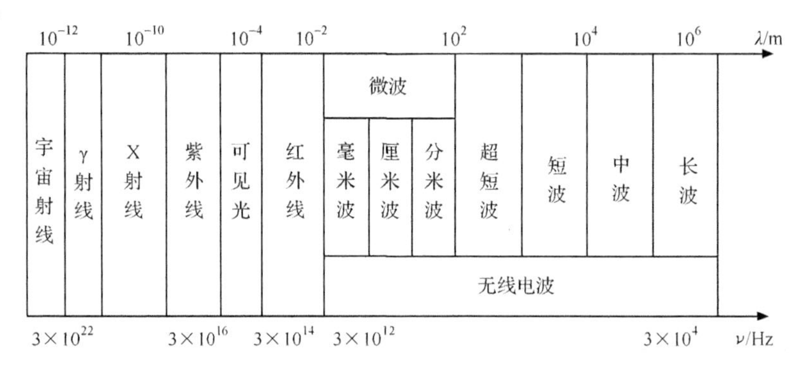

图 9-12　电磁波谱

按照我国电磁辐射防护服的要求，对于大功率射频应用设备的强场防护，要求屏蔽效能值在 30dB 以上；而对于一般设备，要求屏蔽效能值在 10～20dB。常用电磁辐射个体防护产品及其屏蔽效能见表 9-8。

表 9-8　常用电磁辐射个体防护产品及其屏蔽效能

品名	采用功能性的材料	屏蔽效能（标称值）
男衬衫	不锈钢纤维	20～30dB
女衬衫	不锈钢纤维	20～30dB
男短袖衬衫	不锈钢纤维	20～30dB
女短袖衬衫	不锈钢纤维	20～30dB
防护围裙	不锈钢纤维	20～30dB
	金属化镀膜材料	20～30dB
防护马甲	不锈钢纤维	20～30dB
	金属化镀膜材料	20～30dB

续表

品名	采用功能性的材料	屏蔽效能（标称值）
防护大褂	不锈钢纤维	30～40dB
	金属化镀膜材料	30～40dB
孕妇裙	不锈钢纤维	20～30dB
孕妇裤	不锈钢纤维	20～30dB
夹克防护套装	不锈钢纤维	30～40dB
屏蔽布	不锈钢纤维布	50～58dB
	化学镀镀膜布	50～58dB
屏蔽布(面料)	不锈钢纤维	20～30dB
屏蔽里子绸	不锈钢纤维	10～18dB
屏蔽衬衫布	不锈钢纤维	20～30dB

二、防电磁辐射基本原理

根据电磁波传播的特点，导电性良好的材料受到外界电磁波作用时产生感应电流，感应电流又产生感应磁场，感应磁场的方向与外界电磁场方向相反，二者相互抵消，产生屏蔽效果。导磁性较强的材料能起到消磁作用，使电磁能转化为其他形式的能量，起到吸收电磁辐射的作用。根据 Schelkunoff 理论，电磁波在遇到屏蔽层后，会发生透射、吸收、反射、折射等多种现象，但总的电磁屏蔽效能(SE)应为电磁波被屏蔽物反射损耗 R、吸收损耗 A 及内部反射损耗 B 的总和，即

$$SE = R + A + B \tag{9-33}$$

当电磁屏蔽效能在 10dB 以上时，B 非常小，略去不计。后式(9-33)整理为

$$SE = R + A = [50 + 10 \times \log(\rho \cdot f)^{-1}] + 1.7d\sqrt{f/\rho} \tag{9-34}$$

式中，ρ 为屏蔽物体积电阻率，Ω · cm；f 为频率，MHz；d 为屏蔽层厚度，cm。

由式(9-34)可知，频率和屏蔽层厚度一定的情况下，屏蔽物导电性越好，屏蔽效能越高。因此，要屏蔽电磁辐射，织物需要具有良好的导电性或导磁性。

电磁波遇到具有屏蔽功能的织物时，会发生前表面反射、内部吸收和后表面反射。由于空气/金属界面阻抗不连续，入射电磁波在屏蔽体表面发生反射；未被表面反射的电磁波进入屏蔽体内，在继续传播的过程中被屏蔽材料衰减，能量转化为其他的形式被吸收，吸收的多少取决于电磁波的波长——波长越短吸收越多；一部分电磁波传播到材料的另一表面，在阻抗不连续的金属/空气界面再次形成反射，回到屏蔽体内，继而发生多次反射和衰减。少量衰减的电磁波透过屏

蔽织物。

反射电磁波会造成二次辐射，因此如何在屏蔽电磁辐射的同时，减少二次辐射也是防电磁辐射需要考虑的问题。

三、防电磁辐射织物的制备

防电磁辐射织物主要通过反射损耗和吸收损耗两种方式屏蔽电磁波。反射方式主要通过金属纤维来实现屏蔽功能，包括软化不锈钢纤维或铜丝混纺织物以及镀铜、镍、银、金、铝等金属的合成纤维织物。吸收方式以有较高损耗正切角的电损耗型吸波材料实现屏蔽功能，如含有陶瓷粉、导电性石墨粉、烟煤粉、碳粒、碳化硅粉的共混纤维织物、碳化硅纤维织物、导电高聚物涂层织物等；吸收方式以有较高磁损耗正切角的磁损耗型吸波材料，则依靠磁滞损耗、畴型共振和自然共振损耗等磁极化机制衰减和吸收电磁波，如铁氧体粉、轻基铁粉、超细金属粉以及纳米相材料共混纺丝得到的合成纤维或涂层织物。

（一）金属丝及金属纤维

早期的防电磁辐射织物多用金属丝与纱线一同织造，形成交织织物。常用的金属丝有铜丝、镍丝、不锈钢丝及一些合金丝。特殊场合会用到银丝或铅丝。金属交织织物的屏蔽效能在0.15M～20GHz范围内达60dB以上。为保证织物的服用性能，交织的金属丝要非常细。织造时，需注意织物组织结构的设计。为了获得良好的防辐射效果，金属丝的交织密度不能太低，导致织物手感、重量难以令人满意。陈合义等对不锈钢金属丝织物生产中的关键问题作了较为细致的研究。对于不同结构的纱线，不锈钢长丝包芯纱和合股纱的屏蔽效能高于包缠纱；借鉴氨纶包覆纱的生产方法，纱线效果良好。织物采用了双层组织结构，表层为常规服用纱线，里层为不锈钢复合纱线，里层组织均为平纹组织。在后续的织造和染整阶段，需注重控制织物经向张力，避免不锈钢长丝的伸长形变。该织物在900～2500 MHz频率段内，织物的屏蔽效能平均值为30dB；在10GHz，屏蔽效能为33dB。

金属丝交织织物常用于带电作业服、电磁辐射防护服、保密室墙布和窗帘、精密仪器屏蔽罩和活动式屏蔽帐等。

为了进一步提高金属防电磁电磁辐射织物的屏蔽效能和服用性，把金属丝改成金属短纤维，与常规服用纤维混纺后织成织物。常用的金属短纤维包括镍纤维和不锈钢纤维，纤维直径为2～10μm。金属短纤维混纺织物与金属丝交织织物相比屏蔽效果好，手感明显改善。然而，织物染色后，金属纤维会突显出来，影响色泽；特别是金属短纤维刚性强、弹性差、静摩擦系数大，纺纱时抱合力较小，难纺高支纱。目前纺织上多用4μm、6μm、8μm的软化不锈钢纺制28tex或

20tex 的纱线，混纺比为 15%～30%，屏蔽效能在 0.15M～3GHz 内可达 15～30dB，更适合服用。王瑄等考查了金属纤维含量、纱线线密度、织物结构参数等软化不锈钢纤维织物的电磁屏蔽性能的影响，研究证实，只要提高了金属纤维的含量，屏蔽性能就会有所提高。

除了用于织造，金属短纤维还广泛用在聚合物复合屏蔽材料的制造方面。R. M. Bagwell 等在聚对苯二甲酸丁二酯中添加黄铜纤维，电磁屏蔽效能较添加铝纤维高 10～18dB；将体积分数为 15%、直径为 0.162mm 短铜纤维加入环氧树脂中，对频率为 1.0GHz 的电磁波的屏蔽效能达 45dB，短铜纤维直径增加，屏蔽效能降低。C. S. Chen 等用铁纤维填充聚酰胺、聚碳酸酯等制成复合材料，当填充量体积分数为 20%～27%时，屏蔽效能高达 60～80dB。

（二）高分子导电纤维

如上所述，将具有电磁屏蔽功能的无机粒子与聚合物共混后进行纺丝，可制备防电磁辐射纤维。这类纤维强度、弹性、耐久性、耐磨性较好，成本低，使用寿命长，但屏蔽性能不高，特别是高频屏蔽性能较差。

碳纤维具有一定的导电性，而且具有高强、高模、化学稳定性好、密度小等优点，但其自身导电能力尚不能满足电磁屏蔽的要求，还需在纤维表面另外构筑导电膜，以改善电磁屏蔽效果。

本征型导电聚合物纤维是用 AsF_3、I_2、BF_4等物质以电化学掺杂方法合成的具有导电功能的共轭聚合物，如聚乙炔类、聚苯撑类、聚吡咯类、聚噻吩类、聚苯胺类、聚杂环类等，其中一些掺杂聚合物的电导率甚至超过银，但是这类材料尚存在成纤困难、导电稳定性差、成本较高等问题，作为电磁屏蔽材料的实用性受到限制。

合成导电高聚物的方法很多，按碳碳键形成方式可分为四大类：电化学聚合、路易斯酸诱导聚合、开环置换聚合和过渡金属催化偶合聚合。

（三）织物金属化整理

织物金属化整理的手段很多，通过真空镀层、化学镀层、涂层等方法使合成纤维表面形成金属导电层，纤维比电阻可降至 10^{-2}～$10^{-4}\Omega \cdot cm$。无论哪种方法，加工的均匀性、导电层的致密性和厚度、耐久性、工艺的实用性都是受人关注的重点。而金属化涂层由于加工手段灵活、材料来源广泛、适用性广、屏蔽效果优良，应用越来越广泛。

在织物镀层方面，磁控溅射法日益受到重视。磁控溅射是 20 世纪 70 年代在阴极溅射的基础上发展起来的一种新型溅射镀膜法。该法克服了阴极溅射速率低和电子使基片温度升高的致命弱点。镀膜时，将磁控溅射靶放在真空室内，在阳极和阴极靶材之间加上足够的直流电压，形成一定强度的静电场；然后往真空室内充入氩气，在静电场的作用下，氩气电离，产生高能 Ar^+ 和二次电子；Ar^+ 在电场的作用下加速飞向溅射靶，使靶材表面发生溅射；溅射粒子中，中性的靶原子或分子沉积在基材上形成薄膜。

J. L. Huang 等采用磁控溅射法在丙烯酸树脂上沉积氧化铟锡薄膜。研究发现薄膜厚度对导电性能的影响与对电磁解蔽效能的影响非常相似，当镀膜厚度在100nm 以上时，薄膜屏蔽效能超过 40dB，并且随着薄膜厚度的增加，屏蔽效能逐渐增大。

洪剑寒等利用磁控溅射法在 PET 纺黏非织造布上沉积银薄膜。研究考查了薄膜厚度、溅射功率、氩气压强等因素对薄膜形貌和成膜速率的影响，探讨了银在基材上的成膜过程。结果显示，在薄膜达到一定厚度以后，其导电性能随着膜厚的增加而增强，随着溅射功率的增加，相同厚度薄膜的导电性能下降；随着氩气压强的增大，相同厚度薄膜的导电性能先下降后提高。根据 ASTM D4935－99 测试标准，镀膜织物的电磁屏蔽效能值随着膜厚的增加而增大，膜厚为100nm 时屏蔽效能超过 26dB，屏蔽率大于 99.7%。

在涂层方面，王进美等利用所合成的纳米管状聚苯胺制备涂层剂，考查了纳米管状聚苯胺与普通盐酸掺杂聚苯胺混配比、碳纳米管掺杂剂用量、有机黏合剂用量、织物涂层用量等 4 个因数对涂层织物的表面比电阻的影响，利用 Mini-tab DOE 多因子优化分析试验方法确定了织物涂层整理剂配方。优化涂层织物的最低表面比电阻达到 16Ω，整理后织物的导电性大大提高。利用波导管法测得涂层织物的微波段电磁屏蔽效能达到 48dB。

陈颖等研究了石墨涂层、镍涂层在织物和导电涤纶上的制备技术及屏蔽效果，进而利用石墨屏蔽涂料、镍屏蔽涂料和银屏蔽涂料，制备了石墨屏蔽涂层织物、镍屏蔽涂层织物、石墨与镍混合屏蔽涂层织物、石墨/镍复合屏蔽涂层织物、石墨/银/石墨三明治型复合屏蔽涂层织物、镍/石墨/镍三明治型复合屏蔽涂层织物等多种试样。研究显示，镍双面屏蔽涂层织物的屏蔽效能值最佳，在 30～1500 MHz 范围内，屏蔽效能可达 62.0～47.1dB，屏蔽率为 99.92%～99.56%，而且织物柔软。涂层剂中导电粒子的含量、分散效果、涂层厚度、平整度对涂层织物的使用性能、加工效果和屏蔽效果有重要的影响。

此外，杨鹏等利用不同金属盐的凝固浴，制备了多种海藻酸盐纤维。在凝固浴中，纺丝液中的钠离子与其他金属离子发生交换，大分子中的羟基与金属阳离子通过螯合作用结合。制备的海藻酸锌、铜、钙、钡四种纤维中，海藻酸锌纤维表面光滑度最好；海藻酸铜纤维强度和线密度最大，伸长率较低；海藻酸钡纤维的伸长率和断裂功较高。与普通黏胶纤维相比较，离子交换后的海藻纤维在各个频段的屏蔽效能都要高，其中海藻酸钡纤维的效果最好，在 30～600 MHz 其屏蔽效能接近 20dB。

第七节　负离子纺织品

一、负离子的概念

大气中的分子或原子在机械、光、静电、化学或生物能作用下能够发生电离，其外层电子脱离原子核，这些失去电子的分子或原子带有正电荷，称为正离子或阳离子。而脱离出来的电子再与中性的分子或原子结合，使其带有负电荷，称为负离子或阴离子。

由于空气中离子的生存期较短，不断有离子被中和，又不断有新的离子产生，因此空气中负离子的浓度不断变化，保持某一动态平衡。

二、负离子的卫生保健作用

负离子对人体的健康作用早已被医学界证实，也越来越被广大消费者所认知。负离子纺织品可在皮肤与衣服间形成一个负离子空气层，使人体内氧自由基无毒化，消除氧自由基对人体健康的多种危害，使人体体液呈 pH 为 7.4 左右的弱碱性，从而使细胞活化，促进新陈代谢，起到净化血液、清除体内废物、抑制心血管疾病的作用；并且负离子材料的永久电极还能够直接对皮肤产生微弱电刺激作用，调节植物神经系统，消炎镇痛，提高免疫力，对多种慢性疾病都有较好的辅助治疗效果，主要体现在以下三方面。

(1) 对神经系统的影响。可使大脑皮层功能及脑力活动加强，精神振奋，工作效益提高，能使睡眠质量得到改善。负离子还可使脑组织的氧化过程力度加强，使脑组织获得更多的氧。

(2) 对心血管系统的影响。负离子有明显扩张血管的作用，可解除动脉血管痉挛，达到降低血压的目的，负离子对于改善心脏功能和改善心肌营养也大有好处，有利于高血压和心脑血管疾患病人的病情恢复。

(3) 对血液系统的影响。研究证实，负离子有使血液变慢、延长凝血时间的作用，能使血中含氧量增加，有利于血氧输送、吸收和利用。负离子对呼吸系统的影响最明显。

负离子纺织品的另一重要功能就是能够辐射远红外线，远红外线对人体健康的保健作用及治疗某些疾病的效果也早已被国内外认识。近年来，每年秋冬，商家都推出大量远红外保暖内衣。远红外线对人体不仅是保暖，而是具有多重健康作用。远红外线通过内衣作用于人体后可以明显改善微循环促进血液流动，一般能够提高血流量 20%～40%，提高皮肤温度 2～3℃，减少血管内血脂沉积，预防心血管疾病，同时它还具有激活生物分子活性、增强新陈代谢、消炎消肿等功能。

除了对人体的保健功能，负离子对空气有消毒和净化的作用，对水有净化和过滤作用。

三、电气石负离子纺织品的开发

负离子纺织品可以直接采用负离子纤维织造。负离子纤维产生于 20 世纪 90 年代末期，由日本首先开发出相关的产品。其主要的生产方法大致可分为表面涂覆改性法、共混纺丝法、共聚法等。另外一种途径是通过后整理获得负离子纺织品。日本在这方面有很多专利技术。典型的能够释放负离子的功能材料见表 9-9，其中电气石是目前最常用的材料。

表 9-9 典型的释放负离子功能材料

材料名称	组分及特征
电气石	$(Na, Ca)(Mg, Fe)_3B_3Al_6Si_6(O, OH, F)_{31}$的三方晶系硅酸盐
蛋白石	主要含水非晶质或胶质的活性二氧化硅
奇才石	硅酸盐和铝、铁等氧化物为主要成分的无机系多孔物质
古代海底矿物层	硅酸盐和铝、铁等氧化物为主的无机多孔物质

（一）电气石负离子激发原理

电气石是一种晶体结构，属三方晶系，空间点群为 R_{3m}系，是一种典型的极性结晶，无对称中心，其 C 轴方向的正负电荷无法重合，故晶体两端形成正极与负极，且在无外加电场情况下，两端正负极也不消亡，故又称“永久电极”，即负离子素晶体是一种永久带电体。

“永久电极”在其周围形成电场，由于正负电荷无对称中心，即具有偶极矩，且偶极矩沿同方向排列，使晶体处于高度极化状态。这种极化状态在外部电场为“0”时也存在。

电场的强弱或电荷的多少，取决于偶极矩的离子间距与键角大小。每一种晶体有其固有的偶极矩。当外界有微小作用时(温度变化或压力变化)，离子间距和键角发生变化，极化强度增大，使表面电子被释放出来，呈现明显的带电状态，或在闭合回路中形成微电流。

具有自发极化是晶体中存在热释电性的前提。具有自发极化的晶体被称为热释电晶体。热释电效应最早是在电气石晶体中发现的。自发极化是指在无外电场的作用下，当晶体温度降至某一温度以下时，由于晶体结构中正电荷和负电荷中心的不重合，而产生的极化现象，自发极化是由晶体的结构造成的。

电气石的 c 轴为极轴。定义 c 轴的正端为热负极，负端为热正极。当温度升高时，热释电系数也随之增加。电气石中铁的含量对热释电效应有显著的影响，氧化铁质量分数在 0.01%～14.6%时，铁含量的增加与热释电系数的降低呈线性关系。这种效应可能是由于富含铁的电气石在温度升高时导电性增加引起的。

当电气石晶体微粒的尺寸很小时，就可以把其当作一个电偶极子来看待，电气石晶体极轴两端带有的异号电荷由于等量而相互抵消，因此，电场强度在平行极轴方向最大，并且距离中心越远，静电场减弱越迅速。冀志江等在研究黑色电气石粉体的带电性质时，从电子探针中首次直接观察到了电气石颗粒的电极性。电气石存在自发极化效应，在电气石的周围存在着以 c 轴轴面为两极的静电场，表面厚度十几微米范围内存在 10^4～10^7 V/m 的高场强。在静电场的作用下，水分子发生电离，具体反应过程如下：

$$H_2O \longrightarrow H^+ + OH^-$$

$$2H^+ + 2e^- \longrightarrow H_2\uparrow$$

$$OH^- + H_2O \longrightarrow H_3O_2^-$$

$H_3O_2^-$ 负离子的分子模型：

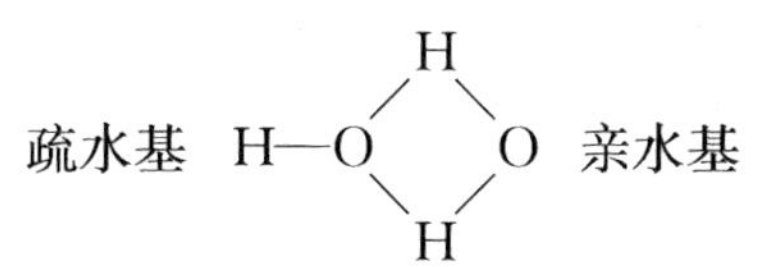

表 9-10　电气石与负离子发生器产生的负离子的区别

产生方法	负离子种类	人体吸收途径	副产品
电气石	羟基 $H_3O_2^-$ 负离子	82%通过皮肤穴位吸收；18%通过呼吸吸收	无
辉光放电负离子发生器	氧负离子	主要靠呼吸吸收	同时放出有害健康的臭氧、氮氧化合物

电气石超微粒子是以共混工艺加入纤维中的，除了裸露在纤维表面的部分，绝大多数都在纤维内部，电气石粒子的正负极有可能湮没在纤维中的高分子基团中，而达不到将水分子瞬时“负离子化”的目的。

(二) 电气石负离子纺织品的开发

使用电气石开发负离子纺织品时，如何获得高效负离子发生能力是工艺开发的核心。利用电气石的自发极化效应，首先要将其颗粒充分分散，避免颗粒的正负电极相连，电场抵消；其次采用的分散介质最好有一定的电导率，提高电气石粉体与空气的接触率；此外，适当能量激发有利于提高空气负离子的发生能力，如与稀土的复合。

胡应模等为了提高电气石粉体在树脂中的分散性和相容性，利用 Span-60 对电气石进行表面改性。以甲苯作溶剂，Span-60 用量为电气石质量的 3%，矿浆比(电气石质量与溶剂质量之比)为 15∶50，60℃反应 1h 所得改性电气石的活化指数接近 100%，接触角超过 120°。对改性电气石结构表征表明，Span-60 对电气石晶体结构无影响，改性后的电气石在聚丙烯中的分散性能明显优于未改性电气石。Y. Wang 等利用钛酸盐偶联剂对超细电气石粉体进行表面改性，颗粒表面呈疏水性，在 PET 树脂中分散良好。

稀土的复合盐或氧化物与电气石复合可以有效地提高电气石产生空气负离子能力，如 CeO_2、La_2O_3、$Ce_3(PO_3)_4$。稀土元素的原子序数高，原子半径大，具有未充满的 4f 电子层结构，易失去外层电子，具有特殊的变价特性和化学活性。具有放射性的铈同位素衰变产生的 β 射线是电子流，能量较高，具有很强的电离作用。在电气石粉体中加入含有铈的材料时，铈衰变产生的 β 射线(电子流)与电气石电离空气产生的正离子相结合，形成中性分子，促进电气石对空气分子的电离。同时，β 射线本身是电子流，与空气中的中性分子结合可形成空气负离子，使空气负离子浓度增加。

崔元凯等将电气石微粉分散在黏胶浆粕中，制备了负离子黏胶纤维。经大气离子浓度相对标准测量装置检测，负离子浓度为 640 个/(s · cm^3)，而普通黏胶在相同测试条件下为 0。进而制备了负离子黏/棉功能面料，负离子发射能力大约 1×10^3 个/cm^3，水洗 30 次后发射能力几乎没有变化。与后整理的加工方式相比，共混纺丝法在耐久性上无疑具有先天的优势，但是必须解决好粉体分散及粉体对纤维加工性能、使用性能造成的影响等问题。

通过后整理实现负离子功能主要是利用一些含有负离子发射功能的整理剂，配合适当的黏合剂，经轧烘工艺或涂层工艺，使功能离子黏合在纤维表面。后整理方法灵活，工艺简单，适用面广，功能粒子利用效率高；但是，存在耐洗涤性能差、影响织物手感、色光等问题，需要在工艺和材料方面进一步加以改善和提高。

另外，电气石负离子涂料的开发在我国也受到重视。陈延东等制备了电气石负离子涂料，能够显著地提高涂料中负离子浓度；张朝伦等利用含有电气石的涂料涂装室内墙面，可提高室内空气中负离子含量，改善空气质量。

负离子对人体的保健作用、对环境的净化作用、对水的活化作用等许多功能已经受到认可，如何对负离子浓度进行科学和客观的评价摆在人们面前。这一问题将直接影响负离子功能材料的研究和相关产品的开发。

目前，有多种仪器可用于负离子浓度的测定，通过负离子的迁移率、介质的电导率、微电压、微电流表征负离子浓度。负离子纺织品除用仪器测试外，还经常采用手搓法：在一定温湿度条件下，双手握持试样，做 10s 搓揉的物理刺激后，将试样靠近空气离子浓度测试仪，测定样品附近空气的负离子浓度。

王继梅等重点研究了负离子浓度随环境温度和湿度的变化规律。结果表明，负离子浓度随温度和湿度的升高而升高，而且湿度对其影响更明显。负离子粉体能高效产生负离子，其浓度随粉体质量和测试距离的不同而不同。质量越大，浓度越高；距离越大，浓度越低。电气石粉体的化学成分与负离子的生成量密切相关，其他的一些研究也提出此观点。因此，在开发负离子纺织品时，要重视对激发负离子材料的选择，重视各种材料之间的配合，发挥材料的协同效应。

另外值得一提的是，在电气石的开发与应用中，光催化复合材料的开发对于开发多功能纺织品具有积极的借鉴和启发意义。常用作光催化的材料大多数是 n 型半导体，这些半导体在一定能量照射下产生光生空穴，与羟基或水分子作用生成的羟基自由基，进一步使有机物发生氧化分解。在紫外光照射下产生的光生电子和光生空穴容易复合，使催化效率降低。利用电气石的表面电场，光生电子可被电气石阳极捕获，延长光生空穴寿命，提高光催化效率。对此，孟军平等将电气石加入到 TiO_2 中制成薄膜，提高了 TiO_2 光催化降解甲基橙的效率；H. S. Sun 等将电气石加入到 TiO_2 中制成复合粉体，提高了 TiO_2 光催化降解 2-氯酚的效率；李金洪将电气石加入到 ZnS 中制成复合粉体提高了 ZnS 光催化降解甲基蓝的效率；赵永明等通过溶胶-凝胶法制备掺杂电气石和 La 的 TiO_2 光催化材料，优化工艺后，对甲醛的降解率达到 82.5%，比相同实验条件下单独使用 TiO_2 的降解率提高了 61.1%。

第八节　涂 层 整 理

涂层整理是织物实现功能性的有效的技术手段，涉及多个学科的交叉和融合。本节以工艺为主，结合一些基本原理予以介绍。

涂层织物由两层或两层以上的材料组成，其中至少有一层是纺织品，而另一层是完全连续的聚合物涂层。层与层之间通过外加的黏合剂或材料自身的黏性紧密地黏合在一起。另一种形式是层压织物(或称贴合织物)，与涂层织物显著的不同之处是聚合物已预先制备成膜，然后再与织物进行贴合。

涂层和层压织物在交通运输、工业、服装和医用领域中使用广泛。近年来在产业用布、环境保护和防护等领域出现显著增长。其中包括汽车、飞机、船舶和火车等在内的交通运输纺织品是涂层纺织品最大的应用领域。

织物涂层和层压涉及以下几个学科：纺织技术、化学和聚合物化学与工程技术。基布的设计、织造涉及纺织技术，基布决定了涂层织物的物理机械性能以及对涂层加工的适应性。织物需经过适当的整理以获得满意的附着力以及柔软的手感和悬垂性；由聚合物特性，可以根据产品的使用性能决定选用何种聚合物(如

PVC，聚氨酯，聚丙烯酸酯），制定涂层浆配方；根据化工和机械加工技术可以设计、设置涂层机所需的各种部件、构件。

另外，对材料的处理，特别是待涂层（或层压）的材料的处理有时会被忽略，但它却是极其重要的，因为使用有油污、破损和折皱的织物会导致产品品质降低。

一、织物

相对而言，只有少数的几种织物组织结构适于涂层加工，如平纹、斜纹和方平组织。组织结构疏松的织物会发生尺寸变形，特别是在对角线的方向上情况更为严重；同时过于疏松的组织结构会导致树脂渗透，如果织物结构太疏松，那么涂层树脂无法跨越纱线间的空隙形成连续的涂层而获得如拒水性一类的性能。

为将轻质与高撕破强度结合起来，有时采用防撕破组织结构，即每隔若干根纱线织入一根高强纱线。机织物的结构，特别是平纹结构通常缺乏延伸性，因此，任何拉伸都要转嫁到纱线上。除了纱线固有的拉伸断裂强力，其在织物中的活动性直接影响织物的撕破强力。如果纱线在织物中有一定的滑移性，进而在撕破的裂口聚集成束，可以获得更高的撕破强力。由此也可以断定，涂层剂渗入纱线之间，将导致撕破强力降低。20 世纪 60 年代，一种提高撕破强力并可直接改良涂层的牛津纺织物被申请为专利。后来这种产品发展成为 Poly-RR 织物，它具有两倍于标准织物的撕破强力。

当涂层织物需要有很大的伸长量时，可用针织物作基布。然而由于这些织物的延伸性很大并且结构疏松，针织物一般不能直接进行涂层。那些由连续长丝织成的织物通常比短纤维纱织成的织物手感更硬挺，对于针织物尤为如此。当在这些织物上直接涂层的时候，手感会变硬；如果树脂渗透量过大，这些织物将会变得更硬。渗透量越少，织物的手感越柔软，但树脂在织物上的黏着力会变差。因此，在涂层织物的手感和树脂黏着性之间需要折中考虑。正如短纤纱织成的织物通常不能用直接涂层进行加工一样，这些织物可以用泡沫涂层或转移涂层工艺。用变形纱或其混纺纱生产的机织物，有些性质介于长丝和短纤纱织物之间，在某些情况下可用直接涂层进行加工。

通常针织物比机织物手感柔软，悬垂性好，不能用直接涂层，但可进行转移涂层。用针织物作基布，涂层织物可能获得非常好的悬垂性和柔软的手感。针织物有时要稍微起毛以提高涂层黏合性并使涂层织物获得最佳的柔顺性。

非织造布用途广泛，树脂作为黏合剂也已广泛地用于非织造布的制造。除一些个例外，通常非织造布的撕破强力有限，悬垂性和手感很差，只能用在一些用即弃的防护服装。由于其表面粗糙，而且不能够承受涂层机的拉伸力，大多数情况下不能用直接涂层。然而，针刺非织造布可用于地毯制造，经水性树脂涂层和热熔涂层后，表面摩擦性能提高。

二、织物涂层的基本原理

涂层技术简单来讲就是控制树脂涂敷量，同时尽可能保持织物的美感与性能。树脂含固量或泡沫密度及黏度这些与聚合物相关的性质对于控制涂敷量很有用，而机械的性质及几何形状同样与之有关。另外，必须在不影响织物性质的情况下对涂敷量加以控制，最直接的方法是使用不同截面的刮刀、调整刮刀角度及刮刀与滚筒或加工台面之间的缝隙；对于辊涂可以调整滚筒夹缝间距、滚筒转速和接触角。此外，将刮刀顶在滚筒上刮去多余树脂可进行更为精确的控制。当树脂涂敷量非常低的时候，最有效的控制方法是使用凹版印刷辊、模缝挤压机、圆网印花和泡沫处理技术。

三、涂层方法

（一）直接涂层

直接涂层又称为干法涂层，是使一种聚合物以一定厚度铺展在织物表面，形成连续的聚合物层，聚合物涂层可以是黏稠的水分散体、水性或溶剂型溶液。所用液体必须有一定的黏度，以防渗入织物中。加工时，织物在卷布辊的张力下拉平，形成均匀的平面，然后在静止的刮刀下通过，当织物向前运动时，树脂或聚合物在刮刀的作用下在织物表面均匀地涂覆，如图 9-13 所示。

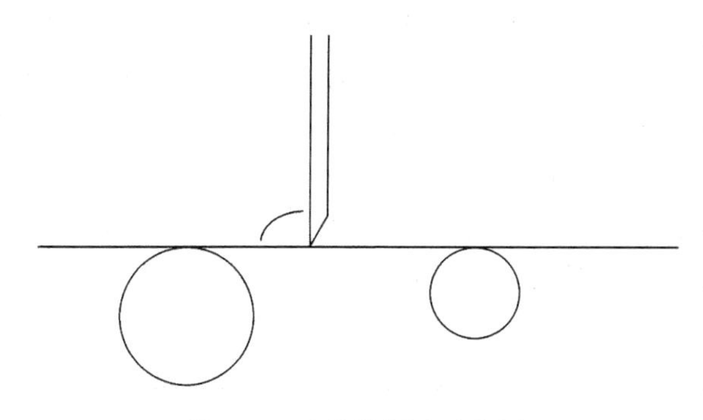

图 9-13　直接涂层法示意图

图 9-14 显示了刮刀与滚筒配合控制涂层厚度的方法，即利用刮刀和织物表面形成的一条缝隙来控制树脂用量。当所用树脂对织物而言很重时，也要使用该法，如 PVC 塑料溶胶。刮刀相对于轧辊凸面的位置非常重要，如果刮刀不在轧辊正上方，那么刮刀实际上类似于悬空的方法。这种脱辊的位置实际上对于涂起毛或起绒等厚重织物非常有用。涂敷量的大小取决于涂层剂的含固量及涂敷厚度。

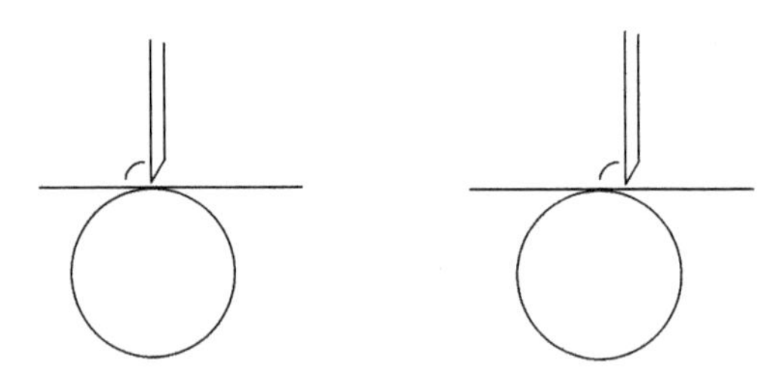

图 9-14　刮刀与滚筒位置示意图

直接涂层主要用于加工尼龙或聚酯长丝织成的织物。如果直接在短纤纱织成的织物上涂层，纤维末端伸出织物表面，会导致表面粗糙。刮刀也有可能将织物中的线头带出一些，在涂层过程中这些线头会直立在织物表面，影响涂层质量。对于涂层非常厚的产品，如安全带、印花机导带和气囊等，上述问题显得并不重要，因为数层厚厚的涂层会将纤维末端完全覆盖。目前，在某些工业涂层中棉织物仍有所使用。

（二）泡沫及挤压泡沫涂层

这种方法可用于机织物或针织物涂层，甚至还可以用于结构较为疏松的短纤纱机织物，因为泡沫可以保持在织物表面而不会渗入织物内部。泡沫涂层与泡沫整理类似，只是聚合物含量更高，泡沫更稳定，即不易压破。挤压泡沫涂层与直接涂层相比，织物还可以获得非常柔软的手感和更好的悬垂性。另外，挤压泡沫涂层有一定的渗透性和透气性，与同等重量的直接涂层织物相比，遮蔽性更好。这种加工形式多样，在涂层配方中加入不同的添加剂，可产生各种独特的性能。

典型的配方包括丙烯酸酯树脂、水、发泡剂(硬脂酸铵或 *N*-十八烷基硫代琥珀酸钠)、增稠剂、填充剂、功能性添加剂、交联剂(如果需要)。

据研究，发泡剂 *N*-十八烷基硫代琥珀酸钠可使材料获得更好的耐磨性，避免表面起霜，泡沫寿命更长。然而添加剂过多会对织物的耐洗性能及其他的物理性能带来负面影响。

在发泡涂层机上，影响泡沫密度的三个基本因素是：搅入空气的速率、泵速和转子转速。气流不应有波动，最好使用气流计加以控制。转子的速度越快，泡沫越细腻。泡沫要等到反压产生才可能使用，因为这时泡沫密度才能保持恒定。泡沫密度一般在 0.1～0.8g/m^2的范围内。在理想状况下，泡沫在涂层过程中应当滚动，这样才不会老化结皮或变干。

烘干工序安排在聚合物泡沫涂层后进行，它对涂层质量控制也十分关键。烘箱内温度通常逐段升高，这样泡沫才能逐渐被烘干。如果烘干速度太快，那么在未烘干的泡沫表面会结皮，当溶剂透过这层皮膜排出时，会形成气泡。过度烘干会使涂层表面龟裂。例如，在操作中可将烘箱第一段温度设为 90℃，第二段设为 110℃，第三段、第四段设为 130℃。正常的烘干程度应该将含水率控制在 5%～10%，且受到挤压时泡沫被压破而不反弹。只有这样才能用滚筒对泡沫进行挤压处理。而后，再进一步焙烘。焙烘和挤压越充分，涂层的耐洗性、耐干洗性以及耐磨性越好。如果涂层要得到更高的耐磨性，则需要挑选合适的树脂并添加交联剂，此时往往织物的柔软性和悬垂性会有所降低。

（三）转移涂层

转移涂层技术是伴随着聚氨酯的应用而开发形成的，并于 20 世纪 60 年代实现工业化。转移技术主要用于针织物，与梭织物相比，针织物结构疏松、容易伸长，在张力的作用下容易发生形变。另外，树脂易渗入织物内部甚至穿透织物，织物因而变得僵硬，撕裂强力严重下降。转移涂层还适于加工棉纤维等短纤纱织成的织物。

转移涂层加工的基本方法是：先将表面涂层剂刮在离型纸上，然后烘干(这时避免反应性树脂发生交联)；接着在该层之上再涂底涂；最后，与织物复合，通过轧辊使二者结合在一起。离型纸、涂层和织物一起进入下一烘箱，在这里两层涂层烘干并交联在一起。底涂这时黏在织物上。经过第二个烘箱后，即可将刚生产出来的涂层织物从离型纸上剥下来，卷绕在卷布辊上。使用轧花纸或进一步加工可以得到轧花的涂层。转移涂层加工过程如图 9-15 所示。

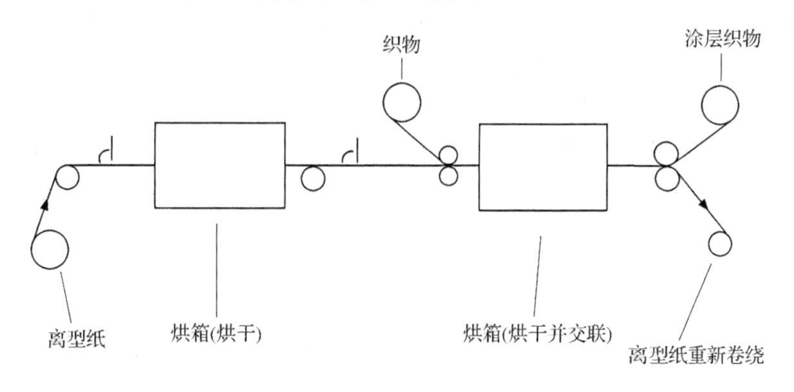

图 9-15　转移涂层加工示意图

与直接涂层不同，转移涂层常作为材料的表面处理。高规格产品有时须用溶剂型聚合物，特别是表面涂层作为服装的外表面时更是如此。在某些情况下，离型纸可以重新使用，但是随着使用次数增加，分离性能会受到损坏；对于高品质的产品而言，离型纸只能使用一次。有些产品，织物经过起绒更有利于机械控制，这样在获得最好的黏合力的同时还可获得最佳的手感和悬垂性。如果起绒加工需要起绒剂时，应避免使用硅烷类起绒剂，它们会对黏合力造成负面影响。应当尽量减少起绒剂的用量并注意检查其对黏合力造成的影响。

利用 PVC 生产人造革是转移涂层技术非常重要的一项应用，产品广泛用在服装、箱包、装饰织物以及汽车内饰等方面。目前很大一部分装饰织物是采用拉伸或吹制 PVC 薄膜再经转移涂层加工而成，这种织物手感非常柔软。PVC 涂层材料可以轧花，还可以混入阻燃剂、杀虫剂和颜料以获得复合功能织物。

（四）聚氨酯凝固涂层

1. 仿真皮织物和仿麂皮织物

这方面的研究十分活跃，已有数百项专利。主要的纺织和化学品公司，例如，DouPont、Bayer、Toray 等都申请了相关专利。尽管此类产品已面世多年，但与天然皮革相比依然存在一定的差距。其中最为成功的是超细纤维、聚氨酯的应用。

聚氨酯涂层最基本的处理过程是，将聚氨酯溶解在溶剂中，然后在一定条件下脱去溶剂，形成凝固体。这种材料很柔软，具有孔状结构，是仿制皮革的基础。工业上一般将聚氨酯溶解在 DMF 中，然后涂在织物上。接着将涂层材料浸入 DMF 和水的混合浴中，聚氨酯涂层发生凝固。最后进行洗涤和烘干。加工完成后必须将有毒性的 DMF 回收。

该技术在工艺设计和工艺条件方面涉及许多参变量，因此必须对聚合物类型、基布设计、添加剂、黏度、凝固浴条件、清洗和干燥条件等多方面参数进行优化。目前，大多数人造革和仿麂皮织物均采用该工艺制造，在配方中若添加氟碳化合物可使聚氨酯微结构获得疏水性，材料具有防水透湿功能。

水性的聚氨酯树脂热凝固是一种更为环境友好的加工方法。与溶剂法相比，这种加工方法具有更多的优点，但是迄今为止在性能方面还有一定的差距。

2. 防水透湿微孔涂层

在常规直接涂层机上生产防水透湿涂层时要用到蒸发、干凝固和相分离技术。例如，先将聚氨酯树脂与 MEK/甲苯的水分散体系混合，然后涂在织物上，仔细控制加工条件，逐渐烘干。MEK/甲苯先挥发，聚氨酯开始凝固。随后水分开始蒸发，留下带有微孔的聚氨酯凝固层。工业生产中，常采用双涂层加工方法，第一层涂层含有黏合促进剂，以确保涂层黏在基布上；第二层含有氟类化合物和交联剂，氟类化合物帮助涂层获得拒水性，而交联剂可提高产品的耐磨性。通过调节配方中水含量可以控制产品的透湿性。涂层加工后，需要用氟碳化合物或硅烷进行拒水整理，以确保微孔结构有良好的拒水性。

在某些状态下，液态水可以通过由微孔涂层材料生产的服装，如在织物屈曲度高的部位或压力高的地方，像肘部、腋下以及臀部等。另外，也存在有孔隙被灰尘堵塞、洗后残留的表面活性剂会提高液态水通透性等问题。对此，可以利用亲水性聚氨酯树脂无孔膜加以解决。

（五）滚筒背面给液技术

滚筒背面给液方法可用黏度很低的整理剂或涂层剂对织物进行单面整理，如图 9-16 所示。对于某些整理，这项技术可以替代浸渍法或泡沫整理。通过调整整理浴的含固量、织物与涂布辊的接触角度、接触面积和接触程度、涂布辊的转速和方向以及织物的运行速度，可以控制涂敷量。有时在涂布辊旁边可加一把刮刀，有助于保持带液量的均匀性。机织平绒汽车座椅织物、地毯和其他产品，有时为了固定绒毛也采用这种技术。

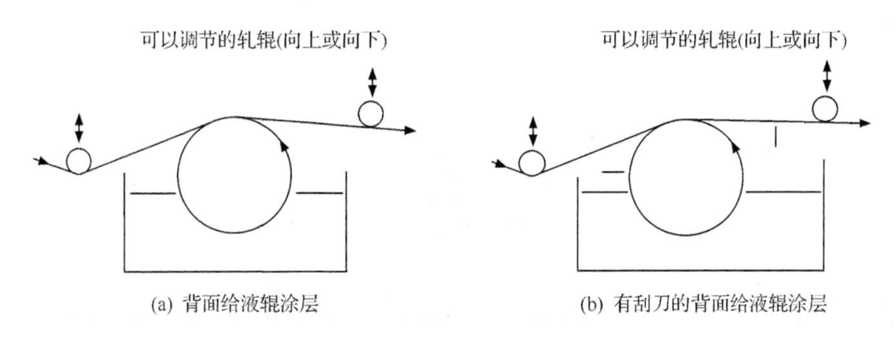

(a) 背面给液辊涂层　(b) 有刮刀的背面给液辊涂层

图 9-16　滚筒背面给液加工示意图

（六）压延法

压延机主要用聚合物生产无基布支撑的 PVC 或橡胶薄膜，通过调整工艺还可以将该薄膜直接层压在织物上(图 9-17)。

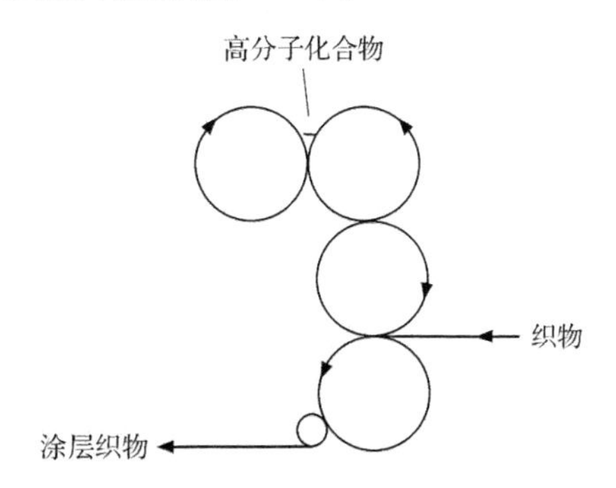

图 9-17　织物与滚筒上形成的薄膜直接进行层压

压延机的压延部分通常由 4 根滚筒构成，即四辊压延机，通过转动滚筒将聚合物糊压制成厚度均匀而平整的薄膜。滚筒间缝隙的厚度决定了薄膜的厚度。滚筒越多，薄膜的精确性和均匀性就越好。由于无需蒸发溶剂或水分，因此可以得到很高的涂敷量。在某些操作中，例如使用聚氨酯时，首先通过直接涂层(悬浮刮刀)在织物上进行底涂，以获得最佳的黏合力，然后进行压延涂层。

压延法生产的薄膜可与织物进行贴合。有些产品预先用热塑性树脂制成薄膜(如聚氨酯、聚丙烯或 PVC)，然后层压在结构疏松的机织物两侧。接着三层材料同时通过加热的轧车，两层薄膜熔化后在疏松的组织中相互结合。有时这种织物并非织成的，而是用黏合剂将经纱与纬纱(或非常细的带子)黏在一起。薄膜层压可以使用较厚的涂覆量而不必像直接涂层那样刮涂多次。用作旗布或轻薄型遮盖物的 PVC 薄膜双面层压织物也可以用稀松织物或非织造布作为增强材料。

(七) 圆网印花涂层

圆网印花技术主要用于织物印花，如图 9-18 所示，印花色浆在刮刀作用下通过筛网涂在织物上。这种技术还可以将聚合物涂于织物上，涂敷量为 5～500g/m^2。树脂黏度、圆网的网眼、刮浆板的速度和压力都可用以控制涂敷量。圆网内的刮浆板透过圆网上的网眼将树脂以点阵形式挤出，涂在织物表面。圆网的转速与织物运行速度相同，这样两者之间不会产生摩擦力。涂在织物上的树脂是点状流体，进而融合在一起形成连续的涂层。当这些点不能形成连续涂层时，则需要使用均匀刮刀。

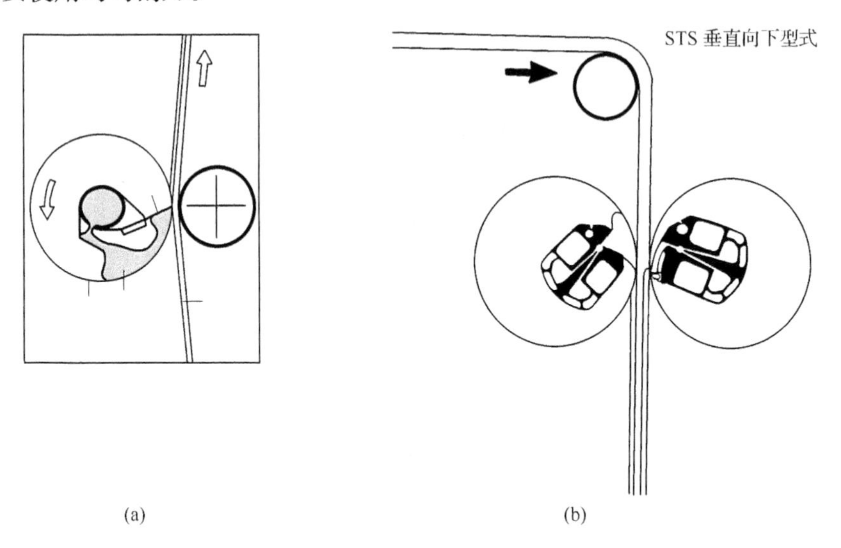

图 9-18　圆网印花在涂层中的应用(a)和织物垂直向下运动的网对网涂层体系(b)

采用圆网印花涂层加工时，织物无需为了平整而施加很大的张力，并且树脂渗透量低，因此涂层产品的手感和悬垂性很好。这种方法通常只限于使用水性树脂。PVC溶胶可以用圆网印花涂层法。用水调成糊状的热熔黏合剂也可以用圆网印花涂层法加工。

由于无需对基材施加很高的张力，这种方法非常适于加工轻薄型非织造布以及很薄的薄膜，如用于服装的防水透湿薄膜。对织物增重要求很低的情况下，可以非常出色地实现对黏合剂的涂敷量和均匀性的控制。这种技术更为优越之处在于涂层织物可以烘干、卷绕、储存，并且需要使用时可以再次活化。因为黏合剂是点状的，所以最终生成的层压织物具有良好的手感和悬垂性。最著名的圆网印花设备制造商是Stork和Zimmer。二者之间最根本的区别是，Stork的设备在圆网内部使用刮浆板控制树脂的施加量，而Zimmer的设备使用磁性系统。

圆网涂层法还可以取代浸轧法用在泡沫涂层或泡沫整理的场合。该法还可以使用两个圆网(Stork’s STS-screen to screen-method)，如图9-18(b)所示，分别位于织物的一侧，因此可以同时对织物进行不同整理。刮浆板的位置是控制涂敷量的关键因素。

（八）焰熔层压

焰熔层压工艺发明于20世纪50年代，70年代在工业生产中获得发展，曾被广泛应用于服装、窗帘和帷幕的生产，并利用聚氨酯泡沫自身作为黏合剂，是一种快速、经济的加工工艺，但是需要很多的加工技术，并要定期维护，设法消除浓烟。

将表面织物、聚氨酯泡沫和稀松织物三层材料喂入层压机中，火焰将移动中的泡沫熔化，成为黏合剂；熔融过程在双面焰熔层压机上发生两次，如图9-19所示。为补偿被烧掉的泡沫，喂入泡沫的厚度要比设定值稍高一点。

生产中必须优化机器设置，以保证泡沫和织物层压质量。这些设置包括对火焰温度的控制(燃气/空气比例)、燃烧器的距离、滚筒之间的缝隙和速度。燃气火焰的实际温度取决于所用的燃气和火焰喷射到泡沫的位置。对于一定品质的织物和泡沫，为了获得稳定的加工结果，必须使用相同的设置。阻燃等级高的，要多燃烧一些以获得令人满意的黏合力。本来聚醚型聚氨酯泡沫用焰熔层压工艺产生的黏合效果并不好，然而经改性后，可以获得和聚酯型聚氨酯同样好的黏合效果，但是成本增加。

焰熔层压生产的层压产品富有弹性而且黏合力高，基本不影响织物的美学方面的性能。

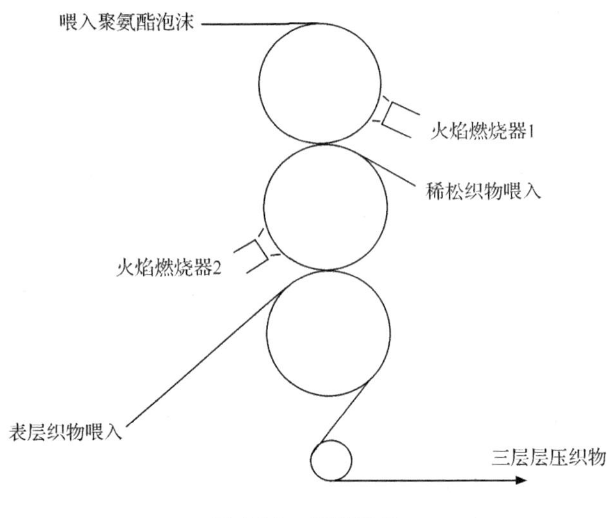

图 9-19　焰熔层压

（九）热熔层压

在焰熔层压工艺中，聚氨酯燃烧时会释放出有毒气体。随着人们环保意识的增强，希望找到替代工艺，使用轧光机和热熔黏合剂是一条可行的技术路线。轧光机层压的加工方法：热熔黏合剂在中间，上下两面是层压材料，像三明治一样组合在一起；然后将组合体喂入轧光机，轧光机加热材料并将黏合剂熔化，实现层压。

在工业生产中必须对加热温度、平板间隙、压力和速度进行全面的试验，这样才能确定最佳条件。热熔黏合剂的熔融黏度很重要，因为在黏合温度下，黏合剂必须能够流动以覆盖一定数量的基材表面积，并渗入基材中。但是，如果流动性太强，黏合剂会穿透基材，使织物变硬，在某些极端情况下，甚至会从基材表面流失，导致黏合力变差。

织物涂层技术为功能纺织品的开发提供了强有力的支持，但是在很多领域仍有许多问题未能解决。例如，防护服织物的轻量化、相变涂层材料的功效比、纳米涂层加工技术、加工过程的生态友好性等。这些问题的存在正是涂层技术发展的动力和方向。随着科学技术的不断进步，新材料和新技术层出不穷，将使涂层技术发展中面临的问题逐步得到解决，涂层加工也必将在功能性纺织品加工领域扮演越来越重要的角色。

参考文献

安本博. 公开特许公报,平 13-355182.
卑伟慧,曹毅. 2007. 电磁辐射的生物学效应. 辐射防护通讯,27(3):27-31.
毕鹏宇,陈跃华,李汝勤. 2003. 负离子纺织品及其应用的研究. 纺织学报,24(6):607-609.
陈合义. 2005. 新型防电磁辐射织物的设计. 天津工业大学硕士学位论文.
陈克宁. 1996. 新型的无醛防皱整理剂——多元羧酸(二). 印染,(5):33-42.
陈克宁. 1996. 新型的无醛防皱整理剂——多元羧酸(一). 印染,(4):36-40.
陈美云,袁德宏,王春梅. 2007. 棉织物的混合多元羧酸-壳聚糖防皱整理. 印染,01:1-4.
陈延东. 2005. 一种人工合成电气石负离子涂料及其制备方法:中国,200510102154. 2.
陈颖. 2008. 高分子屏蔽材料的研究. 北京服装学院硕士学位论文.
成丽. 2011. 短氟链含氟聚丙烯酸酯的合成及其织物整理应用. 苏州大学硕士学位论文.
崔元凯. 2007. 负离子纤维及其针织产品的生产工艺及性能研究. 江南大学硕士学位论文.
窦蓓蕾,安秋凤,马军建,等. 2010. 聚氨酯改性氟代聚丙烯酸酯易去污整理剂的合成及应用. 应用化工,39(2):189-192.
二之宫清道. 公开特许公报,平 13-204611.
郭鹞. 2002. 电磁辐射生物学效应极其应用. 西安:第四军医大学出版社.
侯燕,唐仁成. 2010. 壳聚糖-柠檬酸对棉织物的防皱防臭整理. 染整技术,32(4):34-38.
胡金莲,刘晓霞. 2006. 纺织用形状记忆聚合物研究进展. 纺织学报,27(1),114-117.
胡绍华译. 负离子纤维-新型健康纤维. 加工技术,1998(3):17-18.
胡应模. 2002. Span60 对电气石粉体表面的改性与复合. 矿物学报,S1:139.
黄继庆. 2009. 新型含氟聚合物织物整理剂的合成及应用. 东华大学博士学位论文.
黄剑锋. 2005. 溶胶-凝胶原理与技术. 北京:化学工业出版社.
吉江胜广. 公开特许公报,平 13-55667.
冀志江,金宗哲,梁金生. 2002. 极性晶体电气石颗粒的电极性观察. 人工晶体学报,31(5): 503-508.
江雷,冯琳. 2007. 仿生智能纳米界面材料. 北京:化学工业出版社.
九保昌彦. 公开特许公报,平 10-195764.
李懋,王潮霞. 2008. 棉织物溶胶 - 凝胶法拒水整理研究. 印染,34(8):8-10.
李雯雯. 2008. 超细电气石机械力化学效应及表面改性的研究. 北京:中国地质大学.
李昕. 2003. 纺织品的防紫外线辐射整理. 染整科技,4:4-11.
李正雄,邢彦军,戴瑾瑾. 2007. 棉织物溶胶 - 凝胶法的无氟拒水整理研究. 印染,(10): 10-12.
梁晓杰,姚金波. 2010. 含氟易去污整理剂研究进展. 针织工业,6:47-49.
刘昌龄译. 耐久定形整理棉织物的机械强力:多羧酸对纤维素酸性降解和交联的影响. 印染译丛. 2000,10.
刘国杰. 耿耀宗. 1994. 涂料应用科学与工艺学. 北京:中国轻工业出版社.
刘亚宁. 2002. 电磁生物效应. 北京:北京邮电大学出版社.
刘志国. 2007. 热处理对电气石粉体表面自由能的影响研究. 河北工业大学硕士学位论文.
马晓光,刘越,崔河. 2002. 防电磁波辐射纤维的发展现状及工艺设计探讨. 合成纤维,1:14-17.
孟庆杰. 2004. 电气石、压电石英超细粉末的制备及其在水处理方面的研究. 天津工业大学硕士学位论文.
任璐,艾汉华,黄新堂. 2004. 荷叶正反面微观结构比较研究//2004 年中国材料研讨会论文摘要集,北京:466.
施榈梧. 2004. 特种纤维制品与单兵防护装备. 纺织导报,6:121-123.

孙超. 2005. 负离子纺织品的开发与性能研究. 东华大学硕士学位论文.
孙世元. 2009. Rayosan C 对棉针织物的防紫外线整理技术. 针织工业,2:73-75.
王洪燕,潘福奎,张守斌. 2008. 电磁辐射与防电磁辐射纺织品. 纺织科技进展,3:28-32.
王继梅. 2004. 空气负离子及负离子材料的评价与应用研究. 中国建筑材料科学研究院硕士学位论文.
王建田. 2010. 水性形状记忆聚氨酯的合成及其在织物整理上的应用. 化工设计通讯,36(2):55-57.
王进美,朱长纯. 2005. 纳米管状聚苯胺织物涂层与导电及微波屏蔽性能. 纺织学报,26(4):10-13.
王维林. 1992. 国内外氟碳表面活性剂发展概况. 有机氟工业,(2):30-35.
王瑄. 2010. 金属纤维织物防电磁辐射性能影响因素探析. 上海纺织科技,38(2):13-16.
沃尔特·冯. 涂层和层压纺织品. 顾振亚,等译. 北京:化学工业出版社.
薛迪庚. 2000. 织物的功能整理. 北京:中国纺织出版社.
杨栋梁. 2008. PFOS 的限用及其含氟替代品的研究动向. 印染,(1):46-48.
杨鹏. 2008. 新型防电磁辐射海藻纤维的制备与性能研究. 青岛大学硕士学位论文.
殷佳敏,许金芳. 2005. 应用壳聚糖进行防皱免烫整理的探讨. 沙洲职业工学院学报,8(2):5-8.
曾春梅. 2011. 织物拒水拒油含氟整理剂的替代取向. 染整技术,4:11-15.
展杰,郝霄鹏,刘宏. 2006. 天然矿物功能晶体材料电气石的研究进展. 功能材料,37(4):524-527.
张朝伦,田小兵. 2004. 一种含有电气石的涂料添加剂:中国,2004100122344.
张明俊,朱洪敏,付少海. 2009. 阳离子型短支链全氟烷基拒水拒油整理剂的制备. 纺织学报,30(12):61-65.
张娜,邵建忠. 2006. 热处理对纺织品拒水拒油功能的回复作用. 纺织学报, 27(10): 21-24.
张庆华,詹晓力,陈丰秋. 2005. FA/LMA/MMA 三元共聚物乳液的合成与性能. 纺织学报,26(2): 4-7.
张晓莉. 2007. TiO_2水溶胶对棉织物的拒水整理探讨. 中原工学院学报,18(7): 43-46.
赵嘉学,童洪辉. 2004. 磁控溅射原理的深入探讨. 真空,7:74-79.
赵永明,等. 2012. 电气石/La/TiO_2光催化材料的合成与表征. 化工新型材料,40(6):69-71.
朱顺根. 2002. 含氟织物整理剂. 有机氟工业,(4):21-43.
2005. Breakthrough for Schoeller with NanoSphere ® on Natural Fibers. Press information,1:20.
Bagwell R M, Mcmanaman J M, Wetherhold R C. Short shaped Copper fibers in an epoxy matrix:Their role in a multifunctional composite. 2006. Compos Sci and Techno, 66(3-4): 522-530.
Barthlott W,Neinhuis C. 1997. Purity of the sacred lotus, or escape from conta mination in biological surfaces. Planta,202:1-8.
Cassie A B D, Bxter S. Wettability of porous surfaces. Trans Faraday Soc. 1944, 40:546-551.
Chen Chunsheng, Chen Weiren, Chen Shichuang et al. 2008. Optimum injection molding processing condition on EMI shielding effectiveness of stainless steel fiber filled polycarbonate. Int Commun Heat Mass,35(6): 744-749.
Hayakawa Y, Terasawa N, Hayashi E, et al. 1998. Synthesis of novel polymethacrylates bearong cyclic perfluoroalkyl groups. Polymer,39: 4151- 4154.
Huang J L,Yau B S. 2001. The electromagnetic shielding effectiveness of indium tin oxide films. Ceram Int, (27):363-365.
Johnson R E Jr,Dettre R H. Adv. Chem. Ser. ,Contact angles and monolayer depletion. 1963 (43): 112-219.
Li J H, Lu A H, Liu F, Fan L Z. 2008. Synthesis of ZnS/dravite composite and its photocatalytic activity on degradation of methylene blue. Solid State Ionics,179: 1387-1390.
Lin F, Shuhong, Jiang Lei, et al. 2002. Super-hydrophobic surface: from natural to artificial. Adv Mater,14, 1857-1860.

Mahltig B, Audenaert F, Bottcher H. 2005. Hydrophobic silica sol coatings on textiles-the influence of solvent and sol concentration. J Sol-Gel Sci Techn, 34(2): 103-109.

Meng J P, Liang J S, Ou X Q, et al. 2008. Effect of mineral tourmaline particles on the photocatalytic activity of TiO_2 thin films. J Nanosci Nanotechno, 8(3): 1279-1283.

Nosonovsky M. 2007. On the range of applicability of the Wenzel and Cassie equations. Langmuir, 23: 9919-9920.

Satoh K, Nakazumip H. 2003. Preparation of super-water-repellent fluorinated inorganic-organic coating films on nylon 66 by the sol-gel method using microphase separation. J Sol-Gel Sci Techn, 27(3): 327-332.

Sun H S, Misook K. 2008. Decomposition of 2-chlorophenol using a tourmaline-photocatalytic system. J Ind Eng Chem, 14: 785-791.

Wang Y, Yeh J T, Yue T J. et al. 2006. Surface modification of superfine tourmaline powder with titanate coupling agent. Colloid Polym Sci, 284: 1465-1470.

Wenzel R N. Resistance of solid surfaces to wetting by water. Ind Eng Chem, 1936, 28: 988.

Yang C Q. 1993. Effect of pH on Npnformaldehyde Durable Press finising of Cotton Fabric FT-IR Spectroscopy. Text Res J, 7: 420-429.

第十章　纺织废弃物处理技术

纺织品加工过程和使用后均会产生废弃物。其中，生产加工过程的废弃物包括废水、无直接利用价值的纤维；使用后产生的废弃物主要为废旧纺织品。

纺织废水主要包括印染废水、化纤生产废水、洗毛废水、麻脱胶废水和化纤浆粕废水等。印染废水是纺织工业的主要污染源。据不完全统计，国内印染企业每天排放废水量约 450 万～500 万 t，印染厂每加工 100m 织物，将产生废水 2.5～4.0t。目前，印染废水的处理方法有生物处理法、物理和化学处理法及组合工艺处理法。其中，生化处理法是国内外应用最广泛、技术较成熟的方法。

废旧纺织品的来源主要有：①纺纱工序的落棉、回丝，化纤工序的废丝，机织和染整工序的残布料，服装加工中裁剪下来的边角料，针织生产过程中的各种废料；②过时的服装、废旧的床上用品和地毯等，且该来源有不断增长的趋势；③聚酯瓶等具有可利用价值的废旧塑料。若能有效地将这些废旧纺织品回收再利用，则可以节约大量的纺织原料，创造出很高的经济价值。目前针对废旧纺织品的回收再加工利用途径主要有机械法、化学法、物理法和热能法。

第一节　印 染 废 水

一、印染废水的来源与特点

1. 印染废水的来源

(1) 棉麻印染厂所排废水

印染加工的各主要工序都要排出废水，预处理阶段要排出退浆废水、煮练废水、漂白废水和丝光废水，染色工序排出染色废水，印花工序排出印花废水和皂液废水，整理工序则排出整理废水。印染废水是以上各类废水的混合废水。

(2) 毛纺织厂所排废水

毛纺织厂所排废水主要来自毛条制造中的原毛洗涤、炭化、染色等工序。其中洗毛废水水量大，污染严重，是毛纺织厂废水的主要污染源。

(3) 丝绸厂所排废水

丝绸厂所排废水主要包括制丝废水、煮练废水和染整废水。缫丝、煮茧、制丝等废水 COD 不高，采用常规生物接触氧化法即可满足要求；煮练废水 COD 浓度高，含丝胶、碱剂、表面活性剂等，宜进行厌氧预处理；对染整废水应进行混凝脱色。

(4) 化纤厂所排废水

化纤厂所排废水是涤纶仿真丝碱减量工序产生的，主要含涤纶水解物对苯二甲酸、乙二醇、烧碱、部分染料等，其中对苯二甲酸含量高达75%。碱减量废水不仅pH高(一般>12)，而且有机物浓度高，废水中COD可高达9×10^4mg/L。

2. 印染废水的特点

(1) 水质变化大

印染废水是印染企业生产过程中排放的各种废水混合后的总称。因此印染废水排放与企业生产的织物品种、数量及所选用的染化料等多种因素有关，水质变化大，在所排放的废水中，COD高时可达2000～3000mg/L。

(2) 水温、水量变化大

由于印染企业生产品种的多样性及生产工艺的多样性，导致水温、水量不稳定。

(3) 色度大、有机物含量高

印染废水总体上属于有机废水，其中所含的颜色及污染物主要由天然有机物质(天然纤维所含的蜡质、胶质、半纤维素、油脂等)及人工合成有机物质(染料、助剂、浆料等)所构成。

(4) pH变化大

由于不同纤维织物在印染加工中所使用的工艺不同，在染色或印花过程中，为使染色溶液和印花色浆更好地上染到不同织物上，需要在不同pH条件下进行染色，因此，不同纤维织物在印染加工中所排放废水的pH是不同的。

(5) 含有微量毒性物质

漂白废水中有机氯化物(AOX)会破坏或降低河水的自净能力；染整废水中产生的重金属等慢性污染物也会对环境造成破坏。

(6) 处理难度较大

近年来，随着大量新型助剂、浆料的使用，有机污染物的可生化性降低，处理难度加大。

二、印染废水的测试指标

1. 水温

印染废水的水温一般较高，通常为30～40℃，但有时可达40℃以上，这对生物处理非常不利。以往对印染废水的水温重视不够，在设计和运行管理上缺少应有的水温调节设备和控制措施，常常因车间排水水温过高，影响了废水处理站的正常工作。

2. pH

pH若超过10，一般不能采用生物法处理。因此在污水处理装置的设计上，应考虑设置pH调节装置，以达到生物处理的要求。

3. 色度

色度是指含在水中的溶解性物质或胶状物质所呈现的类黄色乃至黄褐色的程度。溶液状态的物质所产生的颜色称为真色；由悬浮物质产生的颜色称为假色。在测定色度前必须将水样中的悬浮物除去。

4. BOD和COD

BOD称为生化需氧量，是指微生物在一定的温度和时间条件下分解氧化有机物所消耗的溶解氧量，单位为mg/L或kg/m^3，测定培养时间为5天的BOD以BOD_5表示，BOD_{20}也是常用的指标。BOD反映了水中可被微生物降解的有机物总量，一般BOD<1mg/L表示水体清洁，大于3mg/L则表示水体已经受到有机物的污染。

COD称为化学需氧量，是指在一定的条件下用强氧化剂氧化废水中有机物所消耗的氧量。我国规定废水COD测定标准采用重铬酸钾为氧化剂，因而有时记作COD_{Cr}。测定COD采用的是强氧化剂，因而除一部分长碳链化合物、芳香族化合物和吡啶等含氮化合物外，大多数有机物可以氧化到85%以上。

对同一种水质，COD一般高于BOD。它们的差异可以粗略估计不能被微生物降解的有机物的量。人们习惯于利用测定污水的BOD_5/COD_{Cr}来判断其可生化性。一般认为$BOD_5/COD_{Cr}>0.45$时表示可生化性较好，>0.30表示废水可生化，<0.30表示废水可生化性较差，<0.25表示较难生化处理，$BOD_5/COD_{Cr}<0.2$则只能考虑采用其他方法进行处理。如果废水中有机物浓度很高，此时虽然$BOD_5/COD_{Cr}<0.25$，但仍可以采用生化处理，只是要结合其他废水处理方法使COD_{Cr}最终达标。

5. 固体悬浮物

固体悬浮物(SS)是水质的重要指标。水质中悬浮物指水样通过孔径为0.45μm的滤膜，截留在滤膜上并于103～105℃烘干至恒重的固体物质，是衡量水体水质污染程度的重要指标之一。纺织废水中固体悬浮物主要来源于在生产过程中的纤维屑、未溶解的原料等，需在处理前通过隔栅、栅网等去除，而处理后水中的固体悬浮物则大多来自二沉池中没有完全分离的污泥。

6. 总氮和氨氮

总氮和氨氮(NH_3-N)来源于染料和原料，如偶氮染料、尿素、铵盐等。其中，氨氮以游离氨(NH_3)和铵盐(NH_4^+)形式存在于水中，两者的组成比取决于水的pH。当pH偏高时，游离氨的比例高；反之，则铵盐的比例高。此外，在无氧环境中，水中存在的亚硝酸盐也可受微生物作用，还原为氨；在有氧环境中，水中的氨也可转变为亚硝酸盐、甚至继续转变为硝酸盐。测定水中各种形态的氮化合物，有助于评价水体被污染和“自净”状况。

7. 有毒物质

有毒物质达到一定浓度后，将危害人体健康，毒害或抑制水生生物的生长，同时也将影响废水生物处理的正常运行。印染废水中的有毒物质主要来源于染色和印花加工过程中所使用的染化料。

有毒物质大体上可分为急性毒物和慢性毒物两类。印染废水一般不含有急性毒物而多含慢性毒物。慢性毒物的毒效慢、作用时间长，一般会在人体和生物体内蓄积，当其达到一定浓度后，才显示出中毒症状，因而往往容易被人们忽视，但危害一经形成，就可能造成严重后果。这类毒物有重金属、有机氯、联苯、甲醛、有机锡化合物等。

8. 总有机碳

印染废水中含有大量的有机物质，总有机碳(TOC)被作为评价水体中有机物污染程度的一项重要参考指标。TOC是指有机物在950℃高温下，催化燃烧氧化成CO_2中碳的含量。测定TOC时，需要先把水中有机物的碳氧化成二氧化碳，消除干扰因素后由二氧化碳检测器测定，再由数据处理把二氧化碳气体含量转换成水中有机物的浓度。

9. 总磷

总磷指的是水样经消解，再将各种形态的磷转变成正磷酸盐后测定的结果，以每升水样含磷毫克数计量。水中的磷以元素磷、正磷酸盐、缩合磷酸盐、焦磷酸盐、偏磷酸盐和有机基团结合的磷酸盐等形式存在。染整废水中磷的来源主要是含磷洗涤剂。

10. 硫化物

硫化物主要来源于硫化染料，这是一类价格便宜、质量较好的染料，但是其中的部分染料已被禁用，这类废水的硫化物含量约为每升几十毫克。

11. 六价铬

六价铬主要来源于两个方面，一个是印花滚筒刻花时，使废水中含有六价铬，但目前已基本不采用这一工艺；另一个就是羊毛染色工艺中使用的重铬酸钾媒染剂。

12. 苯胺类

苯胺类是部分染料的发色基团，含苯胺类的染料目前已被确认为致癌性物质。但是在废水处理过程中，基本能将它予以分解。

三、纺织染整废水排放标准

为了控制污染和保护环境，推动资源的合理利用，促进染整工业的可持续发展和产业升级，根据《中华人民共和国环境保护法》、《中华人民共和国水污染防治法》、《中华人民共和国海洋环境保护法》等法律法规，我国制定了《纺织染整工业水污染物排放标准》GB 4287-92，以强化对纺织印染企业的管理。

1. 污染物项目

污染物考核项目及限定标准见表 10-1。

表 10-1　污染物的排放浓度限值　（单位：mg/L）

序号	项目	现有企业排放浓度限值	新建企业排放浓度限值	特别排放浓度限值
1	COD	100	80	60
2	BOD_5	25	20	15
3	pH	6～9	6～9	6～9
4	SS	70	60	20
5	色度	80 倍	60 倍	40 倍
6	氨氮	15	12	10
7	总氮	20	15	12
8	总磷	1.0	0.5	0.5
9	硫化物	1.0	0	0
10	六价铬	0.5	0	0
11	苯胺类	1.0	0	0
12	二氧化氯	0.5	0.5	0.5

2. 污染物测定方法(表 10-2)

表 10-2　纺织染整生产企业水污染物测定方法

序号	项目	分析方法(标准名称)	标准编号
1	pH	玻璃电极法	GB/T 6920-86
2	COD	重铬酸盐法	GB/T 11914-89
3	BOD_5	稀释与接种法	GB/T 7488-87
4	悬浮物	重量法	GB/T 11901-89
5	色度	色度的测定	GB/T 11903-89
6	氨氮	蒸馏和滴定法	GB/T 7478-87
7	总氮	碱性过硫酸钾氧化-紫外分光光度法	GB/T 1894-89
8	总磷	钼酸铵分光光度法	GB/T 11893-89
9	硫化物	碘量法	HJ/T 60—2000
10	六价铬	二苯碳酰二肼分光光度法	GB/T 7467-87
11	苯胺类	*N*-(1-萘基)乙二胺偶氮分光光度法	GB/T 11889-89
12	二氧化氯	连续滴定碘量法	GB/T 5750-2006

第二节　印染废水生化处理技术

生化处理法是利用微生物的作用，使污水中有机物被吸附、降解并去除的一种处理方法。由于其降解污染物彻底、运行费用相对低、基本不产生二次污染等特点，被广泛应用于印染污水处理中。根据微生物在处理废水中对氧气要求的不同，废水的生化处理又可分为好氧生化处理和厌氧生化处理，其中起作用的分别是好氧菌和厌氧菌以及适应两种环境的兼氧菌。

一、微生物的概念及其生长曲线

1. 微生物的概念

微生物是广泛存在于自然中的肉眼看不见，必须借助光学显微镜或电子显微镜放大数百倍、数千倍甚至数万倍才能观察到的微小生物的总称。微生物包括细菌、病毒、霉菌、酵母菌等。微生物具有种类多样、体形微小、结构简单、繁殖迅速、代谢强度大、适应性强、容易变异及对合成有机物的防腐和利用能力弱等特点。

虽然从理论上可以通过驯化获得能够降解任何有机物的菌种，但实际上许多人类合成的物质至今没有发现能够降解它们的微生物，造成所谓的白色污染。在工业废水中，能被微生物利用的有机物的数量很大，但有的工业废水组分基本不能被微生物利用，只能采用非生化的方式进行处理。

2. 微生物的生长曲线

微生物和任何事物一样，它的增长是有一定规律的。研究微生物的增长规律，将有助于更好地掌握生化处理法。

若将少量细菌接种到污水中，在适宜的外界条件(营养料、供氧、温度、pH等)下进行曝气，并定时取样测定细菌总数，则可以发现在初期细菌数目并不增加；一定时间后，细菌数目增加很快；之后细菌数目增长稳定；最后增长速度逐渐下降，以至等于零。从微生物生长曲线图 10-1 中可以看出，整个曲线可以分为下列三个部分。

(1) 生长率上升阶段

在这个阶段的初期，微生物由于需要适应新的环境，一般不进行分裂，仅是个体的增大。有时，微生物不能适应新的环境，会死亡，所以微生物的数量不增加，甚至还会略减少一些。这段时间也称为停滞期。

经过停滞期的调整和适应过程，微生物的每个个体逐渐适应了新的环境后，便进入迅速繁殖期。在这一时期内由于污水中的有机物多而微生物少，对微生物的营养物质供应远远超过微生物生长需要，微生物生长不受营养物质的影响，只

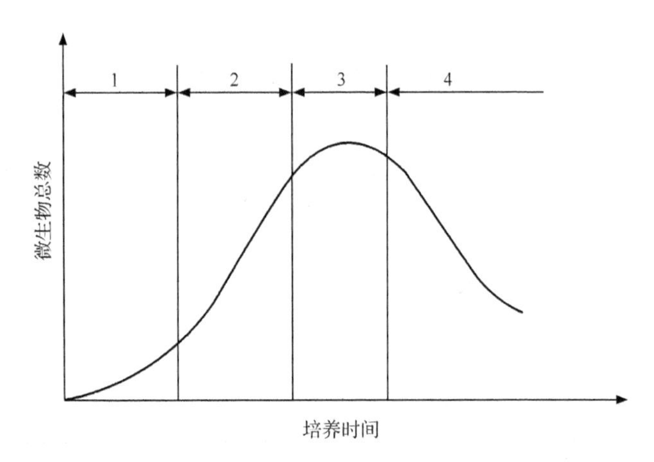

图 10-1　微生物生长规律

1. 停滞期；2. 对数期；3. 静止期；4. 衰落期

受自身生理机能的限制。所以，微生物的生长率很高，同时降解有机物的速率也最高。这一时期细菌数目的对数与培养时间呈直线关系，所以也称为生长期。

(2) 生长率下降阶段

经过一段对数生长期后，由于污水中营养物质的减少和微生物新陈代谢排泄物(如 CO_2、有机酸等)的增加与积累，环境条件不利于微生物的增长，微生物的增长逐渐变慢，死亡的微生物逐渐增加。一定时间后，增殖速率与死亡速率达到相对平衡，从生长率来说，即进入下降阶段。根据相关资料，由上升阶段转变为下降阶段的临界点，以前估计是在剩余营养物质(食料 F)与活性微生物的质量(M)之比为 2.5 处，1962 年麦肯尼金(Mckinncy)提出是在 $F/M=2.1$ 处，也就是说，从 $F/M\leqslant 2.1$ 开始进入生长率下降阶段。此时微生物的增殖已经不再受自身生理机能的限制，而是污水中营养物质的不足起主导作用。这一时期也称为静止期。

(3) 内源呼吸阶段

近几十年来，国外对内源呼吸与活性污泥工作规律的关系阐述较多。内源呼吸是指微生物除了繁殖外的正常生命活动，这是一个连续性反应，对原生质的某些部分起了代谢作用。所以无论污水中是否存在营养物质，内源呼吸总是存在的。从微生物生长曲线来看，当生长率下降阶段终了时，污水中的微生物营养物质已经很少，微生物体内的代谢产物积累越来越多，此时，微生物呼吸的被氧化物质来源于体内储藏物质，甚至体内的酶也被当作营养物质来利用；也就是说，这时微生物合成的新原生质已不足以补充因内源呼吸所消耗的原生质，微生物总数逐渐下降。这一时期也称为衰落期。

上述三个阶段(四个时期)最早是通过纯种微生物研究得到的。实际上活性污泥微生物群的组成和变化情况要复杂得多。但是总的说来，其生长曲线的基本形态是相似的，可以作为在利用生化法(特别是活性污泥法处理印染废水)时设计与运行的重要参考。

二、好氧生化处理技术

好氧生化处理是好氧微生物在溶解氧存在的情况下，利用水中的胶体状、溶解性的有机物作为营养源，使之经过一系列生化反应，最终以低能位的无机物质稳定下来，达到无害化要求。

用于废水处理的微生物有植物型的藻类和菌类(细菌和真菌)以及动物型的原生动物和后生动物，其中细菌是最主要的。在污水处理过程中，有的溶解物可直接渗透进入微生物细胞，被微生物所吸收；有的固体和胶体有机物则首先吸附在微生物的体外，由细菌分泌的酶进行催化降解，再进入微生物细胞内。其中一部分通过氧化呼吸作用形成简单的无机物，并释放出能量，然后微生物利用有机物、氧化呼吸产生的能量及部分氨气，合成新细胞所需要的物质，最后进行分裂繁殖(图 10-2)。微生物的生长进入衰退期后，细菌会利用细胞物质进行内源呼吸(氧化)，产生二氧化碳和水，并使微生物细胞解体。

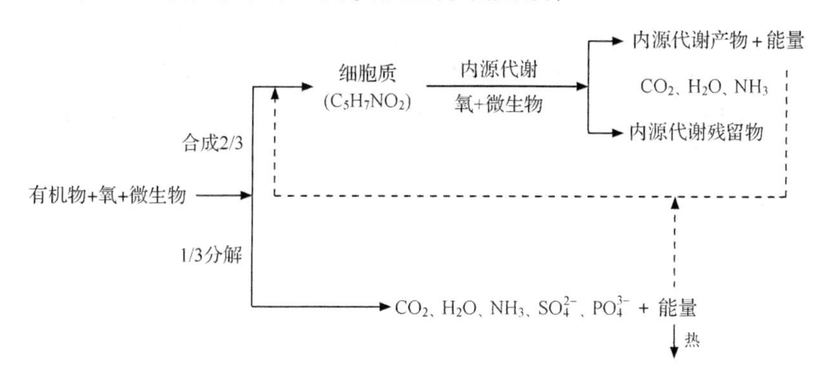

图 10-2 好氧生化处理过程中代谢产物及微生物合成示意图

下列是好氧生化处理过程具体的生化反应方程式。

1) 分解反应，也称氧化反应、异化代谢、分解代谢。

C、H、O、N、S$+O_2 \xrightarrow{\text{异氧微生物}} CO_2+H_2O+NH_3+SO_4^{2-}+\cdots+$能量（有机物的组成元素）

2) 合成反应，也称合成代谢、同化作用。

C、H、O、N、S+能量$\longrightarrow C_5H_7NO_2$

3) 内源呼吸，也称细胞物质的自身氧化。

$C_5H_7NO_2+O_2 \xrightarrow{\text{微生物}} CO_2+H_2O+NH_3+SO_4^{2-}+\cdots+$能量

（一）活性污泥法

1. 活性污泥法的原理

将空气连续通入曝气池进行曝气，持续一段时间后，污水中就会生成一种絮凝体，即为活性污泥。活性污泥这种絮凝体主要由大量繁殖的微生物群体所构成，它易于沉淀和分离，并使污水得到澄清。活性污泥是由具有活性的微生物、微生物自身氧化的残留物、吸附在活性污泥上不能被微生物所降解的有机物和无机物组成，其中微生物是活性污泥的主体。活性污泥中的微生物是由细菌、真菌、原生动物和后生动物等微生物群体组成的一个生态体系。污水净化主要依靠细菌，原生动物和后生动物在细菌之后出现，是细菌的捕食者。活性污泥法的实质是微生物以废水中存在的有机物为培养基(底物)，在有氧的情况下，对各种微生物群体进行混合连续培养，通过凝聚、吸附、氧化分解和沉淀等过程，去除有机物。

2. 活性污泥法用于处理印染废水的基本流程

典型的活性污泥法是由曝气池、沉淀池、污泥回流系统和剩余污泥排除系统组成。曝气池和二次沉淀池是活性污泥法处理的主体，其基本流程如图 10-3 所示。污水和回流的活性污泥一起进入曝气池形成混合液。从空气压缩机站送来的压缩空气，通过铺设在曝气池底部的空气扩散装置，以细小气泡的形式进入污水中，目的是增加污水中的溶解氧含量，同时使混合液处于剧烈搅动的状态，形成悬浮状态。溶解氧、活性污泥与污水互相混合，充分接触，使活性污泥的反应得以正常进行。

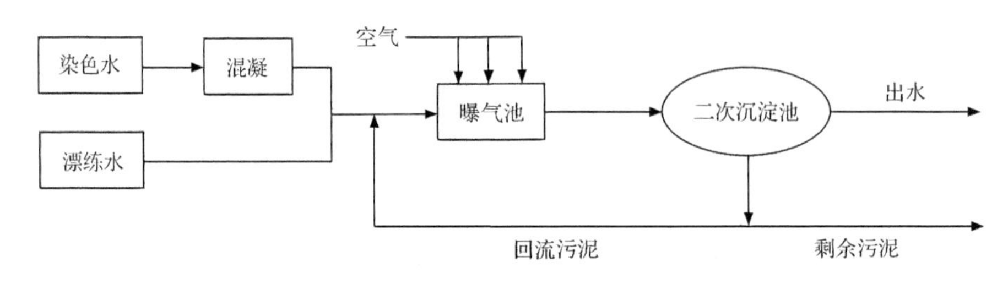

图 10-3　活性污泥法的工艺流程

在活性污泥系统中，有机物的净化过程，经过吸附、生物氧化和絮凝沉淀三个阶段。其中前两个阶段在曝气池内完成，后一个阶段在二次沉淀池内完成。

3. 活性污泥的生长规律

活性污泥的生长过程比较复杂，但总的规律和微生物的培养生长规律类似(图 10-4)。在活性污泥生长的初期，营养物质比较丰富，微生物生长迅速，对有机物的利用率高，因而废水中的 BOD 去除速率很快，随着活性污泥的生长进

入衰退期，系统就不能有效去除 BOD 了。

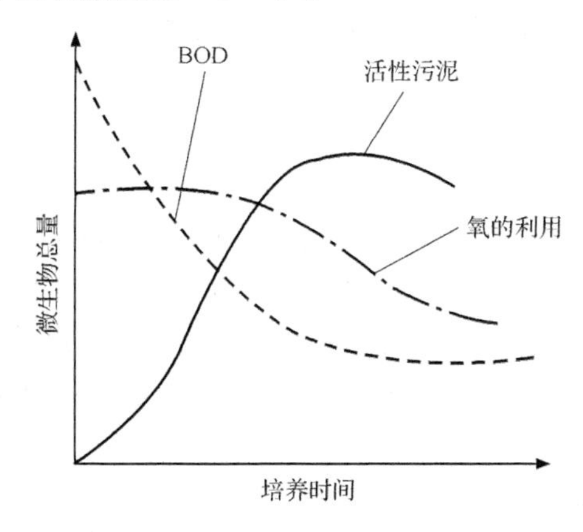

图 10-4　活性污泥的生长和 BOD 的去除

根据具体的设备和工艺，活性污泥法有传统的活性污泥法、阶段曝气法、生物吸附法、完全混合法、延时曝气法和渐减曝气法等。活性污泥法处理后的污泥含有大量的有机物质，需进行特殊的处理，如进行分类、浓缩、厌氧消化或进行干燥焚烧、深埋、固化等。有些污泥可作为农业肥料、有机物质(如甲烷)的提取原料。

总之，活性污泥法既能分解大量的有机物质，又能去除部分色素，运转效率高而费用低，出水水质好，因而被广泛采用。活性污泥法对 BOD_5 的去除率一般可以达到 80%～95%，对于 COD 的去除率可以达到 40%～60%，脱色能力为 30%～50%。

4. 活性污泥不同方法的特点

(1) 阶段曝气法

阶段曝气法是指曝气池内分点进入废水，进行阶段曝气的活性污泥法。经初沉池沉淀后的废水由曝气池沿水流方向的几个不同部位进入曝气池内，水流为推流式，使池内各处的食料与微生物之比趋于均衡，从而降低了高峰需氧量，使需氧量沿曝气池长度方向比较均匀，输入池内的氧气得到更有效的利用。多点进水还可使池内活性污泥维持较高的吸附特性，在较短时间内去除可溶性有机物，从而提高曝气池的污泥负荷。回流污池仍从曝气池前端引入。BOD 的去除率达 85%～95%，可适用于多种废水的一般处理。

(2) 生物吸附法

生物吸附法又称接触稳定法或吸附再生法，是将活性污泥对有机物的吸附和代谢降解分别在吸附池和再生池内进行。这种方法可以充分提高活性污泥的浓度，降低有机营养物和微生物之比，是利用活性污泥的物理作用(即吸附作用)进行污水处理的方法。其主要特点是：①生物吸附剂可以降解，一般不会发生二次污染；②来源广泛，容易获取并且价格便宜；③生物吸附剂容易解析，能够有效地回收重金属。

(3) 完全混合法

完全混合活性污泥法的流程和普通活性污泥法相同，但废水和回流污泥进入曝气池时，立即与池内原先存在的混合液充分混合，进行吸附和代谢活动。其主要特点是：①进入曝气池的废水能立即得到稀释，使波动的水质得以均匀化，因此可承受冲击负荷；②能够处理高浓度有机废水，在已定的污泥负荷范围内，适当延长曝气时间即可适应有机物浓度的变化；③ 池内各点水质均匀。它的主要缺点是连续出水有可能产生短流。

(4) 延时曝气法

延时曝气法是指长时间曝气使微生物处于内源代谢阶段生长的活性污泥法废水生物处理系统。它不但能去除废水中的有机物，还可氧化合成的细胞物质。其特点是曝气时间长(约 1～3 天)，微生物生长控制在内源代谢阶段，因此，排泥量很少，管理方便，处理效果也较好。但由于曝气时间长，曝气池的建造费和耗电费用都较高。此法适用于小型处理站(如小于 $3800m^3/d$)，处理有机物浓度较高或处理要求较高的废水。

(5) 渐减曝气法

渐减曝气法是将曝气池的供氧量沿活性污泥推进方向逐渐减少。该工艺曝气池中的有机物浓度随着向前推进不断降低，污泥需氧量也不断下降，曝气量相应减少。

(二) 生物膜法

生物膜法在 19 世纪末就被用于土壤净化和污水过滤，采用的填料(滤料)为碎石。当时这种方法由于 BOD 去除率低，环境卫生条件差，处理的构筑物易堵，因而逐渐被随后出现的活性污泥法替代。但是 20 世纪 60 年代后，新型合成材料的出现，使滤料的性能大为改善，同时对水质的要求进一步提高。生物膜法的研究得到了较快的发展，出现了多种生物膜法工艺。生物膜法的废水处理性能也进一步得到改善，有的指标已经超过了活性污泥法。一般生物膜法对 BOD_5 的去除率可以达到 85%～95%，对于 COD 的去除率可以达到 40%～60%，脱色能力为 50%～60%。脱色率和 BOD 去除率均比活性污泥法高。塔式生物滤池和生物接触氧化法是目前印染废水中常用的生物膜处理方法，具有负荷高、占地少和对有机负荷冲击适应能力强的持点。

1. 生物膜法的原理

生物膜法是利用附着生长于某些固体物表面的微生物(即生物膜)进行有机污

水处理的方法。生物膜是由高度密集的好氧菌、厌氧菌、兼性菌、真菌、原生动物以及藻类等组成的生态系统，其附着的固体介质称为滤料或载体。生物膜自滤料向外可分为厌氧层、好氧层、附着水层、运动水层(图 10-5)。它首先使微生物在滤料或某些载体上生长繁殖，形成膜状生物膜。通过废水和生物膜的接触，微生物摄取废水中的营养物质，使污水得到了净化。生物膜法起作用的仍然是细菌，其他微生物对污水处理的作用不大。

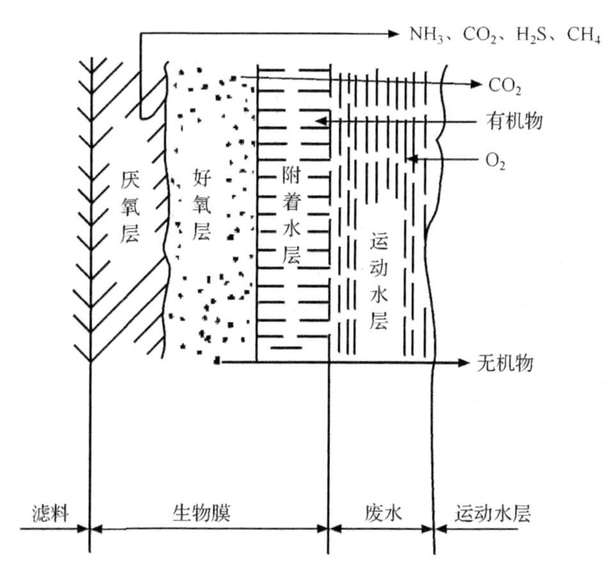

图 10-5　生物膜的结构及对有机物的作用模式

生物膜是废水通过滤池时，滤料截留了废水中的悬浮有机物，致使微生物很快地繁殖起来。微生物又进一步吸附废水中的溶解性和胶体性有机物，逐渐生长并形成生物膜。一般从废水开始到生物膜成熟，在 15～20℃的情况下大致需要一个半月。有机物的降解作用是在厚度大约 2mm 的好氧生物膜中进行的，生物膜中的组分和活性污泥类似。当生物膜成熟后，微生物仍然不断地增殖，厚度不断增加，使生物膜的内层缺乏氧气，逐渐形成厌氧层，在厌氧层中的好氧微生物不断死亡，厌氧微生物在增殖的同时不断释放出氨气、硫化氢、二氧化碳和甲烷等，使生物膜和滤料的结合松动，生物膜脱落，然后新的生物膜又开始生长并形成新的循环。

2. 生物膜法的优点

(1) 出水水质优质稳定

由于膜的高效分离作用，分离效果远好于传统沉淀池，处理出水极其清澈，悬浮物和浊度接近于零，细菌和病毒被大幅去除，出水水质优于原建设部制定的《生活杂用水水质标准》。

同时，膜分离也使微生物被完全截流在生物反应器内，使得系统内能够维持较高的微生物浓度。这不但提高了反应装置对污染物的整体去除效率，保证了良好的出水水质，同时反应器对进水负荷(水质及水量)的各种变化具有很好的适应性，耐冲击负荷，能够稳定获得优质的出水水质。

(2) 剩余污泥产量少

该工艺可以在高容积负荷、低污泥负荷下运行，剩余污泥产量低(理论上可以实现零污泥排放)，降低了污泥处理费用。

(3) 占地面积小，不受设置场合限制

该工艺流程简单、结构紧凑、占地面积省，不受设置场所限制，适合于任何场合，可做成地面式、半地下式和地下式。

(4) 可去除氨氮及难降解有机物

由于微生物被完全截流在生物反应器内，有利于增殖缓慢的微生物如硝化细菌的截留生长，系统硝化效率得以提高；同时，可以延长一些难降解有机物在系统中的停留时间，有利于难降解有机物降解效率的提高。

(5) 操作管理方便，易于实现自动控制

该工艺实现了水力停留时间(HRT)与污泥停留时间(SRT)的完全分离，运行控制更加灵活稳定，是污水处理中容易实现装备化的新技术，可实现微机自动控制，从而使操作管理更为方便。

(6) 易于从传统工艺进行改造

该工艺可以作为传统污水处理工艺的深度处理单元，在城市二级污水处理厂出水深度处理(从而实现城市污水的大量回用)等领域有着广阔的应用前景。

3. 生物膜法的分类

生物膜法根据处理方式与装置的不同可分为生物滤池法、生物转盘法、生物接触氧化法、流化床生物膜法等。

(1) 生物接触氧化法

1) 生物接触氧化法的原理：生物接触氧化法又称浸没式曝气生物滤池，是在生物滤池的基础之上演变而来的。生物接触氧化池内设置填料，填料淹没在污水中，填料上长满生物膜，污水与生物膜接触的过程中，水中的有机物被微生物吸附、氧化分解和转化为新的生物膜。从填料上脱落的生物膜，随水流到二沉池后被去除，污水得到净化。生物接触氧化池的曝气空气通过设在池底的布气装置进入水流，随气泡上升向微生物提供氧气。

2) 生物接触氧化法的工艺流程：生物接触氧化池应根据进水水质和处理程度确定采用单级式、二级式还是多级式流程。在一级处理流程中，原污水经预处理后进入接触氧化池，出水经过二沉池分离脱落的生物膜，实现泥水分离。在二级处理流程中，两级接触氧化池串联运行，必要时中间可以设置中沉池。图 10-

6 是印染废水生物接触氧化法的工艺流程图。

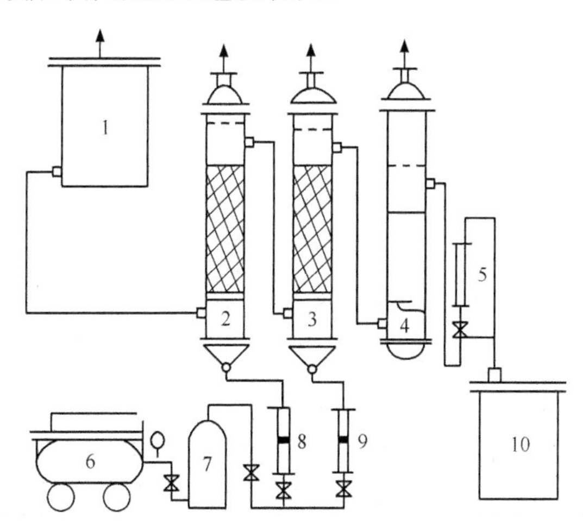

图 10-6　印染废水生物接触氧化法的工艺流程

1. 高位水槽；2、3. 生物接触氧化塔；4. 砂滤柱；5. 液体转子流量计；6. 泵；7. 缓冲罐；8、9. 气体转子流量计；10. 低位水槽

3）生物接触氧化法的特点：生物接触氧化法是以生物膜为主净化废水的一种新型处理工艺。其净化机理和生物膜法基本相同，即利用固着在填料上的生物膜吸附氧化废水中的有机物。但又有其独特之处：①氧化池内供微生物固着的填料，全部淹没在废水之中，相当于一种浸没于废水中的生物滤池，所以又称淹没式滤池。②池内采用与曝气池相同的曝气方法，提供微生物氧化有机物所需要的氧量，并起搅拌混合作用。类似于在曝气池中添加填料，供微生物栖息，所以又称接触曝气池或曝气循环滤地。③净化废水主要靠填料上的生物膜，但氧化池废水中尚存有一定浓度的悬浮生物量，类似曝气池中的活性污泥，对废水也起一定的净化作用。

可见，生物接触氧化法是一种具有活性污泥法特点的生物膜法。它综合了曝气池和生物滤池的优点，避免了两者的缺点，因此，越来越受到人们的重视。

（2）生物活性炭法

生物活性炭法根据不同的运行方式分为粉状炭活性污泥法和粒状炭生物膜法两种。

1）粉状炭活性污泥法，此法又称 PACT 法，是近年来活性炭用于废水处理的一种新方法，其运行方式是在曝气池中投加粉状活性炭。实质上是一种活性污泥形式的活性炭吸附、生物氧化法。该法的基本流程如图 10-7 所示。

粉状炭活性污泥法的特点是：增加系统对冲击负荷和温度变化的稳定性；提高难生物降解有机物的去除率；具有较好的脱色效果；提高对某些特殊污染物质

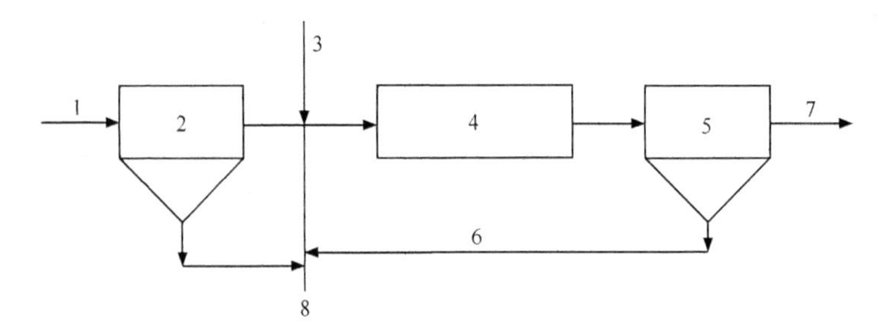

图 10-7　粉状炭活性污泥法基本流程

1. 进水；2. 初沉地；3. 粉状活性炭；4. 曝气池；5. 二沉池；6. 回流污泥；7. 出水；8. 剩余污泥

的去除率；提高微生物的抗毒能力；提高处理场的处理能力；提高氨的硝化率；抑制曝气池中泡沫的产生；改善活性污泥的沉淀性能；减少污泥膨胀。

2) 粒状炭生物膜法，简称炭膜法，是活性炭水处理技术的另一种新方法，正在受到人们的重视。其工作特点如下：①活性炭表面的富集作用。炭膜法处理废水，首先靠活性炭的吸附作用，将废水中的有机物、溶解氧和微生物富集于表面，为微生物的生长繁殖创造一个良好的环境。②活性炭吸附与生物氧化协同进行。废水净化初期，有机物的去除主要靠活性炭的吸附作用。随着微生物的生长繁殖，在炭表面形成不连续的生物膜占据部分吸附表面，有机物去除率下降。随着生物活性逐渐加强，炭的吸附与生物氧化协同进行，处理效果上升，并趋于稳定，如图 10-8 所示。③延长有机物与微生物的接触时间。由于活性炭的吸附作用，大大延长有机物与微生物的接触时间，使一些较难降解的有机物也能获得氧化分解，提高了出水水质。④延长活性炭的使用周期。活性炭吸附和生物氧化协同进行，不仅提高了有机物的处理效果，稳定出水水质，而且大大延长了活性炭

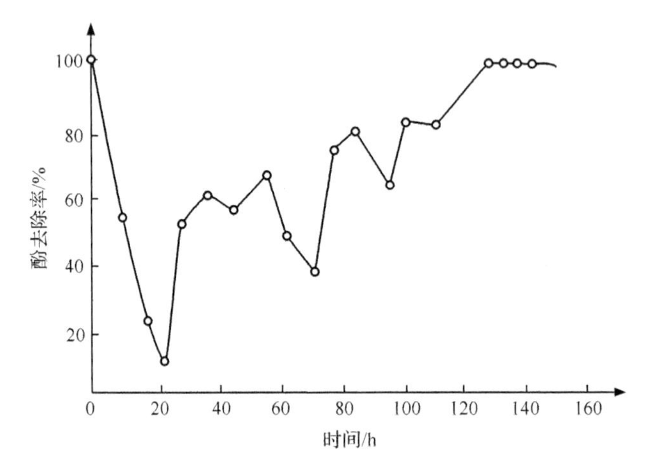

图 10-8　炭膜法对酚的去除曲线

的使用周期。⑤微生物的作用使失效炭获得部分再生。

三、厌氧生化处理技术

废水厌氧生物处理又称为厌氧消化、厌氧发酵，是指在厌氧条件下由多种(厌氧或兼性)微生物共同作用，使有机物转化为简单、稳定的产物，并产生CH_4和CO_2，同时释放能量的过程。厌氧生物处理过程中有机物代谢和微生物合成过程如图10-9所示。

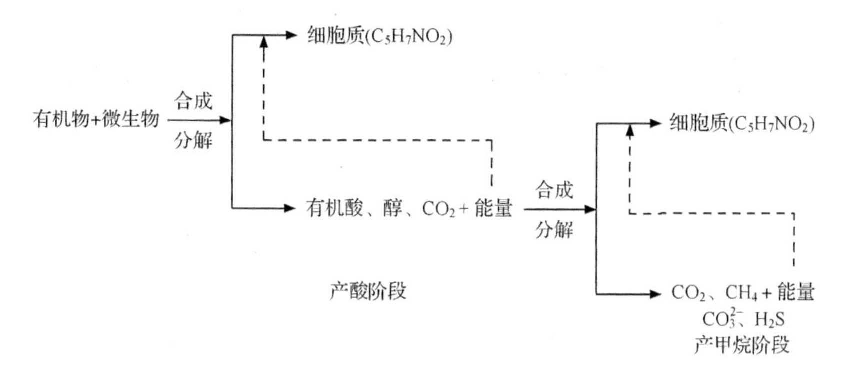

图10-9　厌氧生物处理过程中有机物代谢和微生物合成示意图

厌氧消化过程划分为三个连续的阶段：水解阶段、酸化阶段和气化阶段。如图10-10所示。

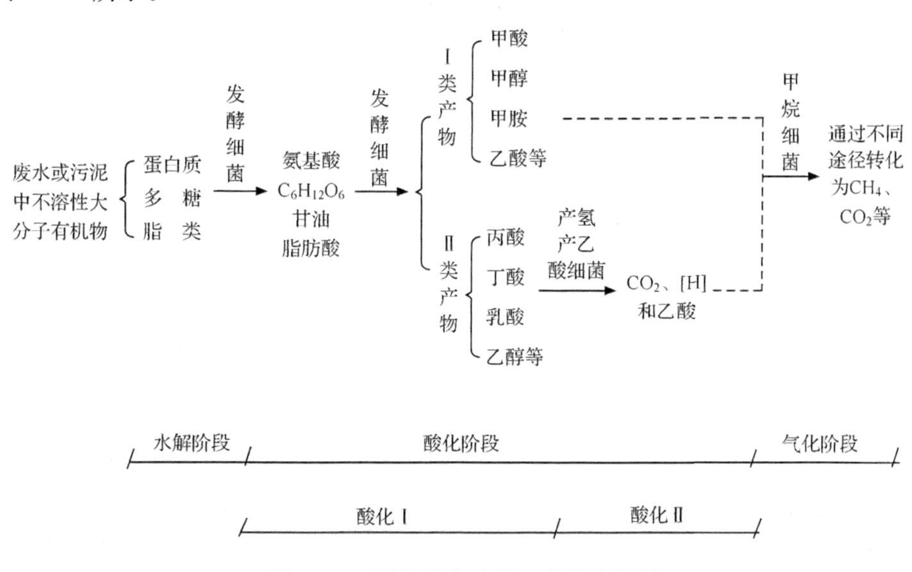

图10-10　厌氧消化过种三阶段示意图

（一）水解阶段（液化阶段）和酸化阶段

在水解阶段，废水及污泥中的不溶性大分子有机物如纤维素、蛋白质、多糖类、脂类等经发酵细菌水解后，分别转化为氨基酸、葡萄糖和甘油等水溶性的小分子有机物。在酸化阶段Ⅰ，发酵细菌先将小分子有机物进一步转化为能被甲烷细菌直接利用的有机物，如丙酸、丁酸、乳酸、戊酸等。

多糖（如纤维素）低聚糖 $\xrightarrow[\text{细胞外酶}]{\text{水解}}$ 单糖 $\xrightarrow[\text{产酸细菌}]{\text{酸化}}$ 脂肪酸醇类 CO_2、H_2

脂肪 $\xrightarrow[\text{细胞外酶}]{\text{水解}}$ 长链脂肪酸甘油 $\xrightarrow[\text{产酸细菌}]{\text{酸化}}$ 短链脂肪酸丙酮酸 CH_4、CO_2

蛋白质 $\xrightarrow[\text{细胞外酶}]{\text{水解}}$ 氨基酸 $\xrightarrow[\text{产酸细菌}]{\text{酸化}}$ 脂肪酸胺、NH_3、CH_4、CO_2、H_2S

蛋白质 → 脲 → 胨 → 多肽 → 二肽 → 氨基酸

在酸化阶段Ⅱ，产氢产乙酸菌将丙酸、丁酸、乳酸、戊酸等有机物进一步转化为氢气和乙酸。

$$NH_3 \xrightleftharpoons{+H_2O} NH_4^+ + OH^- \xrightarrow{+CO_2} NH_4HCO_3$$

$$NH_4HCO_3 + CH_3COOH \longrightarrow CH_3COONH_4 + H_2O + CO_2$$

$$\underset{\text{(戊酸)}}{CH_3CH_2CH_2CH_2COOH} + 2H_2O \longrightarrow \underset{\text{(丙酸)}}{CH_3CH_2COOH} + \underset{\text{(乙酸)}}{CH_3COOH} + 2H_2$$

$$\underset{\text{(丙酸)}}{CH_3CH_2COOH} + 2H_2O \longrightarrow \underset{\text{(乙酸)}}{CH_3COOH} + 3H_2 + CO_2$$

（二）气化阶段

在气化阶段，细菌把甲酸、乙酸、甲胺、甲醇和 $CO_2 + H_2$ 等基质通过不同的路径转化为甲烷，其中最主要的为乙酸和 $CO_2 + H_2$。

$$4H_2 + CO_2 \xrightarrow{\text{产甲烷菌}} CH_4 + 2H_2O \qquad \text{(占 1/3)}$$

$$\left.\begin{array}{l} CH_3 + COOH \xrightarrow{\text{产甲烷菌}} CH_4 + CO_2 \\ CH_3COONH_4 + H_2O \xrightarrow{\text{产甲烷菌}} CH_4 + NH_4HCO_3 \end{array}\right\} \text{(占 2/3)}$$

从发酵原料的物形变化来看，水解的结果使悬浮的固体态有机物溶解了，称为液化。发酵细菌和产氢产乙酸细菌依次将水解产物转化为有机酸，使溶液显酸性，称为酸化。甲烷细菌将乙酸等转化为甲烷和二氧化碳等气体，称为气化。

1. 升流式厌氧污泥层法

升流式厌氧污泥层法（UASB）是利用厌氧性微生物群体自身的凝聚性能，在反应器内保持着高浓度微生物量并以高速甲烷发酵的形式处理工业高浓度有机废水。

(1) 升流式厌氧污泥层法的工作原理

UASB由污泥反应区、气液固三相分离器(包括沉淀区)和气室三部分组成。在底部反应区内存留大量厌氧污泥，具有良好的沉淀性能和凝聚性能的污泥在下部形成污泥层。要处理的污水从厌氧污泥床底部流入与污泥层中污泥进行混合接触，污泥中的微生物分解污水中的有机物，把它转化为沼气。沼气以微小气泡形式不断放出，微小气泡在上升过程中，不断合并，逐渐形成较大的气泡；在污泥床上部由于沼气的搅动形成一个污泥浓度较稀薄的污泥，一起上升进入三相分离器，沼气碰到分离器下部的反射板时，折向反射板的四周，然后穿过水层进入气室；集中在气室的沼气用导管导出，固液混合液经过反射进入三相分离器的沉淀区，污水中的污泥发生絮凝，颗粒逐渐增大，并在重力作用下沉降；沉淀至斜壁上的污泥沿着斜壁滑回厌氧反应区内，使反应区内积累大量的污泥；与污泥分离后的处理出水从沉淀区溢流堰上部溢出，然后排出污泥床(图 10-11)。

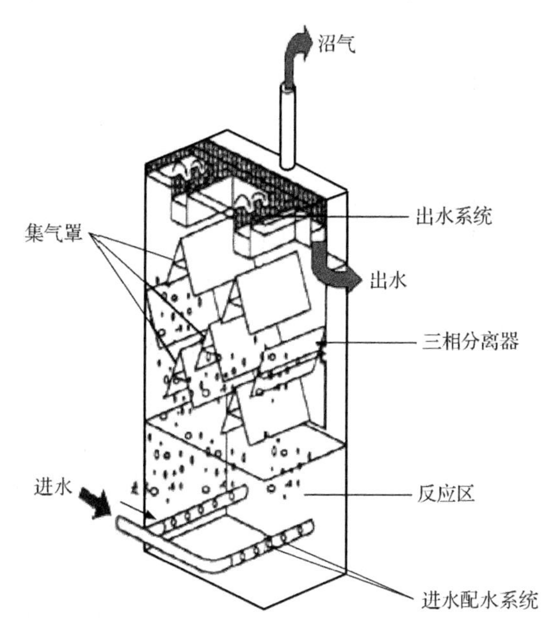

图 10-11　UASB的工作原理与构造

(2) UASB内的流态和污泥分布

UASB内的流态相当复杂，反应区内的流态与产气量和反应区高度相关，一般来说，反应区下部污泥层内，由于产气的结果，部分断面通过的气量较多，形成一股上升的气流，带动部分混合液(指污泥与水)做向上运动。与此同时，这股气流、水流周围的介质则向下运动，造成逆向混合，这种流态造成水的短流。在远离这股上升气流、水流的地方容易形成死角。在这些死角处也具有一定的产气量，形成污泥和水的缓慢而微弱的混合，所以在污泥层内形成不同程度的混合区，这些混合区的大小与短流程度有关。悬浮层内混合液，由于气体中的运动带动液体以较高速度上升和下降，形成较强烈的混合。在产气量较少的情况下，有时污泥层与悬浮层有明显的界线，而在产气量较多的情况下，这个界面不明显。有关试验表明，在沉淀区内水流呈推流式，但沉淀区仍然还有死区和混合区（图 10-12）。

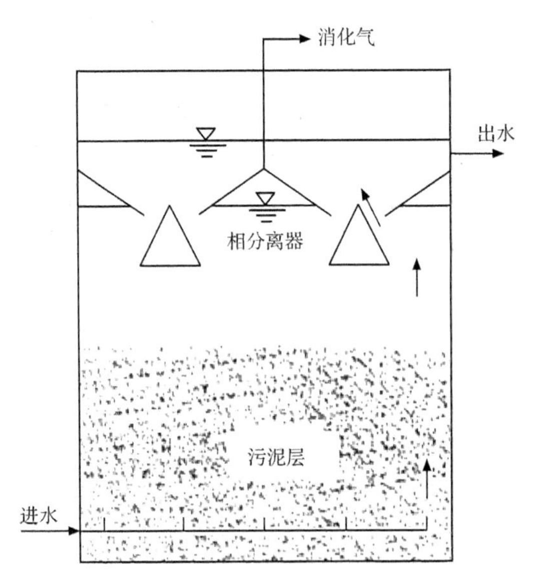

图 10-12　UASB 内的流态和污泥分布

UASB 具有高的容积有机负荷率，其主要原因是设备内，特别是污泥层内保有大量的厌氧污泥。工艺的稳定性和高效性很大程度上取决于生成具有优良沉降性能和很高甲烷活性的污泥，尤其是颗粒状污泥。与此相反，如果反应区内的污泥以松散的絮凝状存在，往往出现污泥上浮流失，使 UASB 不能在较高的负荷下稳定运行。

根据 UASB 内污泥形成的形态和达到的 COD 容积负荷，可以将污泥颗粒化过程大致分为三个运行期。

1）接种启动期：从接种污泥开始到污泥床内的 COD 容积负荷达到 5kg/(m^3 · d)左右，此运行期污泥沉降性一般。

2）颗粒污泥形成期：特点是有小颗粒污泥开始出现，当污泥床内的总 SS 量和总 VSS 量降至最低时，本运行期即告结束，这一运行期污泥沉降性较差。

3）颗粒污泥成熟期：这一运行期的特点是颗粒污泥大量形成，由下至上逐步充满整个UASB。当污泥床COD容积负荷达到16kg/(m^3 · d)以上时，可以认为颗粒污泥已培养成熟。该运行期污泥沉降性很好。

(3) UASB工艺的特点

1) UASB内污泥浓度高，平均污泥浓度为30～40g/L；其中底部污泥床(sludge bed)污泥浓度为60～80g/L，污泥悬浮层污泥浓度为5～7g/L；污泥床中的污泥由活性生物量占70%～80%的高度发展的颗粒污泥组成，颗粒的直径一般为0.5～5.0mm，颗粒污泥是UASB反应器的一个重要特征；

2) 有机负荷高，水力停留时间短，采用中温发酵时，COD容积负荷一般为10kg/(m^3 · d)；

3) 无混合搅拌设备，靠发酵过程中产生的沼气的上升运动，使污泥床上部的污泥处于悬浮状态，对下部的污泥层也有一定程度的搅动；

4) 污泥床不填载体，可节省造价及避免填料发生堵塞问题；

5) UASB内设三相分离器，通常不设沉淀池，被沉淀区分离出来的污泥重新回到污泥床反应区内，可以不设污泥回流设备。

6) 反应器内有短流现象，影响处理能力。进水中的悬浮物应比普通消化池低得多，特别是难消化的有机物固体不宜太高，以免对污泥颗粒化不利或减少反应区的有效容积，甚至引起堵塞；

7) 运行启动时间长，对水质和负荷突然变化比较敏感。

2. 厌氧生物滤池法

厌氧生物滤池法是通过在厌氧反应器中设置可供微生物附着的介质来增加反应器中厌氧微生物的数量，以提高装置负荷能力并达到处理效果。

厌氧生物滤池的形状一般为圆柱形，池内装放填料，池底和池顶密封。厌氧微生物附着于填料表面而生长，当废水通过填料层时，在填料表面的厌氧生物膜作用下，废水中的有机物被降解，并产生沼气，沼气从池顶部排出。根据废水在厌氧生物滤池中的流向，可分为升流式厌氧生物滤池、降流式厌氧生物滤池和升流式混合型厌氧生物滤池等三种形式，分别如图10-13所示。相比其他厌氧反应器，厌氧生物滤池具有以下特点。

1) 由于填料为微生物附着生长提供了较大的表面积，滤池中的微生物量较高，又因生物膜停留时间长，平均停留时间长达100天左右，因而滤池可承受的有机容积负荷高，COD容积负荷为2～16kg/(m^3 · d)，且耐冲击负荷能力强；

2) 废水与生物膜两相接触面大，强化了传质过程，因而有机物去除速度快；

3) 微生物以固着生长为主，不易流失，因此不需污泥回流和搅拌设备；

4) 启动或停止运行后再启动比厌氧工艺法时间短。

5) 处理含悬浮物浓度高的有机废水，易发生堵塞，尤以进水部位严重，滤池的清洗还没有简单有效的方法。

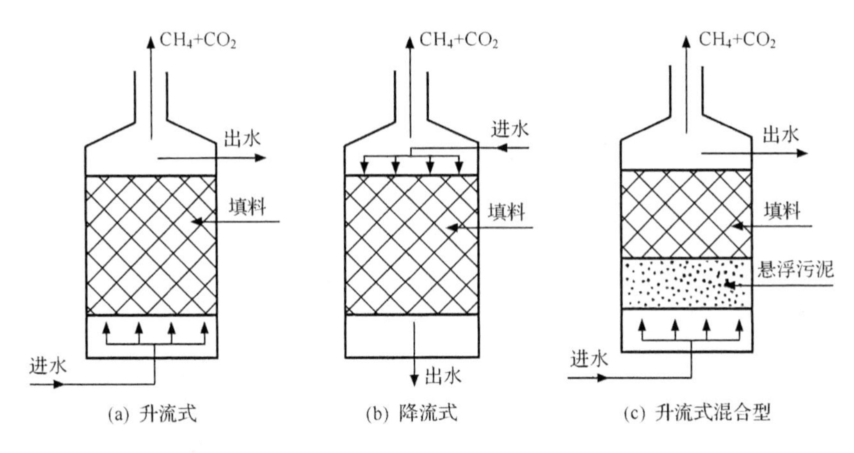

图 10-13　厌氧生物滤池结构示意图

3. 厌氧流化床

20 世纪 70 年代中期，Jewell 等在总结厌氧消化工艺优缺点的基础上，把化工流化床引入废水厌氧生物处理，研制了厌氧附着膨胀床。Bowke 在膨胀床基础上，研制了厌氧流化床。其工作原理如图 10-14 所示。此厌氧反应器的特点如下。

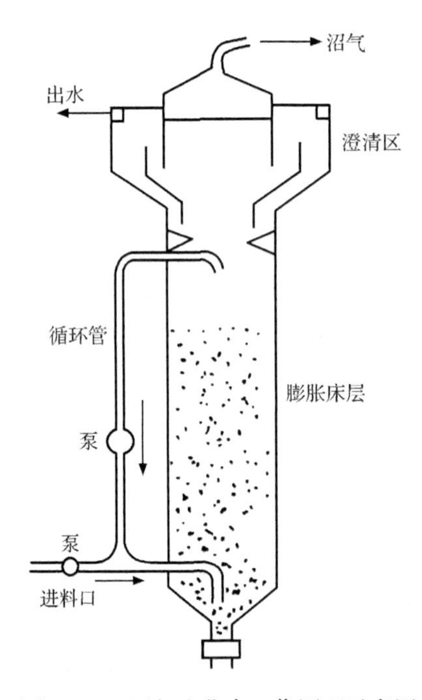

图 10-14　厌氧流化床工作原理示意图

1）由于载体的粒径很小，具有较大的比表面积，高达 2000～3000m^2/m^3，使床内具有很高的微生物浓度，因此有机物容积负荷大，水力停留时间短，具有较强的耐冲击负荷能力，运行稳定；

2）载体处于流化状态，无床层堵塞现象，对高、中、低浓度废水均表现出较好的效能；

3）载体流化时，废水与微生物之间接触面大，同时两者相对运动速度快，强化了传质过程，从而具有较高的有机物净化速度；

4）床内生物膜停留时间较长，剩余污泥量少；

5）结构紧凑、占地少、基建投资省等；

6）载体流化耗能较大，且对系统的管理技术要求较高。

曾有研究者把此厌氧反应器用于处理人工模拟印染废水。研究者在厌氧流化床中投加高效脱色菌种，以提高生物处理效果；采用聚集-交联固定法，将脱色菌固定于活性污泥上；在反应器内投加定量磁粉，以形成稳恒弱磁场，对微生物产生正的磁生物效应来提高生化反应速率。其整个工艺流程如图 10-15 所示。

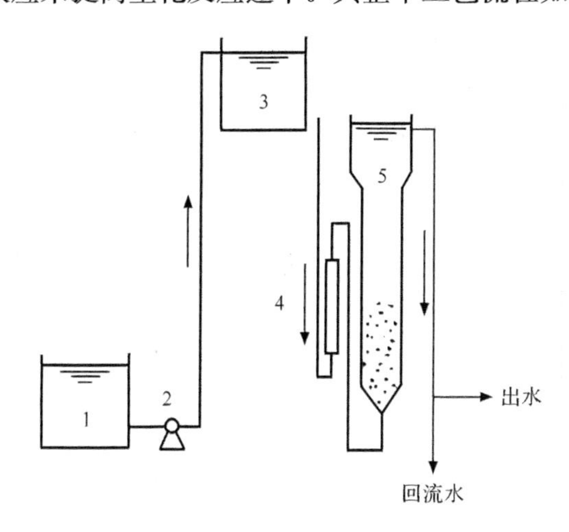

图 10-15　处理印染废水的工艺流程

1. 调节池；2. 提升泵；3. 高位水箱；4. 转子流量计；5. 厌氧流化床反应器

4. 厌氧接触法

（1）厌氧接触工艺的基本原理

厌氧接触工艺又称厌氧活性污泥法，是对传统消化池的一种改进。在传统消化池中，水力停留时间等于固体停留时间，而在厌氧接触工艺中，通过将由出水带出的污泥进行沉淀与回流，延长了生物固体停留时间。由于固体停留时间在生物处理工艺中的重要意义，这一改进大大提高了厌氧消化池的负荷能力和处理效率。由于从消化池流出的混合液中不可避免地会带有一些未分离干净的气体，这些气体进入沉淀池必然会干扰沉淀池的固液分离，因此，一般在消化池和沉淀池之间要增设脱臭装置，以去除混合液中未分离干净的气体。

(2) 厌氧接触工艺特点

在厌氧接触工艺系统中，消化池采用完全混合的接触方式，而带有厌氧污泥的出水通过真空脱气，使附着于污泥上的小气泡分离出来，有利于泥水分离。沉降下来的厌氧污泥又返回到消化池内，增加了厌氧生物量，使厌氧消化效率比普通消化池提高了 1～2 倍(图 10-16)。

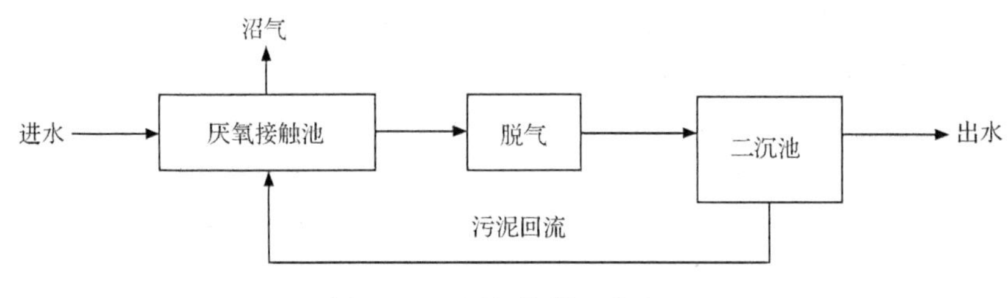

图 10-16　厌氧接触工艺流程

此工艺可处理含悬浮物质较多的废水，而且具有生产过程比较稳定，耐冲击负荷、操作方便等特点。但由于反应器内的污泥呈分散、细小的絮状，沉淀性能差，所以经沉淀后的出水总要带走一些污泥，反应器内难以积累高浓度的生物量，负荷难以进一步提高。另外，此工艺不能处理低浓度的有机废水。

5. 两相厌氧法

两相厌氧法是一种新型的厌氧生物处理工艺，有机底物的厌氧降解，可以分为产酸和产甲烷两个阶段。把这两个阶段的反应分别在两个独立的反应器内进行，分别创造各自最佳的环境条件，培养两类不同的微生物，并有旺盛的生理功能活动，将这两个反应器串联起来，形成能够承受较高负荷率的两相厌氧发酵系统。

两相厌氧反应器是将产酸相和产甲烷相分开的反应器。它的优点主要有以下几点：

1) 产酸菌和产甲烷菌可以在各自最佳的条件下生长、繁殖，充分发挥各自的优势，使总体运行效果得到改善。由于产酸相的最佳 pH 范围为 4.0～6.5，而产甲烷相要求的最佳 pH 范围为 6.5～8.2，两者相差较大，所以在一个反应器中很难保证产酸菌和产甲烷菌共同的最佳环境，这就必然影响微生物的生长和繁殖，最后影响到处理效果。

2) 可以有效地避免 H_2S 等有害物质的积累，排除有毒有害物质对产甲烷菌的毒害作用，保证整个系统运行的稳定性。

3) 有利于颗粒物的形成。实验表明，颗粒物的形成和微生物酸化有关，不进行微生物酸化的有机废水容易增长丝状菌，丝状菌将包裹在污泥的表面，不利于颗粒污泥的形成。进行微生物酸化则有利于颗粒污泥的形成，一般废水里可以酸化的物质中若有20%～40%进行了酸化，颗粒污泥的形成就非常容易。

4）两相厌氧消化可以降低成本。因为厌氧消化需要在中性条件下进行，对于pH为10～12的碱性废水在进入单相厌氧反应器前要加酸调节pH，使其达到中性。而两相厌氧反应器不用加酸调节pH，碱性废水在酸化相通过高效产酸菌的作用，可以使pH由10～12降到8.0以下，节省了大量的酸，从而降低了运行成本。

四、厌氧与好氧联合处理技术

厌氧与好氧生物处理相结合就是将厌氧与好氧工艺串联起来，协同处理印染废水。由于厌氧和好氧生物处理的菌种性质、机理不同，通过联合处理可以降解一些不能通过好氧生物处理降解或降解效果不佳的有机物。它不仅能高效去除废水中的BOD_5污染物，还可达到脱氮除磷的深度处理目的，同时也是克服活性污泥膨胀的有利手段。难生化降解的新型染料和助剂进入印染废水中，色度增加，其生化性大为降低。针对印染废水色度高、COD_{Cr}高、难生化处理等因素，厌氧与好氧联合处理技术期望它们在厌氧阶段发生水解、酸化，变成较小的分子，为好氧生物处理创造条件。

1. 厌氧—好氧生物转盘工艺

将厌氧生物转盘与好氧生物转盘串联起来用于印染废水处理，取得了较好的效果。该工艺中厌氧、好氧各有污泥分离与回流装置，整个系统的剩余污泥全部回流到厌氧生物转盘：一是为了提高生物量，因而也缩短总的水力停留时间；二是为了将多余的活性污泥消化在系统内部。该工艺流程也是兼备固着生长和悬浮生长的特点。该流程对COD、色度等的去除率均达到70%以上，还可通过向转盘投加絮凝剂，进一步提高COD去除率和脱色率。

2. 厌氧—好氧生物接触工艺

（1）厌氧—好氧生物接触—生物炭吸附工艺

有研究采用厌氧—好氧生物接触—生物炭吸附工艺，处理规模为$5000m^3/d$的印染废水取得了良好效果。该废水的进水为COD1000～1500mg/L、BOD_5 300～500mg/L、色度1000倍。工艺设计参数为：水解酸化HRT 4.3h、接触氧化池HRT 7.1h、生物炭池HRT 1h，处理出水的COD、BOD_5和色度分别低于100mg/L、30mg/L和50倍。具体工艺流程如图10-17所示。

（2）厌氧—好氧生物接触—气浮—过滤

印染厂在漂染针织用品的生产过程中，会产生高浓度难生物降解的有机废水，主要污染物为COD、SS和色度等。对此采用厌氧—好氧生物接触—气浮—过滤处理工艺。具体工艺流程如图10-18所示：

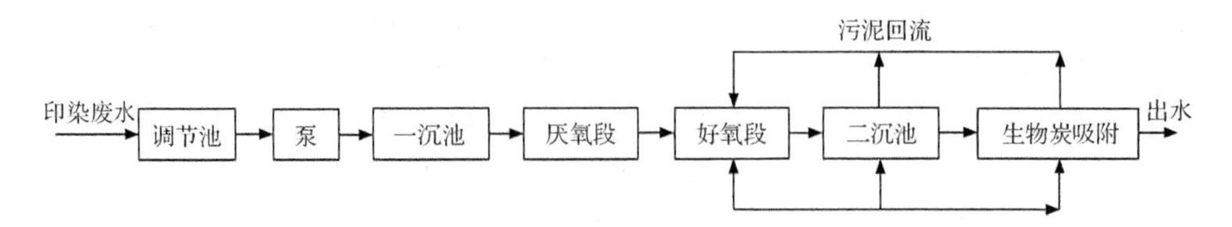

图 10-17　厌氧—好氧生物接触—生物炭吸附工艺流程

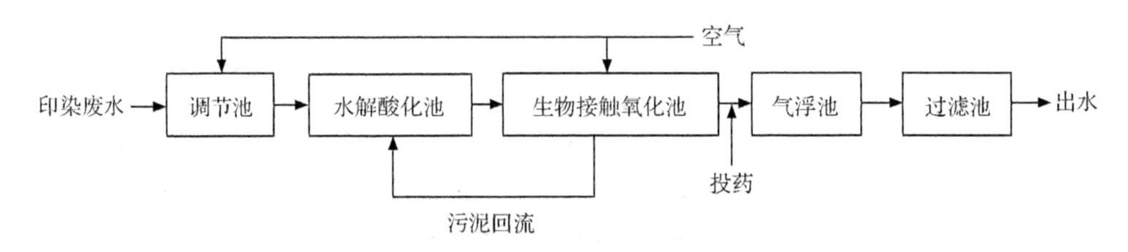

图 10-18　厌氧—好氧生物接触—气浮—过滤处理工艺流程

3. 厌氧—好氧膜生物反应器

该处理系统费用低、效果好，其中好氧/厌氧系统可提高印染废水的可生化性，利于后续膜生物反应器的处理，最终可使印染废水实现达标排放。具体的处理系统如图 10-19 所示：

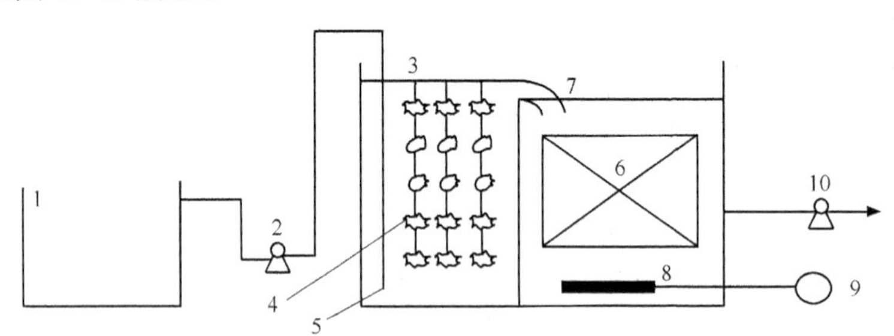

图 10-19　水解酸化—好氧膜生物反应器工艺流程

1. 进水箱；2. 水泵；3. 水解酸化池；4. 软性填料；5. 穿孔管；6. 膜组件；
7. 好氧膜生物反应器；8. 曝气头；9. 空压机；10. 抽吸泵

4. 柔性复合污水净化技术

目前，人们采用柔性复合污水净化技术处理印染废水。此技术是一种多级活性污泥污水处理技术，它是由最初采用天然土池作反应池而发展起来的污水处理技术。该技术在工艺设计、池体结构、曝气形式、采用设备等方面，都与一般活性污泥构筑物不同。此技术由于处理效果好、工程造价低，被认为是一种很有实用价值的生化处理工艺。

（1）柔性复合污水净化技术的流程

柔性复合污水净化技术流程如图 10-20 所示。

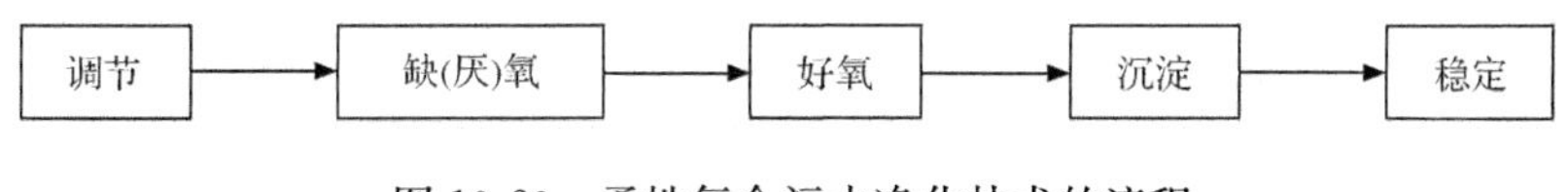

图 10-20　柔性复合污水净化技术的流程

（2）柔性复合污水净化技术的特点

1）曝气池可采用土池结构：曝气池可用投资低廉的敷设防渗透膜的土结构池代替价格昂贵的钢筋混凝土池；

2）高效的曝气系统：曝气器悬挂在浮链上代替传统的固定在底部的微孔曝气；

3）通过曝气头的摆动，在生化池中形成溶解氧的时间梯度和空间梯度；

4）柔性复合污水净化系统采用高污泥浓度、低污泥负荷的活性污泥工艺，污泥量少。

该技术在处理高浓度印染废水时，其前段厌氧区需要加强。通过小试和工程实践表明，该工艺处理高浓度印染废水时，需要强化厌氧处理单元。即将厌氧停留时间根据水质不同相应延长，采用脉冲布水，保证厌氧停留时间和污水与微生物的混合。强化厌氧不仅为后续好氧处理创造良好条件，同时也保证了色度的去除。牛仔洗漂废水因其污染物浓度相对其他印染废水低，厌氧段可不强化，其他的高污染物浓度印染废水宜设单独强化的厌氧段。

第三节　废弃纺织品的回收利用

废弃纺织品量在逐年增高，从生态学角度来讲，不论是天然纤维纺织品，还是合成纤维纺织品，焚烧和生物降解都不是最好的方法，最佳方案是回收利用。废弃的合成纤维纺织品回收加工，早在 20 世纪 80 年代就有专利技术出现；废弃的天然纤维纺织品回收加工技术，在 20 世纪 70 年代就有成套加工的机械设备。很多废弃纺织品的回收加工都有成熟的技术，随着科学技术的发展，废弃纺织品回收加工技术越来越先进。

要回收利用废弃纺织品或进行无害化处理，必须研究废弃纺织品的组成、生物降解性以及对环境的影响。废弃纺织品的纤维种类较多，纺织染整加工中又经各类化学品处理，故需要研究废弃纺织品的生态处理办法，即要研究回收和利用废弃纺织品的方法和途径。当前，处理废弃纺织品需要解决如下三个问题：

1）研究废弃纺织品的组成、生物降解性以及对环境的影响。要回收利用废弃纺织品或进行无害化处理，必须对其组成和性质有充分的了解。

2）研究废弃纺织品的无污染处理方法。废弃纺织品的纤维种类较多，纺织染整加工中又经各类化学品处理，废弃纺织品的燃烧性能和燃烧后产生的气体成分也不同。

3）研究废弃纺织品回收利用的途径和方法。

一、纺织品回收与利用现状

废旧纺织品是“放错位置的资源”。在资源短缺的当下，资源的循环利用引起世界各国的重视，更是投入巨大的人力、物力及财力对废旧纺织品的回收再利用技术进行研究，尤其是对年消耗量占重要比例的废旧聚酯纺织品的回收再利用技术。

我国不仅是人口大国，同时也是纺织品生产及消费大国。随着生活水平的提高，人们对纺织品的使用和更新速度越来越快，每年都有大量的旧纺织品被丢进了垃圾堆，给环境造成了很大压力，也加速了纺织工业原材料的紧缺与产品价格的上扬。

根据有关专家推算，我国纺织行业每年要消耗掉棉、麻、化纤等各类纺织用纤维原料高达3500万t，在生产环节每年要产生的纺织边角废料及家庭废弃的纺织品合计超过2600万t，而目前对废弃纺织品的综合利用率却不足0.1%。

我国《纺织工业“十二五”发展纲要》提出的两项废旧纺织品回收利用技术，即纯化纤废旧纺织品的再利用技术研究和天然纤维及混纺废旧纺织品的再利用技术。开发新一代的回收再利用废弃纺织品的清洁生产技术已经刻不容缓。纺织品回收是一个不断壮大的产业领域。随着新型的专门设备和其他工业技术的运用，纺织废料必定会变废为宝、节约资源、保护环境。

二、废弃纺织品对环境的污染

纺织品生产要经过纤维生产、纺织加工、染整加工、成品加工等工序。如果全部采用生态技术加工，则是全程的清洁生产，最终纺织品污染程度小，废弃纺织品污染程度也小，但目前很难实现。纤维污染、染料助剂污染、饰件的污染等，有害气体和有害物质、重金属污染、生物难于降解物长期存在于自然界，给自然环境造成很大污染。

纤维污染是指那些不易于生物降解的化学纤维，特别是高分子合成纤维。这些纤维的纺织品(或废丝物)废弃后，在自然界中长期不降解，对土壤造成污染，人们称其为硬污染。

染料助剂污染是指纺织品在染色、印花、整理等加工中所用染(颜)料、助剂含的有害、有毒物质残留在纺织品上，纺织品废弃后对生态环境造成严重的污染。这些物质的化学成分很复杂，如焚烧会产生许多有毒气体；如将这些物质长期堆在自然界，它们受空气、阳光、水分的作用，也会分解出一些有害物质，渗透到土壤中会造成长期污染，人们又称软污染。特别是一些重金属或有毒有害物质污染的土壤，危害植物生长并有变异现象。

饰件是指服装或纺织品的饰件，常见的有塑料件、金属件、皮革等。这些物质的生物可降解性很差，危害性极大。例如，致癌、致敏的偶氮染料、氯苯酚染料成分，金属合金辅料（如纽扣、拉链、品牌标志件、篷布扣眼件等），或含有金属镍和其他可萃取六价铬重金属、涂料中的甲醛、皮革硝化处理中产生的副产品等，若将它们弃于自然界，都会不同程度地造成环境污染。

三、废弃纺织品回收利用的方法

根据纺织废料在加工利用中可能产生的危害，采取必要的防护措施，使纺织废料及其再加工纤维在得到有效利用的同时，确保从业人员和消费者的健康安全极为重要。纺织废料安全性控制最有效办法就是从源头开始，在各个环节上对可能产生问题的有害物质及含量加以严格监控，同时加强劳动保护。由于纺织废料在整个回收利用循环链（包括废料收集、分类撕破、非织造生产和整理）中会出现各种生态学问题，这些生态学上的问题可联系到灰尘、粉尘的影响，细菌、霉菌的问题和有害有毒化学物质的危害等方面。因此，应该制定相应的规划，采取集中收集、分类管理、综合循环、回收利用的办法。目前针对废旧纺织品的回收再利用方法主要有四种，分别是机械回收、物理回收、能量回收和化学回收。

1. 机械回收法

机械回收法是将废旧纺织品不经过分离，直接加工成再生纤维后纺成纱线，织造出可用纺织制品；或者将废旧纺织品作为初级原料经简单加工处理后直接使用。机械回收法又分为干法和湿法两种。湿法加工对废料有洗涤作用，不仅能减少飞花，改善环境，而且在湿态下开松不易损伤纤维，再加工纤维长度长，但因其工艺流程长、能耗高、投资大而较少采用。干法加工开松剧烈，极易拉断织物中的纤维，再加工纤维长度短，质量较差，且加工中极易产生高含尘空气和粉尘。但因其投资小、工艺流程短、能耗小，所以应用广泛。

机械法回收废旧纺织品的工艺流程如图 10-21 所示。

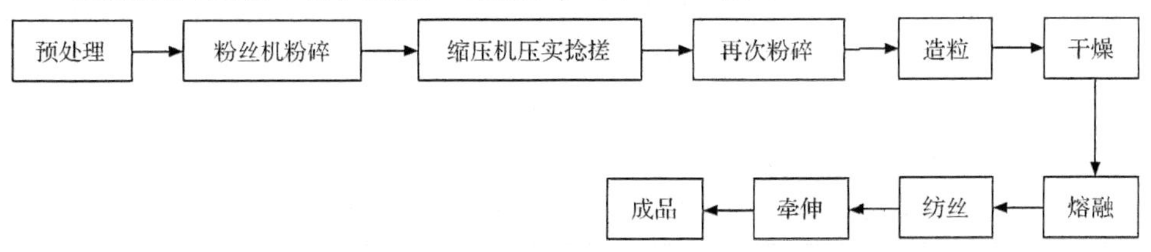

图 10-21　机械法回收废旧纺织品的工艺流程

2. 物理回收法

物理回收是不破坏高聚物的化学结构、不改变其组成，通过将其收集、分类、净化、干燥，补添必要的助剂进行加工处理并造粒，使其达到纺丝原料品质标准。其回收废旧聚酯纺织品的简易工艺流程如图 10-22 所示。

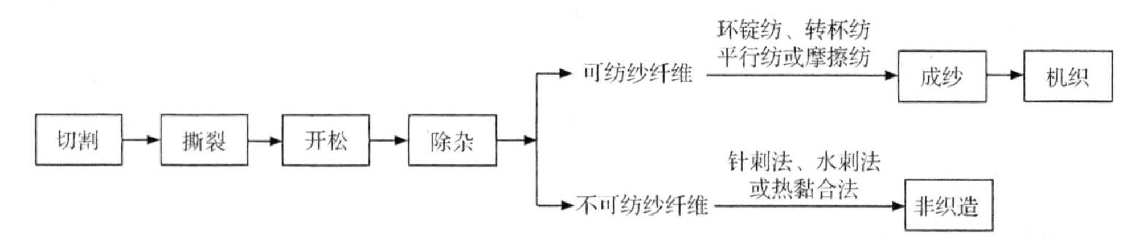

图 10-22 物理法回收废旧聚酯的工艺流程

目前，这种方法对废旧纺织品的回收利用仍集中在聚酯纤维上，尤其是回收聚酯瓶生产的再生聚酯纤维被广泛地应用于纺织行业。

物理回收对废旧纺织品回收利用彻底，可以完全利用。但是物理回收方法可能导致一些贵重的纺织原料浪费。

3. 热能回收法

热能回收是通过焚烧废旧纺织品中热值较高的化学纤维产生大量热能，将其能量用于火力发电的回收利用方法，同时对于那些不能再循环利用的废旧纺织品，可以采用能量回收的方法。热能法简单，成本低，回收彻底；但是有可能造成环境污染。

4. 化学回收法

化学回收法是利用化学试剂处理废旧纺织品，将废旧纺织品中的高分子聚合物材料解聚，使其转化为较小的分子、中间原料或是直接转化为单体，然后再利用这些单体制造新的化学纤维。

到目前为止，聚酯纤维是化学纤维中用量最大、废弃量最高的纤维。近年来人们对聚酯纤维的资源再生研究越来越重视，现已有水解法、醇解法、热解法、超临界法等，不同的降解方法得到的产物不同。水解法按酸碱度不同可划分为酸性水解法、碱性水解法和中性水解法，最终产物为对苯二甲酸（TPA）和乙二醇（EG）。聚酯醇解是废聚酯再资源化的重要方法之一，所采用的醇类有芳香醇、一元醇、二元醇等。若使用甲醇醇解，产物是 EG 和对苯二甲酸二甲酯（DMT)；使用乙二醇醇解，产物是对苯二甲酸乙二酯（BHET）及其低聚物，这些都可作为合成高聚物的原材料。热降解包括热氧化、高化学回收法，可以使聚酯大分子链断裂成分子质量较低的对苯二甲酸乙二酯(BHET)中间体或者是完全降解为 TPA 或者是 DMT 和 EG。

除聚酯纤维外，聚氨酯纤维、聚乙烯醇纤维、聚丙烯腈纤维等合成纤维也可通过醇解法、水解法、碱解法、氨解法、胺解法、热解法、加氢裂解法、磷酸酯降解法等方法回收。这些方法各有优缺点，其共性的问题是降解产物的分离与提纯有一定困难、回收效率较低和再利用性能偏差等。

化学回收可以使得纺织原料彻底利用，对于价格昂贵的纺织原料能较好地重复利用，经化学回收的原料与新料所制造的纤维性能差别较小。但是化学回收法所需的工艺技术较高，成本相对较高，适用于批量生产，对于所回收的废旧纺织品所含原料要求较为严格。

四、废弃纺织品的利用技术

可供回收利用的纺织废料很多，如废纤维、纺织和服装厂的回丝下脚料、化纤厂的废丝和胶块、聚酯瓶以及破旧衣物等都可回收利用。对于纺织和服装厂的下脚碎布和破旧衣物可先进行分类再撕碎开松成单纤维状态，聚酯瓶和化纤厂的胶块经过粉碎后纺丝。废旧纺织品回收利用技术主要包括合成化学纤维废旧纺织品的再利用技术研究，天然纤维、混纺纤维废旧纺织品的再利用技术及纺织厂的回丝及化纤厂的废丝的开发利用。

1. 合成化学纤维废旧纺织品的利用技术

废弃合成纤维纺织品中高聚合物加工利用有两个途径，一是采用熔融或溶解的方法回收这些高分子材料，直接作其他用途。二是把回收的高分子材料进一步裂解成高分子单体，重新聚合再纺制纤维产品。

（1）聚酯瓶回收

1）第一种方法包括前清洗处理工艺、全自动分选工艺、后清洗处理工艺，这种方法自动化程度很高，可将聚乙烯、聚氯乙烯瓶底、熔体黏胶、各种标签以及铝盖分离开来，特别是对瓶内剩余物清洗比较彻底，通过分离系统，将各种废料分开，做到物尽其用。

2）第二种方法包括分离粉碎工艺、瓶片混合结晶工艺、瓶片干燥冷却工艺，该方法的处理工艺采用了结晶工艺专利技术，使瓶片的无定形结构由结晶器变成结晶状态，既防止了后续干燥过程中的熔融，也避免了瓶片在经过黏附阶段时的烧结现象，同时可使瓶片的含水量达到0.005%以下，从而达到可纺的目的。

3）第三种方法的主要特点是对聚酯瓶进行人工分选，此种方法自动化程度较低，分离准确程度差，能比较彻底地去底和除纸盖。用人多，劳动强度大，规模小，但是比较适合我国的国情。据不完全统计，采用此种方法的小型加工厂在全国有近百家。

采用结晶工艺专利技术处理的聚酯瓶片，通常可以直接用于纺丝，因此，这种瓶片纺丝方法被称作直接纺丝法，该方法加工的再生聚酯短纤维品质质量很好，各项技术性能指标基本上可以达到标准切片纺丝质量；采用其他方法所得到的聚酯瓶片都需要进行再生造粒，然后才可用于纺丝，因此被称作造粒纺丝法。当前研究者利用回收的聚酯瓶片和色母粒为主要原料，经螺杆挤压机熔融挤压、在线可切换熔体过滤器过滤、多孔细旦喷丝板纺丝、侧吹风冷却、油嘴上油、卷绕成型等工序，制成接近原生聚酯切片生产的多孔细特有色涤纶预取向长丝产品，可广泛用于服用及产业用纺织品领域。

(2) 尼龙的回收利用

尼龙是聚酰胺类高分子材料的俗称，其品种繁多，有脂肪族尼龙、芳香族尼龙等，其中以尼龙 6 和尼龙 66 应用最多，产量最大。尼龙 66 绝大部分应用于化纤工业，尼龙 6 则有 70%应用于纤维工业，30%应用于工程塑料。回收尼龙的最大来源是废旧地毯，其次是汽车中使用的尼龙工程塑料、安全气囊和轮胎帘子线等。这些制品使用量大，且便于集中回收，组分相对简单，容易进行分类分离处理，从而降低回收成本，提高回收效益。废旧尼龙的回收包括机械回收和化学回收。

(3) 聚丙烯的回收利用

到目前为止，大部分的研究和开发工作都围绕着废 PP 熔融体的性质和造粒再纺丝等方面进行。废 PP 可以使用螺杆挤压机进行造粒，然后再纺丝。回收 PP 再造粒时要经过反复加热和熔融，PP 的化学性质和物理性质都会发生变化，再造粒的添加剂、挤压条件以及废料中的灰分也会对成品丝的性质造成很大影响，若性能太差会导致无法纺丝。聚丙烯也可通过热裂解或催化热裂解进行化学回收，通过裂解可得到丙烯单体，再经聚合实现材料的无限次循环利用，同时对环境无污染，但该方法技术要求高，成本也较高。

2. 废弃天然纤维纺织品的利用技术

天然纤维回收利用一般是将植物纤维(棉、麻)和动物纤维(羊毛纤维)、将纱或织物(旧衣物)用机械分解成纤维状，再进行纯回纺或混纺，织成织物。植物纤维也可作非织造布原料或经处理(主要是脱色、脱油脂)作黏胶纤维、Lyocell 纤维及造纸原料。

难于分开的废弃混合纤维纺织品，通过机械重新分解成纤维，可用于非织造布生产和作复合材料的骨架材料等。

3. 纺织厂的回丝及化纤厂的废丝的利用技术

纺织厂的回丝及化纤厂的废丝的开发利用是一项具有生态意义和经济意义的工作，可利用的废丝有清棉工序的车肚花、梳棉工序的落棉(后车肚花及盖板花)、精梳落棉、粗纱头、细纱回丝、筒摇回丝、织布回丝、化纤废丝等；还有织整工序残布料、服装裁剪下来的边角料、针织生产中的各种废料、整件废弃服装。

习　　题

1. 印染废水主要来源于哪几个方面？
2. 印染废水的特点是什么？
3. 印染废水的控制指标有哪些？具体有什么要求？
4. 微生物的概念及其特点是什么？
5. 微生物的生长经历哪几个阶段？每个阶段的特点是什么（画图和文字说明）？
6. 好氧生物处理的原理是什么？
7. 活性污泥法的原理及工艺流程是什么？
8. 详细说明生物膜法的原理。
9. 画生物膜法的工艺流程图。
10. 生物膜法处理废水的优点是什么？
11. 生物接触氧化法的原理是什么？
12. 请简要叙述生物接触氧化法的工艺流程及其特点。
13. 生物活性炭法根据不同的运行方式分为哪几类？并阐述各自的特点。
14. 厌氧生物处理的原理是什么？
15. UASB 的原理是什么？有何特点？
16. UASB 内的流态和污泥是如何分布的？
17. 厌氧生物滤池的原理和特点是什么？
18. 厌氧流化床的特点是什么？
19. 厌氧接触法的原理和特点各是什么？
20. 柔性复合污水净化技术的工艺流程及技术特点各是什么？
21. 目前处理废弃纺织品需要解决哪几个问题？
22. 废弃纺织品会对环境造成哪些污染？
23. 回收废弃纺织品并加以利用的方法有哪些？

参 考 文 献

标准编制组. 2007. 纺织染整工业废水治理工程技术规范. 北京：中国环境科学出版社.
曹风. 2007. 印染废水水质特征及处理技术. 科技信息，(19)：286.
车振明. 2008. 微生物学. 武汉：华中科技大学出版社.
程刚，同帜，郭雅妮，等. 2007. A/O MBR 系统处理印染废水的研究. 工业水处理，27(2)：40-42.
戴日成，张统. 2000. 印染废水水质特征及处理技术综述. 给水排水，26(10).
《纺织染整工业水污染物排放标准》编制组. 纺织染整工业水污染物排放标准. 2008.
顾鼎言，朱素芳. 1985. 印染废水处理. 北京：中国建筑工业出版社.
国家环境保护局科技处，纺织工业部生产司. 1988. 我国几种工业废水治理技术研究（第二分册）纺织印染废水. 北京：化学工业出版社.
何珍宝. 2007. 印染废水特点及处理技术. 印染，(17)：41-44.
胡雪敏，张海燕. 2006. 废弃纺织品的回收和再利用现状. 纺织导报，7：52-53.

黄长盾,杨西昆,汪凯民.1987.印染废水处理.北京:中国纺织出版社.
黄瑞敏,王欣,陈克复,等.2004.印染废水回用处理技术研究.工业水处理,24(7):33-35.
姜应和,林国峰.1988.印染废水脱色处理方法.环境科学与技术,(3):36-38.
景晓辉,尤克非.2005.印染废水处理技术的研究与进展.南通大学学报,4(3):18-22.
林求德.1998.合成高聚物回收实业的兴起.纺织导报,5:58-59.
刘红波,邵丕红.2006.几种污水厌氧生物处理技术.长春工程学院学报,7(3):39-42.
刘建荣,吴国庆,牛志卿,等.1996.磁态厌氧流化床处理印染废水.中国环境科学,16(1):64-67.
刘梅红.2007.印染废水处理技术研究进展.纺织学报,28(1):116-119.
马荣骏.1989.工艺废水的治理.长沙:中南工业大学出版社.
潘伟,朱锐钿.2012.合成纤维再生应用研究进展.中国纤检,(5):78-81.
秦春娥,别运清.2008.微生物及其应用.武汉:湖北科学技术出版社.
秦许河,刘旭东.2010.生物铁-MBR处理生活污水的试验研究.工业用水与废水,41(5).
裘愉发.2007.废弃纺织品的综合利用.江苏纺织,(6):68-70.
茹临锋.2003.生物铁法——MBR处理印染废水.东华大学硕士学位论文.
史晟,戴晋明,牛梅,等.2011.废旧纺织品的再利用.纺织学报,32(11):147-150.
孙丽.2008.浅谈印染废水的深度处理及回用技术.山西建筑,34(26):186-187.
孙政.2007.印染废水水质特征及生物处理技术综述.煤矿现代化,(1):62-63.
王进美,田伟.2005.健康纺织品的开发与应用.北京:中国纺织出版社.
吴济华,文筑秀.2006.纺织印染废水处理工艺.西南给排水,28(1):21-23.
许志忠.1998.化学制药工艺学.北京:中国医药科学出版社.
严涛海,李金水.2012.废旧纺织品回收利用的探讨.山东纺织科技,(2):43-45.
余淦申.1979.印染废水生化处理与脱色.北京:中国纺织出版社.
张冯倩,赵敏.2011.废旧纺织品物理回收技术与原理.技术与市场,18(10):28-30.
张世源.2004.生态纺织工程.北京:中国纺织出版社.
张益,赵由才.2000.生活垃圾焚烧技术.北京:化学工业出版社.
张卓.2001.国内外纺织品回收业的现状.国外纺织技术,(2):37-39.
赵建伟.1997.纺织回丝处理及其产品开发.纺织学报,18(3):177-179.
赵立群.2010.厌氧—好氧法处理印染废水//苏州:2010年全国给水排水技术信息网年会论文集,185-187
赵庆良,李伟光.2003.特种废水处理技术.哈尔滨:哈尔滨工业出版社.
郑光洪,蒋学军,杜宗良.2005.印染概论.北京:中国纺织出版社.
周宏湘.1997.日本利用回收的聚酯瓶再生纤维的现状.国际纺织品动态,5:14-16.
周文龙.2002.酶在纺织中的应用.北京:中国纺织出版社.
朱虹,孙杰,李剑超.2004.印染废水处理技术.北京:中国纺织出版社.
1996.纺织废料的回收利用.技术纺织品,5:33-34.
Schoeberl P,Brik M, Bertoni M,et al. 2005. Optimization of operational parameters for a submerged membrane bioreactor treating dyehouse wastewater. Sep Purif Technol,44:61-68.
Wang Z W, Wu Z C, Mai S H,et al. 2008. Research and applications of membrane bioreactors in China: Progress and prospect. Sep Purif Technol,62:249-263.